冶金工业出版社

普通高等教育"十四五"规划教材

矿业环境保护概论

主编　董彩霞　张　涛

参编　骆　静　王有团

主审　张鸿波

U0342358

北　京

冶金工业出版社

2021

内 容 提 要

本书在介绍环境基本概念和可持续发展战略的基础上,系统地阐述了环境科学与工程基本知识以及矿业类环境问题与防治措施。全书分为10章,内容包括绪论、矿业大气污染与防治、矿业水污染与防治、矿业固体废物与资源化利用、矿业噪声污染与控制、矿山生态环境治理与土地复垦、矿业循环经济与清洁生产、矿区职业卫生及职业病、矿业环境影响评价和矿业环境管理。

本书可作为高等院校采矿工程、矿物加工工程专业本科生的专业课教材,也可供环境类、冶金类、化工类等专业本科生参考,并可作为矿山企业工程技术人员和管理人员的培训教材。

图书在版编目(CIP)数据

矿业环境保护概论/董彩霞,张涛主编. —北京:
冶金工业出版社,2021.8
普通高等教育"十四五"规划教材
ISBN 978-7-5024-8876-5

Ⅰ.①矿… Ⅱ.①董… ②张… Ⅲ.①矿区环境保护—
高等学校—教材 Ⅳ.①X322

中国版本图书馆 CIP 数据核字(2021)第 151269 号

出 版 人 苏长永
地 址 北京市东城区嵩祝院北巷 39 号 邮编 100009 电话 (010)64027926
网 址 www.cnmip.com.cn 电子信箱 yjcbs@cnmip.com.cn
责任编辑 王 颖 美术编辑 吕欣童 版式设计 禹 蕊
责任校对 郑 娟 责任印制 禹 蕊
ISBN 978-7-5024-8876-5
冶金工业出版社出版发行;各地新华书店经销;北京虎彩文化传播有限公司印刷
2021 年 8 月第 1 版, 2021 年 8 月第 1 次印刷
787mm×1092mm 1/16; 18 印张; 434 千字; 277 页
59.90 元

冶金工业出版社 投稿电话 (010)64027932 投稿信箱 tougao@cnmip.com.cn
冶金工业出版社营销中心 电话 (010)64044283 传真 (010)64027893
冶金工业出版社天猫旗舰店 yjgycbs.tmall.com
(本书如有印装质量问题,本社营销中心负责退换)

前　　言

矿业是国民经济的重要支柱产业之一，为国家经济建设提供了能源和原材料。然而，大规模的矿产资源开发导致的环境问题越来越突出，已严重影响到矿业自身的可持续发展。矿业环境问题已引起人们的高度重视。为此，高等院校为地矿类专业本科生开设矿业环境保护课程来普及环境科学知识，培养学生的环保意识和可持续发展理念。鉴于此，内蒙古工业大学的老师们联合编写了这本介绍环境科学与工程基本知识以及矿业类环境问题与防治措施的综述性教材。

本书共分为 10 章，第 1 章介绍了环境、环境问题的概念、生态系统、人类、矿产资源与环境的关系；第 2 章至第 5 章阐述了大气、水体、固体废物和噪声污染的来源、特点、防治方法；第 6 章简述了矿山生态环境治理措施与土地复垦技术；第 7 章论述了循环经济和清洁生产的概念及技术方法；第 8 章介绍了矿区职业病；第 9 章和第 10 章叙述了矿业环境影响评价和矿业环境管理。

本书的编写突出了环境保护涉及领域的广泛性，注重环境科学与工程的基础知识，兼顾矿产资源开采与矿物加工过程两方面的环境污染问题。在内容上力求做到章节层次分明，每章的编写结构基本遵循"概念—污染现象—治理方法—防治对策"的思路。

本书由内蒙古工业大学的董彩霞编写第 1 章、第 2 章和第 5 章，骆静编写第 3 章，王有团编写第 4 章、第 6 章和第 9 章，张涛编写第 7 章、第 8 章和第 10 章。全书由董彩霞、张涛担任主编，董彩霞统稿，张鸿波主审。

由于编者水平所限，书中不妥之处，敬请广大读者批评指正。

编　者

2021 年 3 月

目　　录

1 绪　　论

1.1　环境与环境问题

1.1.1　环境

环境（environment）是指以某一中心事物为主体的外部世界的总体。我们所讨论的环境，是以人为主体的环境，即围绕着人群的空间，直接或间接影响人类生活和发展的各种自然因素和社会因素的总体，是指人类以外的整个外部世界。生物科学和生态学通常所称的环境是以生物为主体，环境就是围绕着生物有机体的周围的一切。从某种意义上说，随着主体的不同，环境的各个组成因素或成分均可以是互为环境，人类与生物之间就是互为环境。离开主体的环境是没有意义的。

人类环境包括自然环境和社会环境。自然环境指的是环绕于人类周围的各种自然因素的总和，由空气、水、土壤、阳光和各种矿物质资源等环境因素组成，一切生物离开了它就不能生存。这个提供生物生存的地球表层称为生物圈。因此自然环境是由生物圈所构成并保持着动态平衡的物质世界。社会环境是人类长期生产生活的结果，指人类的社会制度、经济状况、职业分工、文化艺术、卫生等上层建筑和生产关系等。

《中华人民共和国环境保护法》第一章第二条规定："本法所称环境，是指影响人类生存和发展的各种天然的和经过人工改造的自然因素的总体，包括大气、水、海洋、土地、矿藏、森林、草原、湿地、野生生物、自然遗迹、人文遗迹、自然保护区、风景名胜区、城市和乡村等。"

1.1.2　环境问题与环境保护

1.1.2.1　环境问题

随着社会的不断发展、科学技术的进步，世界经济得到了快速增长，但随着经济的繁荣，人类在20世纪中叶又开始了一场新的觉醒，即对环境问题的认识。人类经济水平的提高和物质享受的增加，在很大程度上是以牺牲环境与资源换来的，环境问题正逐步成为社会经济发展的主要制约因素，研究和解决环境问题已成为新世纪社会经济能否可持续发展的重要问题之一。环境问题是指由于自然界或人类活动作用于人们周围的环境引起环境质量下降或生态失调，以及这种变化反过来对人类的生产和生活产生不利影响的现象。人类在改造自然环境和创建社会环境的过程中，自然环境仍以其固有的自然规律变化着。社会环境一方面受自然环境的制约，也以其固有的规律运动着。人类与环境不断地相互影响和作用，产生环境问题。环境问题是在20世纪50年代才被提出来的，现已成为五大世界性问题之一。

根据引起环境恶化的原因，环境问题可分为原生环境问题和次生环境问题。

原生环境问题也称第一类环境问题。它的产生是由自然界本身运动引起的，不受或较少受人类活动的影响，如地震、海啸、火山活动、台风、干旱等自然灾害。次生环境也称第二类环境问题。它是由于人类不适当的生产和生活活动而引起环境污染和生态环境的破坏。

环境污染是指人类活动产生并排入环境的污染物或污染因素超过了环境容量和环境自净能力，使环境的组成或状态发生了改变，环境质量恶化，影响和破坏了人类正常的生产和生活。环境污染既包括大气污染、水体污染、土壤污染、生物污染等由物质引起的污染，又包括噪声污染、热污染、放射性污染或电磁辐射污染等由物理性因素引起的污染。

生态环境破坏是指人类开发利用自然环境和自然资源的活动超过了环境的自我调节能力，使环境质量恶化或自然资源枯竭，影响和破坏了生物的正常发展和演化以及可更新自然资源的持续利用。例如，砍伐森林引起的土地沙漠化、水土流失、一些动植物种灭绝等。

原生和次生两类环境问题是相对的。它们常常相互影响重叠发生，形成所谓复合效应。例如，过量开采地下水有可能诱发地震；大面积毁坏森林可导致降雨量减少；大量排放二氧化碳，可使温室效应加剧，使地球气温升高、干旱加剧。

目前人们所说的环境问题一般是指次生环境问题，本书中提到环境问题也采用这种说法。近年来，人们又把由于人口发展、城市化以及经济发展而带来的社会结构和社会生活问题等社会环境问题称为第三类环境问题。

人类是环境的产物，又是环境的改造者。人类在同自然界的斗争中，运用自己的智慧，通过劳动，不断改造自然，创造新的生存环境。由于人类认识能力和科学技术水平的限制，在改造环境的过程中，往往会造成对环境的污染和破坏，因此从人类诞生之时起，就存在着人与环境的对立统一关系，就出现了环境问题。从古到今，随着人类社会的发展，环境问题也在发展变化，大体经历了四个阶段。

第一阶段为工业革命以前，是环境问题的萌芽阶段。人类在诞生后的漫长岁月里，只是天然食物的采集者和捕食者，主要是利用环境和适应环境，解决食物问题，很少有意识改造环境。在工业革命前虽然也出现了城市化和手工业作坊，但规模不大，还没有大规模地开发利用自然资源。这一时期人与自然环境之间较为和谐，地球上大部分自然环境都保持着良好的生态。

第二阶段从工业革命开始到 20 世纪 30 年代前，是环境问题的发展恶化阶段。在 18 世纪 60 年代至 19 世纪中叶出现的工业革命是生产发展史的一次伟大的革命，它大幅度地提高了劳动生产率，增强了人类利用和改造环境的能力，但也带来了新的环境问题。一些工业发达的城市和工矿区的工业企业排出大量废弃物污染环境，使污染事件不断发生。例如，1873 年 12 月、1880 年 1 月、1882 年 2 月、1891 年 12 月、1892 年 2 月，英国伦敦多次发生可怕的有毒烟雾事件；19 世纪后期，日本足尾铜矿区排出的废水污染大片农田等。总之，蒸汽机的发明和广泛使用、大工业的日益发展，使生产力得到提高，而环境问题也随之发展且逐步恶化。

第三阶段是 20 世纪 30 年代初到 70 年代末，出现了环境问题的第一次高潮。在此期间，不断出现震惊世界的公害事件，见表 1-1。造成这些公害的因素主要有两个：一是人口迅猛增加，城市化速度加快；二是工业不断集中和扩大，能源消耗大增，石油的使用又增加了新的污染。而当时人们的环境意识还很薄弱，出现第一次环境问题高潮是不可避免的。在此历史背景条件下，1972 年 6 月 5 日，在瑞典首都斯德哥尔摩召开了"世界人类环境会议"，会议通过了《联合国人类环境会议宣言》，提出了"只有一个地球"的口号，并把 6 月 5 日定为"世界环境日"。这次会议对人类认识环境问题来说是第一个里程碑。工业发达国家把环境问题提上了议事日程。20 世纪 70 年代中期，环境污染得到有效的控制，城市和工业区的环境质量有明显的改善。

表 1-1　世界八大公害事件

事件名称	时间	地点	发生原因	危　害
马斯河谷烟雾事件	1930 年 12 月 3～5 日	比利时马斯河谷工业区	硫酸厂、冶炼厂、炼焦厂等工厂排放 SO_2、SO_3 等有害气体	强烈刺激人体呼吸道，造成 60 人死亡，数千人患呼吸道疾病
多诺拉烟雾事件	1948 年 10 月 26～31 日	美国宾夕法尼亚州多诺拉镇	硫酸厂、炼锌厂、钢铁厂排放 SO_2 及金属微粒	14000 人的小镇患者达 5000 多人，17 人死亡，患者咳嗽、呕吐、腹泻
伦敦烟雾事件	1952～1962 年多次发生	英国伦敦	空气中煤烟、SO_2、Fe_2O_3 粉尘浓度高，久积不散	居民呼吸困难、咳嗽、头痛、呕吐，死亡人数 400 余人，受害者万余人
洛杉矶光化学烟雾事件	1936 年起至 20 世纪 50 年代	美国洛杉矶	汽车排气中的大量石油废气、CO、PbO 等在紫外线作用下产生光化学烟雾	刺激眼、鼻、喉等器官，引起眼病及喉炎，严重时致人死亡，还造成家畜患病，影响农作物生长，损坏建筑物
水俣事件	1953～1956 年	日本九州南郡熊本县水俣镇	工厂以氯化汞、硫酸汞为催化剂，含甲基汞的废水、废渣排入水体	患水俣病的病人精神失常、耳聋眼瞎、全身麻木，严重时死亡（1953～1960 年受害者 2 万余人，死亡 43 人）
富山事件	1931～1972 年	日本富山县	炼锌厂含镉废水排入水体	患骨痛病的患者关节痛、神经痛乃至全身骨痛，骨骼软化萎缩、骨折，死亡 81 人
四日事件	1955～1972 年	日本四日市（蔓延十几个城市）	石油工业废水排入海湾，在鱼体内富集；烟囱排放大量的 SO_2 及 Pb、Mn、Ti 等粉尘	患"四日气喘病"，患者达 6376 人，死亡 36 人
米糠油事件	1968 年	日本九州爱知县等 23 个府县	生产中使用的热载体多氯联苯流入米糠油中	患者眼皮发肿、呕吐、肝功能下降、肌肉疼痛，直至死亡。病患者 5000 余人，死亡 16 人

第四阶段从 20 世纪 80 年代初至今，是环境问题的第二次高潮。这次高潮伴随着环境污染和大范围生态破坏而出现。人们共同关心的、影响范围大和危害严重的环境问题有三类：一是全球性的大气污染，如全球变暖、臭氧层耗损和酸雨范围扩大；二是大面积的生态破坏，如森林被毁、淡水资源短缺、水土流失、草场退化、沙漠化扩展、野生动植物物种锐减、危险废物扩散等；三是突发性的严重污染事件迭起，如 1984 年 12 月印度博帕尔农药泄漏事件、1986 年 4 月 26 日苏联切尔诺贝利核电站泄漏事件、1997 年印度尼西亚森林火灾等。与第一次高潮相比，第二次高潮中环境污染的影响范围广，对整个地球环境造

成危害；危害后果严重，已威胁全人类的生存和发展，阻碍经济的持续发展；就污染源而言，不仅分布广，而且来源复杂，要靠众多国家以至全人类共同努力才能消除，这就极大地增加了解决问题的难度；突发的污染事件比第一次高潮的公害，污染范围大，危害严重，造成的经济损失巨大。

生态环境部和国家统计局于 2006 年 9 月 7 日联合发布了我国第一份《中国绿色国民经济核算研究报告 2004》（又称《绿色 GDP 报告》）。报告指出，2004 年全国因环境污染造成的经济损失为 5118 亿元，占当年 GDP 的 3.05%。其中水污染的环境成本为 2862.8 亿元，占总成本的 55.9%；大气（空气）污染的环境成本为 2198 亿元，占总成本的 42.9%；固体废物和污染事故造成的经济损失 57.4 亿元，占总成本的 1.2%。发达国家上百年工业化过程中分阶段出现的气候变化、水污染和水资源短缺、大气（空气）污染与酸雨、土壤污染与耕地减少以及水土流失和土地荒漠化、固体废物污染、噪声污染和光污染、辐射及其他污染、森林、草原与生物多样性减少等环境问题在我国快速发展的 20 多年中集中体现了出来。

从环境问题的发展历程可以看出，人为的环境问题是随人类的诞生而产生的，并随着人类社会的发展而发展。造成环境问题的根本原因是对环境的价值认识不足，缺乏妥善的经济发展规划和环境规划。所以环境问题的实质是由于盲目发展、不合理开发利用资源而造成的环境质量恶化和资源浪费甚至枯竭和破坏。

1.1.2.2　环境保护

环境保护就是采取法律的、行政的、经济的、科学技术的措施，合理地利用自然资源，防止环境污染和破坏，以求保护和发展生态平衡，扩大有用自然资源的再生产，保障人类社会的发展。

环境保护的内容世界各国不尽相同，同一国家在不同时期内容也有变化。但一般地说，大致包括两个方面：一是保护和改善环境质量，保护居民的身心健康，防止人体在环境污染影响下产生遗传变异和退化；二是合理开发利用自然资源，减少或消除有害物质进入环境，以及保护自然资源，加强生物多样性保护，维护生物资源的生产能力，使之得以恢复和扩大再生产。

《中华人民共和国环境保护法》第一章第一条明确提出环境保护的基本任务是："保护和改善生活环境和生态环境，防止污染和公害，保障人体健康，促进社会主义现代化建设的发展"。

环境保护是我国的一项基本国策。我国的环境保护工作从 20 世纪 70 年代初起步，1973 年 8 月第一次全国环境保护会议确定了"全面规划、合理布局、综合利用、化害为利、依靠群众、大家动手、保护环境、造福人民"的环境保护 32 字方针。1983 年 12 月，在第二次全国环境保护会议上，制订了我国环境保护事业的大政方针：一是明确提出"环境保护是我国的一项基本国策"；二是确定了"经济建设、城乡建设与环境建设同步规划、同步实施、同步发展，实现经济效益、社会效益和环境效益统一"的战略方针；三是确定了符合国情的三大环境政策，即"预防为主，防治结合，综合治理""谁污染，谁治理"和"强化环境管理"。1989 年，第三次全国环境保护会议明确了"只有坚定不移地贯彻执行环境保护这项基本国策，环境保护工作才能得到不断深入发展"。第四次全国环境保护会议是在 1996 年 4 月召开的。会议提出"保护环境是实施可续发展战略的关键，保护环境就是保护生产力"，并启动实施"33211"工程，确定了新时期的环境保护战略。2001

年1月召开的第五次全国环境保护会议提出，环境保护是政府的一项重要职能，要按照社会主义市场经济的要求，动员全社会的力量做好这项工作。2006年4月召开的第六次全国性会议改名为"全国环境保护大会"。这次会议提出了"十一五"时期环境保护的主要目标，强调着力做好四个方面的工作：（1）加大污染治理力度，切实解决突出的环境问题；（2）加强自然生态保护，努力扭转生态恶化趋势；（3）加快经济结构调整，从源头上减少对环境的破坏；（4）加快发展环境科技和环境保护产业，提高环境保护能力。

我国之所以十分重视环境保护，是因为保护生态环境和自然资源直接关系国家的长远发展，关系国家的强弱、民族的兴衰、社会的安定。我国是人口基数大、人均资源少的发展中国家，环境负荷大，环境污染严重，自然资源被不断浪费和破坏，已出现了资源短缺现象。为了我国的可持续发展，把环境保护作为基本国策不仅是重要的，而且是必需的。

1.1.3 环境科学

环境科学是一门研究人类社会发展活动与环境演化规律之间相互作用关系，寻求人类社会与环境协同演化、持续发展途径与方法的科学。

环境科学是一门综合性很强的学科，它的研究领域十分广阔，不仅包括各种自然因素，也包括一定的社会因素。它是以生态学为基础理论，充分利用化学、生物学、物理学、数学、地学、医学、工程学等各领域的科学知识和技术，对人类活动引起的空气、水、土地、生物等环境问题进行系统研究的学科。

1.1.3.1 环境科学的基本任务

环境科学是以"人类—环境"这对矛盾为对象，研究其对立统一关系的发生与发展、调节与控制以及利用与改造的科学。由人类与环境组成的对立统一体，我们称为人类—环境系统，就是以人类为主体的生态系统。

环境科学在宏观上是研究人类与环境之间相互作用、相互促进、相互制约的对立统一关系，坚持社会经济发展和环境保护协调发展的基本规律，调控人类与环境间的物质流、能量流的运行、转换过程，维护生态平衡。在微观上研究环境中的物质尤其是污染物在有机体内迁移、转化和蓄积的过程及其运动规律，探索它对生命的影响及作用的机理等。其最终达到的目的，一是可更新资源得以永续利用，不可更新的自然资源将以最佳的方式节约利用；二是使环境质量保持在人类生存、发展所必需的水平上，并趋向逐渐改善。环境科学的基本任务可概括为以下几点：

（1）探索全球范围内自然环境演化的规律；

（2）探索全球范围内人与环境相互依存关系；

（3）协调人类的生产、消费活动同生态要求的关系；

（4）探索区域环境污染综合防治的技术与管理措施。

1.1.3.2 环境科学的主要内容

环境科学研究的内容主要包括：

（1）人类和环境的关系；

（2）污染物在自然环境中的迁移、转化、循环和积累的过程和规律；

（3）环境污染的危害；

（4）环境状况的调查、评价和预测；

（5）环境污染的预防和治理；

（6）自然资源的保护和利用；

（7）环境监测、分析和预报技术；

（8）环境规划和环境管理。

按研究内容的不同，环境科学主要可分为三大部分，即理论环境学、基础环境学和应用环境学。理论环境学是环境科学的核心，它着重于对环境科学基本理论和方法的研究；基础环境学是环境科学发展过程中所形成的基础学科，包括环境数学、环境物理学、环境化学、环境生态学、环境毒理学、环境地理学和环境地质学等；应用环境学是环境科学中实践应用的学科，包括环境控制学、环境工程学、环境经济学、环境医学、环境管理学和环境法学等。

环境科学是一门多学科、跨学科的综合性学科，各学科领域之间相互渗透和交叉，不同区域的环境条件、生产布局、经济结构不同，出现的"人与环境"之间具体矛盾不同，从而环境问题也不相同。因此，环境科学具有强烈的综合性、鲜明的区域性和内容的广泛性等特点。

1.2 生态系统与环境

1.2.1 生态系统

1.2.1.1 生态学的基本概念

生态学（Ecology）是德国生物学家恩斯特·海克尔（Ernst Heinrich Haeckel）于1866年初次定义的一个概念，是"研究有机体与其周围环境（包括非生物环境和生物环境）相互关系的科学"。特别是动物与其他生物之间的有益和有害关系。从此，揭开了生态学发展的序幕。

随着人类环境问题的日趋严重和环境科学的发展，生态学扩展到人类生活和社会形态等方面，把人类这一生物种也列入生态系统中，来研究并阐明整个生物圈内生态系统的相互关系问题，目前已经发展为"生态学是研究生物与环境间相互关系的科学"。这里，生物包括动物、植物、微生物及人类本身，即不同的"生命系统"，而环境则指生物生活其中的无机、有机因素，生物因素和人类社会，即"环境系统"。我国著名生态学家马世骏对生态学的定义是"研究生命系统与环境系统相互作用规律及其机制的科学"。同时，现代科学技术的新成就也渗透到生态学的领域中，赋予它新的内容和动力，成为多学科的、当代较活跃的科学领域之一，产生了多个生态学的研究热点，如生物多样性的研究、全球气候变化的研究、受损生态系统的恢复与重建研究、可持续发展研究等。

生态学和环境科学有许多共同的地方。生态学是以一般生物为对象着重研究自然环境因素与生物的相互关系；环境科学则以人类为主要对象，把环境与人类生活的相互影响作为一个整体来研究，和社会科学有十分密切的联系。作为基础理论，生态学的许多基本原理被应用于环境科学中。

1.2.1.2 生态系统

A 生态系统的概念

某一生物物种在一定范围内所有个体的总和称为种群；生活在一定区域内的所有种群

组成了群落；生态系统(ecosystem)是指在自然界的一定空间内，生物群落与周围环境构成的统一整体。按照现代生态学的观点，生态系统就是生命和环境系统在特定空间的组合。生态系统具有一定组成、结构和功能，是自然界的基本结构单元。在生态系统中，各种生物彼此间以及生物与非生物的环境因素之间互相作用，关系密切，而且不断地进行着物质和能量的流动。目前人类所生活的生物圈内有无数大小不同的生态系统。在一个复杂的大生态系统中又包含无数个小的生态系统，如池塘、河流、草原和森林等。而城市、矿山、工厂等从广义上讲是一种人为的生态系统。这无数个各种各样的生态系统组成了统一的整体，就是人类生活的自然环境。

B 生态系统的组成

生态系统由四个部分组成，即生产者、消费者、分解者和无生命物质。这四部分可分为两大类：一类是生物成分，包括生产者、消费者和分解者；另一类是非生物成分，即无生命物质。

a 生产者

生产者也称为自养生物，主要指能进行光合作用制造有机物的绿色植物，也包括光能合成细胞、单细胞的藻类以及一些能利用化学能把无机物变为有机物的化能自养菌等。生产者利用太阳能或化学能把无机物转化为有机物，把太阳能转化为化学能，不仅供自身发育的需要，而且它本身也是生物类群以及人类的食物和能源的供应者。

b 消费者

消费者是指不能用无机物直接制造有机物，直接或间接地依赖于生产者所制造的有机物的异养生物。消费者又可分为一级消费者、二级消费者。食草动物（如牛、羊、兔）等直接以植物为食是一级消费者；以草食动物为食的肉食动物是二级消费者。消费者虽不是有机物的最初生产者，但在生态系统中也是一个极重要的环节。

c 分解者

分解者都是异养生物，包括细菌、真菌、放线菌及土壤原生动物和一些小型无脊椎动物等。分解者把动植物残体的复杂有机物分解为生产者能重新利用的简单的化合物，并释放出能量。其作用刚好与生产者相反。分解者在生态系统中的作用是极为重要的，如果没有它们，动植物尸体将会堆积成灾，物质不能循环，生态系统也将不复存在。

d 无生命物质

无生命物质指生态系统中的各种无生命的无机物、有机物和各种自然因素，如水、空气、阳光和矿物质等。

生态系统在自然界中是多种多样的，可大可小。按生态系统的非生物成分和特征，分为陆地生态系统和水域生态系统，而水域生态系统根据地理和物理状态又可分为淡水生态系统和海洋生态系统。按照人类活动及其对生态系统的影响程度，可分为自然生态系统、半自然生态系统和人工生态系统。例如，原始森林为自然生态系统；半自然生态系统如放牧草原、人工森林、养殖湖泊、农田等；人工生态系统如城市、矿区、工厂等。它们都有各自的结构和一定形式的能量流动与物质循环关系。无数小的生态系统的能量流动和物质循环系统，组成整个自然界总的能量流动和物质循环系统。

地球上最大的生态系统是生物圈。生物圈是指所有生物存在的地球部分，它是由无数小的生态系统组成的。生物圈与人类的生存和发展密切相关。

1.2.1.3 生态系统的基本功能

生态系统的基本功能是生物生产、能量流动、物质循环和信息传递，它们是通过生态系统的核心——有生命部分，即生物群落来实现的。

A 生物生产

生物生产包括植物性生产和动物性生产。绿色植物以太阳能为动力，水、二氧化碳、矿物质等为原料，通过光合作用来合成有机物。同时把太阳能转变为化学能贮存于有机物之中，这样生产出植物产品。动物采食植物后，经动物的同化作用，将采食来的物质和能量转化成自身的物质和潜能，使动物不断繁殖和生长。

B 能量流动

绿色植物通过光合作用把太阳能（光能）转变成化学能贮存在这些有机物质中并提供给消费者。

能量在生态系统中的流动是从绿色植物开始的，食物链是能量流动的渠道。能量流动有两个显著的特点：一是沿着生产者和各级消费者的顺序逐渐减少。能量在流动过程中大部分用于新陈代谢，在呼吸过程中，以热的形式散发到环境中去。只有一小部分用于合成新的组织或作为潜能贮存起来。能量在沿着绿色植物→草食动物→一级肉食动物→二级肉食动物等逐级流动中，后者所获得能量大于前者所含能量的十分之一，从这个意义上人类以植物为食要比以动物为食经济得多。二是能量的流动是单一的、不可逆的。因为能量以光能的形式进入生态系统后，不再以光能的形式回到环境中，而是以热能的形式逸散于环境中。绿色植物不能用热能进行光合作用，草食动物从绿色植物所获得的能量也不能返回到绿色植物。因此能量只能按前进的方向一次流过生态系统，是一个不可逆的过程。

C 物质循环

生态系统中的物质是在生产者、消费者、分解者、营养库之间循环的。如图1-1所示，我们称之为生物地球化学循环。

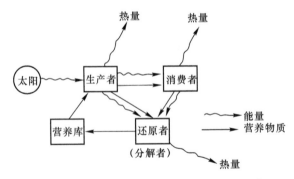

图1-1 营养物质在生态系统中的循环运动示意图

生态系统中的物质循环过程，绿色植物不断地从环境中吸收各种化学营养元素，将简单的无机分子转化成复杂的有机分子，用以建造自身；当草食动物采食绿色植物时，植物体内的营养物质即转入草食动物体内；当植物、动物死亡后，它们的残体和尸体又被微生物（还原者）所分解，并将复杂的有机分子转化为无机分子复归于环境，以供绿色植物吸收，进行再循环。周而复始，促使我们居住的地球清新活跃，生机益然。

生态系统中的生物在生命过程中大约需要30~40种化学元素，如碳、氢、氧、氮、磷、钾、硫、钙、镁是构成生命有机体的主要元素。它们都是自然界中的主要元素，这些元素的循环是生态系统基本的物质循环。例如，大气中的二氧化碳被陆地和海洋中的植物吸收，然后通过生物或地质过程以及人类活动又以二氧化碳的形式返回大气中，这就是碳循环的基本过程，如图1-2所示。

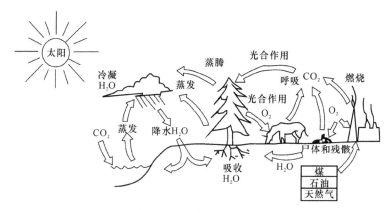

图1-2　生物圈中水、氧气和二氧化碳的循环

D　信息传递

信息传递发生在生物有机体之间，起着把系统各组成部分联成一个统一整体的作用。从生物的角度，信息的类型主要有四种。

（1）营养信息。在生物界的营养交换中，信息由一个种群传到另一个种群。如昆虫多的地区，啄木鸟就能迅速生长和繁殖，昆虫就成为啄木鸟的营养信息。这种通过营养关系来传递的信息叫营养信息。

（2）化学信息。蚂蚁在爬行时留下"痕迹"，使别的蚂蚁能尾随跟踪。这种生物体分泌出某种特殊的化学物质来传递的信息叫化学信息。

（3）物理信息。通过物理因素来传递的信息叫物理信息。像季节、光照的变化引起动物换毛、求偶、冬眠、贮粮、迁徙；大雁发现敌情时发出鸣叫声等。

（4）行为信息。通过行为和动作，在种群内或种群间传递识别、求偶和挑战等信息叫行为信息。

尽管现代的科学水平对这些自然界的"对话"之谜尚未完全解开，但这些信息对种群和生态系统调节的重要意义是完全可以肯定的。

1.2.2 生态平衡

1.2.2.1 生态平衡的含义

任何一个正常、成熟的生态系统，其结构与功能，包括其物种组成，各种群的数量和比例，以及物质与能量的输出、输入等方面，都处于相对稳定状态。在一定时期内，生态系统的生产者、消费者和分解者之间保持着动态平衡，系统内的能量流动和物质平衡在较长时期内保持稳定的状态，称为生态平衡，又称自然平衡。

平衡的生态系统通常具有四个特征，生物种类组成和数量相对稳定；能量和物质的输入和输出保持平衡；食物链结构复杂而形成食物网；生产者、消费者和还原者之间有完好的营养关系。

只有满足上述特征，才说明生态系统达到平衡，系统内各种量值达到最大，而且对外部冲击和危害的承受能力或恢复能力也最大。

生态系统能够维持相对的平衡状态，主要是由于其内部具有自动调节的能力。但这种调节能力是有一定限度的，它依赖于种类成分的多样性和能量流动及物质循环途径的复杂性，同时取决于外部作用的强度和时间。例如某一水域中的污染物的量超过水体本身的自净能力时，这个水域的生态系统就会被彻底破坏。

1.2.2.2 破坏生态平衡的因素

破坏生态平衡有自然因素，也有人为因素。

A 自然因素

主要指自然界发生的异常变化或自然界本来就存在的对人类和生物的有害因素。如火山喷发、山崩、海啸、水旱灾害、地震、台风、流行病等自然灾害，都会破坏生态平衡。

B 人为因素

主要指人类对自然资源的不合理利用、工农业发展带来的环境污染等问题，主要有三种情况：

（1）物种改变引起平衡的破坏。人类有意或无意地使生态系统中某一种生物消失或往系统中引进某一种生物，都可能对整个生态系统造成影响。如澳大利亚原来没有兔子，1859年一位财主从英国带回24只兔子，放养在自己的庄园里供打猎用。由于没有兔子的天敌，致使兔子大量繁殖，数量惊人，遍布田野，在草原上每年以113km的速度向外蔓延，该地区大量的青草和灌木被全部吃光，牛羊失去牧场。田野一片光秃，土壤无植被保护，水土流失严重，农作物每年损失多达1亿美元，生态系统遭到严重破坏。

（2）环境因素改变引起平衡的破坏。由于工农业的迅速发展，使大量污染物进入环境，从而改变生态系统的环境因素，影响整个生态系统。如空气污染、热污染、除草剂和杀虫剂的使用，施肥的流失、土壤侵蚀及污水进入环境引起富营养化等，改变生产者、消费者和分解者的种类和数量并破坏生态平衡而引起一系列环境问题。

（3）信息系统的破坏。当人们向环境中排放的某些污染物质与某一种动物排放的性信息素接触使其丧失驱赶天敌、排斥异种、繁衍后代的作用，从而改变了生物种群的组成结构，使生态平衡受到影响。

1.2.3 生态学规律在环境保护中的应用

人口的迅速增长、工农业的高度发展、人类对自然改造能力的增强，使环境遭受了严重污染并引起生态平衡的破坏。生态学不仅是一门解释自然规律的科学，也是一门为国民经济服务的科学。因此，要解决世界上面临的五大环境问题——人口、粮食、资源、能源和环境污染，必须以生态学的理论为指导，按生态学的规律来办事。

1.2.3.1 生态学的一般规律

生态学所揭示或遵循的规律，对做好环境保护、自然保护工作，发展农、林、牧、副、渔各业均有指导意义。

A 相互依存与相互制约规律

相互依存与相互制约反映了生物间的协调关系，是构成生物群落的基础。

普遍的依存与制约也称"物物相关"规律。生物间的相互依存与制约关系，无论在动物、植物和微生物中，或在它们之间都是普遍存在的。在生产建设中特别是在需要排放废物、施用农药化肥、采伐森林、开垦荒地、修建水利工程等，务必注意调查研究，即查清自然界诸事物之间的相互关系，统筹兼顾。

通过"食物"而相互联系与制约的协调关系，也称"相生相克"规律。生态体系中各种生物个体都建立在一定数量的基础上，即它们大小和数量都存在一定的比例关系。生物体间的这种相生相克作用，使生物保持数量上的相对稳定，这是生态平衡的一个重要方面。

B　物质循环转化与再生规律

生态系统中植物、动物、微生物和非生物成分，借助能量的不停流动，一方面不断地从自然界摄取物质并合成新的物质，另一方面又随时分解为原来的简单物质，即"再生"，重新被植物所吸收，进行着不停的物质循环。因此要严格防止有毒物质进入生态系统，以免有毒物质经过多次循环后富集到危及人类的程度。

C　物质输入输出的动态平衡规律

当一个自然生态系统不受人类活动干扰时，生物与环境之间的输入与输出是相互对立的关系，生物体进行输入时，环境必然进行输出，反之亦然。对环境系统而言，如果营养物质输入过多，环境自身吸收不了，就会出现富营养化现象，打破了原来的输入输出平衡，破坏原来的生态系统。

D　相互适应与补偿的协同进化规律

生物给环境以影响，反过来环境也会影响生物，这就是生物与环境之间存在的作用与反作用过程。如植物从环境吸收水分和营养元素，生物体则以其排泄物和尸体把相当数量的水和营养素归还给环境，最后获得协同进化的结果。经过反复地相互适应和补偿，生物从光秃秃的岩石向具有相当厚度的、适于高等植物和各种动物生存的环境演变。

E　环境资源的有效极限规律

任何生态系统中作为生物赖以生存的各种环境资源，在质量、数量、空间和时间等方面都有其一定的限度，不能无限制地供给，而其生物生产力也有一定的上限。因此每一个生态系统对任何外来干扰都有一定的忍耐极限，超过这个极限，生态系统就会被损伤、破坏，以致瓦解。

以上五条生态学规律也是生态平衡的基础。生态平衡以及生态系统的结构与功能又与人类当前面临的人口、食物、能源、自然资源、环境保护五大社会问题紧密相关，如图1-3所示。

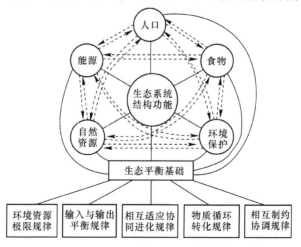

图1-3　生态规律与五大社会问题的关系示意图

1.2.3.2 生态学规律在环境保护中的应用

由于人口的飞速增长，各个国家都在努力发展本国经济，刺激工农业生产的发展和科学技术的进步。随着人们对自然改造能力的增强，开发利用自然资源过程中，生态系统也遭到了严重破坏，引起生态平衡的失调。大自然反过来也毫不留情地惩罚人类，如森林面积减少，沙漠面积扩大；洪、涝、旱、风、虫等灾害发生频繁；工业、生活污水未有效处理；各种大气污染物浓度上升，地球变得越来越不适合人类生存。人类终于认识到要按照生态学的规律来指导人类的生产实践和一切经济活动，要把生态学原理应用到环境保护中去。

A 全面考察人类活动对环境的影响

在一定时空范围内的生态系统都有其特定的能流和物流规律。只有顺从并利用这些自然规律来改造自然，人们才能既不断发展生产又能保持一个洁净、优美和宁静的环境。举世瞩目的三峡工程曾引起很大争议，其焦点是如何全面考察三峡工程对生态环境的影响。长江流域的水资源、内河航运、工农业总产值等都在全国占有相当的比重。兴修三峡工程可有效地控制长江中下游洪水，减轻洪水对人民生命财产安全的威胁和对生态环境的破坏；三峡工程的年发电量相当于 4000 万吨标准煤的发电量，减轻对环境的污染。但是兴修三峡工程，大坝蓄水 175m 的水位将淹没川、鄂两省 19 市县，移民 72 万人，淹没耕地 2.33 万公顷、工厂 657 家。三峡地区以奇、险为特色的自然景观有所改观，沿岸地少人多，如开发不当可能加剧水土流失，使水库淤积；一些鱼类等生物的生长繁殖将受到影响。

1992 年全国人民代表大会经过热烈讨论之后，投票通过了关于兴建三峡工程的议案。从经济效益和生态效益两方面，统筹兼顾时间和空间，贯彻了整体和全局的生态学中心思想。

B 充分利用生态系统的调节能力

生态系统的生产者、消费者和分解者在不断进行能量流动和物质循环过程中，受到自然因素或人类活动的影响时，系统具有保持其自身稳定的能力。在环境污染的防治中，这种调节能力又称为生态系统的自净能力。例如水体自净、植树造林、土地处理系统等，都收到明显的经济效益和环境效益。

1978 年以来，我国开展了规模宏大的森林生态工程建设，横跨 13 个省区的"三北"防护林体系，森林覆盖率由 5.05% 提高到 7.09%。其明显的生态效益和经济效益是：改善了局部气候；抗灾能力提高；沙化面积减少，农牧增产增收；解决了地方用材，提高人民收入。

C 解决近代城市中的环境问题

城市人口集中，工业发达，是文化和交通的中心。但是，每个城市都存在住房、交通、能源、资源、污染、人口等尖锐的矛盾。因此编制城市生态规划，进行城市生态系统的研究是加强城市建设和环境保护的新课题。表 1-2 为城市中各子系统的特点、环境问题和解决措施。

表1-2 城市中各子系统的特点、环境问题和解决措施

项目	生态系统	人工物质系统	环境资源系统	能源系统
环境特点	大量增加人口密度	改变原有地形地貌；大量使用资源消耗能源，排出废物；信息提高生产率；管网输送污染物改造环境	承纳污染物，改变理化状态；大量消耗资源，造成枯竭	生物能转化后排出大量废物；自然能源属清洁能源；化石能源利用后排出废物
环境问题	使环境自净能力降低；生态系统遭受破坏	改变自然界的物质平衡；人工物质大量在城市中积累；环境质量下降	破坏自然界的物质循环；降低了环境的调节能力；资源枯竭，影响系统的发展	产生大量污染物，环境质量下降
措施	控制城市人口；绿化城市	编制城市环境规划；合理安排生产布局；合理利用资源；进行区域环境综合治理；改革生产工艺	建立城市系统与其他系统的联系；调动区域净化能力；合理利用资源	改革工艺设备；发展净化设备；寻找新能源

D 以生态学规律指导经济建设，综合利用资源和能源

以往的工农业生产是单一的过程，既没有考虑与自然界物质循环系统的相互关系，又往往在资源和能源的耗用方面片面强调产品的最优化问题。以致在生产过程中大量有毒的废物排出，严重破坏和污染环境。

解决这个问题较理想的办法就是应用生态系统的物质循环原理，建立闭路循环工艺，实现资源和能源的综合利用，杜绝浪费和无谓的损耗。闭路循环工艺就是把两个以上流程组合成一个闭路体系，使一个过程的废料和副产品成为另一个过程的原料。这种工艺在工业和农业上的具体应用就是生态工艺和生态农场。

（1）生态工艺要在生产过程中输入的物质和能量获得最大限度的利用，即资源和能源的浪费最少，排出的废物最少。图1-4造纸工业闭路循环工艺流程，即注意整个系统最优化，而不是分系统的最优化，这与传统的生产工艺是根本不同的。

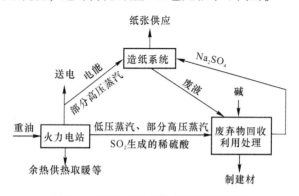

图1-4 造纸工业闭路循环工艺流程图

（2）生态农场就是因地制宜地应用不同的技术，来提高太阳能的转化率、生物能的利

率和废物的再循环率，使农、林、牧、副、渔及加工业、交通运输业、商业等获得全面发展。

图1-5是一个典型的生态农场示意图。它使生物能获得最充分的利用；肥料等植物营养物可以还田；控制了庄稼废物、人畜粪便等对大气和水体的污染。完全实现了能源和资源的综合利用以及物质和能量的闭路循环。

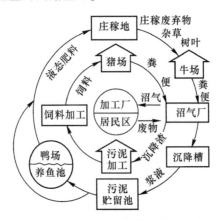

图1-5 菲律宾玛雅农场的废物循环途径

E 对环境质量进行生物监测和评价

利用生物个体、种群和群落对环境污染或变化所产生的反应阐明污染物在环境中的迁移和转化规律；利用生物对环境中污染物的反应来判断环境污染状况，如利用植物对大气污染、水生生物对水体污染的监测和评价；利用污染物对人体健康和生态系统的影响制定环境标准。

总之，我们应该利用生态学规律，把经济因素与地球物理因素、生态因素和社会因素紧密结合在一起进行考虑，使国家和地区的发展适应环境条件，保护生态平衡，达到经济发展与人类相适应、实行持续发展的战略目标。

1.3 人与环境

1.3.1 人与环境的关系

人类和环境都是由物质组成的。物质的基本单元是化学元素，它是把人体和环境联系起来的基础。地球化学家们分析发现，人类血液和地壳岩石中化学元素的含量具有相关性，有60多种化学元素在血液中和地壳中的平均含量非常近似。这种人体化学元素与环境化学元素高度统一的现象表明了人与环境的统一关系。

人类和其他生物一样，通过新陈代谢与周围环境不断地进行着物质与能量的交换。一方面，从环境中摄取空气、水分和食物等生命必需的物质，在体内经过分解与同化而组成细胞和组织的各种成分，并产生能量，以维持人体的正常生长与发育。另一方面，在新陈代谢过程中，人体内产生各种不需要的代谢产物，通过各种途径重返环境之中。在正常情况下，许多化学元素反复进行着环境—生物—环境的循环，互相作用、互相影响着，并保持着人体与环境的平衡关系。当自然界发生变化时，人体也可以从内部调节自己的适应性与不断变化的地壳物质保持平衡。所以，人和环境是不可分割的辩证统一体，在地球的长期发展进程中形成了一种互相制约、互相作用的统一关系。

1.3.2 环境污染对人体健康的危害

人类活动排放各种污染物，使环境质量下降或恶化。污染物可以通过各种媒介侵入人体，使人体的各种器官组织功能失调，引发各种疾病，严重时导致死亡，这种状况成为"环境污染疾病"。

环境污染对人体健康的危害是极其复杂的过程，其影响具有广泛性、长期性和潜伏性等特点，具有致癌、致畸、致突变等作用，有的污染物潜伏期达十几年，甚至影响到子孙后代。危害种类分为以下三个方面。

1.3.2.1 急性危害

某些有毒物质通过空气、水体和食物链进入人体，并达到一定的浓度时，会导致急性中毒或亚急性中毒。中毒程度的轻重与污染物的性质和接触剂量等有关。如 20 世纪 30 ~ 70 年代世界几次大烟雾污染事件，都属于环境污染引起的急性危害，其中 1952 年伦敦烟雾事件死者多属于急性闭塞性换气不良，造成急性缺氧或引起心脏病恶化而死亡。

1.3.2.2 慢性危害

有毒的化学物质污染环境，小剂量长期作用于人体时，达到一定的程度，可以产生慢性中毒。根据研究表明，空气污染是慢性支气管炎、肺气肿及支气管哮喘等呼吸器官疾病的直接原因或诱发原因之一。铅污染、汞污染对人体健康也有极大的危害。

1.3.2.3 远期危害

环境污染对人体健康的影响往往不是在短期内，而是经过一段较长的潜伏期后才表现出来，甚至影响子孙后代的健康。环境因素的"三致"作用如下：

（1）致癌作用。近几十年来，癌症的发病率和死亡率不断上升。研究表明，许多肿瘤发病与环境因素有关，其中化学性因素的致癌又占有重要地位。人类接触化学性物质主要来自环境污染。现已确认的致癌物质有苯并[α]芘、砷、铬、镍、石棉、联苯胺、双氯甲醚、氯乙烯、黄曲霉等。可能致癌的物质有铍、镉、亚硝酸胺类化合物。我国某些地区的肝癌发病率高与有机氯农药污染有关。

（2）致突变作用。环境污染物引起生物体细胞的遗传信息和遗传物质发生突然改变的作用称为致突变作用。这种致突变作用引起变化的遗传信息和遗传物质在细胞分裂繁殖过程中能够传递给子细胞，使其具有新的遗传特征。具有致突变的物质称为致突变物，如工业毒物中的烷化剂和某些高分子化合物的单体（氯乙烯、苯乙烯、氯丁二烯等），以及氮芥、硫酸二甲酯、硫酸二乙酯、苯、甲苯等。核辐射也会引起遗传突变。

（3）致畸作用。某些环境因素对生殖系统的作用干扰了正常的胚胎生育过程，产生了畸形胚胎，如胚胎死亡、胚胎生长迟缓、畸形、功能不全等。这种作用称为致畸作用。能引起畸胎的一些因素称为致畸原，有物理因素（电离辐射、核辐射等）、化学因素（农药、工业毒物、食物添加剂和医疗药物等）和生物学因素（某些病毒，如风疹病毒等）。

1.4　矿产资源与环境

1.4.1　矿产资源

1.4.1.1　矿产资源的概念

矿产资源是指天然赋存于地球内部或表面，由地质作用所形成，呈固态、液态或气态的具有经济价值或潜在经济价值的富集物。矿产资源是人类生活资料与生产资料的主要来源，是人类生存和发展的重要物质基础，充当目前95%以上的能源、80%以上的工业原料、70%以上的农业生产资料、30%以上的工农业用水。20世纪60年代之后，人类对矿产资源开发和利用的量急剧增长，矿产资源在现代工业生产和国民经济发展中起到越来越重要的作用。全球GDP增长与矿产资源需求增长基本是同步的，包括各种金属和非金属矿产资源，这反映出了人类社会发展与国家经济发展对矿产资源的依赖程度。

1.4.1.2　矿产资源的分类

在《中华人民共和国矿产资源法实施细则》的附件中，将矿产资源分为能源矿产、金属矿产、非金属矿产和水气矿产四类。

（1）能源矿产：指能作为能源利用的矿产，主要有煤、石油、天然气、油页岩、铀、钍、地热等。

（2）金属矿产：指为冶金工业所需的主要金属原料，主要有铁、锰、铬、钒、铜、铅、锌、钴、汞、金、银等。

（3）非金属矿产：主要有硫铁矿、磷、钠盐、明矾石、芒硝、天然碱、重晶石、云母、石英、石墨、石膏、金刚石、滑石等。

（4）水气矿产：地下水、矿泉水、二氧化碳气、硫化氢气、氦气、氡气。

1.4.1.3　矿产资源的特性

矿产资源不同于土地、森林、草地、海洋、淡水等资源，具有其自身特性。

A　不可再生性

矿产资源是在地壳形成后，经过漫长的地质历史时期，由多种地质作用的共同作用而形成的。由于矿产资源形成的条件复杂、形成时间漫长，以至补给的速度和消耗的速度相比是微不足道的。因此，矿产资源是一种可供人类社会利用的、不可再生的资源。

B　分布的不均匀性

矿产资源是由多种自然因素及长期的地质作用而形成的，由于地球上各个不同地区的自然条件不同，因此矿产资源在地壳上的分布也是不均匀的，具有明显的区域性和不均匀性特点。例如，我国的煤矿集中分布于北方，磷矿集中分布于南方；世界上的石油多集中分布于海湾地区。矿产资源这种分布不平衡的特点，决定了其成为一种在国际经济、政治中具有高度竞争性的特殊资源。

C　共生与伴生性

矿产资源通常具有多种组分共生或伴生的特点。有的矿产是由若干种平均含量差不多的元素或矿种组成，称为共生；多数情况下是以某一种矿产为主，另有若干种相对含量较少的矿种或元素组分在一起，称为伴生。例如内蒙古白云鄂博铁矿的成分十分复杂，已发现有用元素 20 多种，各种矿物百余种，其中可以综合利用的稀有、稀土矿物 30 多种。我国最大的甘肃铜镍矿，伴生有金、银、钴、硒、硫、镉、镓、锗等有用元素；四川攀枝花铁矿共生有钒、钛、钴、镓、锰等 13 种主要矿产。这些矿床都是拥有多种矿产的综合性矿床，这类矿床在我国较多。虽然可以一矿多用，但是矿石的选冶技术条件较复杂，在开采利用上难度较大。

D　动态性

矿产资源是在一定科学技术水平下可利用的自然资源，矿产资源的储量和利用水平随着科学技术、经济社会的发展而不断变化。甚至原本认为不是矿产资源的，现在却可以作为矿产资源予以利用，现在是矿产资源的也可能在未来失去使用价值。

1.4.1.4　中国矿产资源的特点

中国是世界上矿产资源总量比较丰富、矿种配套程度比较高的国家之一，已探明的矿产资源总量约占世界的 12%。在我国已查明资源储量的矿产 159 种，其中能源矿产 10 种，金属矿产 54 种，非金属矿产 92 种，水气矿产 3 种。其中钨、锑、稀土、锌、萤石、重晶石、煤、锡、汞、钼、石棉、菱镁矿、石膏、石墨、滑石、铅等矿产的储量在世界上居前列，占有重要地位。另外，铅、铬、金刚石和钾盐等矿的储量较少，不能满足国内的需要。中国矿产资源特点有以下几种。

A　矿产资源总量多，但人均占有量较少

中国矿产资源总量居世界第三位，但人均占有量只有世界平均水平的 58%，居第 53 位。

B　资源结构与需求结构不协调

部分在世界上具有明显优势的矿产需求量小，而需求量大的矿产资源量不足或是质量欠佳。大宗急需矿产（如石油、天然气、铁、铜、铝、磷、钾等）多半储量不足，或者受区位条件限制，开发利用条件差，难以满足经济建设的需要。

C　矿石质量欠佳，贫矿多、富矿少

中国矿石品位多数低于世界平均水平，尤其是需求量大的大宗矿产更为突出。如中国铁矿平均品位仅 33%，比世界平均水平低 10 个百分点以上；铜矿平均品位仅是富铜国家（如智利和赞比亚）的一半左右；铝土矿几乎全部为能耗高、碱耗大、生产成本高的一水硬铝土矿，而国外大部分为生产成本低的三水软铝土矿。

D　地理分布不够理想

矿产分布多数远离资源消费区。中国主要矿产的地理分布极不均匀，不少待开发的大宗重要矿产主要分布在中、西部经济欠发达、开发条件差或交通运输困难的边远地区和生态环境脆弱地区，而矿产品加工消费区则主要集中在东部沿海地区。

E　大型矿少、中小型矿居多

中国已探明的 2 万多个矿床中，大型或超大型矿床仅占矿床总数的 8.6%，矿床规模以中小型为主。

1.4.2　采矿生产对环境的影响

矿业在其开采、加工和运输过程中会对自然环境造成较大的破坏，产生各种各样的污染物质，造成大气、水体和土壤的污染，并给生态环境和人体健康带来直接或间接、近期或远期、急性或慢性的不利影响，而且还会引起土地退化、沙漠化和水环境变化等。例如，我国是一个产煤大国，煤炭是生产和生活的主要能源，在我国一次性能源中，煤炭占75%。由于大量地使用煤炭，我国的大气污染主要是煤烟型污染，酸雨区的分布也与区域性煤炭的使用量有密切关系。同时，煤炭资源的开发利用还直接影响着社会经济的发展。事实证明，一些国家或地区的环境污染状况，在某种程度上和这些国家或地区的矿产资源消耗水平相一致。同时．矿产资源是一种不可更新的自然资源，所以，开发矿业所产生的环境问题，日益引起各国的重视：一方面是保护矿山环境，防治污染；另一方面是合理开发利用，保护矿产资源。

矿业活动诱发的环境问题与矿产种类、开发方式、环境地质背景以及矿山企业的规模、性质有关。不同的矿山由于开采的矿种不同，会产生不同的矿山环境问题。

露天煤炭的开采导致的环境问题主要有：破坏和占用大量土地，露天开拓、运输及废石堆放产生的大气污染，直接破坏生态环境和自然景观，采场和排土场风、水复合侵蚀造成的边坡稳定问题，排土场煤矸石酸性渗流污染，露天采坑造成的地下水疏干和区域水位下降等。

井工开采的环境问题主要有矿井涌水诱发排、供水及生态环境三者之间的矛盾，采矿诱发的地面塌陷及其对地面建筑物、土地和生态环境的影响，固体废物占地及不合理堆放引起的滑坡和泥石流等。

金属矿山环境问题主要有尾矿废渣引起水体的重金属污染；非金属矿山的开采主要是产生的粉尘造成大气污染和严重的水土流失；石油油田的环境问题主要集中在地表水、地下水和土壤的严重污染。

采矿生产对环境的影响主要有以下几方面。

1.4.2.1　对土地资源的影响

采矿对土地的破坏主要是指采矿工程占用和破坏土地，为采矿服务的交通（公路、铁路等）设施和采矿生产过程中因堆放大量固体废物占用土地，以及因矿山开采而产生地面裂缝、变形及地表大面积的塌陷等。据估计，到目前为止，我国采矿工业占用和破坏的土地已达 2000 万~3000 万亩。

露天采矿对土地资源破坏的最主要形式是对表土层直接剥离挖损，这对土地的破坏是最严重和最直接的。1949~1989 年年底，全国露天煤矿采煤约 800 百万吨，挖损及排土场压占破坏的土地约 1.76 万公顷；1991~2000 年开采原煤约 100 百万吨，年破坏土地面积 2200 公顷；今后 30 年累计破坏土地面积将达 13.5 万公顷。虽然露天煤矿产量仅占全国煤炭总量的 4%，但其对矿区土地资源及生态环境的破坏是最为严重的。

我国的露天煤矿大都位于人口密度较稀疏的西部和北部，这些地区属于干旱或半干旱的生态环境脆弱区，如霍林河矿区、伊敏河矿区位于草原风沙区，平朔矿区、准格尔矿区位于水土流失严重区，神府东胜矿区位于毛乌素沙漠和西北黄土高原过渡地带的沙化区。矿区的开发加剧了水土流失和土地沙漠化。例如，准格尔煤田土地沙化面积已占煤田面积的 21%。陕西东胜矿区开发前的风蚀入河沙量为 3433.46 万吨/年，因一、二期开发工程的建设就新增入河沙量 479.47 万吨/年，这些泥沙从窟野河进入黄河，对下游防洪航运极为不利，给当地农、林、牧生产带来很大困难，同时对矿区自身建设也带来严重危害，如1998 年 7 月的特大洪水，由于河床淤积，大柳塔大桥泄洪受阻，洪水漫过河堤，席卷大柳塔小区，造成了数百万元的经济损失。此外，伴随矿区一、二期工程，将新增沙化面积129.64km²，是自然沙漠化面积的1.54倍，若加上该区沙漠化的自然发展，将使开发范围内的85.5%的土地沙漠化。因此，我国西北露天煤矿的水土保持和土地荒漠化防治应引起高度重视。

矿山井下开采，由于采空和顶板岩石的冒落，地面发生大面积塌陷，致使大量良田废弃，村庄搬迁。我国96%的煤炭来自井工开采，因而采煤沉陷是我国煤矿区最主要的生态破坏形式。由于我国各矿区地形、地貌、自然环境及地质采矿条件不同，开采沉陷对土地的影响和破坏程度也各不相同。西北、西南、华中、华北和东北大部分地区的山地、丘陵矿区开采沉陷后地表、地貌无明显变化，基本不积水，对土地影响相对小；黄河以北的大部分平原矿区属中、低潜水位平原沉陷区，开采后沉陷地只有小部分常年积水，积水区周围部分缓坡地易发生季节性积水，造成水土流失和盐渍化，对土地影响较为严重。位于黄淮平原的华东矿区（主要位于安徽、山东、江苏等省）属高潜水位沉陷地，开采沉降后地表大部分常年积水，造成耕地绝产，积水区周围沉陷坡地大部分发生季节性积水，并使原地面农田水利设施遭到严重破坏，对土地影响严重。同时，华东矿区人口密集，是我国重要的商品粮基地，采煤沉陷造成的耕地损失和人地矛盾最为突出。

此外，无论地下还是露天开采，都要剥离地表土壤和覆盖岩层，开掘大量的井巷，因而产生大量废石，堆存废石要占用大量土地，不可避免地要覆盖农田、草地，因而破坏了生态环境。

1.4.2.2 对地表景观、地质遗迹的影响

矿产资源开发对地表景观的破坏，主要表现为采矿活动对自然景观、地貌、地形、地质遗迹、土地及地表植被的破坏，废物、粉尘等对地表景观、地质遗迹的污染和侵蚀。有些矿区位于名胜古迹之下，例如大同、太原地区的煤矿，地下开采塌陷直接或间接威胁着名胜古迹。

1.4.2.3 对大气环境的影响

露天采矿及地下开采时，在工作面钻孔、爆破以及矿石、废石的装载运输过程中产生的粉尘，废石场废石的氧化和自燃释放出的大量有害气体，废石风化形成的细粒物质和粉尘，以及尾矿风化物等，在干燥气候与大风作用下会产生尘暴等，这些都会造成区域环境的空气污染。特别是露天开采时对矿山周围大气污染甚为严重。开采规模的大型化，高效率采矿设备的使用，以及露天开采向深部发展，使环境面临一系列新问题。大型穿孔设备、挖掘设备、汽车运输等均会产生大量粉尘，使采场的大气质量急剧下降，劳动环境日益恶化。据现场监测，大气最高粉尘浓度达 $400\sim1600mg/m^3$，超过国家卫生标准上百倍。爆破作业产生大量有毒、有害气体。上述污染物在逆温条件下，会停留在深凹露天矿坑内不易排出，这是加速导致矿工患硅肺病的主要原因。此外，汽车运输还产生大的氮氧化物、黑烟、3、4-苯并[α]芘，这是导致癌症的根源。

1.4.2.4 对水环境的影响

矿山废水污染主要来自矿山建设和生产过程中排放的矿井水、选矿废水、尾矿水及废石堆放场淋溶水等。矿井水是矿山废水的主体，是在建井和井巷开采过程中，为保障正常生产和井下安全排放的地下水，水量大，成分复杂。矿井水是由于在矿产开采过程中，破坏了地下水原始的赋存状态并产生裂隙，或激活了导水断层，促进了各含水层之间的水力

联系，大气降水和地表水也可通过渗透补给，使各种水沿着原有的和新形成的裂隙、断层渗入井下采掘空间形成的。我国大部分矿区缺水，同时矿井水大量直接排放，既是对水资源的浪费，使得区域地下水位下降，又污染了矿区水环境。

露采和井巷开掘均会使地下水的赋存状态发生变化。矿井疏干排水可改变地下水的天然径流和排泄条件，同时导致地下水资源的巨大浪费，使区域地下水水位大幅度下降，造成矿区水文地质环境的恶化。如山西省因采矿而造成 18 个县缺水，26 万人吃水困难，30多万亩水浇地变成旱地。焦作九里山矿区的多年排水使地下水位最大降深达 90m。疏干碳酸盐围岩含水层时，其溶洞则构成了地面塌陷的隐患；当采空区或井巷与地表储水体存在水力联系时，会酿成淹没矿井的重大事故。

矿井突水是煤矿常见的地质灾害。我国由于矿山疏干排水导致的矿井突水事故不断发生。1984 年开滦范各庄特大水灾，一次造成的损失就近 5 亿元。在河南焦作矿区，水事故共发生 270 余次，最大突水量达 243m³/min，突水淹井事故 19 起，每次直接损失数千万元，矿区排水量高达 8.86m³/s，平均每采 1t 煤就需排 60t 水。开滦范各庄矿突水后，突水点为中心的 10 余千米范围内，水位下降了 20~30m，使厂矿、工业和生活供水原有系统失灵，发生"吊泵"现象，形成无水可供的局面。

由于矿山废水排放量大，持续性强，而且含有大量的重金属离子、酸和碱、固体悬浮物、各种选矿药剂，个别矿山废水（例如铀矿山）中甚至含有放射性物质等。因此，矿山废水在排放过程中会严重污染矿山环境，危及人体健康。

1.4.2.5　固体废物污染

无论是露天开采还是地下开采，都会产生大量的废石。我国是矿业大国，据不完全统计，矿业固体废物占全国工业固体废物的 85%，特别是采煤业居世界首位。堆存废石要占用大量土地，不可避免地要覆盖农田，草地或堵塞水体，因而破坏了生态环境；废石如堆存不当可能发生滑坡事故，造成严重后果。如美国有座高达 244m 的煤矸石场滑进了附近的一座城里，造成 800 余人死亡的惨案。据调查，近 20 年来我国先后发生过多次大规模的废石场滑坡、泥石流等恶性事故，导致人员伤亡、被迫停产、破坏公路、毁坏农田等恶果；有的废石堆会不断逸出或渗滤析出各种有毒有害物质污染大气、地下或地表水体；有的废石堆若堆放不当，在一定条件下会发生自热、自燃，成为一种污染源，危害更大；干旱刮风季节会从废石堆扬起大量粉尘，造成大气的粉尘污染；暴雨季节，会从废石堆中冲走大量沙石，可能覆盖农田、草地、山林或堵塞河流等。

1.4.2.6　噪声污染

矿山噪声的来源主要有矿山采矿机械振动（包括凿岩机、钻机、风机、空压机和电机等）、爆破、机械维修以及矿区运输系统。矿山噪声源数量多、分布广，普遍未采取适当的控制措施，许多设备和作业区的噪声超过 90dB(A)的国家标准，对矿山工厂和附近居民造成危害。超过 140dB(A)的噪声会引起耳聋，诱发疾病，并能破坏仪器的正常工作，对栖息于该地区的动物也构成生存威胁。

1.4.2.7　地质灾害

采矿生产过程中，在一定的地质、地形及气象条件下，在矿山及其相邻地带会发生山体崩塌、滑坡、泥石流等地质灾害。

1.4.3 矿物加工过程对环境的影响

矿物加工过程对环境的影响包括选矿废水污染、大气污染、噪声污染和尾矿污染等。

1.4.3.1 选矿废水

选矿过程中，废水的排放量是惊人的。在有色金属选矿中，处理 1t 矿石浮选用水 4～7m³，重浮联选用水 20～30m³，除去循环使用的水量，绝大部分消耗的水量伴随尾矿以尾矿浆的形式从选矿厂流出。尤其在浮选过程中，为了有效地将有用组分选出来，需要在不同的作业中加入大量的浮选药剂，主要有捕收剂、起泡剂、有机和无机的活化剂、抑制剂、分散剂等。其中，黄药作为选矿过程中常用的浮选药剂，是选矿废水中所含的主要污染物。黄药为淡黄色粉状物，有刺激性臭味，易分解，易溶于水，且在水中不稳定，尤其是在酸性条件下易分解。同时，部分金属离子、悬浮物、有机和无机药剂的分解物质等，都残存在选矿废弃溶液中，形成含有大量有害物质的选矿废水。直接排放该选矿废水，将对环境造成严重污染，这使得我国矿山每年采矿与选矿排出的污水达 12 亿～15 亿吨，占有色金属工业废水的 30% 左右。

选矿废水中主要有害物质是重金属离子、矿石浮选时用的各种有机和无机浮选药剂，包括剧毒的氰化物、氰络合物等。废水中还含有各种不溶解的粗粒及细粒分散杂质。选矿废水中往往还含有钠、镁、钙等的硫酸盐、氯化物或氢氧化物。选矿废水中的酸主要是含硫矿物经空气氧化与水混合而形成的。选矿废水中的污染物主要有悬浮物、酸碱、重金属和砷、氟、选矿药剂、化学耗氧物质以及其他的一些污染物如油类、酚、铵、膦等，其中重金属包括铜、铅、锌、铬、汞及砷等离子及其化合物。

1.4.3.2 选矿大气污染

在选矿生产中，矿石的破碎、研磨、筛分和输送过程中都不可避免地要产生粉尘，若不加以控制，则会逸散到厂房内外大气环境中，污染大气。金属矿，特别是有色金属矿，其矿尘多为混合粉尘，游离二氧化硅的含量一般均超过 10%，有的高达 90%。尤其是一些金矿石，大部分产在石英脉中，游离二氧化硅含量一般都在 60% 以上。按国家排放标准的要求，在这种情况下通风除尘系统的排放浓度都不应超过 100mg/m³（游离二氧化硅含量小于 10% 的矿尘排放允许浓度为 150mg/m³）。还有浮选车间的浮选药剂的臭味；焙烧车间的二氧化硫、三氧化二砷、烟尘；混汞作业、氰化法处理金矿石及炼金产生的汞蒸气、H_2、HCN、H_2S、CO 及 NO_2 等有害气体；以及尾矿尘土飞扬等。

1.4.3.3 选矿噪声

选矿厂噪声主要来源于破碎机、球磨机、筛分、摇床、皮带运输、变电设备等。选矿厂集中许多设备，特别是选煤厂，设备多安装在楼层、大厅的建筑物内，结果使所有工作地点（车间）的声音汇合在一起。声波从声源直接向车间各方向扩散，同时，从防护围挡装置表面反射出来的声音使直达声音加强，部分声波穿过墙壁向四周辐射。机器的振动通过基础传给建筑物结构而分散，变为结构噪声。在许多设备运转的同时，直达声与反射声音叠加就形成复杂的声场。在矿山企业中，噪声突出的危害是引起矿工听力降低和职业性耳聋、引起神经系统、心血管系统和消化系统等多种疾病。

1.4.3.4 尾矿

尾矿是在选矿过程中提取精矿以后剩下的尾渣。矿石采出后，通常都要经过选矿和湿法冶炼工艺，这些过程中将产生大量的尾矿，特别是随着矿石资源利用程度的提高，矿石的可采品位相应降低，从而尾矿量剧增。我国目前生产 1 吨铁精矿约产生 10 吨废石和尾矿，0.6~0.7 吨高炉渣；生产 1 吨铜精矿约产生 400 吨的废石和尾矿。据统计，全国矿山的尾矿数量至少有 150 亿吨，而且目前仍在以每年 5 亿吨的速度增加。其中，全国有色金属矿山尾矿总量达 60 亿吨；十大黑色金属矿山尾矿量达 30 亿吨，黄金矿山的尾矿量约 10 亿吨，化学矿山仅硫铁矿山的尾矿量即达 5 亿吨。

尾矿是引发重大环境问题的污染源，其突出表现在侵占土地、植被破坏、土地退化、沙漠化以及粉尘污染、水体污染等。如原冶金部曾对 9 个重点选矿厂调查，选矿厂附近 15 条河流受到污染，粉尘使周围土地沙化，造成 235.5hm^2 农田绝产，268.7hm^2 农田减产。又如，曾被称为钢铁工业粮仓的鞍山，几十年的铁矿开发带来明显的负面效应。其中最为典型的是在鞍山周边形成了大于 30km^2 的排土场和尾矿库（6 个），这个全国最大的排土场和尾矿库内几乎寸草不生，就像一个人工造成的巨大戈壁、沙漠，同时它也成为鞍山最大的粉尘污染源。

尾矿粒度较细，长期堆存，风化现象严重，产生二次扬尘，粉尘在周边地区四处飞扬，特别在干旱、狂风季节时，细粒尾矿腾空而起，可形成长达数里的"黄龙"，造成周围土壤污染，并严重影响居民的身体健康，尾矿也是沙尘暴产生的重点尘源之一。另外，尾矿中含有重金属离子，有毒的残留浮选药剂以及剥离废石中含硫矿物引发的酸性废水，对矿山及其周边地区的环境污染和生态破坏，其影响将是持久的。由于我国矿山大多是依山傍水的，矿山开发的许多重大环境问题长期未引起重视，所积累的后果最终以"跨域报复""污染转移"等不同形态影响区域环境，甚至给人们带来难以补偿的灾难。

综上所述，矿产资源开发、加工对矿山土壤环境、生态环境、水环境、大气环境和声环境的影响是严重的，而各种不利的环境影响最终都集中表现在对矿山生态系统的影响。研究各类污染产生的原因，提出经济、实用、高效的污染防治措施，是保障矿业可持续发展和生态平衡的重要任务。

2 矿业大气污染与防治

2.1 概述

2.1.1 大气结构与组成

2.1.1.1 大气结构

地球表面环绕着一层很厚的气体，称为环境大气或地球大气，简称大气。按照国际标准化组织对大气的定义：大气是指环绕地球的全部空气的总和。大气是自然环境的重要组成部分，为人类及生物提供了适宜生存的气体环境。

自然地理学将受地心引力而随地球旋转的大气层称为大气圈。大气圈与宇宙空间之间的界限很难确切划分，在大气物理学和污染气象学研究中，常把大气圈的上界定为地球表面以上 1200~1400km。1400km 以外，气体非常稀薄就是宇宙空间了。

根据气温在垂直于下垫面（即地球表面情况）方向上的分布，可将大气圈分为五层，即对流层、平流层、中间层、暖层和散逸层，如图 2-1 所示。

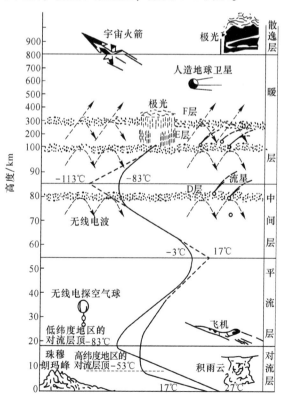

图 2-1 大气垂直方向上的分层

A 对流层

对流层是大气圈最接近地面的一层，平均厚度约为12km。对流层虽然很薄，但空气密度最大，总质量约占大气质量的3/4。在这一层里除了有纯净的干空气外，还几乎集中了大气中的全部水分。云、雾、雨、雪、霜、雷、电等自然现象都发生在这一层，它是天气变化最复杂的层次，我们所关注的空气污染也主要发生在这一层，特别是离地面1~2km的近地层。

对流层有三个主要特征：

（1）由于对流层不能从太阳光得到热能，只能从地面反射得到热能，因此该层大气温度随高度增加而降低，平均每上升100m，气温下降约0.65℃。

（2）大气具有强烈的对流运动，对空气污染物的扩散和传输起着重要的作用。

（3）温度和湿度的水平分布不平均，从而使空气发生大规模的水平运动。

B 平流层

从对流层顶到距地面约55km的这一层称为平流层。平流层内空气比较干燥，几乎没有水汽。平流层底部（从对流层顶到底约35~40km）气温随高度基本不变，保持在-55℃左右（此层大气有时也称同温层）。再向上气温则随高度增加而上升，到平流层顶升至-3℃以上，也称逆温层。

平流层集中了大气中大部分臭氧(O_3)，并在20~25km高度上达到最大值，形成臭氧层。臭氧层能强烈吸收波长为200~300nm的太阳紫外线，保护了地球上的生命免受紫外线伤害。

在平流层中，几乎没有大气对流运动，大气垂直混合微弱，极少出现雨雪天气，是超音速飞机飞行的理想场所。但是，进入平流层中的大气污染物的停留时间很长，特别是进入平流层的氟氯烃（CFCs）等大气污染物，能与臭氧发生光化学反应，致使臭氧层的臭氧逐渐减少，在局部地区形成了"臭氧空洞"。

C 中间层

从平流层顶到距地面85km的这一层称为中间层。由于该层中没有臭氧这一类可直接吸收太阳辐射能量的组分，因此其气温随高度增加而下降，上部气温可降至-83℃。这种温度分布下高上低的特点，使得中间层空气再次出现强热的垂直对流运动。

D 暖层

从中间层顶到距地面800km范围内称为暖层（或热成层、电离层）。这一层的空气稀薄，仅占大气总质量的0.05%。其特点是，在强烈的太阳紫外线和宇宙射线作用下，再度出现气温随高度升高而增高的现象。暖层气体分子被高度电离，存在着大量的离子和电子，故又称为电离层。电离层能使无线电波返回地面，因此对远距离通信极为重要。

E 散逸层

暖层以上的大气层统称为散逸层（或外层）。散逸层是大气层的最外层，空气极为稀薄，而且气温很高，分子运动速度特别快，有的高速粒子能克服地球引力作用而逃逸到太空中。散逸层是相当厚的过渡层，其厚度为2000~3000km。

2.1.1.2 大气的组成

大气是多种气体的混合物。大气的总质量约为$6×10^{15}t$，相当于地球质量的百万分之一，就其组成（见表2-1）可以分为恒定的、可变的和不定的三种组分。其中氮、氧、氩三者共占空气总体积的 99.97%，加上微量的氖、氦、氪、氙、氢等稀有气体，构成了空气中的恒定组分。

表 2-1　干洁空气的组成

气体名称	体积分数/%	气体名称	体积分数/%
氮(N_2)	78.09	甲烷(CH_4)	$1.0\times10^{-4} \sim 1.2\times10^{-4}$
氧(O_2)	20.95	氪(Kr)	1.0×10^{-4}
氩(Ar)	0.93	氢(H_2)	0.5×10^{-4}
二氧化碳(CO_2)	0.02~0.04	氙(Xe)	0.08×10^{-4}
氖(Ne)	18×10^{-4}	二氧化氮(NO_2)	0.02×10^{-4}
氦(He)	5.24×10^{-4}	臭氧(O_3)	0.01×10^{-4}

可变组分主要指空气中的 CO_2 和水蒸气。这些组分的含量，随季节、气象和人类活动的影响而变化。含有上述恒定组分和可变组分的空气，通常认为是洁净的空气。

大气中不定组分的来源主要有两个：一是自然界火山爆发、森林火灾、海啸、地震等灾难引起的，如尘埃、硫、硫化氢、硫氧化物、氮氧化物、盐类及恶臭气体，这些不定组分进入大气中，常会造成局部或暂时性污染；二是由于人类社会生产的工业化、人口密集、城市工业布局不合理和环境设施不完善等人为因素造成的，使得大气中增加或增多了某些不定组分，如煤烟、粉尘、硫氧化物、氮氧化物等，这是空气中不定组分的主要来源，也是造成空气污染的主要根源。

2.1.2　大气污染与大气污染源

2.1.2.1　大气污染的定义

大气污染通常是指由于人类活动或自然过程引起某些物质进入大气中，呈现出足够的浓度，达到了足够的时间，并因此而危害了人体的舒适、健康和福利或危害了生态环境的现象。

所谓人类活动不仅包括生产活动，而且也包括生活活动，如做饭、取暖和交通等。自然过程，包括火山活动、森林火灾、海啸、土壤和岩石的风化及大气圈的空气运动等。一般说来，由于自然环境所具有的物理、化学和生物机能（即自然环境的自净作用），会使自然过程造成的大气污染经过一定时间后自动消除，从而使生态平衡自动恢复。所以可以说，大气污染主要是人类活动造成的。

大气污染对人体的舒适、健康的危害，包括对人体的正常生活环境和生理机能的影响，引起急性病、慢性病以至死亡等；而所谓福利，系指与人类协调并共存的生物、自然资源以及财产、器物等。

按照大气污染的范围来分，大致可分为四类：（1）局部地区污染，局限于小范围的大气污染，如受到某些烟囱排气的直接影响；（2）地区性污染，涉及一个地区的大气污染，如工矿区及其附近地区或整个城市大气受到污染；（3）广域污染，涉及比一个地区或大城市更广泛地区的大气污染；（4）全球性污染，涉及全球范围的大气污染，包括温室效应、臭氧层破坏和酸雨三大问题。

2.1.2.2　大气污染源

大气污染源，从总体分为自然污染源和人为污染源。由森林火灾造成的烟尘，火山喷发产生的火山灰、二氧化硫，干燥地区的风沙等自然因素引起的称为自然污染源。除此之外，由人为因素产生的污染源称为人为污染源。环境科学研究的大气污染源，主要是人为污染源。

根据不同的研究目的以及污染源的特点，污染源有不同的分类。

（1）按污染源存在形式分：

1）固定污染源——排放污染物的装置、场所位置固定，如火力发电厂、烟囱、炉灶等。

2）移动污染源——排放污染物的装置、设施位置处于运动状态，如汽车、火车、轮船等。

（2）按污染物的排放方式分：

1）点源——集中在一点或在可当作一点的小范围内排放污染物，如高烟囱。

2）面源——在一个大范围内排放污染物，如许多低矮烟囱集合起来而构成的一个区域性的污染源。

3）线源——沿着一条线排放污染物，如汽车、火车等。

（3）按污染物的排放空间分：

1）高架源——在距地面一定高度处排放污染物，如高烟囱。

2）地面源——在地面上排放污染物，如居民煤炉、露天储煤场等。

（4）按污染物的排放时间分：

1）连续源——连续排放污染物，如火力发电厂烟囱。

2）间断源——排放污染物时断时续，如取暖锅炉。

3）瞬时源——无规律的短时间排放污染物，如工厂事故排放。

（5）按污染物产生的类型分：

1）工业污染源——包括工业用燃料燃烧排放的污染物、生产过程排放废气、粉尘等。

2）农业污染源——农用燃料燃烧的废气、有机氯农药、氮肥分解产生的 NO_x 等。

3）生活污染源——民用炉灶、取暖锅炉、垃圾焚烧等放出的废气。具有量大、分布广、排放高度低等特点。

4）交通污染源——交通运输工具燃烧燃料排放废气，成分复杂、危害性大。

造成大气污染的污染物，从产生源来看，主要来自以下几个方面。

（1）燃料燃烧。火力发电厂、钢铁厂、炼焦厂等工矿企业的燃料燃烧，各种工业窑炉的燃料燃烧以及各种民用炉灶、取暖锅炉的燃料燃烧均向大气排放出大量污染物。燃烧排气中的污染物组分与能源消费结构有密切关系。发达国家能源以石油为主，大气污染物主要是一氧化碳、二氧化硫、氮氧化物和有机化合物。我国能源以煤为主，主要大气污染物是颗粒物和二氧化硫。

（2）工业生产过程。化工厂、石油炼制厂、钢铁厂、焦化厂、水泥厂等各种类型的工业企业，在原材料及产品的运输、粉碎以及由各种原料制成成品的过程中，都会有大量的污染物排入大气中。这类污染物主要有粉尘、碳氢化合物、含硫化合物、含氮化合物以及卤素化合物等多种污染物。

（3）农业生产过程。农业生产过程对大气的污染主要来自农药和化肥的使用。有些有机氯农药如 DDT，施用后在水中能在水面悬浮，并同水分子一起蒸发而进入大气；氮肥在施用后，可直接从土壤表面挥发成气体进入大气，而以有机氮或无机氮进入土壤内的氮肥，在土壤微生物作用下可转化为氮氧化物进入大气，从而增加了大气中氮氧化物的含量。此外，稻田释放的甲烷，也会对大气造成污染。

（4）交通运输。各种机动车辆、飞机、轮船等均排放有害废物到大气中，主要的污染物是碳氢化合物、一氧化碳、氮氧化物、含铅化合物、苯并[α]芘等。

2.1.3 大气污染物

大气污染物系指由于人类活动或自然过程排入大气的，并对人和环境产生有害影响的物质。

大气污染物的种类很多，按其存在状态可概括为两大类：气溶胶状态污染物和气体状态污染物。

2.1.3.1 气溶胶状态污染物

气体介质和悬浮在其中的分散粒子所组成的系统称为气溶胶。在大气污染中，气溶胶粒子系指沉降速度可以忽略的小固体粒子、液体粒子或固液混合粒子。从大气污染控制的角度，按照气溶胶粒子的来源和物理性质，可将其分为如下几种：

（1）粉尘（dust）：粉尘系指悬浮于气体介质中的小固体颗粒，受重力作用能发生沉降，但在一段时间内能保持悬浮状态。它通常是由于固体物质的破碎、研磨、分级、输送等机械过程，或土壤、岩石的风化等自然过程形成的。颗粒的形状往往是不规则的。

颗粒的尺寸范围，一般为 $1 \sim 200 \mu m$。属于粉尘类的大气污染物的种类很多，如黏土粉尘、石英粉尘、煤粉、水泥粉尘、各种金属粉尘等。在我国的环境空气质量标准中，还根据粉尘颗粒的大小，将其分为总悬浮颗粒物（Total Suspended Particles，TSP）、可吸入颗粒物（Inhalable Particles，PM_{10}）、细颗粒物（Fine Particles，$PM_{2.5}$）。TSP 是指能悬浮在空气中，空气动力学当量直径 $\leqslant 100 \mu m$ 的颗粒物。PM_{10} 是指悬浮在空气中，空气动力学当量直径 $\leqslant 10 \mu m$ 的颗粒物。$PM_{2.5}$ 是指悬浮在空气中，空气动力学当量直径 $\leqslant 2.5 \mu m$ 的颗粒物，也称为细粒。与较粗的大气颗粒物相比，$PM_{2.5}$ 粒径小，富含大量的有毒、有害物质且在大气中的停留时间长、输送距离远，因而对人体健康和大气环境质量的影响更大。2012 年 2 月，国家发布新修订的《环境空气质量标准》中增加了 $PM_{2.5}$ 监测指标。

（2）烟（fume）：烟一般系指由冶金过程形成的固体颗粒的气溶胶。它是由熔融物质挥发后生成的气态物质的冷凝物，在生成过程中总是伴有诸如氧化之类的化学反应。烟颗粒的尺寸很小，一般为 $0.01 \sim 1 \mu m$。产生烟是一种较为普遍的现象，如有色金属冶炼过程中产生的氧化铅烟、氧化锌烟，在核燃料后处理厂中的氧化钙烟等。

（3）飞灰（fly ash）：飞灰系指随燃料燃烧产生的烟气排出的分散得较细的粒子。

（4）黑烟（smoke）：黑烟一般系指由燃料燃烧产生的能见气溶胶，不包括水蒸气。黑烟的粒度范围为 $0.05 \sim 1 \mu m$。

（5）霾（或灰霾）（haze）：霾天气是大气中悬浮的大量微小尘粒使空气浑浊，能见度降低到 10km 以下的天气现象，易出现在逆温、静风、相对湿度较大等气象条件下。自然现象霾每年出现的周期只有几天，而且强度不大。近年来，由于人类活动使大气气溶胶污染日趋严重，一些大城市区域霾的出现频率增加，可达到 100~200 天，强度也大大增加，能见度可以恶劣到 1~2km，被称为灰霾。因此，灰霾是指由于人类活动增加导致的城市区域近地层大气的霾现象，灰霾天气的本质是细粒子气溶胶污染。

（6）雾（fog）：雾是气体中液滴悬浮体的总称。在气象中，雾是指造成能见度小于 1km 的小水滴悬浮体。在工程中，雾一般泛指小液体粒子悬浮体，它可能是由于液体蒸气的凝结、液体的雾化及化学反应等过程形成的，如水雾、酸雾、碱雾、油雾等。

2.1.3.2　气体状态污染物

气体状态污染物是以分子状态存在的污染物，简称气态污染物。气态污染物的种类很多，总体上可以分为五大类：以二氧化硫为主的含硫化合物，以一氧化氮和二氧化氮为主的含氮化合物、碳的氧化物、有机化合物及卤素化合物等，见表 2-2。

表 2-2　气态污染物的分类

污染物	一次污染物	二次污染物
含硫化合物	SO_2、H_2S	SO_3、H_2SO_4、MSO_4
含氮化合物	NO、NH_3	NO_2、HNO_3、MNO_3
碳的氧化物	CO、CO_2	无
有机化合物	$C_1 \sim C_{10}$ 化合物	醛、酮、过氧乙酰硝酸酯、O_3
卤素化合物	HF、HCl	无

注：MSO_4、MNO_3 分别为硫酸盐和硝酸盐。

气态污染物又可分为一次污染物和二次污染物。一次污染物是指直接从污染源排放到大气中的原始污染物质；二次污染物是指由一次污染物与大气中已有组分或几种一次污染物之间经过一系列化学或光化学反应而生成的与一次污染物性质不同的新的污染物质，主要有硫酸烟雾（sulfurous smog）和光化学烟（photochemical smog）。

下面介绍几种常见的主要气态污染物：

（1）硫氧化物。硫氧化物中主要有 SO_2 和 SO_3。SO_2 是目前大气污染物中数量较大、影响范围较广的一种气态污染物。大气中 SO_2 的来源很广，几乎所有工业企业都可能产生。它主要来自化石燃料的燃烧过程，以及硫化物矿石的焙烧和冶炼等热处理过程。

（2）氮氧化物。氮和氧的化合物有 N_2O、NO、NO_2、N_2O_3、N_2O_4 和 N_2O_5，统称为氮氧化物（NO_x），其中污染大气的主要是 NO 和 NO_2。NO 毒性不太大，但进入大气后可被缓慢地氧化成 NO_2，当大气中有 O_3 等强氧化剂存在时，或在催化剂作用下，其氧化速度会加快。NO_2 的毒性约为 NO 的 5 倍。当 NO_2 参与大气中的光化学反应，形成光化学烟雾后，其毒性更强。人类活动产生的 NO_x，主要来自各种炉窑、机动车和柴油机的排气，其次是硝酸生产、硝化过程、炸药生产及金属表面处理等过程。其中由燃料燃烧产生的 NO_x 约占 83%。

（3）碳氧化物。CO 和 CO_2 是各种大气污染物中发生量最大的一类污染物，主要来自燃料燃烧和机动车排气。CO 是一种窒息性气体，进入大气后，由于大气的扩散稀释作用和氧化作用，一般不会造成危害。但在城市冬季采暖季节或在交通繁忙的十字路口，当气象条件不利于排气扩散稀释时，CO 的浓度有可能达到危害人体健康的水平。CO_2 是无毒气体，但当其在大气中的浓度过高时，使氧气含量相对减小，对人体产生不良影响。地球上 CO_2 浓度的增加，能产生"温室效应"，对全球气候产生影响。

（4）有机化合物。有机化合物种类很多，从甲烷到长链聚合物的烃类。大气中的挥发性有机化合物（VOCs），一般是 $C_1 \sim C_{10}$ 化合物，它不完全相同于严格意义上的碳氢化合物，因为它除含有碳和氢原子外，还常含有氧、氮和硫的原子。甲烷被认为是一种非活性烃，所以人们以总非甲烷烃类（NMHC）的形式来报道环境中烃的浓度。特别是多环芳烃类（PAH）中的苯并[α]芘（BaP），是强致癌物质，因而作为大气受 PAH 污染的依据。VOCs 是光化学氧化剂臭氧和过氧乙酰硝酸酯（PAN）的主要贡献者，也是温室效应的贡献者之一，所以必须进行控制。VOCs 主要来自机动车和燃料燃烧排气，以及石油炼制和有机化工生产等。

（5）硫酸烟雾。硫酸烟雾系大气中的 SO_2 等硫氧化物，在有水雾、含有重金属的悬浮颗粒物或氮氧化物存在时，发生一系列化学或光化学反应而生成的硫酸雾或硫酸盐气溶胶。硫酸烟雾引起的刺激作用和生理反应等危害，要比 SO_2 气体大得多。

（6）光化学烟雾。光化学烟雾是在阳光照射下，大气中的氮氧化物、碳氢化合物和氧化剂之间发生一系列光化学反应而生成的蓝色烟雾（有时带些紫色或黄褐色）。其主要成分有臭氧、过氧乙酰硝酸酯、酮类和醛类等。光化学烟雾的刺激性和危害要比一次污染物强烈得多。

2.1.4 大气污染的危害

大气污染对人体健康、植物、建筑和材料、气象及气候都会产生危害。

2.1.4.1 对人体的危害

大气污染对人体健康的危害主要表现为引起呼吸道疾病。在突然高浓度污染物作用下，可造成急性中毒，甚至在短时间内死亡。长期接触低浓度污染物，会引起支气管炎、支气管哮喘、肺气肿和肺癌等病症。

大气污染物进入人体的主要有三种途径：表面接触、摄入含污染物的食物和水、吸入被污染的空气，其中以第三种途径最为严重。大气污染物对人体的危害主要表现如下：

（1）颗粒物。可吸入颗粒物随人们呼吸空气而进入人体，以碰撞、扩散、沉积等方式滞留在呼吸道不同的部位。一般大于 $5\mu m$ 的颗粒物多滞留在上呼吸道，小于 $5\mu m$ 的颗粒物多滞留在细支气管和肺部，尤其是 $2.5\mu m$ 以下的颗粒物多进入人体肺部，引起各种尘肺病。粒径越小，颗粒的比表面积越大，物理、化学活性越高，加剧了生理效应的发生与发展。此外，颗粒的表面可以吸附空气中的各种有害气体及其他污染物，而成为它们的载体，如可以承载强致癌物质苯并[α]芘及细菌等。有毒金属粉尘和非金属粉尘（铬、锰、镉、铅、汞、砷等）进入人体后，会引起中毒性死亡。

（2）硫氧化物。二氧化硫易溶于水，当其通过鼻腔、气管、支气管时多被管腔内膜水分吸收阻留，形成亚硫酸、硫酸和硫酸盐，使刺激作用增强。空气中 SO_2 的体积分数为 0.5×10^{-6} 以上，对人体健康已有某种潜在性影响；为 $(1 \sim 3) \times 10^{-6}$ 时，多数人开始受到刺激；为 10×10^{-6} 时，刺激加剧，个别人还会出现严重的支气管痉挛。二氧化硫和气溶胶颗粒一起进入人体，气溶胶微粒把二氧化硫带到肺深部，使毒性增加 $3 \sim 4$ 倍。此外，当颗粒物中含有三氧化二铁等金属成分时，以催化二氧化硫氧化成酸雾，吸附在微粒表面，被带入呼吸道深部。硫酸雾的刺激作用比二氧化硫约强 10 倍。

（3）一氧化碳。CO 是一种能夺去人体组织所需氧的有毒吸入物，暴露于高浓度（>750×10^{-6}）的 CO 中就会导致死亡。血红蛋白对 CO 的亲和力大约为对氧的亲和力的 210 倍。CO 与血红蛋白结合生成碳氧血红蛋白（COHb），COHb 的直接作用是降低血液的载氧能力，次要作用是阻碍其余血红蛋白释放所载的氧，进一步降低血液的输氧能力。在 CO 浓度（10~15）×10^{-6}下暴露 8h 或更长时间的有些人，对时间间隔的辨别力就会受到损害。这种浓度范围是白天商业区街道上的普遍现象，这种暴露情况能在血液中产生大约 2.5% 的 COHb 浓度。在 30×10^{-6}浓度下暴露 8h 或更长时间，会造成损害，出现呆滞现象，血液中能产生 5%COHb 的平衡值。一般认为，CO 浓度 100×10^{-6}是一定年龄范围内健康人暴露 8h 的工业安全上限。

（4）氮氧化物。NO 对生物的影响尚不清楚，经动物实验认为，其毒性仅为 NO_2 的 1/5。NO_2 是棕红色气体，对呼吸器官有强烈刺激作用，当其浓度与 NO 相同时，它的伤害性更大。据实验表明，NO_2 会迅速破坏肺细胞，可能是哮喘病、肺气肿和肺癌的一种病因。环境空气中 NO_2 浓度为（1~3）×10^{-6}时，可闻到臭味；浓度为 13×10^{-6}时，眼、鼻有急性刺激感；在浓度为 17×10^{-6}的环境下，呼吸 10min，会使肺活量减少，肺部气流阻力增加。NO_x 与碳氢化合物混合时，在阳光照射下发生光化学反应生成光化学烟雾。光化学烟雾的成分是光化学氧化剂，它的危害更加严重。

（5）光化学烟雾。光化学烟雾对人体最突出的危害是刺激眼睛和上呼吸道黏膜，引起眼睛红肿和喉炎，这可能与产生的醛类等二次污染物的刺激有关。光化学烟雾对人的另一些危害则与臭氧浓度有关。大气中臭氧的浓度达到 200μg/m^3 时，会引起哮喘发作，导致上呼吸道疾患恶化，同时也刺激眼睛，使视觉敏感度和视力降低；浓度在 400~1600μg/m^3 时，只要接触两小时就会出现器官刺激症状，引起徇骨下疼痛和肺通透性降低，使肌体缺氧；浓度再高，就会出现头疼并使肺部气道变窄，出现肺气肿。

（6）有机化合物。城市大气中有很多有机化合物是可疑的致变物和致癌物，包括卤代甲烷、卤代乙烷、卤代丙烷、氯烯烃、氯芳烃、芳烃、氧化产物和氮化产物等。特别是多环芳烃（PAH）类大气污染物，大多数有致癌作用，其中苯并[a]芘是强致癌物质。城市大气中的苯并[a]芘主要来自煤、油等燃料的未完全燃烧及机动车排气。苯并[a]芘主要通过呼吸道侵入肺部，并引起肺癌。实测数据表明，肺癌与大气污染、苯并[a]芘含量的相关性是显著的。从世界范围看，城市肺癌死亡率约比农村高两倍，有的城市高达 9 倍。

2.1.4.2　对植物的危害

大气污染对农林生产有相当大的影响，常常因此造成巨大的经济损失。最常遇到的毒害植物的气体有二氧化硫、臭氧、氟化氢、氯化氢及氮氧化物等。

大气中二氧化硫的含量过高，特别当其转变为硫酸烟雾时，对植物的损害较大。二氧化硫会妨碍植物的叶面气孔进行正常的气体交换，影响光合作用，并对叶面有腐蚀作用，致使叶面出现失绿斑点，甚至全部枯黄，严重者可引起植物全部死亡。

氟化物对植物的危害，几乎完全来自大气，出现的症状与 SO_2 相似。不同之处是氟化物的危害不发生在"功能叶"上，而对幼芽、幼叶的影响最大。症状出现在叶边和叶脉间，危害后几小时出现萎蔫现象。

臭氧等强氧化剂对植物有很大损伤。例如，臭氧体积分数超过（0.08~0.09）×10^{-6}时，烟草"生理斑点病"发生频率增大；达到 $0.11×10^{-6}$ 时，100%发病；至 $0.165×10^{-6}$ 时，烟草严重受害。

二氧化氮对植物的影响与二氧化硫相似，浓度高时也能引起植物伤害；浓度低时，可增高叶片中叶绿素含量，但长期暴露，会使幼叶衰老和脱落。研究表明，番茄暴露在二氧化氮体积分数 $(0.15\sim0.26)×10^{-6}$ 下 10~19 天，其干重减轻。

氯气和氯化氢是化学工业经常排出的气体，对厂区四周农田有较大影响。氯离子的强烈水合作用，能引起碳水化合物代谢平衡和蛋白质合成的破坏，影响植物产量和质量。氯化物过量时，由于光氧化作用，促使叶绿素破坏，叶片坏死；少量时，叶片失绿。

2.1.4.3 对器物和材料的危害

大气污染对金属制品、油漆涂料、皮革制品、纸制品、纺织品、橡胶制品和建筑物等的损害也是严重的。大气中的 SO_2、NO_x 及其生成的酸雾、酸滴等，能使金属表面产生严重的腐蚀，使纺织品、纸品、皮革制品等腐蚀破损，使金属涂料变质，降低其保护效果。造成金属腐蚀最为有害的污染物一般是 SO_2，已观察到城市大气中金属的腐蚀率约是农村环境中腐蚀率的 1.5~5 倍。温度，尤其是相对湿度，皆显著影响着腐蚀速率。含硫物质或硫酸会侵蚀多种建筑材料，如石灰石、大理石、花岗岩、水泥砂浆等，这些建筑材料先形成较易溶解的硫酸盐，然后被雨水冲刷掉。尼龙织物，尤其是尼龙管道等，对大气污染物也很敏感，其老化显然是由 SO_2 或硫酸气溶胶造成的。

光化学氧化剂中的臭氧，会使橡胶绝缘性能的寿命缩短，使橡胶制品迅速老化脆裂。臭氧还侵蚀纺织品的纤维素，使其强度减弱。所有氧化剂都能使纺织品发生不同程度的褪色。

2.1.4.4 对大气能见度和气候的危害

A 对大气能见度的影响

大气污染最常见的后果之一是大气能见度降低。一般说来，对大气能见度或清晰度有影响的污染物，应是气溶胶粒子、能通过大气反应生成气溶胶粒子的气体或有色气体。因此，对能见度有潜在影响的污染物有：(1) 总悬浮颗粒物(TSP)；(2) SO_2 和其他气态含硫化合物，因为这些气体在大气中以较大的反应速率生成硫酸盐和硫酸气溶胶粒子；(3) NO 和 NO_2，在大气中反应生成硝酸盐和硝酸气溶胶粒子，还在某些条件下，红棕色的 NO_2 会导致烟羽和城市霾云出现可见着色；(4) 光化学烟雾，这类反应生成亚微米的气溶胶粒子。大气能见度的降低，不仅会使人感到不愉快，而且会造成极大的心理影响，还会产生交通安全方面的危害。

B 对气候的影响

大气污染对能见度的长期影响相对较小。但是，如果大气污染对气候产生大规模影响，则其结果肯定是极为严重的。已被证实的全球性影响有，CO_2 等温室气体引起的温室效应以及 SO_2、NO_x 排放产生的酸雨等。除此之外，在较低大气层中的悬浮颗粒物形成水蒸气的"凝结核"，当大气中水蒸气达到饱和时，就会发生凝结现象。在较高的温度下，凝结成液态小水滴；而在温度很低时，则会形成冰晶。这种"凝结核"作用有可能导致降水的增加或减少。对特殊情况的研究尚未取得一致结果，一些研究证明降水将增加，例如颗粒物浓度高的城区和工业区的降雨量明显大于其周围相对清洁区的降雨量,通过云催化造成的冰核少量增加来进行人工降雨等。另有一些研究表明降水会减少。

一些研究者认为,那些伴随着大规模气团停滞的大范围的霾层,可能也会有一些气候意义。由于太阳辐射的散射损失和吸收损失,大气气溶胶粒子会导致太阳辐射强度的降低。计算表明,在受影响的气团区域,辐射-散射损失可能会致使气温降低1℃。虽然这是一种区域性影响,但它在很大的地区内起作用,以致具有某种全球性影响。

2.1.5　矿区常见大气污染物性质及危害

现代矿山,特别是大型矿山,多为采矿、选矿和冶炼的联合企业,同时还设置有为产品服务的建材、化工、烧结、焦化、电厂等辅助企业,都在向矿区地面和井下空间排放各种无机的和有机的气体、烟雾、矿物性及金属性粉尘。这些污染物质进入矿区大气,使矿区大气质量恶化,从而危害人们的生活和身体健康,影响生态平衡,这种状态称为矿区大气污染。矿区大气污染属于地区性污染,即污染范围通常为矿区及其附近地区。

矿区大气污染物主要来源于露天开采和井巷开采的爆破、运输及固体废物无序堆放、冶炼厂对矿石的冶炼加工过程。据统计,生产1t铅,排烟量达3000m³;电炉炼铜废气排放量达$(4 \sim 6) \times 10^4 m^3/h$。其次是露天开采的扬尘,大爆破生成的有毒气体、粉尘,汽油、柴油设备产生的废气,采、选、冶的固体堆积物氧化、水解产生的有害气体和由矿井排出的废气。根据对三个金属露天矿的大气分析,采场内大气中CO浓度为$22.4 \sim 64.4 mg/m^3$,超标3倍;NO浓度为$48 mg/m^3$,超标$9 \sim 10$倍。大爆破时,空气中CO浓度高达$600 mg/m^3$。此外,煤和煤矿山的自燃也能产生大量有害气体。

选矿厂对大气的污染主要是破碎研磨及干燥过程中产生的粉尘以及尾矿坝的干粉扬尘,其次是浮选车间的药剂气味。

2.1.5.1　矿区大气污染物的性质

A　气态污染物

气态污染物系指矿山在采矿、选矿、冶炼生产过程中产生的在常温、常压下呈气态的污染物,它们以分子状态分散在空气中,并向空间的各个方向扩散。密度大于空气者下沉。密度小于空气者向上飘浮。它们可分为:以SO_2为主的含硫氧化物;以NO和NO_2为主的含氮氧化物;以CO_2为主的含碳氧化物;碳氢化合物以及少数卤素化合物。此外,含铀、钍的矿山还存在放射性气体。

a　含硫氧化物

矿区大气中含硫氧化物主要为SO_2和SO_3,煤层或煤矿山自燃的矿区还排放H_2S。据统计,生产1t铅要排放0.3t硫;生产1t锌要排放0.6t硫。我国有色金属冶炼厂烟气中SO_2浓度一般为4%左右,高者可达7%,每年进入烟气的总硫量约50万吨,其中含量大于3.5%的高浓度烟气含硫量达38.4万吨/年,低浓度的烟气含硫量为11.63万吨/年。可燃性硫在燃烧时大部分与氧化合生成SO_2,少量生成SO_3。

1t煤含硫量为$5 \sim 50 kg$,煤的燃烧,其主要污染物是SO_2。

含硫氧化物与空气中的原有成分或其他污染物可以发生化学或光化学反应产生二次污

染物，主要有硫酸烟雾和光化学烟雾。

　　b　含氮氧化物

　　含氮氧化物通常主要指 NO 和 NO_2。全世界由于人为活动，每年产生的 NO 和 NO_2 总量约为 $5×10^8$ t。矿区含氮氧化物主要来自冶炼厂的生产过程、锅炉烟气、露天开采及井工开采的炸药爆炸以及矿区运输、装载、铲运等使用汽油、柴油为燃料的设备所排放的尾气。

　　c　含碳氧化物

　　含碳氧化物系指 CO 和 CO_2。2009 年全世界向大气排放的 CO_2 量超过 300 亿吨，其中主要是由化石燃料完全燃烧产生的。矿区含碳氧化物主要来自冶炼生产，如生产 1t 铝排放 CO_2 910~1000kg，CO 80~400kg；此外，还来自矿山爆破作业，汽油、柴油等内燃设备排放的尾气以及煤和矿石的自燃等。

　　B　气溶胶污染物

　　矿区气溶胶成分极其复杂，含有数十种有害物质。

　　a　粉尘

　　在矿山生产过程中，对矿物和岩石进行破碎、筛分、研磨、钻孔、爆破、运输等手段产生的悬浮于大气中或在大气中发生缓慢沉降的微小固体颗粒，属于固态分散性气溶胶。

　　b　烟尘

　　在冶炼和燃烧过程中矿物高温升华、蒸馏及焙烧时产生的固体粒子，属于固态凝聚性气溶胶；或指常温下是固体物质，因加热熔融产生蒸气，并逸散到空气中，当被氧化后或遇冷时凝聚成极小的固体颗粒分散悬浮于空气中。例如，在熔铅过程中，有氟化铅烟尘产生；电焊时有锰烟尘及氧化锰烟尘产生；黄铜和青铜中含有锌，当锌被熔化时，则有锌蒸气逸到空气，继而氧化成氧化锌烟尘等。这些微细的气溶胶颗粒，都具有规则的结晶形态，并且其颗粒比一般粉尘小。

2.1.5.2　矿区大气污染物的危害

　　矿区大气污染物对人和物造成的危害是多方面的，污染物可以通过呼吸作用、水体、土壤、食物进入人体。矿区大气污染最直接的危害是影响人体健康，可分为直接危害和间接危害两方面。直接危害是进入大气中的污染物质直接通过人体的呼吸作用进入人体内，影响正常的生理功能。间接危害是影响矿区生态环境，破坏农作物生长，影响人们正常生活环境，对矿山造成经济损失。如某选冶厂，由于排入大气中 SO_2 对矿区附近农作物造成损害，被诉赔款额从 1990 年的 3.2 万元上升至 1995 年的 32.3 万元。具体表现在以下几个方面：

　　（1）刺激和腐蚀作用。如 SO_2、SO_3 与湿空气或湿表面接触形成硫酸，引起支气管炎、哮喘、肺气肿等病症。

　　（2）窒息作用。引起窒息的气体有 CO、H_2S、CH_4 等。井下采矿中，由于多种原因可使矿井空气中含有 CH_4、CO、CO_2、NO_x 及 H_2S 等有害性气体。

　　1）瓦斯。为无色无臭的可燃性气体，密度轻（相对空气密度 0.557），主要成分为 CH_4，其在矿中的含量与矿产种类及地质构造有关。瓦斯一般在煤矿中产生的较多，主要存在于煤层中，在煤矿崩落时排放出来。一般每采 1t 煤可散发出 $30m^3$ 瓦斯，而在深矿井中可散发出高达 $60m^3$ 瓦斯，由于密度小，瓦斯多蓄积于巷道顶部。当工程揭露高瓦斯矿井的特定构造部位时，聚集的瓦斯会突然涌出，造成瓦斯事故。瓦斯可排挤空气中的氧气，在一定条件下可使矿工缺氧甚至窒息。当瓦斯与空气中的氧混合，其浓度达 5% ~ 16% 时遇明火可发生爆炸。

2）CO 和 NO_x。主要来源于放炮。使用硝酸甘油炸药可产生大量的 CO，使用硝胺炸药则产生大量 NO_x，二者均可引起急性中毒。

3）H_2S。酸性矿井水与硫铁矿作用可产生 H_2S，经久封闭的废巷道内有 H_2S 积存，可引起矿工急性 H_2S 中毒。

4）CO_2。由于 CO_2 密度大（相对空气密度 1.53），多聚集于巷道低处及通风不良处，其危害在于排挤空气中的氧气而引起缺氧，当空气中 CO_2 含量达到 10% 时，可使人窒息死亡。

（3）急性或慢性中毒作用。由于接触生产性毒物引起的中毒，称为职业中毒。短期内接触较高浓度的毒物，毒物一次或短时间内大量进入人体后可引起急性中毒；长期过量接触毒物可引起慢性中毒；短期内接触较高浓度的毒物可引起亚急性中毒。由于毒物作用特点不同，有些毒物在生产条件下只引起慢性中毒，如矿山开采、冶炼金属等，大气受到汞蒸气、氟气或其他重金属(Cd、Sn、Pb 等)微粒的污染；有些毒物常可引起急性中毒，如 CH_4、CO、Cl_2 等。

（4）引起职业病。众多矿山位于山区，地形较复杂，大气扩散条件比较差，有毒、有害气体不仅污染大气环境，其沉降还不同程度地污染矿区水环境、土壤环境，使得某种元素富集，导致各种职业病并存，如尘肺病、慢性职业中毒、急性职业中毒、职业性眼耳鼻喉病及职业性皮肤病等，其中以尘肺病为主，包括矽肺病、煤肺病、煤矽肺病等，占各种职业病的 70% 以上。

（5）降低能见度。矿区粉尘、烟尘污染引起烟雾笼罩，削弱了日光和紫外线的照射，能见度降低，杀菌作用减弱，易流行传染病，发生儿童佝偻病。

2.2 矿业大气污染物排放标准与监测

2.2.1 矿业大气污染物排放标准

2.2.1.1 大气环境质量标准

我国《环境空气质量标准》（GB 3095—2012）是根据《中华人民共和国环境保护法》和《中华人民共和国大气污染防治法》及国际先进标准而制定的，并于 2016 年 1 月 1 日开始实施，取代了《环境空气质量标准》（GB 3095—1996）。该标准规定了 SO_2 等 10 种污染物的浓度限值，将空气质量功能分为两类，环境空气质量标准分为两级。各级标准对 10 种污染物的浓度限值见表 2-3 和表 2-4。该标准是在全国范围内进行环境空气质量评价的准则、管理的依据。

表 2-3　环境空气污染物基本项目浓度限值

序号	污染物项目	平均时间	浓度限值		单位
			一级	二级	
1	二氧化硫（SO_2）	年平均	20	60	$\mu g/m^3$
		24 小时平均	50	150	
		1 小时平均	150	500	
2	二氧化氮（NO_2）	年平均	40	40	
		24 小时平均	80	80	
		1 小时平均	200	200	
3	一氧化碳（CO）	24 小时平均	4	4	mg/m^3
		1 小时平均	10	10	
4	臭氧（O_3）	日最大 8 小时平均	100	160	$\mu g/m^3$
		1 小时平均	160	200	
5	颗粒物（粒径小于等于 $10\mu m$）	年平均	40	70	
		24 小时平均	50	150	
6	颗粒物（粒径小于等于 $2.5\mu m$）	年平均	15	35	
		24 小时平均	35	75	

表 2-4　环境空气污染物其他项目浓度限值

序号	污染物项目	平均时间	浓度限值		单位
			一级	二级	
1	总悬浮颗粒物（TSP）	年平均	80	200	$\mu g/m^3$
		24 小时平均	120	300	
2	氮氧化物（NO_x）	年平均	50	50	
		24 小时平均	100	100	
		1 小时平均	250	250	
3	铅（Pb）	年平均	0.5	0.5	
		季平均	1	1	
4	苯并[α]芘（BaP）	年平均	0.001	0.001	
		24 小时平均	0.0025	0.0025	

2.2.1.2　大气污染物综合排放标准

《大气污染物综合排放标准》（GB 16297—1996）规定了 33 种大气污染物的排放限值，同时规定了标准执行中的各种要求。该标准适用于现有污染源大气污染物排放管理，以及建设项目的环境影响评价、设计、环境保护设施竣工验收及其投产后的大气污染物排放管理。

2.2.1.3　煤炭工业污染物排放标准

《煤炭工业污染物排放标准》（GB 20426—2006）规定了煤炭工业地面生产系统大气污染物排放限值和无组织排放限值。

（1）现有生产线自 2007 年 10 月 1 日起，排气筒中大气污染物不得超过表 2-5 规定的限值，在此之前过渡期内仍执行《大气污染物综合排放标准》（GB 16297—1996）。新（扩、改）建生产线，自本标准实施之日起，排气筒中大气污染物不得超过表 2-5 规定的限值。

表 2-5　煤炭工业大气污染物排放限值

污染物	生 产 设 备	
	原煤筛分、破碎、转载点等除尘设备	煤炭风选设备通风管道、筛面、转载点等除尘设备
颗粒物	80mg/m³ 或设备去除效率>98%	80mg/m³ 或设备去除效率>98%

（2）煤炭工业除尘设备排气筒高度应不低于 15m。

（3）煤炭工业无组织排放限值。现有生产线自 2007 年 10 月 1 日起，煤炭工业场所污染物无组织排放监控点浓度不得超过表 2-6 规定的限值。在此之前过渡期内仍执行《大气污染物综合排放标准》（GB 16297—1996）。新（扩、改）建生产线，自本标准实施之日起，作业场所颗粒物无组织排放监控点浓度不得超过表 2-6 规定的限值。

表 2-6　煤炭工业无组织排放限值

污染物	监控点	作 业 场 所	
		煤炭工业所属装卸场所	煤炭贮存场所、煤矸石堆置场
		无组织排放限值/mg·m⁻³（监控点与参考点浓度差值）	无组织排放限值/mg·m⁻³（监控点与参考点浓度差值）
颗粒物	周界外质量浓度最高点①	1.0	1.0
SO_2		—	0.4

①周界外质量浓度最高点一般应设置于无组织排放源下风向的单位周界外 10m 范围内，若预计无组织排放的最大落地质量浓度点越出 10m 范围，可将监控点移至该预计质量浓度最高点。

2.2.1.4　铁矿采选工业污染物排放标准

《铁矿采选工业污染物排放标准》（GB 28661—2012）规定了铁矿采选生产企业或生产设施大气污染物的排放限值、监测和监控要求，以及标准的实施与监督相关规定。该标准适用于现有铁矿采选生产企业或生产设施大气污染物的排放管理，以及铁矿采选工业建设项目的环境影响评价、环境保护设施设计、环境保护工程竣工验收及其投产后的大气污染物排放管理。

2.2.2　大气污染物监测

大气污染监测是监测和检测空气中的污染物及其含量。由于各种污染物的物理、化学性质不同，产生的工艺过程和气象条件不同，污染物在大气中存在的状态也不尽相同。监测项目主要有 SO_2、NO_2、CO、O_3、TSP、PM_{10}、$PM_{2.5}$、重金属和多环芳烃等。此外，局部地区还可根据具体情况增加某些特有的监测项目。大气污染的浓度与气象条件有密切关系。在监测大气污染的同时要测定风向、风速、气温、气压等气象参数。

在对大气污染进行监测时，通常选择性地采集部分气样。为了使气样具有代表性，能准确地反映大气污染的状况，应遵循以下设计原则：

2.2.2.1 资料的收集

（1）污染物分布及排放情况。调查监测区域内的污染源类型、数量、位置、排放的主要污染物及排放量，同时还应掌握所用的原料、燃料及消耗量。

（2）气象资料。污染物在大气中的迁移转化很大程度取决于当地的气象条件。因此，要收集监测区域的风向、风速、气温、气压、降水量、相对湿度、逆温情况等气象资料。

（3）地形、土地利用情况和功能区划分。

（4）人口分布及人群健康情况。

（5）对监测区域以往的大气监测资料也应尽量收集。

2.2.2.2 采样点的布设

样品的代表性是决定监测结果的重要因素之一，而样品的代表性首先取决于采样点的布设是否合理。大气污染物的空间分布是相当复杂的，受工业布局、气象条件、地形及人口密度等因素的影响。因此，在大气污染监测中应对这些因素进行周密的调查研究，并运用经验法、统计法等合理地布设采样点位和数目。

（1）采样点布设的基本要求：1）在整个监测区域内，采样点应设在高、中、低三个不同污染物浓度的地方。2）在污染物浓度超标地区，要适当增设采样点；在污染物浓度低的地区，可酌情减少。3）采样点周围应开阔，采样口水平线与周围建筑物高度的夹角应小于30°，其周围无局部污染源，并避开树木及吸附能力较强的建筑物，交通密集区的采样点应设在距人行道边缘至少1.5m远。4）采样点的设置条件尽可能一致或标准化，以使各点所获得的信息具有可比性。5）采样高度根据监测目的而定。研究大气污染对人体的危害，采样口应在离地面1.5~2m处，研究大气污染对植物或器物的影响，采样口高度应与植物或器物的高度相近。在例行监测中，SO_2、NO_2、TSP及硫酸盐化速率的采样高度为3~15m，以5~10m为宜；降尘为5~15m，以8~12m为宜。TSP、降尘、硫酸盐化速率采样口应与基础面有1.5m以上相对高度，以减少扬尘影响。

（2）布点方法：1）功能区布点法是先将监测区域划分为工业区、商业区、居民区、交通稠密区、清洁区等，再根据具体污染情况和人力、物力条件，在各功能区设置一定数目的采样点，一般在污染较集中的工业区和人口较密集的居民区多设采样点。2）网格布点法是将监测区域地面划分成若干均匀网状方格，采样点设在两条直线的交点处或方格中心。网格大小，视污染源强度、人力、物力条件等确定。若主导风向明显，下风向设点要多一些，一般约占采样点总数的60%。3）同心圆布点法是先找出污染群的中心，以此为中心在地面上画若干个同心圆，再从圆心作若干条放射线，放射线与圆周的交点作为采样点。圆周上的采样点数目不一定相同或均匀，常年主导风向的下风向应多设采样点，在高浓度可能出现的圆周上多设采样点。4）扇形布点法是以点源所在位置为顶点，主导风向为轴线，在下风向地面上划一个扇形区作为布点范围。扇形的角度一般为45°，也可以大一些，但不超过90°。采样点设在扇形平面内，距点源不同距离的若干弧线上。每条设3、4个采样点，相邻两采样点之间的夹角一般取10°~20°。在上风向应设对照点。

2.2.2.3 采样时间和频率

采样时间和采样频率是由大气污染物的时间分布特征和监测目的决定的。

（1）采样时间。采样时间可划分为三种尺度，即短期的、长期的和间歇性的：1）短期采样通常用于广泛测定前的初步调查或特定目的的监测，采样时间短，样品缺乏代表性，测定结果不能反映普遍规律。2）长期采样在一段较长的时间范围（如一天至一年）内连续自动采样并测定，这样所得的数据不仅能反映污染物浓度随时间的变化规律，而且能取得任意一段时间（一天，一月或一季）的代表值（平均值），是最佳的采样方式。目前，我国大中城市已广泛采用了连续采样，实验室分析甚至已建立连续自动监测系统。3）间歇性采样就是每隔一定时间采样、测定一次，用多次测定的平均值作代表值。这种采样的可靠性介于上述两者之间。目前，在我国中小城市或农村广泛地采用这种采样方式。

（2）采样频率。增加采样频率，也就相应地增加了采样时间，样品的代表性就好。

环境监测所用分析仪器大体可以分为三类：第一类是小型轻便的携带仪器，其特点是轻便、准确、灵敏，适于监测站单项分析和野外监测。第二类是实验室用的仪器，这类仪器具有精密、复杂的特点，可测定多种有毒物质，如原子吸收分光光度计能测 70 多种金属元素，气相色谱仪可测几十种甚至上百种有机化合物。这些仪器各有特长，互相补充，适于大试验室或科研单位使用。第三类就是多项或单项自动连续监测装置，如水质综合监测仪可测几十个项目，是专门用于环境监测的，大都采用上述色谱、光谱、电化学等原理设计的综合装置。可同时装置在固定的或流动的监测站中进行工作。此外还配有电子计算机数据处理系统，可按评价方法报出污染情况。

监测工作所采取的方法和应用的技术，对监测数据的正确性和反映污染状况的及时性有重要的影响。近年来监测技术朝着快速、灵敏、连续自动的监测网络化方向发展。由间断测定改为连续测定，以人工操作变为自动化仪器分析，甚至已成功地应用激光雷达、红外照相、地球监测卫星等进行环境监测工作。

2.3　大气污染物控制技术

2.3.1　气态污染物治理技术

工农业生产、交通运输及人类生活活动中排出的有害气体种类繁多，需根据它们不同的物理、化学性质，采用不同的技术进行治理。常用的方法有吸收法、吸附法、催化法、燃烧法和冷凝法等。

2.3.1.1　常用治理方法

A　吸收法

吸收法即是采用适当的液体作为吸收剂，使含有有害物质的废气与吸收剂接触，废气中的有害物质被吸收于吸收剂中，使气体得到净化的方法。在吸收中，用来吸收气体中有害组分的液体叫作吸收剂，被吸收的气体组分称为吸收质，而吸收了吸收质后的液体叫作吸收液。

吸收过程中，依据吸收质与吸收剂是否发生化学反应，可将吸收分为物理吸收与化学吸收。在处理以气量大、有害组分浓度低为特点的各种废气时，化学吸收的效果要比单纯物理吸收好得多，因此在用吸收法治理气态污染物时，多采用化学吸收法。

直接影响吸收效果的是吸收剂的选择。所选择的吸收剂一般应具有以下特点：吸收容量大，即在单位体积的吸收剂中吸收有害气体的数量要大；饱和蒸气压低，以减少因挥发而引起的吸收剂的损耗；选择性高，即对有害气体吸收能力强；沸点要适宜，热稳定性高，黏度及腐蚀性要小，价廉易得。

根据以上原则，若去除氯化氢、氨、二氧化硫、氟化氢等可选用水作吸收剂；若去除二氧化硫、氮氧化物、硫化氢等酸性气体可选用碱液（如烧碱溶液、石灰乳、氨水等）作吸收剂；若去除氨等碱性气体可选用酸液（如硫酸溶液）作吸收剂。另外，碳酸丙烯酯、N-甲基砒咯烷酮及冷甲醇等有机溶剂也可以有效地去除废气中的二氧化碳和硫化氢。

吸收法具有设备简单、捕集效率高、应用范围广、一次性投资低等特点，已被广泛应用于有害气体的治理，例如含 SO_2、H_2S、HF 和 NO_x 等污染物的废气，均可用吸收法净化。吸收是将气体中的有害物质转移到了液体中，因此对吸收液必须进行处理，否则容易引起二次污染。此外，由于吸收温度越低，效果越好，因此在处理高温烟气时，必须对排气进行降温预处理。

B　吸附法

吸附法就是使废气与大表面多孔性固体物质相接触，将废气中的有害组分吸附在固体表面上，使其与气体混合物分离，达到净化目的。具有吸附作用的固体物质称为吸附剂，被吸附的气体组分称为吸附质。

吸附过程是可逆的过程，在吸附质被吸附的同时，部分已被吸附的吸附质分子还可因分子的热运动而脱离固体表面回到气相中去，这种现象称为脱附。当吸附与脱附速度相等时，就达到了吸附平衡，吸附的表观过程停止，吸附剂就丧失了吸附能力，此时应当对吸附剂进行再生，即采用一定的方法使吸附质从吸附剂上解脱下来。吸附法治理气态污染物包括吸附及吸附剂再生的全部过程。

吸附净化法的净化效率高，特别是对低浓度气体具有很强的净化能力。吸附法特别适用于排放标准要求严格或有害物浓度低，用其他方法达不到净化要求的气体净化。因此常作为深度净化手段或联合应用净化方法时的最终控制手段。吸附效率高的吸附剂如活性炭、分子筛等，价格一般都比较昂贵。因此必须对失效吸附剂进行再生，重复使用吸附剂，以降低吸附的费用，常用的再生方法有升温脱附、减压脱附、吹扫脱附等。再生的操作比较麻烦，且必须专门供应蒸汽或热空气等满足吸附剂再生的需要，使设备费用和操作费用增加，这一点限制了吸附方法的应用。另外由于一般吸附剂的容量有限，因此对高浓度废气的净化，不宜采用吸附法。

C　催化法

催化法净化气态污染物是利用催化剂的催化作用，使废气中的有害组分发生化学反应转化为无害物质或易于去除物质的一种方法。

常用的催化法有催化氧化法和催化还原法两种。前者是在催化剂作用下将有害气体中的有害物质氧化为无害物质或更易处理的其他物质。例如，用五氧化二钒（V_2O_5）作催化剂，把 SO_2 氧化为 SO_3 以回收硫酸。后者是在催化剂作用下，一些还原性气体（如氢、氨等）将有害气体中的有害物质还原为无害物，SO_2 和 NO_x 均可以用催化还原法净化。

催化转化工艺流程一般包括预处理、预热、反应、余热回收等几个步骤。催化反应过程在催化反应器中进行。工业常用的催化反应器有固定床和流化床两类。用于有害气体净化的主要是固定床反应器。固定床具有床层薄、体积小、催化剂用量少、催化剂不易磨损、气体停留时间可严格控制等优点。但固定床传热性能差，床内温度分布不均匀。

催化方法净化效率较高，净化效率受废气中污染物浓度影响较小。而且在治理过程中，无须将污染物与主气流分离，可直接将主气流中的有害物转化为无害物，避免了二次污染。但所用催化剂价格较贵，操作上要求较高，废气中的有害物质很难作为有用物质进行回收等是该法存在的缺点。

D 燃烧法

燃烧法是对含有可燃有害组分的混合气体进行氧化燃烧或高温分解，从而使这些有害组分转化为无害物质的方法。因此燃烧法主要应用于碳氢化合物、一氧化碳、沥青烟、黑烟等有害物质的净化治理。实际中使用的燃烧净化方法有三种，即直接燃烧、热力燃烧与催化燃烧。

（1）直接燃烧。直接将有害气体中的可燃组分在空气或氧中燃烧，变成二氧化碳和水。适宜于净化温度较高、浓度较大的有害废气。例如，炼油厂产生的废气经冷却后，可送入生产用加热炉燃烧；铸造车间的冲天炉烟气中含有的 CO 等可燃组分，可以燃烧，通过换热器来加热空气，作为冲天炉的鼓风。

（2）热力燃烧。又称焚烧，是利用燃料燃烧产生的热量将废气加热至高温使其中所含的污染物分解氧化。此法必须有充足的氧，足够高的温度和适当的停留时间，并要有高度的湍动以保证燃烧完全。热力燃烧可除去有机物和细微颗粒物，设备简单，不足之处是操作费用高，有回火和发生火灾的可能。

（3）催化燃烧。在催化剂作用下使有害气体在 200~400℃ 温度下氧化分解成二氧化碳和水，同时放出燃烧热。由于是无焰燃烧，安全性好。催化剂有铂、钯等贵重金属和非贵重金属锰、铜和铬的氧化物。

在进行催化燃烧时，首先要把被处理的有害气体预热到催化剂的起燃温度。预热方法可采用电加热或烟道加热。预热到起燃温度的气体进入催化床层进行反应，反应后的高温气体可引出用来加热进口冷气体，以节约预热能量。因此催化燃烧法最适于处理连续排放的有害气体。除在开始处理时需要有较多的预热能量将进口气体加热到起燃温度外，在正常操作运行时，反应后的高温气体就可连续将进口气体预热，少用或不用其他能量进行预热。在处理间断排放的废气时，预热能量的消耗将大大增加。

燃烧法工艺比较简单，操作方便，可回收燃烧后的热量，但不能回收有用物质，并容易造成二次污染。

E 冷凝法

冷凝法是采用降低废气温度或提高废气压力的方法，使一些易于凝结的有害气体或蒸汽态的污染物冷凝成液体并从废气中分离出来。

冷凝法只适用于处理高浓度的有机废气，常用作吸附、燃烧等净化高浓度废气的前处理，以减轻这些方法的负荷。冷凝法的设备简单，操作方便，并可回收到纯度较高的产物，因此也成为气态污染物治理的主要方法之一。

2.3.1.2　SO₂ 废气的治理

我国主要采用回收法，把 SO_2 变成有用物质加以回收，成本虽高，但所得副产品可以利用，并对保护环境有利。目前工业上脱硫方法主要为湿法，即用液体吸收剂洗涤烟气，吸收所含的 SO_2；其次为干法，用吸附剂或催化剂脱除废气中的 SO_2。

A 氨液吸收法

氨液吸收法是用氨水（$NH_3 \cdot H_2O$）吸收烟气中的 SO_2，其中间产物为亚硫酸铵

［(NH$_4$)$_2$SO$_3$］和亚硫酸氢铵［NH$_4$HSO$_3$］。

$$2NH_3 \cdot H_2O + SO_2 \longrightarrow (NH_4)_2SO_3 + H_2O$$

$$(NH_4)_2SO_3 + SO_2 + H_2O \longrightarrow 2NH_4HSO_3$$

采用不同方法处理中间产物可回收不同的副产品。例如，在中间产物（吸收液）中加入 NH$_3 \cdot$H$_2$O，可使 NH$_4$HSO$_3$ 转化为(NH$_4$)$_2$SO$_3$，然后经空气氧化、浓缩、结晶等过程即可回收硫酸铵[(NH$_4$)$_2$SO$_4$]。如再添加石灰或石灰石乳浊液，经反应后得到石膏。反应生成的 NH$_3$ 被水吸收重新返回作为吸收剂。如将(NH$_4$)$_2$SO$_3$ 溶液加热分解，再以 H$_2$S 还原，即可得到单体硫。

氨法工艺成熟，流程设备简单，操作方便，副产品很有用，是一种较好的方法，适用于处理硫酸产生的尾气，但由于氨易挥发，吸收剂消耗量大，在缺乏氨源的地方不宜采用。

B 石灰-石膏法（又称钙法）

采用石灰石(CaCO$_3$)、生石灰(CaO)或石灰浆[Ca(OH)$_2$]的乳浊液吸收 SO$_2$，并得到副产品石膏(CaSO$_4 \cdot$2H$_2$O)。通过控制吸收液的 pH，可得到副产品半水亚硫酸钙(CaSO$_3 \cdot$ $\frac{1}{2}$H$_2$O)，它是一种用途很广的钙塑材料。此法的优点在于原料易得价格低廉，回收的副产品用途大，它是目前国内外所采用的主要方法之一。存在的主要问题是吸收系统易结垢堵塞，同时石灰乳循环量大，设备体积庞大，操作费时。

C 双碱法（又称钠碱法）

先用氢氧化钠、碳酸钠或亚硫酸钠（第一碱）吸收 SO$_2$，生成的溶液再用石灰或石灰石（第二碱）再生，可生成石膏。因为该法具有对 SO$_2$ 吸收速度快、管道和设备不易堵塞等优点，所以应用比较广泛。双碱法的工艺流程如图 2-2 所示。

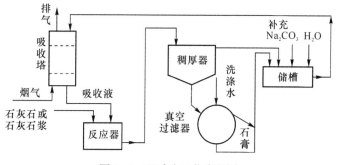

图 2-2 双碱法工艺流程图

（1）双碱法的基本原理。第一碱吸收。在吸收塔内，主要由亚硫酸钠吸收 SO$_2$，另外，经再生后返回的 NaOH 以及补充的 Na$_2$CO$_3$ 也吸收 SO$_2$。

$$Na_2SO_3 + SO_2 + H_2O \longrightarrow 2NaHSO_3$$

$$2NaOH + SO_2 \longrightarrow Na_2SO_3 + H_2O$$

$$Na_2CO_3 + SO_2 \longrightarrow Na_2SO_3 + CO_2 \uparrow$$

第二碱再生。将离开吸收塔的溶液导入一开口反应器，加入石灰浆或石灰石浆进行反应，使 Na$_2$SO$_3$ 再生进入循环溶液，再回到吸收塔，同时生成亚硫酸钙和半水亚硫酸钙沉淀，增稠后可回收。

若加石灰浆：

$$Ca(OH)_2 + 2NaHSO_3 \longrightarrow CaSO_3 \downarrow + Na_2SO_3 \cdot \frac{1}{2}H_2O + \frac{3}{2}H_2O$$

$$Ca(OH)_2 + Na_2SO_3 \cdot \frac{1}{2}H_2O \longrightarrow 2NaOH + CaSO_3 \cdot \frac{1}{2}H_2O \downarrow$$

若加石灰石浆：

$$CaCO_3 + 2NaHSO_3 \longrightarrow Na_2SO_3 + CaSO_3 \cdot \frac{1}{2}H_2O \downarrow + \frac{1}{2}H_2O + CO_2 \uparrow$$

除了回收固态的半水亚硫酸钙，还可将含有 Na_2SO_3 的吸收液直接送至造纸厂代替烧碱制纸浆，这是一种综合利用的措施。也可以把含有 Na_2SO_3 的吸收液经过浓缩、结晶和脱水后回收 Na_2SO_3 晶体。

（2）氧化（无害）处理。通入氧气，生成芒硝，可直接排入下水道。

$$2Na_2SO_3 + O_2 \longrightarrow 2Na_2SO_4$$

（3）资源化处理。消除硫酸钠，生成石膏，有两种方法。

第一种方法是加入 $Ca(OH)_2$ 中和 Na_2SO_4 生成石膏：

$$Na_2SO_4 + Ca(OH)_2 + 2H_2O \longrightarrow 2NaOH + CaSO_4 \cdot 2H_2O \downarrow$$

第二种方法是加入稀硫酸：

$$Na_2SO_4 + 2CaSO_3 \cdot \frac{1}{2}H_2O + H_2SO_4 + 3H_2O \longrightarrow 2NaHSO_3 + 2CaSO_4 \cdot 2H_2O \downarrow$$

通过该工艺得到的石膏称为脱硫石膏，是火力发电厂、炼油厂处理烟气中 SO_2 后的主要副产品。各国实践证明，脱硫石膏能较好替代天然石膏，可以做到资源化综合利用，目前主要应用集中在建筑和农业方面。

回收硫：将吸收液中的 $NaHSO_3$ 加热分解后可获得高浓度的 SO_2，如再经接触氧化后即可制得硫酸，也可用 H_2S 还原制成单体硫。

2.3.1.3 NO_x 废气的治理

在排烟中的氮氧化物主要是 NO。净化的方法也分为干法和湿法两类。干法有选择性催化还原法（Selective Catalytic Reduction，SCR）、非选择性催化还原法（NSCR）分子筛或活性炭吸附法等，湿法有氧化吸收法、吸收还原法以及分别采用水、酸、碱液作吸收剂的吸收法等。

A 选择性催化还原法

选择性催化还原法是以铅或铜、铬、铁、钒、镍等的氧化物（以铝矾土为载体）为催化剂，以氨、硫化氢、氯-氨及一氧化碳为还原剂，选择最适当的温度范围（一般为 250~450℃，视所选用的催化剂和还原剂而定），使还原剂只是选择性地与废气中的 NO_x 发生反应而不与废气中 O_2 发生反应。

例如，氨催化还原法，以氨为还原剂、铂为催化剂，反应温度控制在 150~250℃。主要反应为：

$$6NO + 4NH_3 \xrightarrow{Pt, \ 150~250℃} 5N_2 + 6H_2O$$

$$6NO_2 + 8NH_3 \longrightarrow 7N_2 + 12H_2O$$

用此法还可同时除去烟气中的 SO_2。

B 非选择性催化还原法

非选择性催化还原法利用铂（或钴、镍、铜、铬、锰等金属的氧化物）为催化剂，以氢或甲烷等还原性气体作还原剂，将烟气中的 NO_x 还原成 N_2。在此反应中，不仅把烟气中的 NO_x 还原成 N_2，而且还原剂还与烟气中过剩的氧发生作用，故称为非选择性催化还原法。

由于该法中氧也参与反应，故放热量大，应设有余热回收装置，同时在反应中使还原剂过量并严格控制废气中的氧含量。选取的温度范围为 400~500℃。

C 吸收法

吸收法是利用某些溶液作为吸收剂，对 NO_x 进行吸收。根据使用吸收剂的不同分为碱吸收法、硫酸吸收法及氢氧化镁吸收法等。

碱吸收法常采用的碱液为 $NaOH$、Na_2CO_3、$NH_3 \cdot H_2O$ 等，吸收设备简单，操作容易，投资少。但吸收效率较低，特别对 NO 吸收效果差，只能消除 NO_2 所形成的黄烟。若采用"漂白"的稀硝酸吸收硝酸尾气中的 NO_x，可以净化排气，回收 NO_x 用于制硝酸，一般用于硝酸生产过程中，应用范围有限。

D 吸附法

吸附法采用的吸附剂为活性炭与沸石分子筛。

丝光沸石分子筛是一种极性很强的吸附剂。对被吸附的硝酸和 NO_x 可用水蒸气置换法将其脱附。脱附后的吸附剂经干燥冷却后，可重新用于吸附操作。分子筛吸附法适于净化硝酸尾气，可将浓度为 1500~3000μL/L 的 NO_x 降低至 50μL/L 以下，回收的 NO_x 用于硝酸的生产，是一种很有前途的方法。主要缺点是吸附剂吸附容量小，需频繁再生，因此用途也不广。

活性炭可用于吸附脱硫、吸附脱氮，也可用来联合脱硫、脱氮。图 2-3 所示为用活性炭-氨联合脱硫、脱氮工艺流程。

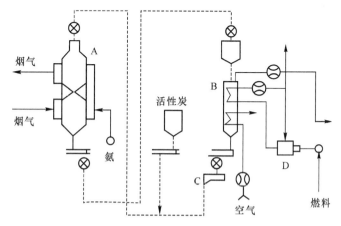

图 2-3 活性炭-氨联合脱硫、脱氮工艺流程
A—反应器；B—脱吸和冷却器；C—筛子；D—炉

反应器为两段移动床。烟气除尘冷却后进入第一段活性炭床层，温度 90~150℃，SO_2

被催化氧化，与水反应生成硫酸，被活性炭吸附。这里可脱除 SO_2 90%。在第一、二段之间喷入氨，与烟气混合。进入第二段，NO_x 被催化还原为 N_2 和 H_2O，此段可脱除 NO_x 60%~80%。反应器内的活性炭以移动床形式从上往下移动，吸附有 H_2SO_4 的活性炭从底部输出，送入脱附器。在脱附器内采用非接触加热至 400~500℃，使 H_2SO_4 分解放出高浓度 SO_2，以便进一步加工成硫。接下来活性炭被空气冷却，筛除细粉后循环使用。

此法可脱除 98% 的 SO_2 和 80% 的 NO_x，国外已有商业应用。

2.3.1.4　有机废气的治理

有机废气是指各种碳氢化合物的气体，如醛、烃、醇、酮、酯、胺、苯及同系物、多环芳烃等。这些有机废气很多具有毒性，同时也是造成环境恶臭的主要根源。常用的净化方法是吸收法、吸附法、燃烧法及催化燃烧法，这些与前面介绍的方法基本一致。生物处理法是最新发展起来的新型处理方法。

微生物对各类污染物均有较强、较快的适应性，并可将其作为代谢底物而降解、转化。与常规的有机废气处理技术相比，生物处理技术具有效果好、投资及运行费用低、安全性好、无二次污染、易于管理等优点，尤其在处理低浓度($<3mg/m^3$)或生物可降解性强的有机废气时，更显示了优越性。

A　原理

用微生物净化有机废气，就是利用微生物以废气中有机组分作为其生命活动的能源或养分的特性，经代谢降解，转化为简单的无机物(H_2O 和 CO_2)或细胞组成物质。与废水生物处理过程的最大区别在于废气中的有机物质首先要经过由气相到液相（或固体表面液膜）的传质过程，然后在液相（或固体表面生物层）中被微生物吸附降解。微生物对有机物进行氧化分解和同化合成，产生代谢物质，或溶入液相，或作为细胞的代谢能源，而 CO_2 则进入空气。处理过程如图 2-4 所示。这样，废气中的有机物便不断减少，从而得到净化。

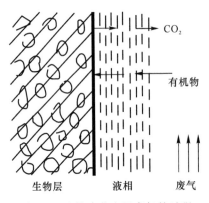

图 2-4　生物净化有机废气的过程

B　处理设施

生物处理法是一种比较新型的净化方法，主要的处理方法有吸收法和过滤法两种。主要的净化装置有生物涤气塔、生物滤池、生物滴滤池等。

生物涤气塔如图 2-5 所示。该装置由吸收塔与再生池组成。生物涤气液自顶部淋下，使废气中污染物和氧转入液相。吸收了废气组分的涤气液流入再生反应池（活性污泥池）

中，通气充氧后，被吸收的气态废物通过微生物氧化作用，被再生池中的活性污泥悬浮液从液相中除去。该装置适于处理净化气量较小，浓度大，易溶且生物代谢速率较低的废气。废气的脱臭效率可达99%。

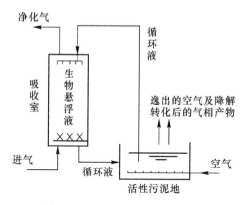

图 2-5　生物涤气塔系统示意图

生物过滤法是利用附着在固体过滤材料表面的微生物的作用处理污染物的方法。常用的装置有生物滤池（见图2-6）、生物滴滤池等。具有一定湿度的有机废气进入生物滤池，通过0.5~1m厚的生物活性填料层［由具有吸附性的滤料（如土壤、动植物堆肥、活性炭）或经特殊处理的木质填料组成］，有机污物从气相转移到生物层，进而被氧化分解。该设备简单、运行费低、管理方便，但占地多，运行1~5年需更换滤料。该装置适用于处理气量大、浓度低的废气，对有机废气去除效率可高达95%，是目前使用最多的系统。

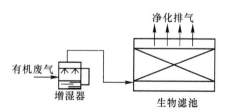

图 2-6　生物滤池系统示意图

另一种适用于高负荷的过滤池是生物滴滤池。它的滤层为粗碎石、塑料、陶瓷等填料和在其表面几毫米厚的生物膜。填料的比表面积为$100~300m^2/m^3$，为气体通过提供大量的空间并可降低由微生物生长及生物膜脱落引起的堵塞。

图2-7是微生物吸收法去除废气中H_2S（脱硫技术）的工艺流程，由吸收塔、分离器和生物反应器三部分组成。此法中的微生物采用硫杆属中的氧化亚铁硫杆菌，这是一种典型的化能自养细菌。它以多种还原态或部分还原态的硫化物为能源，也可通过氧化Fe^{2+}为Fe^{3+}和不溶性金属硫化物而获得能量，碳源为CO_2，适宜的pH为2.0~2.2。该法成本低，易操作，耗能少，可广泛应用于含H_2S工业废气和含硫工业废水的处理中。

在气体吸收塔中硫酸铁$Fe_2(SO_4)_3$溶液吸收H_2S并将其氧化为单质硫，同时硫酸铁被还原为硫酸亚铁$FeSO_4$，然后进入分离器将硫分离：

$$H_2S+Fe_2(SO_4)_3 \longrightarrow 2FeSO_4+H_2SO_4+S\downarrow$$

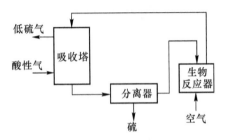

图 2-7　微生物脱硫法工艺流程

从分离器出来的溶液中含有 $FeSO_4$，是细菌生长的能源。进入生物反应器后，在有氧的条件下（pH=2）被细菌氧化为硫酸铁，再返回吸收塔循环使用：

$$2FeSO_4+\frac{1}{2}O_2+H_2SO_4 \xrightarrow{\text{细菌，pH=2}} Fe_2(SO_4)_3+H_2O$$

此法采用闭式循环工艺，无废料排出，不会产生二次污染，也不需催化剂和其他化学药剂，是一种较理想的处理方法。

2.3.2　颗粒污染物控制技术

2.3.2.1　粉尘的特点

A　粉尘的粒度

粉尘粒度以尘粒直径来衡量，用微米（μm）做单位。由于粉尘的形状不一，一般用尘粒的直径或其投影的定向长度来表示其粒度。

通常将粉尘按粒度分成四级：小于 2μm；2~5μm；5~10μm；大于 10μm。粉尘粒度按其可见程度分成可见尘粒、显微尘粒和超显微尘粒三类。

（1）可见尘粒：尘粒直径大于 10μm；光线明亮时肉眼可见。

（2）显微尘粒：尘粒直径为 0.25~10μm，普通显微镜下可见。

（3）超显微尘粒：尘粒直径小于 0.25μm，只在高倍或电子显微镜下可见。

粉尘粒度不同，在空气中飘浮的时间也不同，进入人体的深度也不同。颗粒越细，在空气中飘浮的时间越长，进入人体的机会也越多。据报道，进入肺泡引起矽肺病的粉尘直径为 1~3μm，5μm 以上的极少，5μm 以下者称"呼吸性粉尘"，其危害最大。

B　粉尘的分散度

粉尘分散度是指粉尘整体组成中各种粒度的尘粒所占质量或数量的百分比。作业场所的粉尘有各种不同的粒径，若小颗粒所占百分比大，就称为分散度高，反之则称为分散度低。由于粉尘的颗粒越小，越难于捕获和沉降，越易被吸入人体内，因此，粉尘的分散度越高，其危害性也就越大。

C　粉尘的浓度

粉尘浓度是表示粉尘量大小的参数之一，指空气中所含浮尘的数量。一般用两种指标来度量：（1）每立方米空气中所含浮尘的质量，单位为 mg/m^3，其测量方法称为质量法；（2）每立方厘米空气中所含浮尘的粒数，单位为粒/cm^3，其测定方法称为计数法。

D　粉尘的湿润性

粉尘被水湿润后容易沉降下来。根据粉尘被湿润的难易程度，分为亲水性粉尘和疏水性粉尘。粉尘的湿润性，随气压的增加和它与水接触时间的增加而增加，随尘粒的变小与气温的上升而降低，其还与粉尘的成分有关。

微细颗粒因表面吸附气体形成气膜，水对它的湿润效果很差。为了提高水对微细粉尘的湿润效果，可在产生粉尘时，采取用水隔绝和排除空气的措施，以及提高尘粒与水滴的相对运动速度、降低水的表面张力等方法，以提高湿润效果。影响水对微细尘粒湿润效果的另一个原因是悬浮于空气中的微细尘粒易受风流涡流的影响，产生绕流现象，尘粒与喷雾的雾滴不易相碰。因此应改善喷雾器结构和性能，增加雾滴的分布密度，提高尘粒与雾滴的相对运动速度以及加入湿润剂降低水的表面张力等，以提高雾滴对悬浮在空气中微细尘粒的湿润和沉降效果。

E　粉尘的荷电性

粉尘的荷电性是指悬浮于空气中的粉尘通常带有电荷的性质。这种电荷的产生是由于破碎时摩擦、粒子间撞击或放射性照射、电晕放电等原因所致。

尘粒的荷电量主要取决于它的大小和重量，还与湿度和温度有关，湿度增大带电量减少，温度升高则带电量增多。

粉尘荷电后，其凝聚性有所增强，使尘粒增大而较易沉降和被捕获，带电尘粒也较易沉降于支气管和肺泡中，增加了对人体的危害。

F　其他

粉尘的其他特点如粉尘的溶解度、燃爆性、硬度与形状及其化学成分等。

溶解度指粉尘溶解于水中的能力。一般有毒性粉尘溶解度越大，则对人体越有害，机械刺激性粉尘则相反。

某些粉尘具有燃爆性，如煤、硫黄、铝、锌等，在一定的浓度范围内和适当的条件下能引起燃烧与爆炸，造成井下事故。

尘粒的硬度与形状也是对人体形成危害的重要因素之一，如硅质粉尘硬度大，具尖棱状形态，作用于呼吸道、黏膜、皮层，由于机械刺激作用可造成对人体的伤害。

尘粒的化学成分与矿物成分也是对人体形成危害的重要因素之一，有毒性粉尘会引起中毒，放射性粉尘会导致放射性病变。

2.3.2.2　除尘装置

从废气中将颗粒物分离出来并加以捕集、回收的过程称为除尘。实现这一过程的设备装置称为除尘器，也叫除尘装置。

除尘器种类繁多，根据不同的原则，可对除尘器进行不同的分类。

依照除尘器除尘的主要机理可将其分为机械式除尘器、过滤式除尘器、湿式除尘器、静电除尘器四大类。

根据在除尘过程中是否使用水或其他液体可将除尘器分为湿式除尘器和干式除尘器。

按除尘效率的高低还可将除尘器分为高效除尘器（如静电除尘器、过滤除尘器）、中效除尘器（如旋风除尘器、湿式除尘器）和低效除尘器（如重力沉降室、惯性除尘器，后者使用较少）。

近年来，为提高对微粒的捕集效率，还出现了综合几种除尘机理的新型除尘器。例如，声凝聚器、热凝聚器、高梯度磁分离器等，但目前大多仍处在试验研究阶段。还有些新型除尘器由于性能、经济效果等原因不能推广应用。因此本节仍介绍常用的除尘装置。

A　机械式除尘器

机械除尘器通常指利用质量力（重力、惯性力和离心力等）的作用使颗粒物与气流分离的装置，包括重力沉降室、惯性除尘器和旋风除尘器等。

（1）重力沉降室。重力沉降室是利用含尘气体中的尘粒自身的重力自然沉降从气流中分离出来，达到净化目的的一种装置。

图2-8给出重力沉降室的结构示意图，含尘气流进入重力沉降室后，由于扩大了流动截面积而使气体流速大大降低，使较重颗粒在重力作用下缓慢向灰斗沉降。

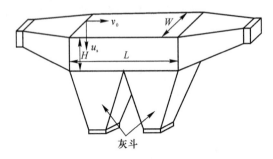

图2-8　重力沉降室结构示意图

重力沉降室的主要优点是结构简单，投资少，压力损失小（一般为50~130Pa），维修容易。由于尘粒沉降速度较慢，只适于分离粒径较大的尘粒，对$50\mu m$以上的尘粒具有较好的捕集作用，但除尘效率低，故只能作为高效除尘的预除尘装置，除去较大和较重的粒子。

（2）惯性除尘器。惯性除尘是利用气流方向急剧改变时尘粒因惯性力作用而从气流中分离出来的一种除尘方法。

图2-9给出含尘气流冲击在挡板上时尘粒分离的机理。当含尘气流冲击到挡板B_1片上时，气流方向发生改变，绕过挡板B_1。气流中粒径较大的尘粒d_1，由于惯性较大，不能随气流转弯，受自身重力作用落下，首先被分离出来。气流继续流动时受挡板B_2的阻挡，方向再次改变，向上流动，而被气流携带的较小尘粒d_2由于离心力的作用撞击在挡板上而落下。显然，惯性除尘器除了利用了惯性力作用外，还利用了离心力和重力的作用。

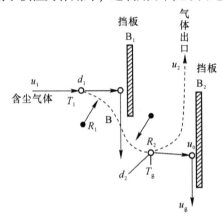

图2-9　惯性除尘器原理示意图

　　所以，惯性除尘器中的气流速度越高，气流方向转变角度越大，气流转换方向次数越多，对粉尘的净化效率越高，但压力损失也会越大。

　　惯性除尘器适于非黏性、非纤维性粉尘的去除，设备结构简单，阻力较小，但其分离效率较低，为 50%～70%，只能捕集 10μm 以上的粗尘粒，常用于多级除尘中的第一级除尘。

　　（3）旋风除尘器。旋风除尘器是利用旋转气流产生的离心力将尘粒从气流中分离的装置。

　　图 2-10 为旋风除尘器的结构示意图。普通旋风除尘器是由进气管、排气管、圆筒体、圆锥体和灰斗组成。含尘气体由上部进入气管，沿切线方向进入，受器壁约束自上而下做螺旋形运动。随气流一起旋转的尘粒获得离心力被抛向器壁与气流分离，然后沿器壁落到锥底排尘口进入灰斗。气流进入锥体后因锥体的收缩而向除尘器的轴线靠近，切向速度提高。当气体到达锥体下部某一位置时就会以同样的旋转方向自下而上继续沿轴线做螺旋形运动，最后从上部的排气管排出。通常把下行螺旋形气流称为外旋流，上行螺旋形气流称为内旋流。

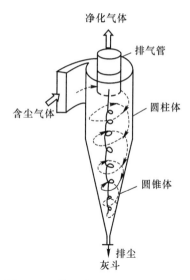

图 2-10　旋风除尘器的结构示意图

　　在机械式除尘器中，旋风除尘器是效率较高的。它适用于非黏性及非纤维性粉尘的去除，对大于 5μm 以上的颗粒具有较高的去除效率，属于中效除尘器，广泛用于锅炉高温烟气除尘、多级除尘及预除尘。它的主要缺点是对细小尘粒（<5μm）的去除效率较低。

　　B　过滤式除尘器

　　过滤式除尘是用多孔过滤介质来分离捕集气体中尘粒的处理方法。按滤尘方式有内部过滤与外部过滤之分。内部过滤是把松散多孔的滤料填充在框架内作为过滤层，尘粒是在滤层内部被捕集，如颗粒层过滤器就属于这类过滤器。外部过滤是用纤维织物、滤纸等作为滤料，通过滤料的表面捕集尘粒。这种除尘方式最典型的装置是袋式除尘器，它是过滤式除尘器中应用最广泛的一种。

　　普通袋式除尘器的结构如图 2-11 所示。用棉、毛、有机纤维、无机纤维的纱线织成滤布，用此滤布做成的滤袋是袋式除尘器中最主要的滤尘部件，滤袋的捕尘是通过以下的机制完成的。

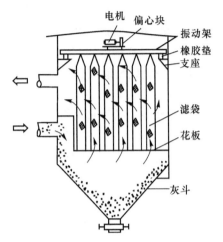

图 2-11　机械清灰袋式除尘器示意图

（1）筛滤作用。尘粒粒径大于滤料纤维的孔隙时，会被滤料拦截，从气流中筛滤出来；特别是粉尘在滤料上沉积到一定厚度后，形成了所谓的"粉尘初层"，这使得筛滤作用更为显著。粉尘层的存在是保证高除尘效率的关键因素。随着粉尘层的增厚，除尘效率不断提高，但气流通过阻力也不断加大，当粉尘积累到一定厚度后要进行清灰，以减少通过阻力。

（2）惯性碰撞作用。粒径在 1μm 以上的粒子有较大的惯性。当气流遇到滤料等障碍物产生绕流时，粒子仍会因本身的惯性按原方向运动，与滤料相碰而被捕集。

（3）扩散作用。气流中粒径小于 1μm 的小尘粒，由于布朗运动或热运动与滤料表面接触而被捕集。

（4）静电作用。当滤布和粉尘带有电性相反的电荷时，由于静电引力，尘粒可被吸引到纤维上而捕获。但会影响滤料的清扫。

（5）重力沉降作用。含尘气流进入除尘器后，因气流速度降低，大颗粒由于重力作用而沉降下来。

在袋式除尘器中，集尘过程的完成是上述各机制综合作用的结果。由于粉尘性质、装置结构及运行条件的不同，各种机理所起作用的重要性也就不会相同。

常见的袋式除尘器依清灰方式不同分为脉冲袋式除尘器、回转反吹式除尘器和简易（如机械清灰）袋式除尘器。前两种除尘器清灰效果好，滤袋使用寿命长，但投资也较大。袋式除尘器广泛用于各种工业废气除尘中，它的除尘效率高，可大于 99%，适用范围广，对细粉也有很强的捕集作用，同时便于回收干料。但袋式除尘器不适于处理含油、含水及黏结性粉尘，也不适于处理高温含尘气体。所以在处理高温烟气时需预先对烟气进行冷却，降温到 100℃ 以下再进入袋式除尘器。

C　湿式除尘器

湿式除尘也称洗涤除尘，是利用液体所形成的液膜、液滴或气泡洗涤含尘气体，使尘粒随液体排出，气体得到净化。

由于洗涤液对多种气态污染物具有吸收作用，因此它既能净化气体中的固体颗粒物，又能同时脱除气体中的气态有害物质，这是其他类型除尘器所无法做到的，某些洗涤器也可以单独充当吸收器使用。

湿式除尘器种类很多，常用的有各种类型的喷淋塔、填料洗涤除尘器、泡沫除尘器和文丘里管洗涤器等。

图2-12给出典型的喷淋洗涤装置示意图。顶部设有喷水器（也有在塔身中下部安装几排喷淋器），含尘气体由下方进入，与喷头洒下的水滴逆向相遇而被捕集，净化气体由上方排出，废水由下方排出。

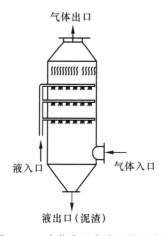

图2-12 喷淋式湿式除尘器示意图

图2-13为文丘里管洗涤器结构示意图。它的除尘机理是使含尘气流经过文丘里管的喉颈形成高速气流，并与在喉颈处喷入的高压水所形成的液滴相碰撞，使尘粒黏附于液滴上而达到除尘目的。所以文丘里管洗涤器又称加压水式洗涤器。

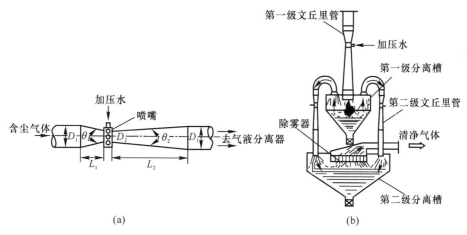

图2-13 文丘里管洗涤器结构示意图
（a）一级文丘里管洗涤器；（b）二级文丘里管洗涤器

湿式除尘器结构简单，造价低，除尘效率高，在处理高温、易燃、易爆气体时安全性好，在除尘的同时还可去除气体中的有害物。湿式除尘器的不足是用水量大，易产生腐蚀性液体，产生的废液或泥浆需进行处理，并可能造成二次污染。在寒冷地区和季节易结冰。

D 静电除尘器

静电除尘是利用高压电场产生的静电力（库仑力）的作用分离含尘气体中的固体粒子或液体粒子的气体净化方法。

常用的除尘器有管式与板式两大类，均是由放电极与集尘极组成，图 2-14 为管式电除尘器的示意图。图中所示的放电极为用重锤绷直的细金属线，与直流高压电源相接；金属圆管的管壁为集尘极，与地相接。

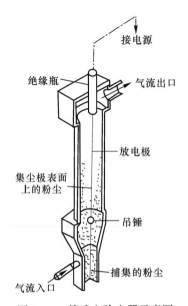

图 2-14 管式电除尘器示意图

静电除尘的工作原理如图 2-15 所示，它通过以下三个阶段达到除尘目的。

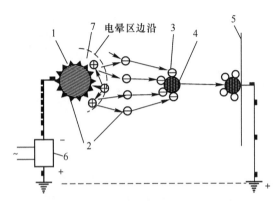

图 2-15 电除尘器中荷电粒子运动示意图

1—放电极；2—电子；3—离子；4—尘粒；

5—集尘极；6—供电装置；7—电晕区

（1）粒子荷电。在放电极与集尘极间施以很高的直流电压时，两极间形成一非匀强电场，放电极附近电场强度很大，集尘极附近电场强度很小。在电压加到一定值时，放电极附近气体中的自由电子、正离子被加速到很高速度，使与其碰撞的中性分子电离，产生出新的更多的自由电子与离子参与导电。经过不断反复的碰撞，放电极周围产生了大量的自由电子与离子，发生电晕放电，在放电极表面出现青紫色光点，并发出嘶嘶声。所以放电极又称为电晕极。电晕放电生成的大量电子及阴离子在电场作用下，在向集尘极迁移过程中与悬浮在空气中的尘粒相撞，使其带上了负电荷，实现了粉尘粒子的荷电。

（2）粒子沉降。荷电粉尘在电场中受库仑力的作用向集尘极运动，到达集尘极表面后，尘粒上的电荷便与集尘极上的电荷中和，尘粒放出电荷后沉积在集尘极表面。

（3）粒子清除。集尘极表面上的粉尘沉积到一定厚度时，用机械振打等方法，使其脱离集尘极表面，沉落到灰斗中。

电除尘器具有优异的除尘性能。电除尘器几乎可以捕集一切细微粉尘及雾状液滴，除尘效率达99%以上，对于粒径小于0.1μm的粉尘粒子仍有较高的去除效率；电除尘器的气流通过阻力小，处理气量大；由于所消耗的电能是通过静电力直接作用于尘粒上，因此能耗也低；电除尘器还可应用于高温、高压的场合，因此被广泛用于工业除尘。电除尘器的主要缺点是设备庞大，占地面积大，一次性投资费用高，同时不适宜处理有爆炸性的含尘气体。

表2-7中比较了各种除尘装置的实用性能。

表 2-7　各种除尘装置实用性能比较

类型	结构形式	处理粒度 /μm	压力降 /mmH$_2$O	除尘效率 /%	设备费用程度	运转费用程度
重力除尘	沉降式	50~1000	10~15	40~60	小	小
惯性力除尘		10~100	30~70	50~70	小	小
离心除尘	旋风式	3~100	50~150	85~95	中	中
湿式除尘	文丘里式	0.1~100	300~1000	80~95	中	大
过滤除尘	袋式	0.1~20	100~200	90~99	中以上	中以上
电除尘		0.05~20	10~20	85~99.9	大	小~大

注：$1mmH_2O = 9.80665Pa$。

2.4　露天矿大气污染与防治

2.4.1　露天矿粉尘的来源

露天矿有两种尘源：一是自然尘源，如风力作用形成的粉尘；二是生产过程中产尘，如露天矿的穿孔、爆破、采装、破碎、铲装、排土等生产过程都能产生大量粉尘，其产尘量与矿山的气象条件、矿山的地质特征、开采工艺、设备类型以及开采强度等有关。由于露天矿开采强度大，机械化程度高，又受地面气象条件的影响，不仅有大量生产性粉尘随风飘扬，而且还会从地面吹起大量风沙，使沉降后的粉尘容易再次飞扬。

2.4.1.1　穿孔作业产生粉尘

钻机是露天矿生产的主要设备之一，其产生粉尘的强度仅次于装载、运输设备，位居生产设备产尘量的第 3 位。一台牙轮钻机的钻孔速度为 0.025m/s 时，可以产生直径为 10~15mm 的粉尘量可达 2~3.5kg/s。如果不采取任何防治措施，在风流的作用下，可以污染大片露天矿作业区，即使在离钻机很远的地方，空气中的含尘量也远远超过国家卫生标准。

2.4.1.2　爆破作业产生粉尘

爆破作业中的粉尘主要是由炸药破碎岩石产生的，其中大量的是呼吸性粉尘。同时爆破又把地表的粉尘卷扬起来，使得粉尘的浓度增大。爆破时瞬时产生的粉尘量较大，但形成高浓度的粉尘在空气中维持的时间较短。

2.4.1.3　采装作业产生粉尘

采装作业产生的粉尘是露天矿粉尘的最主要的来源。矿山使用的电铲产生粉尘的强度都在 400~2000mg/s。采装作业产生粉尘的原因有：电铲挖掘矿岩时，岩石受到电铲的破碎作用，一部分粉尘是沉落在矿岩表面上的；另一部分则是摩擦、碰撞产生的粉尘因受振动而扬起形成二次尘。电铲向运输或转载设备卸料时，由于落差的原因，会产生大量的粉尘。使用推土机或其他一些采装设备清扫爆堆、台阶浮煤时，也会产生一定量的粉尘。

2.4.1.4　运输作业产生粉尘

当采用汽车运输时，路面由于汽车行驶而扬起的粉尘不仅是露天采场空气的主要尘源之一，而且也是矿区大气污染的主要尘源之一。同时，汽车运输路面沉积的粉尘在受到汽车经过所产生的压挤、振动和气流的影响，无规则地运动，造成了二次扬尘。当采用胶带机运输时，由于单位时间内暴露在空气中的截面积大，在风流、胶带震动等因素作用下，会产生一定量的粉尘。特别是使用胶带运输煤，在不采用任何保护措施时，不断会产生煤尘，并且也会造成煤炭资源的浪费。

2.1.4.5　排土作业产生粉尘

当运输设备在排土场排弃物料时，由于岩石的碰撞、摩擦而产生粉尘。并且由于排土场的落差较大，排弃量又多，因此形成的二次扬尘量也较大，对周边的环境影响较严重。

2.4.2　露天矿大气污染的影响因素

2.4.2.1　地质条件和采矿技术的影响

矿山的地质条件是影响露天矿环境污染的主要因素之一。因为矿山地质条件是确定剥离和开采技术方案的依据，而开采方向、阶段高度和边坡以及由此引起的气流相对方向和光照情况又影响着大气污染程度。此外，矿岩的含瓦斯性，有毒气体析出强度和涌出量也都与露天矿环境污染有直接关系。矿岩的形态、结构、硬度、湿度又都严重影响着露天矿大气中的空气含尘量。在其他条件相同时，露天矿的空气污染程度随阶段高度和露天矿开采深度的增加而趋向严重。

露天矿的劳动、卫生条件可以随着采矿技术工艺的改革而发生根本性变化。例如，用胶带机运输代替自卸式汽车运输，使用电机车运输或联合运输方式都能显著地降低露天矿的空气污染程度。

2.4.2.2 地形、地貌的影响

露天矿区的地形和地貌对露天矿区通风效果有着重要的影响。例如山坡上开发的露天矿，最终也形成不了闭合的深凹露天矿，因为没有通风死角，故这种地形对通风有利，即使发生风向转变和天气突变，冷空气也照常沿着露天斜面和山坡流向谷地，并把露天矿区内的粉尘和毒气带走。相反，对于地处盆地的露天矿，四周有山丘围住，则露天矿越向下开发，所造成的深凹越大。这不仅使其常年平均风速降低，而且还会造成露天矿深部通风量不足，从而引起严重的空气污染，并易经常逆转风向。而且这还会造成露天矿周围山之间的冷空气，不易从中流出，从而减弱了通风气流。

另外，如果废石场的位置很高，废石场将成为露天矿通风的阻力物，从而形成通风不良，污染严重的不利局面。一些丘陵、山峦及高地废石场，如果和露天矿坑边界相毗连，不仅能降低空气流动的速度，影响通风效果，而且还会促使露天采区积聚高浓度的有毒气体，造成露天矿区的全面污染。

2.4.2.3 气候条件的影响

气候条件如风向、风速和气温等是影响空气污染的诸因素中的重要方面。例如长时间的无风或微风，特别是大气温度的逆温，均能促使露天矿内大气成分发生严重恶化。风流速度和阳光辐射强度是确定露天矿自然通风方案的主要气象资料。为了评价它们对大气污染的影响，应当研究露天矿区常年风向、风速和气温的变化。

高山露天矿区气象变化复杂，冬季，特别是夜间变化幅度更大，可使露天矿大气污染严重。炎热地区的气象，对形成空气对流、加强通风、降低粉尘和有毒气体的浓度是有利的。有强烈对流地区，且露天矿通风较好时，就不易发生气象的逆转。

露天矿工作台阶上的风速与露天矿的通风方式、气象条件和露天台阶布置状况有关。自然通风时，露天矿越往下开采，下降的深度越大，自然风力的强度越低，从而使深凹露天矿的污染也越严重。

粉尘的含量和有害气体的浓度随气流速度变化是不相同的。如果增加气流速度，就会使空气中废气污染程度降低，但气流达到一定速度后，空气含尘量开始增加，空气的含尘量和废气污染程度变化的特点在于气流速度过高会引起粉尘飞扬。当气流速度尚未达到一定数值时，粉尘和有害气体扩散过程将遵循同一规律，即有害气体和粉尘在空气中含量将下降；气流速度继续增加时，废气浓度继续下降，而空气中含尘量由于沉积粉尘飞扬而增加。这种空气含尘量的变化，符合局部污染或整个大气污染的特征。在同样速度时的风向变化，可能会 2~3 倍或更多倍地改变露天矿大气污染和局部大气污染程度。

2.4.2.4 采、装、运设备能力与露天矿大气污染的关系

试验研究表明：当其他条件相同时，空气含尘量与矿山机械的生产能力有关。露天矿机械设备能力对有毒气体生成量的关系大不相同。对柴油发动的运矿汽车和推土机而言，尾气产生量和露天矿大气中有毒气体含量随其运行速度提高而直线上升。

2.4.2.5 矿岩的湿度与空气含尘量的关系

影响空气含尘量的主要因素之一是岩石的湿度。随着岩石自然湿度的增加，或者用人工法增加岩石湿度均能使各种采掘机械在工作时的空气含尘量急剧下降。

2.4.3　露天矿粉尘的防治

2.4.3.1　钻机作业除尘措施

按是否用水，可将露天矿钻机作业的除尘措施分为干式捕尘、湿式除尘和干湿相结合除尘三种方法，选用时要因时因地制宜。

（1）干式捕尘。是将除尘器安装在钻机口进行捕尘，多级旋风除尘器组成的除尘系统效果较好。为了提高干式捕尘的除尘效果，可在袋式除尘器之前安装一个旋风除尘器，组成多级捕尘系统，其捕尘效果会更好。袋式除尘器不影响钻机的穿孔速度和钻头的使用寿命，但辅助设备多，维护不方便，且能造成积尘堆的二次扬尘。采用干式捕尘时，为避免岩渣重新掉入孔内再次粉碎，除采用捕尘罩外，还应设置孔口喷射器与沉降箱、旋风除尘器和袋式过滤器组成三级捕尘系统。

（2）湿式除尘。主要采用风水混合法除尘，即利用压气动力把水送到钻孔底部，在钻进和排渣过程中湿润粉尘，形成潮湿粉团或泥浆，排至孔口密闭罩内或用风机吹到钻孔旁侧。这种方法虽然设备简单，操作方便，但在寒冷地区使用时，必须有防冻措施。

牙轮钻机的湿式除尘可分为钻孔内除尘和钻孔外除尘两种方式。钻孔内除尘主要是气、水混合除尘法，该法可分为风、水接头式与钻孔内混合式两种。钻孔外除尘主要是通过对含尘气流喷水，并在惯性力作用下使已凝聚的粉尘沉降。

（3）干湿相结合除尘。主要是往钻机里注入少量的水而使微细粉尘凝聚，并用旋风除尘器收集粉尘；或者用洗涤器、文丘里除尘器等湿式除尘装置与干式捕尘器串联使用的一种综合除尘方式。越来越多的矿山开始采用这种除尘方式，其除尘效果也是相当显著的。此外，高效高压静电除尘器的应用也取得了重大进展。

2.4.3.2　爆破尘毒污染防治措施

爆破尘毒污染的控制方法分为通风防尘毒、工艺防尘毒和湿式防尘毒等方法。

通风防尘毒是应用最早且行之有效的方法，但通风只能起到稀释、转移污染物的作用，而且由于露天矿范围大、开采深度逐渐增加等原因，通风防尘毒应用范围受到限制。

工艺防尘毒是指从改进爆破工艺着手，主要包括保证堵塞长度、采用孔底起爆装置、控制炸药的包装材料、完善炸药配方、采用高台阶挤压爆破或松动爆破等。这些方法应用于矿山，起到了降低爆破尘毒产生量的作用。如深孔装药定向起爆可以减少炮孔残留粉尘的排出量；挤压爆破在形成爆堆时的方向性而达到减少粉尘之目的。

湿式防尘毒近几年发展较快，方法也越来越多，主要有充水药室爆破、水塞爆破、胶糊填塞炮孔、爆破区洒水、泡沫覆盖爆区、使用喷雾器实现人工降雨和人工降雪、表面活性剂溶液降尘毒等。

利用泡沫覆盖爆区、富水胶冻炮泥降尘毒以及表面活性剂溶液降尘毒已成为降低爆破尘毒产生的一个重要途径。

泡沫药剂由起泡剂、稳定剂和水等组成，在寒冷地区还有适量的防冻剂。泡沫覆盖爆区降尘毒是在装药和安装好起爆网络后，用发泡器发生 100 倍以上的空气-机械泡沫，吹送到爆破区段。泡沫层厚度为 0.3~1.5m，爆破 $1m^3$ 矿岩的泡沫消耗量为 0.06~0.16m^3。泡沫覆盖爆区降尘毒一般多用于气候炎热、水源不足的地区，降尘毒效率可达 40% 以上，通风时间可缩短 2/3~3/4。

富水胶冻炮泥由水、水玻璃、硝酸铵、硫酸铜等组成。在酸性盐、硝酸铵和 Cu^{2+} 的作用下，水玻璃发生水解和电离，形成硅胶，放置一段时间后，硅溶胶自动形成凝胶即富水胶冻炮泥。用富水胶冻炮泥填塞炮孔，在爆破瞬间有毒气体和粉尘与富水胶冻炮泥微粒接触，发生复杂的物理、化学反应，在减少尘毒产生的同时，爆破后一段时间内也能使尘毒量明显下降。实验表明，用富水胶冻炮泥填塞炮孔与用砂土填塞相比，有毒气体下降可达 70%以上，粉尘下降达 90%以上。

表面活性剂是由水基和油基两种不同基团组成的，添加在水中能大幅度降低水的表面张力的一类有机化合物。在水中加入表面活性剂形成表面活性剂溶液，用其堵塞炮孔能明显减少爆破尘毒的产生。表面活性剂单体和助剂的单体不同，两者的降尘毒效果有很大差别。在实验室通过对表面活性剂溶液的表面张力，粉尘的沉降速度、润湿速率的测试和在硐室内进行爆破对比实验，得到了两种降尘毒效果较优的配方。用这两种配方进行的工业实验表明：有毒气体和粉尘的产生量均下降 60%以上。

2.4.3.3 铲装作业防尘措施

铲装作业的基本防尘措施是湿式作业，对司机室密闭净化。增加矿岩湿度是防止粉尘飞扬、降低空气含尘量的有效方法，包括预先湿润爆堆和装载时喷雾洒水。预先湿润爆堆在电铲装矿前 30min 进行，可取得良好的防尘效果，又不影响作业。装载时喷雾洒水是在铲装作业的同时用喷雾器向作业地带喷雾洒水。这种方法设备简单、使用方便、效果较好。为了提高普通喷雾的效果，特别是呼吸性粉尘的降尘效果，可采用以下措施：

（1）利用声波技术。利用声波发生器产生的高频高能波，使尘粒之间、尘粒与水雾之间产生声凝聚效应，从而提高水雾对尘粒的捕集效率。

（2）利用荷电水雾。利用水雾粒子与尘粒间的静电相互作用来提高捕尘效率。

（3）利用磁化水喷雾。水经磁化后，其表面张力、吸附能力、溶解能力增加，同时水的雾化程度提高，还提高了水与尘粒的接触能力与机会。

2.4.3.4 运输作业的防尘措施

对于采用汽车运输的露天矿，运输过程中的防尘措施，主要应针对路面产尘采取措施。减少露天矿路面扬尘的根本途径是保证路面的结构及施工质量，并加强日常维护，使用永久性的水泥混凝土路面。然而由于经济、技术的原因，露天矿有相当数量的碎石路面。目前露天矿汽车路面的防尘措施有洒水车洒水或沿路铺设的洒水器向路面洒水，喷洒钙、镁等吸湿性盐溶液，用乳液处理路面。洒水是目前使用最广泛的一种防尘措施，但在炎热季节，由于水分蒸发很快，必须频繁洒水，这势必耗费大量人力、物力，还可能因路面养护不善而恶化路况。在冬季洒水容易造成路面冰冻而不能使用。吸湿性盐水溶液对轮胎或金属零部件有强烈的腐蚀作用，而且抑尘成本比水高几倍到几十倍。抑尘剂处理路面作用时间长，原料来源广泛，制作、喷洒方便，成本低，无二次污染，近年来乳液抑尘剂处理路面得到了广泛应用，取得了很好的效果。

对于采用胶带运输的露天矿，其防尘措施主要为设置防尘墙，防止粉尘随风流飘进采场内，或者采用封闭式运输，减少运输物料暴露在大气的时间和面积。

2.4.3.5 排土作业的防尘措施

可以向二次扬尘点喷洒水或氯化钠溶液，同时在排土场周围种植高大的树木，加强排土场的复垦绿化工作。

2.5　井下大气污染与防治

2.5.1　井下大气污染物的来源

由于井下环境的特殊性，进入有限空间的空气不像地面上那样可以让人尽情呼吸。同时与地面相比，井下空气含氧量减少，碳氧化物及氮氧化物成分增多，粉尘浓度增高。某些矿山还有其他一些有害成分混入，加之井下污染源增多，通风条件不如地面，因此，井下空气更易被污染，自净能力极差。由于人类生存所需的首要条件是清洁的空气，而矿山工人成年累月地在较为污浊的空气环境中工作，因此与其他各类污染相比较，消除空气的污染以使其达到卫生标准，是矿井环境保护的首要任务。

2.5.1.1　瓦斯（CH_4）

瓦斯是成煤过程中的一种伴生气体，主要成分是烷烃，其中 CH_4 占绝大多数，另有少量的 C_2H_6、C_3H_8 和 C_4H_{10}，此外一般还含有 H_2S、CO_2、N_2 和水汽，以及微量的惰性气体，如 He 和 Ar 等。

瓦斯保存在煤层或岩层的孔隙和裂隙内。瓦斯含量主要取决于煤的变质程度、煤层赋存条件、围岩性质、地质构造和水文地质等因素。一般情况下，同一煤层的瓦斯含量随深度而递增。地下开采时，瓦斯由煤层或岩层内涌出，污染矿内空气。

瓦斯从煤层或岩层内涌出的形式有：

（1）缓慢、均匀、持久地从煤、岩暴露面和采落的煤炭中涌出，是井下瓦斯的主要来源。

（2）在压力状态下的瓦斯，大量、迅速地从裂隙中喷出，即瓦斯喷出。

（3）短时间内煤、岩与瓦斯一起突然由煤层或岩层内喷出，即煤、岩和瓦斯突出。单位时间涌出的瓦斯量称绝对涌出量（m^3/min）；平均日产 1t 煤涌出的瓦斯量称相对涌出量（m^3/t）。

瓦斯爆炸事故是煤矿五大自然灾害之首。煤矿瓦斯爆炸事故所导致的后果是极其惨重的，可造成矿井设备、设施的严重破坏，威胁井下矿工生命安全。煤层或岩层中涌出的大量瓦斯涌向采掘空间后，使矿井空气中瓦斯含量增大。在压力不变的情况下，当瓦斯浓度达到43%时，氧气浓度就会被冲淡到12%，人会感到呼吸困难；当瓦斯浓度达到57%时，氧气浓度就会降到9%，短时间内人就会因缺氧窒息而死。

2.5.1.2　炸药爆炸产生的炮烟

炸药一般是含有不同成分的氧氮与碳原子为基础的化合物。按理想的反应时，碳就氧化为二氧化碳，氮则从氮氧化合物中还原为氮。实际上由于参加反应的物质特性与反应时的环境与条件决定爆炸产物的成分，而产生一定量的氮的氧化物（主要是 NO_2）和一氧化碳，这是炮烟中的主要有毒气体。其中以氮氧化物毒性最大。炮烟中的有毒气体含量与炸药的化学组分、氧平衡、药卷物理特性（密度、直径和外皮型式）、工作地点的条件（温度、湿度、岩石种类）以及放炮技术（装药长度、炮泥堵塞）有关。但炸药一旦制成，其生成的有毒气体量就是一个定值，主要取决于炸药自身组分的氧平衡、爆炸反应的完全性。如果将爆破后产生的 NO_2，按 1L NO_2 折合成 6.5L CO 计算，则 1kg 炸药爆炸产生的有害气体（相当于 CO 量）为 80~120L。

目前井工煤矿生产中，爆破采掘仍然存在。由于井巷作业空间狭小，煤矿允许用炸药爆炸产生的有毒气体不仅对人体有害，且某些有毒气体对煤矿井下瓦斯能起催爆作用（如氧化氮）或引起二次火焰（如一氧化碳），尤其是在高瓦斯矿井中，易造成灾难性事故，对施工人员和安全生产构成严重威胁。

2.5.1.3 放射性物质

自然界中的某些元素不随外界条件（如温度、压力等）的改变而改变，在其自发的衰变过程中放出射线的性质称之为放射性。具有放射性的元素称之为放射性元素。而含有放射性元素的矿物岩石，则称之为放射性矿岩。自然界中存在的放射性元素中，对人体危害较严重的有铀、钍、锕等。

根据含铀金属矿山的调查，矿井内空气中放射性物质的危害主要是氡及其子体。因此氡及其子体是冶金矿山污染防治的主要对象。

氡是一种无色、无味、透明的放射性气体，其半衰期为 3.825d。在标准状态下的密度为 9.73g/L，属于重衰变气体。氡一般不参加化学反应，属于惰性气体，氡能溶于水、油类、有机溶剂及其他液体。它在脂肪中的溶解度比水中的溶解度大 125 倍。氡及其子体也能被固体物质吸收，吸附能力最强的是活性炭。氡子体在空气中多呈气溶胶状态，而且具有荷电性，它与其他物质的黏附性很强，最易与空气中的粉尘黏合。

氡在衰变过程中产生 α、β、γ 射线，这些射线对人体的危害程度取决于它的特性。当 α 射线从人体的口腔、鼻腔进入体内进行内照射时，对人体的组织损伤比较大，表现为呼吸系统的疾病；γ、β 射线在人体外部进行照射，使人体受到损伤，多表现为神经系统和血压系统的疾病。

氡和氡子体对人体的危害不同，根据统计，氡子体对人体所产生的危害比氡对人体所产生的危害大 18.9 倍。因此氡子体对人体的危害更大。然而氡是氡子体的母体，从这个角度上说，防氡更具有重要意义。对含铀金属矿来说，由于铀的品位一般都在 0.1% 以下，γ、β 射线的剂量比较低，对人体不会产生明显的外部损伤。所以，内照射的危害是主要的。α 射线进入人体后沉积在支气管上，短时间内能把它的 α 粒子的全部潜在能量释放出来，其射程正好轰击到支气管上皮基底细胞核上，这正是含铀矿山工人患肺癌的原因之一。

2.5.1.4 硫化矿石的氧化和自燃

在开采硫化矿物的过程中，如黄铁矿（FeS_2）、黄铜矿（$CuFeS_2$）、闪锌矿（ZnS）等，在干空气中氧化时产生大量的 SO_2；黄铁矿、石膏（CaS）等矿物水解时生成硫化氢；在含硫矿岩中进行爆破、硫化矿尘爆炸会产生大量的 SO_2 和 H_2S。

2.5.1.5 矿井内柴油设备废气

以柴油为动力的设备称之为柴油设备。由于这种设备具有生产能力大、效率高、成本低、使用方便等特点，在矿山中普遍采用。这些设备产生的废气对矿井内大气的污染非常严重。

柴油设备废气的成分相当复杂，它是柴油在高温高压下进行燃烧时所产生的各种成分的混合物。其中无害成分有 N_2、O_2、CO_2 以及碳氢化物和水蒸气等，有害成分有 CO、NO_x、醛类、碳烟及 SO_2 等。

醛类是一种麻醉剂，主要由甲醛(HCHO)和丙烯醛(C_3H_4O)组成。甲醛具有特殊的致毒性，当空气中的甲醛浓度达到 $7×10^{-5}$ 时，对人体的呼吸道有轻度刺激；当浓度达到 $1.8×10^{-4}$ 时，会引起人体的多种并发症，如结膜炎、鼻炎、支气管炎等。丙烯醛对黏膜有剧烈地刺激作用。当空气中的丙烯醛浓度达 $1.6×10^{-6}$ 时，人就会嗅到气味；当浓度达到 $5×10^{-6}$ 时，人就会感到头痛、难以忍受；当浓度达到 $1.4×10^{-4}$ 时，如不及时抢救，人在几分钟内就会死亡。因此，我国《冶金矿山安全规程》中规定：矿井内空气中甲醛的最大许可体积浓度为 $5×10^{-6}$；丙烯醛的最大许可体积浓度为 $0.12×10^{-6}$。

碳烟的成分比较复杂，主要由油雾和微细碳粒组成。碳粒呈球状，其直径绝大部分小于 $1\mu m$。碳烟中的可溶性有机物质具有诱变作用。这些诱变物的90%以上是致癌物质。诱变物质是由于碳烟颗粒中的多环芳香烃，特别是环数多的芳香烃与硝酸或亚硝酸作用生成硝酸衍生物而直接形成的。

碳烟颗粒表面如果再吸附一些废气中的其他成分，其危害性更大，根据动物实验，把老鼠置于微细碳粒和高浓度 NO_2 的混合物下进行观察，发现老鼠肺部的损伤程度要比在单独成分作用下的伤害程度大很多。有关碳粒对人体危害的机理还需进一步探讨研究。

矿井内空气中碳烟的许可浓度，我国尚无明文规定。美国政府工业卫生工作者会议的规定标准不大于 $2mg/m^3$。加拿大新斯科会省规定为 $2×10^{-6}$（体积比）。

2.5.1.6　井下火灾

井下发生火灾时，由于氧气不足会产生大量有毒有害气体 CO。因此，井下失火时，往往造成大量伤亡事故。

2.5.1.7　粉尘

悬浮于矿井内空气中的粉尘是在凿岩、爆破、装运、卸矿等各生产工艺环节中产生的，其粉尘强度、粒度大小、分散程度等，均与生产工艺过程有着密切的关系。根据国内外实测资料，各生产工艺环节的产尘强度见表2-8。

表 2-8　各主要生产工艺的产强度尘

生产工艺	凿岩/%	爆破/%	装运/%	备注
干式作业	85	10	5	国内资料
湿式作业	41.3	45.6	13.1	国内资料
湿式作业	50	40	10	国外资料

由表2-8可以看出，在当前生产条件下，凿岩、爆破产生的粉尘是主要的。在采掘过程中，凿岩是主要生产工艺之一，产尘强度大，而且是连续的，接触这类作业的人数多、时间长，加上产尘点比较分散，控制比较困难。所以，加强凿岩时的防尘工作是矿山防尘的重点。凿岩时粉尘进入空气中的强度与凿岩速度、同时工作的凿岩机台数、凿岩方式、

岩石性质、钎头形状以及炮眼深度和方向等因素有关。

爆破作业产尘的特点是：瞬时产尘强度大，形成高浓度的含尘空气，维持时间短，但爆破时若不及时采取有效防尘措施，则爆破后数小时内，巷道中的粉尘浓度仍然很高，对生产工人仍能造成很大的危害。爆破产生的粉尘表面往往吸附着爆破生成的有毒气体，对工人造成的危害更大，爆破时的产尘强度与炮眼数目、炮眼深度、炸药数量、种类以及岩矿性质等有着直接关系。

装卸和运输矿岩时，主要会引起落尘再次飞扬，污染矿井内空气。实测表明，在没有任何防尘措施的情况下，人工装岩时，装岩地点空气中的含尘量可达 $700\sim800mg/m^3$；机械装岩时，含尘量可达 $1000mg/m^3$ 左右。

另外，地表入风流所含粉尘也是矿内大气中粉尘的来源之一。对河南某矿实测表明，地表入风流中含有大量粉尘，含尘量超过许可浓度三倍多。又如广东某矿，地表入风流的含尘量超过许可浓度八倍多。

2.5.2 井下大气污染的特点

井下开采是在有限的井巷空间中进行的。井巷狭窄，与地表相通的孔道为数不多，矿井内外空气不易对流。因此，采矿过程产生的各种污染物对矿内空气的污染要比地面大气污染更为严重。

2.5.2.1 井下空气中氧含量降低，二氧化碳含量增高

由于矿井内有机物和无机物的氧化及人员呼吸都直接消耗氧气，使矿井内空气中氧含量降低。当井下空气中氧含量减少到 17% 时，人们从事繁重体力劳动就会感觉到心跳加快和呼吸困难；当减少到 15% 时，人们就会失去劳动能力；当减少到 10%~12% 时，由于大脑缺氧，人们就会失去理智，时间稍长将对生命产生严重威胁；当减少到 6%~9% 时，人们就会失去知觉，若不及时进行急救就会造成死亡。我国矿山安全规程规定：矿井内空气中含氧量不得低于 20%。

CO_2 是无毒的，而且是绿色植物光合作用所需的原料，所以一般情况下二氧化碳不列为污染物质。但在矿井下 CO_2 含量增大到一定含量时，矿工会因缺氧而窒息。当空气中 CO_2 的浓度达到 5% 时，人就会出现耳鸣、无力、呼吸困难等现象；当达到 10%~20% 时人的呼吸就处于停顿状态，失去知觉，时间稍长就会有生命危险。值得指出的是，CO_2 对人的呼吸有刺激作用，当肺泡中 CO_2 增加 2% 时，人的呼吸量就增加一倍。因此，在对某些有毒气体（如 CO、H_2S）中毒人员急救时，最好先使其吸入含 5% CO_2 的氧气，以增强肺部的呼吸量。我国矿山安全规程规定：有人工作或可能有人到达的井巷，二氧化碳含量不得大于 0.5%，总回风流中，不得超过 1%。

2.5.2.2 矿井空气中含有多种有毒有害气体

采矿过程中，由于大量地使用炸药落矿、采用以柴油机为动力的设备等原因，将产生大量的有毒气体，常见的有毒气体及其人体中毒时的主要症状见表 2-9。而且由于生产工序不同，产生的这些气体常具有突发性。例如，爆破是在有限的空间内瞬时爆发的，所以爆破后的工作地点以及回风流中 CO、NO_2 等有毒气体的含量将会突然增高。同时在通风不良的井巷内，这些有毒气体还可能不断地聚积，引起中毒事故，对矿工生命造成威胁。除以上常见的有毒气体外，矿井大气中还有 H_2S、CH_4 等有害气体。

表 2-9 矿井内主要有毒气体及其人体中毒时的主要症状

有毒气体名称	中毒时的主要症状	矿山安全规程规定的最高容许浓度（体积比）
CO	耳鸣、头痛、头昏、心跳、呕吐、感觉迟钝和丧失行动能力。严重时，呼吸停顿、出现假死（面颊有红斑，嘴唇呈桃红色）	0.0024%
NO_2	眼、鼻、喉产生炎症和充血、咳嗽、吐黄痰、指甲和头发变黄、呼吸困难、呕吐、肺水肿	0.00025%
H_2S	脸色苍白、流唾液、呼吸困难、呕吐、四肢无力，甚至抽筋、瞳孔放大	0.00066%
SO_2	眼睛红肿、咳嗽、喉痛、易引起急性支气管炎及肺水肿	0.0005%

2.5.2.3 矿井空气中含有大量的粉尘

在矿山采掘过程中的凿岩、爆破以及矿石的装卸、转运等过程中，将会产生大量的粉尘，导致矿井空气中的粉尘含量急剧增加。即使采取了各种有效防尘措施之后，和地面空气中的含尘量相比，还会高出几倍或几十倍。正因为如此，井下工作人员长期吸入含尘量较高的矿井空气，容易引起各种职业病，尤其是矽肺病、煤尘肺的发生，对矿工健康危害较大。

2.5.2.4 矿井内气象条件复杂

井下开采由于井下无阳光照射，空气温度高、湿度大，加之各种有毒有害气体的混入，从而导致井下气象条件比较复杂。

2.5.2.5 某些矿井内空气中含有放射性气体

在开采含铀金属矿物或含铀多金属共生矿物时，由于矿井内空气中含有放射性氡及其子体，当含量超过规定的浓度时，会对人体造成伤害性影响。

2.5.3 井下大气污染物的防治

2.5.3.1 井下大气中有毒有害气体的防治

（1）爆破产生有毒有害气体的防治。由于井下大气中有毒气体的主要来源是井下大量使用炸药破碎矿岩造成的。因此，应采用零氧平衡或接近零氧平衡的炸药，尽量减少爆破时生成的有毒有害气体量，并在爆破时加强矿井内通风，使爆破中产生的有毒有害气体可以尽快排出地表。同时，应采取措施防止有毒有害气体对井下人员的危害。

（2）氡及其氡子体的防治。矿井通风是降低矿井内大气中氡及其氡子体的有效措施。同时，利用通风压力及其分布，控制矿岩裂隙或采空区内空气的渗流方向，可以减少氡的析出。通过减少井下岩石暴露面积，降低岩矿暴露面积占氡的析出率等防氡措施。少量氡的析出，还可采用过滤法清除氡子体和利用快速循环风流来降低氡子体浓度的局部净化措施。此外，还可以采取个体防护措施。

（3）柴油设备废气的防治。柴油设备废气的净化措施主要分为机内净化和机外净化两大类型。机内净化就是减少柴油设备废气的生成量，机内净化措施包括：合理选择机型；采用喷油延迟技术；提高喷油速度；降低功率使用柴油机等。机外净化是在柴油机外附加废气净化设备，使柴油设备产生的废气中有害成分的含量降低。常用的机外净化设备有氧化催化器、水净化设施、燃烧净化器，机外净化还可以采用废气再循环法。

（4）对矿井中气体资源的综合利用。矿井内常见的有毒有害气体主要有 CO、SO_2、NO_2、H_2S、NH_3、含氧碳氢化合物等。通常，天然气中甲烷的含量高达98%以上，而煤矿抽放的瓦斯中甲烷含量一般低于90%，多在70%以下。然而，自然状态下与煤共存的瓦斯中甲烷的浓度不低于天然气，发展瓦斯发电-供热综合利用，不仅可以为矿区提供必要的电能和热能，解决矿区电力短缺问题，改善能源利用效率，而且还可以为矿区创造经济效益，改善矿区大气质量，是一个值得提倡的发展方向。利用瓦斯发电最主要的方式是采用燃气轮机并利用余热。余热利用广泛采取的方式是：热电联供、联合循环和采用注蒸汽的燃气轮机。松藻矿务局民用瓦斯主要是居民炊事用气、食堂和居民取暖。对矿井有毒有害气体的防治，主要是改革开采工艺，加强监视和管理，减少炸药用量，加强矿井通风，及时抽放井下废气，并做好井下作业人员的个体防护工作。

2.5.3.2 井下大气中煤（粉）尘污染防治

井下大气中煤（粉）尘污染的防治方法有以下几种。

A 煤层注水

煤层注水是国内外煤矿广泛采用的最积极、最有效的防尘措施。煤体内的裂隙中存在着原生煤尘，水进入煤体内部，可将原生煤尘均匀湿润并黏结，使其破碎时失去飞扬能力，从而消除尘源。开采中，破碎面均有水存在，从而消除了细粒煤尘的飞扬，预防了浮尘的产生，从而降低开采过程中产生的粉尘对井下矿工的危害。煤层注水主要有三种方式：短孔注水、深孔注水和长孔注水。若采用长孔静压注水，做到"逢采必注，不注不采"，降尘率可达60%~90%。

B 通风除尘

通风除尘是稀释和排出工作地点悬浮粉尘，防止粉尘积累的有效方式。决定通风除尘效果的主要因素是风量和风速及矿尘密度、粒度、形状、湿润程度等。风速过低，粗粒矿尘将与空气分离下沉，不易排出；风速过高，能将落尘扬起，增大矿内空气中的粉尘浓度。因此，通风除尘效果是随风速的增加而逐渐增加的，达到最佳效果后，如果再增大风速，效果又开始下降。排除井巷中的浮尘要有一定的风速。我们把能使呼吸性粉尘保持悬浮并随风流运动而排出的最低风速称为最低排尘风速。同时，把能最大限度地排出浮尘而又不致使落尘二次飞扬的风速称为最优排尘风速。一般来说，掘进工作面的最优风速为0.4~0.7m/s，机械化采煤工作面为1.5~2.5m/s。

C 湿式打眼和使用水炮泥

在煤矿生产环节中，井巷掘进产生的粉尘不仅量大，而且分散度高，而掘进过程中的矿尘又主要来源于凿岩和钻孔作业。据实测：干式钻眼产尘量约占掘进总产尘量的80%~85%；而湿式凿岩的除尘率可达90%左右，并能提高凿岩速度15%~25%，因此，湿式凿岩、打眼能有效降低掘进工作面的产尘量。

湿式打眼是在采煤工作面打眼时，将具有一定压力的水通过钻具送入正在钻进的钻孔孔底，湿润并冲洗钻孔中的煤（岩）粉，大大减少打眼作用时的产尘量。例如，山东大屯矿区的炮采、岩巷和煤巷掘进全部采用湿式打眼，打眼时粉尘浓度显著降低，其作业点的粉尘浓度平均降低98%以上，所有的采掘工作面均使用水炮泥。

水炮泥是煤矿井下放炮除尘、预防电火花用的专用产品，将水注入筒状聚乙烯塑料袋并封住口而制成的，其长度一般在250~300mm，直径略小于炮眼直径。其作用一是可以起到封口作用；二是在炸药爆炸时水炮泥同时爆炸，水便形成雾状分布在空气中，可起到降尘、降温和吸收有毒有害气体的作用。炸药爆炸后，水炮泥的水在爆炸气体的冲击作用下能形成一层水幕，起到降低爆温、缩短爆炸火焰、延续时间的作用，从而减少了引爆瓦斯煤尘的可能性，有利于安全生产。水炮泥破裂后形成的水幕，有降尘和吸收炮烟中有害气体的作用，有利于改善劳动条件。据现场实际测定，用水炮泥与用黄泥比较，煤尘浓度可降低50%，二氧化碳和二氧化氮可分别减少35%和45%。

D 喷雾洒水、净化风流

炮采、炮掘工作面要做到放炮前后洒水、消尘，坚持装岩（煤）洒水和冲洗岩帮。可采用洒水装置，对主要进、回风巷定期冲刷、消除积尘。在矿井总进风巷、总回风巷、采煤工作面的进、回风和掘进工作面的回风巷道、转载点可安装光电、触动、声控、连锁等自动化防尘水幕和转点喷雾装置，增强降尘效果。

喷雾洒水是将压力水通过喷雾器（又称喷嘴），在旋转或（及）冲击的作用下，使水流雾化成细微的水滴喷射于空气中，它的捕尘作用有：

（1）在雾体作用范围内，高速流动的水滴与浮尘碰撞接触后，尘粒被湿润，在重力作用下下沉；

（2）高速流动的雾体将其周围的含尘空气吸引到雾体内湿润下沉；

（3）将已沉落的尘粒湿润黏结，使之不易飞扬。

净化风流是使井巷中含尘的空气通过一定的设施或设备，将矿尘捕获的技术措施。当进风装置装在井下时，可采用水幕或湿式过滤除尘装置。水幕是在巷道过风断面上使用多个喷嘴喷雾，封闭整个巷道断面，以净化通过的含尘风流。为提高除尘效果，可设两道或多道水幕。在有车辆或人员通行的巷道中，应采用自动控制水幕。水幕净化装置结构简单、安装方便，但除尘效率较低，只适于净化含尘浓度不高的风流。喷雾器的布置应以水幕布满巷道断面尽可能靠近尘源为原则。湿式过滤除尘装置是将湿式化学纤维层滤料用框架敷设于巷道中，封闭整个巷道断面，同时用喷嘴向滤料均匀喷射水雾，在纤维过滤层上形成水膜。捕集通过风流中的矿尘，为增大过滤面积，降低阻力。通常将纤维层滤料布置成W形。当纤维层滤料的过滤风速为0.7~1.2m/s时，喷水量为5~6L/m²·min，除尘效率在97%以上，阻力小于500Pa。

E 局部通风除尘与锚喷除尘

在掘进头配备局部除尘风机，锚喷作业配备除尘器。

F 个体防护

个体防护是通过佩戴各种防护面具以减少吸入人体粉尘的最后一道措施。因为井下各生产环节虽然采取了一系列防尘措施，但仍会有少量微细矿尘悬浮于空气中，甚至个别地点不能达到卫生标准，因此个体防护是防止矿尘对人体伤害的最后一道关卡。个体防护的用具主要有防尘口罩、防尘风罩、防尘帽、防尘呼吸器等，其目的是使佩戴者能呼吸净化后的清洁空气而不影响正常工作。

2.6 矿物加工过程大气污染与防治

2.6.1 矿物加工过程粉尘来源及特点

矿物加工过程主要的产尘点有破碎作业、筛分作业、矿石转运作业等，车间内部及厂区的风扬飘尘也是粉尘的重要来源。微细的粉尘受气流作用散布于空气中而呈悬浮状态，严重的损害工人的健康和厂区的环境卫生。并且尘粒落在机器部件上，将会增加磨损，缩短机器的使用期限，这是很不利的。同时粉尘中带走了有用矿物，造成很大的经济损失。

2.6.1.1 破碎筛分的粉尘来源及特点

破碎筛分作业是将大块矿石破碎后，经筛分将矿石分级成适当粒度的成品矿石。根据各作业点产生粉尘的特点，可分为：

（1）机械类尘源，如矿石破碎作业；

（2）筛分类尘源，是振动筛工作时产生的粉尘。

破碎筛分产生的粉尘特点：

1）颗粒一般不规则，粒度分布不均匀，且细颗粒粉尘比例大。

不同的作业产生的粉尘的分散度也不同，表 2-10 为矿石破碎作业中粉尘分散度组成。

2）矿石中含有大量的游离 SiO_2，表 2-11 为部分矿石及岩石中游离 SiO_2 的含量。粉尘中游离 SiO_2 的含量依矿物组成而定，一般为矿石中游离 SiO_2 的 63%~83%。

3）矿物性粉尘都具有不同的润湿性、黏附性、破损性、荷电性等。

4）部分矿物粉尘还具有爆炸性，表 2-12 为部分矿物粉尘的爆炸浓度下限，易爆粉尘的粒径越小、越干，越易发生爆炸事故。

表 2-10　矿石破碎过程中粉尘分散度　　　　　　　　　　　　　　　（w/%）

粒径	>40μm	40~30μm	30~20μm	20~10μm	<10μm
粗碎	42.0	13.0	11.5	10.6	22.9
中碎	25.5	13.5	36.0	7.5	17.5
细碎	75.0	15.0	2.5	2.5	5.0

表 2-11　部分矿石及岩石中的游离 SiO_2 含量

矿物名称	游离 SiO_2 含量/%	矿物名称	游离 SiO_2 含量/%
花岗岩	68.9	铅锌矿	5~15
萤石	17.16	煤矿石	47.0~78.3
闪长石	53.7	石英斑岩	69
赤铁矿	0.5~10	片麻岩	64.4
石灰石	1.58	方解石	0.03

表 2-12　部分矿物粉尘的爆炸浓度下限

矿物名称	爆炸下限/$g \cdot m^{-3}$
煤粉	114.0
硫矿物	13.9
页岩粉	58.0
泥炭粉	10.1

2.6.1.2　矿石转运作业的粉尘来源及特点

在矿石的转运工艺中，皮带运输机是主要设备之一。皮带运输机在运行中粉尘的来源有以下几点：

（1）主要是来自上、下段皮带衔接处和运输皮带向贮料仓或加工设备的投料口，由于上段和下段皮带运输机和皮带运输机与投料口之间有一定落差，当物料落下时产生大量粉尘。

（2）其次是在皮带运行时，由于皮带的振动和物料与空气的摩擦也会产生一部分粉尘。

（3）此外还有地面、墙壁、设备上积尘的二次飞扬。

皮带运输机产生粉尘的特点：粉尘分散度高，产尘点多，尘量大。同时也具备破碎筛分产生粉尘的特点。

2.6.1.3　其他

在干燥操作过程中以及干法选矿时，都有粉尘伴随发生。

尾矿库中弃土、尾矿等废物的堆积，经受风吹日晒，特别是尾矿的干滩表面逐渐变干，在风力的作用下可能发生扬尘。尾矿库粉尘也是矿物加工过程中粉尘污染的主要污染源之一。

2.6.2　矿物加工过程粉尘防治

2.6.2.1　减少破碎筛分的污染源

改进造成多次扬尘的不合理的生产工艺，淘汰污染严重的生产设备，应用新工艺、新设备简化破碎筛分的作业环节，减少粉尘源。减少卸料物流的高差和倾角，尽可能设置隔流设施，在保证物料流动顺畅的前提下降低物料的流速，以减少粉尘的飞扬。

提高破碎筛分的机械化和自动化程度，对产生粉尘源的设备及地点实现整体密闭，避免粉尘的扩散，也是使新建及改造设计的破碎筛分实现清洁生产的根本保证。

2.6.2.2　综合除尘方法

（1）加强扬尘设备的密封。

（2）多种除尘工艺及设备综合除尘。破碎筛分各个作业环节产生的粉尘的粒度分布不尽一致，采用单一的除尘方法一般不能取得良好的除尘效果。针对破碎筛分产生粉尘的特点，加强对产生粉尘的设备及作业环节进行有效的密封的同时，采用多种收尘工艺、多种除尘设备综合收尘是破碎筛分治理粉尘污染，实现清洁生产的最佳途径。

实践证明，对于粒度分散性较大，尤其是微细颗粒粉尘含量较高的矿物性粉尘，采用各种袋式除尘器集中收尘是一种行之有效的收尘方法。经验表明，根据不同的矿石性质、不同的生产工艺流程，采用静电除尘、蒸汽除尘、文丘里除尘器、旋风除尘器等多种除尘方法综合除尘，降尘防污效果显著。在使用各种除尘设备的同时充分使用湿式除尘。

应用综合除尘技术不但可以提高除尘效果，还能降低通风除尘的能耗，减少运营费用。

（3）减少二次扬尘污染。二次扬尘是选矿厂粉尘污染的重要来源，也是造成周边环境污染的主要原因。减少二次扬尘的主要途径是：1）在车间及作业场地进行喷雾（水）及水洗除尘，降尘效果显著。2）收尘系统回收的粉尘应及时有效地处理，避免粉尘的无组织排放，造成二次扬尘。3）减小车间内及作业场地的空气流动。4）加大厂区的绿化范围，因为植被具有良好的滞尘和阻尘作用。

2.6.2.3 加强个人防护，避免粉尘危害

尽管采用多种收尘方法进行除尘，使选矿厂作业区域的粉尘浓度显著降低，接近或达到国家卫生标准，但空气中仍然有部分粉尘。工人长期吸入低浓度粉尘，经过累积也将危害身体健康。因此，提高工人的自我保护意识，加强个人防护，减少操作工人在粉尘环境中的暴露时间，是选矿厂劳动保护的主要工作之一。一般常采用的个人防护措施是佩戴各种类型的防尘口罩。

3 矿业水污染与防治

3.1 概述

3.1.1 水污染的概念

水污染是指水体因某种物质的介入，而导致其化学、物理、生物或者放射性等方面特性的改变，从而影响水的有效利用，危害人体健康或破坏生态环境，造成水质恶化的现象。

一般可以认为，水体污染是指排入水体的污染物在数量上超过该物质在水体中的本底含量和水体的环境容量，从而导致水的物理、化学及微生物性质发生变化，使水体固有的生态系统和功能受到破坏。

3.1.2 水体污染源与水体污染物

3.1.2.1 水体污染源

水体污染源按人类活动内容可分为工业污染源、交通运输污染源、农业污染源及生活污染源。各污染源排出的废水、废渣、垃圾及废气均可通过各种途径成为水体污染物质的来源。

A 工业废水

工业废水是水体污染的最主要的污染源。它的排放具有以下特点：（1）排放量大，污染范围广，排放方式复杂；（2）污染物种类繁多，浓度波动幅度大；（3）污染物质有毒性、刺激性、腐蚀性、pH 变化幅度大，悬浮物和富营养物多；（4）污染物排放后迁移变化规律差异大；（5）恢复比较困难。

B 城市生活污水

城市生活污水是仅次于工业废水的第二大水体污染源，以有机污染物为主，它的特点是：（1）含氮、磷、硫高，容易引起水体富营养化；（2）含纤维素、淀粉、糖类、脂肪、蛋白质、尿素等，在厌氧性细菌作用下易产生恶臭；（3）含有多种微生物，如细菌、病原菌，使人易被传染各种各样的疾病；（4）合成洗涤剂含量高时，对人体有一定的危害。

C 交通运输污染源

铁路、公路、航空、航海等交通运输部门，除了直接排放各种作业废水（如货车、货舱的清洗废水）外，还有船舶的油类泄漏、汽车尾气中的铅通过大气降水而进入水体等污染途径。

D 农业排水

农业排水造成的水体污染主要是排出施肥、灭虫后残余的化肥和农药，使水质恶化和富营养化。农业排水具有面广、分散、难于收集、难于治理的特点。

3.1.2.2 水体污染物

凡使水体的水质、生物质、底泥质量恶化的各种物质均称为水体污染物（或水污染物）。根据对环境污染危害的情况不同，水体污染物主要有以下六类。

A 固体污染物

固体物质在水中有三种存在形态：溶解态，胶体态和悬浮态。在水质分析中，常用一定孔径的滤膜过滤的方法将固体微粒分为两部分：被滤膜截留的为悬浮物(SS)，透过滤膜的为溶解性固体(DS)。两者合称总固体(TS)。这时，一部分胶体包括在悬浮物内，另一部分包括在溶解性固体内。

悬浮物在水体中沉积后淤塞河道，危害水体底栖生物的繁殖，影响渔业生产。灌溉时，悬浮物会阻塞土壤的孔隙，不利于作物生长。大量悬浮物的存在，还会造成水道淤塞，干扰废水处理和回收设备的工作。在废水处理中，通常采用筛滤、沉淀等方法使悬浮物与废水分离而除去。

水中溶解性固体主要是盐类。含盐量高的废水对农业和渔业有不良影响，而其中的胶体成分是造成废水浑浊和色度的主要原因。

B 耗氧（或需氧）有机污染物

耗氧有机物指动植物残体、生活污水及某些工业废水中所含的碳水化合物、蛋白质、脂肪和木质素等有机化合物。它们能通过生物化学或化学作用消耗水中的溶解氧。例如，它们在好氧菌的作用下可分解为简单的无机化合物、二氧化碳和水等，在分解过程中消耗水中的溶解氧。

但是，若需分解的有机物太多，氧化作用进行得太快，而水体不能及时从空气中吸收充足的氧来补充消耗时，水中的溶解氧有可能降为零。当出现这种情况时，不仅造成水中耗氧生物（如鱼类）的死亡，还会因水中缺氧引起厌氧性分解。这种分解的产物具有强烈的毒性和恶臭，典型的厌气性分解物有氨、甲烷、硫化氢、二氧化碳和水。水色变黑，底泥泛起，是水质腐败的现象，它严重污染水环境和空气环境。

由于废水中有机物组成较复杂，但根据水中有机物主要是消耗水中溶解氧这一特点，可采用生物化学需氧量(BOD)、化学需氧量(COD)和总需氧量(TOD)等指标来反映水中耗氧有机物的含量。

C 有毒污染物

废水中能对生物引起毒性反应的物质称为有毒污染物，简称毒物。

毒物对生物的效应有急性中毒和慢性中毒两种，其毒性与毒物的种类、浓度、作用时间、环境条件（如温度、pH、溶解氧浓度等）、有机体种类以及健康条件等因素有关。大量毒物排入水体，不仅危及鱼类等水生生物的生存，而且许多毒物能在食物链中逐级转移、浓缩，最后进入人体，危害人体健康。在各类水质标准中，对主要毒物均规定了浓度限值。

废水中的毒物可分为无机毒物、有机毒物和放射性物质三类。

(1) 无机毒物。无机毒物包括金属和非金属两类。金属毒物主要为重金属（汞、铬、镉、镍、锌、铜、锰、钛、钒等）及轻金属铍。重要的非金属毒物有砷、硒、氰化物、氟化物、硫化物、亚硝酸盐等。重金属不能被生物降解，其毒性以离子态存在时最为严重，故常称其为重金属离子毒物。它能被生物体富集于体内，有时还可被生物转化为毒性更大的物质（如无机汞被转化为烷基汞），是危害特别大的一类污染物。

（2）有机毒物。有机毒物品种繁多，且随着现代科技的发展而迅速增加。典型的有机毒物有有机农药、多氯联苯、稠环芳香烃、芳香胺类、杂环化合物、酚类、腈类等。许多有机毒物具有三致效应（致畸、致突变、致癌）和蓄积作用。

（3）放射性物质。放射性物质分天然放射性物质和人工放射性污染物质两类。

D   营养性污染物

营养性污染物指可以引起水体富营养化的物质，主要有氮和磷。此外，可生化降解的有机物、维生素类物质、热污染等也能触发或促进富营养化过程。

富营养化是湖泊分类和演化的一种概念，是湖泊水体老化的一种自然现象。在自然界物质的正常循环过程中，湖泊将由贫营养湖发展为富营养湖，进一步又发展为沼泽地和干地。这一历程需要很长的时间，在自然条件下需几万年甚至几十万年。但是，人为的富营养化将大大加速这个过程。

大量生物所需的氮、磷等营养物质进入湖泊、河口、海湾等缓流水体，将提高各种水生生物的活性，刺激它们异常繁殖（尤其是藻类），这样就带来一系列严重后果，直至湖泊消亡。但是湖泊的富营养化是可逆性问题，特别是对于人为富营养化湖，通过合理的治理，如切断流入湖内过量营养物质的来源、清除湖底淤泥、疏浚河道、缩短湖泊换水周期等，可使湖泊恢复年轻。

E   生物污染物

生物污染物是指废水中的致病微生物及其他有害的生物体，主要包括病毒、病菌、寄生虫卵等各种致病体。此外，废水中若生长有铁菌、硫菌、藻类、水草及贝类动物时，会堵塞管道、腐蚀金属及恶化水质，这些物质也属于生物污染物。

水质标准中的细菌学指标有细菌总数、总大肠菌群及游离余氯。

F   油脂类污染物

随着石油事业的发展，油类物质对水体的污染越来越严重，已成为水体污染的重要类型之一。特别在河口、近海水域，油的污染更为严重。目前通过各种途径排入海洋的石油数量每年达几百万吨至上千万吨。

每滴石油在水面上能够形成 $0.25m^2$ 的油膜，每吨石油可覆盖 500 万平方米的水面。油膜的存在对海洋、水域造成的危害是明显的：（1）使空气与水面隔绝，影响空气中氧溶入，影响鱼类生存和水体的自净；（2）阻碍水的蒸发，影响空气和海洋的热交换，影响局部地区的水文气象条件；（3）对海洋生物影响最大，油膜能黏住大量的鱼卵和幼鱼，使其致畸或死亡，对成鱼产生石油臭味，降低食用价值。

油膜附于土壤颗粒表面和动植物体表，影响养分吸收和废物的排出。

3.1.3 水质指标与水质标准

3.1.3.1 水质指标

水质即水的品质。自然界中的水并不是纯粹的氢氧化合物，因此水质是指水与其中所含杂质共同表现出来的物理学、化学和生物学的综合特性。在环境工程中，常用"水质指标"衡量水质的好坏，也就是表征水体受到污染的程度。反映水质的重要参数有物理性水质指标、化学性水质指标和生物学水质指标三大类。

A 物理性指标

（1）温度。温度过高，水体受到热污染，不仅使水中溶解氧减少，而且加速耗氧反应，最终导致水体缺氧或水质恶化。

（2）色度（Chromaticity）。色度指水样所呈现的颜色深浅程度。水质分析所测定的色度为水样去除悬浮物以后的色，称为"真色"。工程上常采用稀释倍数法测定废水的色度，即将水样用水进行稀释，直至接近无色，所稀释的倍数即为水样的色度值。

（3）嗅和味。感官性指标。天然水无嗅无味，当水体受到污染后会产生异样气味。

（4）悬浮物（Suspended Solids，SS）。悬浮物指截留于标准滤膜（0.45μm）上的固体物质。其测定方法是将水样用滤膜过滤后，在105℃下烘1h，干燥后称重，并经统计计算而得。

B 化学性指标

表示有机物的综合指标分为两大类：以氧表示的指标和以碳表示的指标，单位用mg/L表示。

a 生化需氧量（Biochemical Oxygen Demand，BOD）

在水体中有氧的条件下，微生物氧化分解单位体积水中有机物所消耗的溶解氧称为生化需氧量，用单位体积废水中有机污染物经微生物分解所需氧的量（mg/L）表示。BOD越高，表示水中耗氧有机污染物越多。由于在一定温度下有机物被氧化和合成的比值随微生物和有机物的种类而异，因而用BOD来间接表示有机物的含量，仅可作相对的比较。

有机物生化分解好氧的过程很长（20℃温度下需100天以上），通常分为两个阶段进行：第一阶段称为碳化阶段，废水中绝大多数有机物被转化为无机的CO_2、H_2O和NH_3；第二阶段称为硝化阶段，主要是氨一次被转化为亚硝酸盐和硝酸盐。测定第一阶段生化需氧量需要在20℃温度控制下历时20天，显然时间太长，难于实际应用。目前大多数国家都采用5天（20℃）作为测定的标准时间，所测结果称为5天生化需氧量，以BOD_5表示。根据实验研究，生活污水的BOD_5与第一阶段需氧量BOD的比值约为0.7，而各种工业废水的水质差异很大，两者之间的比值各不相同。但就某一特定废水而言，两者常有一个稳定的比值。

b 化学需氧量（Chemical Oxygen Demand，COD）

在一定严格条件下，用化学氧化剂 [如重铬酸钾（$K_2Cr_2O_7$）、高锰酸钾（$KMnO_4$）等]氧化水中有机污染物时所需的溶解氧量称为化学需氧量。同样，COD越高，表示水中的有机污染物越多。

以重铬酸钾为氧化剂时，水中有机物几乎可以全部氧化，这时所测得的耗氧量称为化学需氧量COD，有时也记作COD_{Cr}，此法可以精确地测定有机物总量，但测定比较复杂。用高锰酸钾做氧化剂所测得的耗氧量称为耗氧量（或高锰酸钾指数），以OC表示。此法比较快速，但不能代表全部有机物含量，它对含氮有机物较难分解。

c 总需氧量（Total Oxygen Demand，TOD）

总需氧量指有机物彻底氧化所消耗的氧量。其测定方法是：向含氧量已知的气体载体中注入一定量的水样，送入以铂为催化剂的特殊燃烧器，在900℃温度下使水样汽化，其中有机物氧化燃烧并消耗含氧载体中的氧，用电极自动测定并记录气体载体中氧的减少量，作为有机物完全氧化所需的氧量。

同一水样的 TOD 值一般大于 COD。TOD 的测定仅需几分钟，且可自动化、连续化。TOD 能反映出几乎全部有机物燃烧后生成 CO_2、H_2O、NO、SO_2 等时所需的 O_2 量，它比 BOD 和 COD 更接近于有机物的理论需氧量。

d　总有机碳(Total Organic Carbon，TOC)

该指标是以水样所含有机碳的量来间接表示水样中所含有机物的总量。测定过程与 TOD 类似，区别在于用红外气体分析仪测定水样中有机物在燃烧过程产生的 CO_2 量，再折算出其中有机碳的含量，即为总有机碳 TOC 的值。

e　溶解氧 (Dissolved Oxygen，DO)

DO 指溶解于水中的分子氧 (以 mg/L 为单位)。水体中 DO 含量的多少也可反映出水体受污染的程度。DO 越少，表明水体受污染的程度越严重。清洁河水中的 DO 一般在 5mg/L 左右。当水中 DO 低至 3~4mg/L 时，许多鱼类呼吸发生困难，不易生存。

f　pH

pH 指水样中氢离子浓度的负对数，它是衡量水的酸性或碱性特征的指标。天然水体的 pH 一般为 6~9。测定和控制废水的 pH，对维护废水处理设施的正常运行、防止废水处理和输送设备的腐蚀、保护水生生物的生长和水体自净功能都有重要的意义。

g　毒物(Toxic Pollutant)

毒性污染物的水质标准是以单位体积水样中所含该毒物的量表示，单位 mg/L。毒物含量是废水排放、水体监测和废水处理中的重要水质指标。国际公认的六大毒物是非金属的氰化物、砷化物和重金属中的汞、镉、铬、铅。

h　植物营养元素

废水中的 N、P 为植物营养元素。过多的 N、P 进入天然水体易导致富营养化。就废水会使水体营养化作用来说，P 的作用远大于 N。

C　生物学指标

a　细菌总数

反映水体受细菌污染的程度，但不能说明污染的来源，必须结合大肠菌群数来判断水体污染的来源和安全程度。

b　大肠菌群

水是传播疾病的重要媒介，大肠菌群是最基本的粪便污染指示菌群。大肠菌群的值可表明水体被粪便污染的程度，间接表明有肠道病菌 (伤寒、痢疾、霍乱等) 存在的可能性。

3.1.3.2　水质标准

由国家或地方政府对水中污染物或其他物质的最大容许浓度或最小容许浓度所做的规定，称为水质标准(Water Quality Standard)。水质标准是具有指令性和法律性的法定要求，各部门、企业和单位都必须遵守。

在水污染综合防治中执行的水质控制标准是环境标准体系的重要组成部分之一，具体包括水环境质量标准、用水水质标准和水污染排放标准三大类。

A　水环境质量标准

水环境质量标准是为保护人类健康和生存环境，对水中污染物或其他物质的最高允许浓度所做出的规定。我国已颁布的水环境质量标准有《地表水环境质量标准》(GB 3838—

2002)、《地下水质量标准》（GB/T 14848—2017）、《海水水质标准》（GB 3097—1997）等。

依据 2002 年国家环境保护总局、国家质量监督检疫总局发布的《地表水环境质量标准》（GB 3838-2002），以地表水域环境功能和保护目标，将我国地表水按功能高低依次划分为五类。

Ⅰ类：主要适用于源头水、国家自然保护区。

Ⅱ类：主要适用于集中式生活饮用水水源地一级保护区、珍贵鱼类保护区、鱼虾产卵场所等。

Ⅲ类：主要适用于集中式生活饮用水水源地二级保护区、一般鱼类保护区及游泳区。

Ⅳ类：主要适用于一般工业用水区及人体非直接接触的娱乐用水区。

Ⅴ类：主要适用于农业用水区及一般景观要求水域。

不同功能的水域执行不同标准值。同一水域兼有多类功能的，执行最高功能类别对应的标准值。表 3-1 列出了地表水环境质量标准基本项目标准限值。

表 3-1　地表水环境质量标准基本项目标准限值　　　（单位：mg/L）

序号	分类标准值项目		Ⅰ类	Ⅱ类	Ⅲ类	Ⅳ类	Ⅴ类
1	水温/℃		人为造成的环境水温变化应限制在：周平均最大温升≤1 周平均最大温降≤2				
2	pH		6~9				
3	溶解氧	≥	饱和率90%（或7.5）	6	5	3	2
4	高锰酸钾盐指数	≤	2	4	6	10	15
5	化学需氧量（COD$_{Cr}$）	≤	15	15	20	30	40
6	五日生化需氧量（BOD$_5$）	≤	3	3	4	6	10
7	氨氮（NH$_3$-N）	≤	0.15	0.5	1.0	1.5	2.0
8	总磷（以 P 计）	≤	0.02（湖、库0.01）	0.1（湖、库0.025）	0.2（湖、库0.05）	0.3（湖、库0.1）	0.4（湖、库0.2）
9	总氮（湖、库以 N 计）	≤	0.2	0.5	1.0	1.5	2.0
10	铜	≤	0.01	1.0	1.0	1.0	1.0
11	锌	≤	0.05	1.0	1.0	2.0	2.0
12	氟化物（以 F$^-$计）	≤	1.0	1.0	1.0	1.5	1.5
13	硒	≤	0.01	0.01	0.01	0.02	0.02
14	砷	≤	0.05	0.05	0.05	0.1	0.1
15	汞	≤	0.00005	0.00005	0.0001	0.001	0.001
16	镉	≤	0.001	0.005	0.005	0.005	0.01
17	铬（六价）	≤	0.01	0.05	0.05	0.05	0.1
18	铅	≤	0.01	0.01	0.05	0.05	0.1
19	氰化物	≤	0.005	0.05	0.2	0.2	0.2
20	挥发酚	≤	0.002	0.002	0.005	0.01	0.1

序号	分类标准值项目		Ⅰ类	Ⅱ类	Ⅲ类	Ⅳ类	Ⅴ类
21	石油类	≤	0.05	0.05	0.05	0.5	1.0
22	阴离子表面活性剂	≤	0.2	0.2	0.2	0.3	0.3
23	硫化物	≤	0.05	0.1	0.2	0.5	1.0
24	粪大肠菌群/（个·L⁻¹）	≤	200	2000	10000	20000	40000

此外，该标准还对集中式生活饮用水地表水源地规定了补充项目标准限值（有硫酸盐、氯化物、硝酸盐、铁和锰 5 项）以及特定项目标准限值（主要是各种有毒有机物、重金属和微囊藻毒素等共计 80 项）。

B　用水水质标准

用水水质标准是针对水的不同用途相应所需的物理、化学和生物学的质量标准，对水中的杂质含量所做的限制性规定。我国已经颁布的用水水质标准有《生活饮用水卫生标准》（GB 5749—2006）、《渔业水质标准》（GB 11607—1989）、《农田灌溉水质标准》（GB 5084—2005）、《城市污水再生利用　城市杂用水水质》（GB/T 18920—2020）等。

C　水污染物排放标准

水污染物排放标准是为满足水环境标准的要求，对排污浓度、数量所规定的最高允许值。我国已经颁布的水污染物一般排放标准包括《污水综合排放标准》（GB 8978—1996）、《城镇污水处理厂污染物排放标准》（GB 18918—2002）等，已经颁布的行业排放标准基本涵盖了采矿、选矿、造纸、钢铁、化工、海洋石油开发、船舶工业、纺织印染等主要产生和排放污染物的行业。

水污染物排放标准实行浓度控制与总量控制相结合的原则，我国《水污染防治法》规定国家污染物排放标准由国务院环境保护部门根据国家水环境质量标准和国家经济、技术条件制定。各省（区）对不能达到质量标准的水体，可以制定严于国家污染物排放标准的地方污染物排放标准，并报国务院环境保护部门备案。

废水排放标准是根据环境质量标准，并考虑技术经济的可能性和环境特点，对排入环境的废水浓度所做的限量规定。我国污水排放标准分综合标准和部门、行业标准两种。综合标准主要依据《污水综合排放标准》（GB 8978—1996）的规定。矿业行业性排放标准主要包括煤炭工业污染物排放标准，镁、钛工业污染物排放标准，铅、锌工业污染物排放标准等。

3.1.4　水体自净

自然环境包括水体对污染物质都有一定的承受能力，即"环境容量"。水体能够在其环境容量范围内，通过水体的物理、化学和生物等方面的作用，使排入的污染物浓度和毒性随时间推移，在向下游流动的过程中逐渐降低，经过一段时间后，水体将恢复到受污染前的状态，这一现象称为"水体的自净作用"。

水体的自净过程十分复杂，受到很多因素的影响。从机理上划分，水体自净可分为以下三种：

3.1.4.1 物理过程

水体自净的物理过程是指由于稀释、扩散、挥发、沉淀和混合等作用，污染物在水中浓度降低的过程。其中稀释作用是一项重要的物理净化过程。废水排入水体后，逐渐与水相混合，污染物质的浓度会逐步降低，这就是稀释作用。此作用只有在废水随同水流经过一段距离后才能完成。

3.1.4.2 化学和物理化学过程

水体自净的化学和物理化学过程是指污染物由于氧化、还原、分解、化合、凝聚、中和等反应而引起的水体中污染物质浓度降低的过程。

3.1.4.3 生物化学过程

有机污染物进入水体后，在水中微生物的氧化分解作用下分解为无机物而使污染物浓度降低的过程称为生物化学过程。

在实际水体中，以上几个过程常互相交织在一起进行。从水体污染控制的角度来看，水体对废水的稀释、扩散以及生物化学降解是水体自净的几个主要过程。

3.1.5 废水处理的基本方法与途径

废水中的污染物质是多种多样的，一般一种废水往往需要通过几个处理单元组成的系统处理后，才能够达到排放要求。采用哪些方法或哪几种方法联合使用需根据废水的水质和水量、排放标准、处理方法的特点、处理成本和回收经济价值等，通过调查、分析、比较后才能决定，必要时还要进行小试、中试等试验研究。

3.1.5.1 废水处理的基本方法

针对不同污染物质的特征，发展了各种不同的废水处理方法，这些处理方法可按其作用原理划分为四大类：物理处理法、化学处理法、物理化学处理法和生物化学处理法。

A 物理处理法

该法主要是通过物理作用来分离或回收废水的悬浮物质。常用的物理法有筛滤、沉淀、浮上、过滤和离心分离等。

a 筛滤法

利用机械截留作用，分离或回收废水中较大的固体污染物质，使用的处理构筑物有格栅和筛网。

（1）格栅。格栅一般设在处理系统的首端，它实际上是一组平行排列的栅条，斜放在进水管道中，放置角度与水平面呈 40°~60°。栅条间距应小于去除污染固体物中最小颗粒尺寸，一般介于 10~30mm。

（2）滤网。滤网直径一般小于 5mm，用于去除废水中不能为格栅截留，沉淀法难以处理的细小纤维状的悬浮物，过滤装置有转盘式、转鼓式等。

b 沉淀法

主要是利用重力作用使水中比重大于 1 的悬浮物质下沉。沉淀法是废水处理最基本的方法之一，使用的构筑物有沉淀池、沉砂池、斜板（或斜管）沉淀池等。

（1）沉砂池：用以去除砂粒、煤渣、果核等重质无机物，使后续处理构筑物、设备、管道能正常运行，有平流式、旋流式和曝气式三种。

（2）沉淀池：1）平流式沉淀池：平面呈矩形，废水从池首流入，水平流过池身，从池尾流出，池首底部设有贮泥斗，集中排除刮泥设备刮下的污泥；2）竖流式沉淀池：平面一般呈圆形或正方形，废水由中心筒底部配入，均匀上升，由顶部周边排出。池底锥体为贮泥斗，污泥靠水静压力排除；3）辐流式沉淀池：平面一般呈圆形或正方形，废水由中心管配入，均匀向池四周辐流，澄清水从池周边排出，但也有周边进水、中心排出的，一般采用机械设备（如刮泥机）排泥；4）斜管（斜板）沉淀池：在沉淀池澄清区设置平行的斜管（斜板），以提高沉淀池的处理能力和处理效率。

c 浮上分离

浮上分离可为自然浮上分离、气泡浮上分离和药剂浮选分离三种。

（1）自然浮上分离：借重力作用使比重小于1的悬浮物浮于水面，如用于含油废水中浮油的分离，一般采用隔油池或斜板隔油池。

（2）气泡浮上分离：向废水中通入空气产生气泡，使污染物黏附于气泡上而浮于水面，用于废水中乳化油或疏水性微粒悬浮物的分离。根据产生气泡方法的不同，可分为布气气浮、溶气气浮及电解气浮三种。

（3）药剂浮选分离：向废水中投加浮选剂（捕集剂、抑制剂、起泡剂及调节剂等），选择性地使废水中的一种或几种污染物附于气泡浮上，达到分离的目的。

d 过滤法

通过颗粒材料（如砂砾）或多孔介质（如布、微孔管）以截留分离废水中较小的悬浮物质，常用的设备有砂滤池、微孔滤管、布滤器等。

（1）粒状介质过滤：一般以卵石作垫层，石英砂、无烟煤、石榴石或矿砂等为滤料，用于滤除细小的悬浮物或乳化油。滤料可分为单层或多层的。根据进水方式，过滤设备有重力式滤池和压力式滤池两种。

（2）微孔管过滤：微孔管过滤器由多孔聚氯乙烯、陶瓷等材料制成，用于去除废水中细小悬浮物。

（3）滤布过滤：利用帆布、尼龙布作为过滤介质，以去除废水中的细小悬浮物，或进行污泥脱水，常用滤布设备有真空过滤机、板框压滤机等。

e 离心分离

离心分离是利用机体转动产生离心力，使与废水比重不同的污染物进行分离。常用的设备有离心机、压力式旋流分离器等。

（1）离心机。离心机由随转轴旋转的圆筒（转鼓）及外壳组成。按分离因素（离心力与重力的比值）划分，有常速离心机和高速离心机两种。按操作原理划分，有过滤式离心机、沉降式离心机和分离式离心机三种。

（2）压力式旋流分离器。废水切向进入圆筒，沿器壁下旋。较大的固体颗粒被甩向器壁，随水下滑至底部排泥管排出，澄清水通过中心溢流管至分离器顶部，由排水管排出器外。

B 化学处理法

主要是借助化学反应的作用，来回收或去除废水中的溶解性物质或胶体物质。常用的化学方法有化学沉淀法、混凝法、中和法、氧化还原法等。

a 化学沉淀法

向废水中投加化学物质，使水中溶解性物质生成难溶于水的沉淀物，从而予以分离。

根据生成的难溶盐的不同，化学沉淀法又可分为氢氧化物沉淀法、硫化物沉淀法、碳酸盐沉淀法等。

（1）氢氧化物沉淀法：投加 $Ca(OH)_2$、$NaOH$ 等碱性物质，以去除重金属离子及氟离子等。

（2）硫化物沉淀法：投加 H_2S 及 Na_2S 等硫化物，以去除金属离子。

（3）钡盐沉淀法：投加 $BaCO_3$、$BaCl_2$、$Ba(OH)_2$ 等沉淀剂，以去除六价铬。

（4）铁氧体沉淀法：投加铁盐、使重金属离子混入形成的 $FeO \cdot Fe_2O_3$ 晶格中去除。

b 混凝法

利用投加化学混凝剂，使废水中的乳化油、细小固体及胶体物质形成较大的絮状颗粒，得以沉淀分离。常用的混凝剂有硫酸铝、羟基氯化铝、石灰、硫酸亚铁、三氯化铁、明矾以及高分子絮凝剂聚丙烯酰胺等。

混凝法在工业废水处理中占有十分重要的位置，可用于去除废水中的有机物、细菌、重金属毒物以及浊度、色度、放射性物质等，还可用以去除富营养物质如氮、磷等可溶性无机物，应用的范围十分广泛。

此法可作为单独的处理方法，也可与其他方法配合使用，具有适应性强、基建设备费用低、操作管理易掌握、净化效果较好等优点，缺点是沉渣量较大，运行费用较高。

c 中和法

目的是中和废水中过量的酸或碱，以及调整废水的 pH。当废水中酸、碱浓度较高时（如高于 3%～6%），应考虑回收和综合利用；当浓度低无回收价值时，可以经中和处理后外排。

（1）酸性废水的中和主要采用如下方法：

1）利用碱性废水或碱性废渣进行中和。当工厂有条件应用时应优先考虑，这样可节省处理费用与药剂消耗。采用的废碱渣有电石渣、炉灰渣、碳酸钙渣等。

2）投药中和法。采用的中和剂主要是廉价的石灰，个别的场合也有用苛性钠。投加石灰的方式分干投与湿投两种，一般采用湿投，即用石灰配制成 5%～10% 的石灰乳液后投加。

3）过滤中和法。是使酸性废水流经石灰石、白云石等碱性滤料，从而得到中和。

（2）碱性废水中和：有投酸中和、烟道气中和、与酸性废水混合中和等方法。

d 氧化还原法

这是通过氧化还原反应，使废水中的有毒物质转化无毒或微毒的新物质。氧化还原法可分为氧化法、还原法和电解法。

（1）氧化法。分为空气（利用其中的氧）氧化、臭氧氧化及氯氧化等。空气的氧化能力较弱，只能氧化易被氧化的还原性污染物（如 S^{2-}，Fe^{2+} 等）。臭氧的氧化能力很强，可用于破坏有机物（毒物、BOD、色度）、还原性无机物及有机体（微生物及寄生虫卵等）。氯系氧化剂包括氯气、液氯、次氯酸（钠）及漂白粉等，用以除氰及消毒等。利用氧化剂能把废水中的有机物降解为无机物，或者把溶于水的污染物氧化为不溶于水的非污染物质。含有硫化物、氰化物、苯酚以及色、臭、味的废水常用氧化法处理。常用的氧化剂有漂白粉、气态氯、液态氯、臭氧、高锰酸钾等。

（2）还原法。有还原剂还原及金属还原等。还原剂有 H_2S、$NaHSO_4$ 及 $FeSO_4$ 等，如

常用 Fe^{2+} 将 Cr^{6+} 还原成 Cr^{3+}。金属还原，系用金属粉或金属屑将废水中的重金属离子还原成低价金属离子或金属，如用铜屑过滤含汞（Hg^{2+}）废水，可得金属汞（Hg）。

（3）电解法。利用电解槽的电化学反应，处理废水中的各类污染物，包括电解氧化还原、电解气浮和电解凝聚。主要装置为电解槽及硅整流器。电解槽一般为矩形，槽内交错排列阳、阴电极板，分别用导线与硅整流器正负极相连。根据电极所用材料可分为不溶性电极及可溶性电极两种。不溶性电极使用石墨或不锈钢等材料作阳极，利用阳极吸收电子的能力，使还原性污染物（如 CN^-、C_5H_5OH 等）得以氧化；同时，利用阴极放出电子的能力，使氧化性污染物（如 Hg^{2+}、Ag^{2+} 等）得以还原。如电解水，可在阳极析出氧气，阴极析出氢气，具有良好的气浮作用。可溶性电极使用铁、铝等可溶金属作为阳极。电解过程中，阳极板溶出的金属离子 Fe^{2+} 可使 $Cr_2O_7^{2-}$ 及 CrO_4^{2-} 中的 Cr^{6+} 还原为 Cr^{3+}，溶出的 Al^{3+} 及 Fe^{2+} 与羟基化合生成氢氧化铁或氢氧化铝，吸附凝聚废水中的胶体及细小悬浮物。

C　物理化学处理法

在工业废水的回收利用中，经常遇到物质由一相移到另一相的过程，例如用气提法回收含酚废水时，酚由液相（水）移到气相中，其他如萃取、吸附、离子交换、吹脱等物理化学方法都是传质过程。工业废水在应用物理法或化学法处理之前，一般均需先经过预处理，尽量去除废水中的悬浮物、油类、有害气体等杂质，或调整废水的 pH 值，以便提高回收效率及减少损耗。常用的物理化学法有以下几种。

a　萃取（液-液）法

将不溶于水的溶剂投入废水中，使废水中的溶质溶于溶剂中，然后利用溶剂与水的比重差，将溶剂分离出来。再利用溶剂与溶质的沸点差，将溶质蒸馏回收，再生后的溶剂可循环使用。如含酚废水处理，常采用的萃取剂有醋酸丁酯、苯等，经萃取酚的回收率可达90%以上。常采用的萃取设备有脉冲筛板塔、离心萃取剂等。

b　吸附法

吸附法是利用多孔性的固体物质，使废水中的一种或多种物质被吸附在固体表面而去除的方法。此法可用于吸附废水中的酚、汞、铬、氰等有毒物质，还可除色、脱臭等。吸附法目前多用于废水的深度处理。常用的吸附剂有活性炭、分子筛等，常用的吸附设备有固定床、移动床和流动床三种方式。

c　离子交换法

利用离子交换剂的离子交换作用来置换废水中的离子化物质。废水处理中使用的离子交换剂分有机离子交换剂和无机离子交换剂两大类。采用离子交换法处理废水时必须考虑树脂的选择性。树脂对各种离子的交换能力是不同的，交换能力的大小主要取决于各种离子对该种树脂亲和力（又称选择性）的大小。目前离子交换法广泛用于去除废水中的杂质，例如去除（回收）废水中的 Cu、Hg、Zn、Ni、Ag、Au、Pt、磷酸、硝酸、氨、有机物和放射性物质等，离子交换树脂由于效果好，操作方便，而得到了广泛的应用。

d　电渗析法

这是在离子交换技术基础上发展起来的一项新技术。它与普通离子交换法不同，省去了用再生树脂的过程，因此具有设备简单、操作方便等优点。电渗析法的基本原理是在外加直流电场作用下，利用阴、阳离子交换膜对水中离子的选择渗透性，使一部分溶液中的离子迁移到另一部分溶液中去，以达到浓缩、纯化、合成、分离的目的。

e 反渗透

利用一种特殊的半渗透膜，在一定的压力下，使水分子透过，而溶解于水中的污染物质则被膜所截留。制作半透膜的材料有醋酸纤维素、磺化聚苯醚等有机高分子物质。目前该处理方法已用于海水淡化、含重金属的废水处理及废水深度处理等方面。

D 生物化学处理法

废水的生物化学处理法就是利用微生物新陈代谢功能，使废水中呈溶解和胶体状态的有机污染物被降解并转化为无害的物质，使废水得以净化。根据参与作用的微生物种类和供氧情况，生物化学法可分为两大类即好氧生物处理和厌氧生物处理。

a 好氧生物处理法

在有氧的条件下，借助于好氧微生物（主要是好氧菌）的作用来进行。依据好氧微生物在处理系统中所呈现的状态不同又可分为活性污泥法和生物膜法两大类。

（1）活性污泥法。这是当前使用最广泛的一种生物处理方法。该法是将空气连续鼓入曝气池的废水中，经过一段时间，水中即形成繁殖有大量好氧性微生物的絮凝体——活性污泥，它能够吸附水中的有机物，生活在活性污泥中的微生物以有机物为食料，获得能量并不断生长繁殖。从曝气池流出的含有大量活性污泥的混合液进入沉淀池，经沉淀分离后，澄清的上清液被排放，沉淀分离出的污泥，部分作为种泥回流进入曝气池，剩余部分从沉淀池排出。活性污泥法有多种池型及运行方式，常用的有普通活性污泥法、完全混合式表面曝气法、吸附再生法等。废水在曝气池内停留一般为 $4\sim6h$，能去除废水中 90% 左右的有机物（BOD_5）。

（2）生物膜法。使废水连续流经固体填料（碎石、煤渣或塑料填料），在填料上大量繁殖生长，形成污泥状的生物膜。生物膜上的微生物能够起到与活性污泥同样的净化作用，吸附和降解水中的有机污染物，从填料上脱落下来的衰老生物膜随处理后的废水流入沉淀池，经沉淀泥水分离，废水得以净化而排放。生物膜法采用的处理构筑物有生物滤池、生物转盘、生物接触氧化池及生物流化床等。

除此之外，土地处理系统（污水灌溉）和氧化塘皆属于生物处理法中的自然生物处理范畴。

b 厌氧生物处理法

在无氧或缺氧的条件下，利用厌氧微生物的作用来处理废水。由于与好氧法相比存在处理时间长、对低浓度有机废水处理效率低等缺点，厌氧法发展缓慢，过去常用于处理污泥及高浓度有机废水。近 30 多年来，出现世界性能源紧张，促使废水处理向节能和实现能源化方向发展，从而促进了厌氧生物处理的发展，一大批高效新型厌氧生物反应器相继出现，包括厌氧生物滤池、升流式厌氧污泥床、厌氧流化床等。它们的共同特点是反应器中生物固体浓度很高，污泥泥龄很长，因此处理能力大大提高，从而使厌氧生物处理法所具有的能耗小并可回收能源，剩余污泥量少，生成的污泥稳定、易处理，对高浓度有机污水处理效率高等优点，得到充分体现。厌氧生物处理法经过多年的发展，现已成为污水处理的主要方法之一。厌氧分解过程可用图 3-1 来说明。

3.1.5.2 废水的三级处理系统

按处理程度，废水处理技术可分为一级处理、二级处理和三级处理。

A 一级处理

一级处理是去除废水中的漂浮物和部分悬浮状态的污染物质，调节废水 pH、减轻废

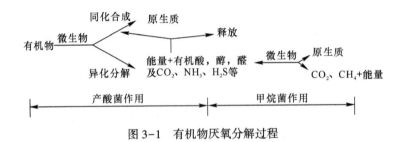

图 3-1 有机物厌氧分解过程

水的腐化程度和后续处理工艺负荷的处理方法。城市污水一级处理的主要构筑物有格栅、沉砂池和初沉池。一级处理的工艺流程如图 3-2 所示。废水经一级处理后，SS 一般去除 40%~55%，BOD 一般可去除 30% 左右，达不到排放标准。所以一般以一级处理为预处理，以二级处理为主体，必要时再进行三级处理（即深度处理），使废水达到排放标准或补充工业用水和城市供水。一级处理的常用方法有筛滤法、沉淀法、上浮法、预曝气法。

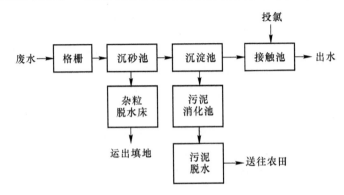

图 3-2 一级处理的工艺流程图

B 二级处理

二级处理是废水通过一级处理后，再进行处理，用以除去废水中大量有机污染物，使污水进一步净化的工艺过程。二级处理的典型工艺流程如图 3-3 所示。目前，二级处理的主要工艺为生物处理，包括厌氧生物处理和好氧生物处理，其中好氧生物处理主要有活性

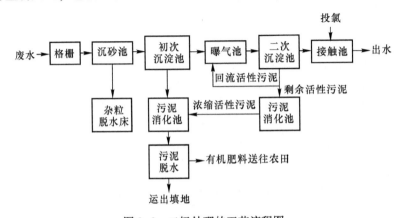

图 3-3 二级处理的工艺流程图

污泥法和生物膜法。近年来，已有采用化学或物理化学处理法作为二级处理主体工艺，预期这些方法将随着化学药剂品种的不断增加、处理设备和工艺的不断改进而得到推广。废水二级处理可以去除废水中90%以上的BOD和大量的悬浮物，在较大程度上净化了废水，对保护环境起到了一定作用。但随着废水量的不断增加、水资源的日益紧张，需要获取更高质量的处理水，以供重复使用或补充水源，为此，在二级处理基础上，提出二级强化处理工艺，是指除有效去除碳源污染物外，还具备较强的除磷脱氮功能的废水处理工艺。

　　C　三级处理

　　废水三级处理又称废水深度处理或高级处理。为进一步去除二级处理未能去除的污染物，其中包括微生物以及未能降解的有机物或磷、氮等可溶性无机物，特进行三级处理。三级处理是深度处理的同义词，但二者又不完全一致。三级处理是经二级处理后，为了从废水中去除某种特定的污染物质，如磷、氮等而补充增加的一项或几项处理单元；至于深度处理则往往是以废水回收、复用为目的，而在二级处理后所增设的处理单元或系统。三级处理耗资较大，管理也较复杂，但能充分利用水资源。如图3-4所示，完善的三级处理由除磷，脱氮，去除有机物（主要是难以生物降解的有机物）、病毒和病原菌、悬浮物和矿物质等单元过程组成。根据三级处理出水的具体去向，其处理流程和组成单元是不同的。如果为防止受纳水体富营养化，则采用除磷和除氮的三级处理；如果为保护下游饮用水水源或浴场不受污染，则应采用除磷、除氮、除毒物、除病菌和病原菌等三级处理，可直接作为城市饮用水以外的生活用水，如洗衣、清扫、冲洗厕所、喷洒街道和绿化地带等用水。

图3-4　三级处理的工艺流程图

3.2　矿业废水污染

3.2.1　矿业废水的来源

　　矿业废水主要来源于以下几方面。

3.2.1.1　矿井水

　　在矿井开拓、采掘过程中渗入、流入、通入和溃入井巷或工作面的水，统称为矿井水。矿井水的来源包括大气降水、地表水和地下水。地下水主要包括断层水、含水层水和采空区水等。

　　A　大气降水

　　大气降水可沿岩石的孔或裂隙进入地下或直接进入矿井。大气降水对矿井水量的影响随地区、季节、开采深度的差异而不同。一般来说，降水量小的地区，少雨的季节，开采深度较大的矿井，大气降水对矿井水量影响较小。

　　B　地表水

　　位于矿井附近或直接分布在矿井上方的地表水体，如河流、湖泊、水库、水池等，是矿井充水的重要水源，可直接或间接地通过岩石的孔隙、裂隙等流入矿井，威胁矿井生产安全。

C　含水层水

多数情况下，大气降水与地表水先是补给含水层，然后再流入矿井。流入矿井的含水层水量包括静储量和动储量。静储量就是巷道未揭露含水层前，赋存在含水层中的地下水。如果大气降水、地表水等不断流入含水层中，使含水层的水得到新的补充，这些补给含水层的水量称为动储量。因此，属静储量的含水层水对矿井水初期有一定的影响，而后逐渐减弱，属动储量的含水层水对矿井产生的影响将长期存在。

D　断层水

断层破碎带是地下水的通道和汇集带，沿断层破碎带可沟通各个含水层，并与地表水发生水力联系，形成断层水。由于巷道揭露或采掘活动破坏了围岩的隔水性能造成断层带的水涌入井下。断层水与地表水或承压含水层连通后，对矿井生产造成巨大威胁，特别是在断层交叉处最容易发生透水事故。

E　采空区水

采空区水又称老窑积水，就是前期生产形成的采空区及废弃巷道，由于长期停止排水而汇积的地下水。采空区水突水有以下特点：

（1）当揭露采空区水时，积水会倾泻而出，瞬时涌水量大，具有很大的破坏性；

（2）采空区水与其他水源无联系时，短期突水易于疏干；若与地表水有水力联系时，则形成稳定的冲水水源，危害较大；

（3）采空区水由于长期处于停滞状态，含矿物质较多，有一定的腐蚀性。

3.2.1.2　废石场淋滤水

废石是矿山露天开采与矿井建设和开采以及选矿生产过程废弃的产物，数量巨大。煤炭开采和加工过程中产生的煤矸石是我国最大的工业固体废物源，每年的排放量相当于当年煤炭产量的10%左右。据不完全统计，目前我国矸石累堆放量超过60亿吨，形成矸石山1500~1700座，占地20余万亩，且以5亿~8亿吨/年的排放量逐年增加，2020年，我国仍有7.95亿吨的矸石产生。煤矸石山堆放在自然环境中极易发生自燃、淋溶、扬尘等，对大气、水体以及土壤等造成严重污染。特别是大量含硫高的煤矸石由于内部黄铁矿的氧化产生酸性矿山废水，较强酸性的废水淋溶出煤矸石中的有毒重金属元素，一同渗入土壤和地下水源，对矿区及周围的居民和动植物带来直接危害。因此，控制废矿石和尾矿堆中的黄铁矿氧化、减少酸性矿山废水产生一直是有关矿业公司和环境保护工作者十分关注的问题。

3.2.1.3　选矿废水

选矿废水的主要来源如下：

（1）碎矿过程中湿法除尘的排水，碎矿及筛分车间、胶带走廊和矿石转运站的地面冲洗水。

（2）选矿废水。含大量悬浮物的选矿废水，通常经沉淀后澄清水回用于选矿，沉淀物根据其成分进入选矿系统后排入尾矿系统。有时选矿废水呈酸性并含有重金属离子，则需做进一步处理，其废水性质与矿山酸性废水相似，因而处理方法也相同。

（3）冷却水。碎、磨矿设备冷却器的冷却水和真空泵排水。这类废水只是水温较高，往往被直接外排或冷却后回用于选矿。

（4）石灰乳及药剂制备车间冲洗地面和设备的废水。这类废水主要含石灰或选矿药剂，应首先考虑回用于石灰乳或药剂制备，或进入尾矿系统与尾矿水一并处理。

在展开选矿工作时，无论采用何种方法，选矿废水均会产生，而且矿石不同，在对其进行处理的过程中产生的选矿废水也存在差异，尤其是污染物有明显的区别。采用矿石磁选的方法，产生悬浮物的量较大，而采用浮选的方法，主要的污染物则是选矿药剂、重金属离子。如果选矿废水没有得到有效处理，矿区周边环境必然会受到一定程度的影响，而且精矿质量也难以得到保证。

选矿废水中主要有害物质是重金属离子、矿石浮选时用的各种有机和无机浮选药剂（包括剧毒的氰化物、氰络合物等）。废水中还含有各种不溶解的粗粒及细粒分散杂质。选矿废水中往往还含有钠、钾、镁、钙等的硫酸盐、氯化物或氢氧化物。选矿废水中的酸主要是含硫矿物经空气氧化与水混合而形成的。选矿废水的污染物主要有悬浮物、酸碱、重金属、砷、氟、选矿药剂、化学好氧物质以及其他的一些污染物如油类、酚、铵、膦等。

3.2.2 矿业废水的特点

3.2.2.1 矿业废水的特点

A 利用率低，排放量大，持续时间长

据统计，若不考虑回水利用时，每产 1t 矿石，废水的排放量大约为 $1m^3$。由于我国矿山经济技术条件的制约和重视程度不够，矿井排水的处理率和利用率均较低，矿山废水的排放量大，且持续时间长。据不完全统计，全国煤矿年排矿井水约 45 亿立方米，一般 1t 煤排放 $2.5m^3$ 矿井水。尤其是选矿厂废水的排放量相当惊人，如浮选法处理 1t 矿石，一般废水排放量为 3.5~4.5t；浮选—磁选法处理 1t 原矿石的废水排放量为 6~9t；若采用浮选—重选法处理 1t 原铜矿石，其废水排放量为 27~30t。由此可见，选矿工艺废水的排放也是矿山废水的主要来源。地下开采，尤其是水力采煤、水沙充填法采矿，废水的排放量也是不可忽视的。有些矿山在关闭后，还会有大量废水继续排出，长时间持续污染矿区环境。

B 污染范围大，影响地区广

矿业废水引起的污染，不仅限于矿区本身，影响范围远较矿区范围广。如 2010 年 7 月上杭紫金山铜矿湿法厂废水池内酸性含铜废水进入汀江，导致大量鱼类死亡，造成当地死鱼和鱼中毒达 378 万吨，渔业受到巨大损失。日本足尾铜矿，由于矿山废水流出矿区，排入渡良濑川，又遇发生洪水泛滥，导致矿山的废水扩散，茨城、栃木、群马、埼玉四县数万公顷的农田遭受危害，废水流经之处，田园荒芜、鱼类窒息，沿岸数十万人民流离失所，无家可归。

C 成分复杂，浓度极不稳定

矿业废水中有害物质的化学成分比较复杂，含量变化也比较大。如选矿厂的废水中含有多种化学物质，是由于选矿时使用了大量且品种繁多的化学药剂所造成的。有的化学药剂属剧毒物质（如氰化物），有的化学药剂虽然毒性不大，当用量过大时也会污染环境，如大量使用捕收剂、起泡剂会使废水中的生化需氧量、化学需氧量急剧增高，使废水出现异臭；大量使用硫化钠会使废水中的硫离子浓度增高。

3.2.2.2 矿业废水中的主要污染物

矿业废水中的主要污染物质概括起来有以下三大类。

A　有机污染物

废水中的有毒有机化学污染物主要是指苯酚、硝基物、多氯联苯、多环芳烃、有机农药、合成洗涤剂等。矿山废水池和尾矿库中植物的腐烂，可使废水中有机成分含量很高。选矿厂浮选药剂以及分析化验室排放的废水中含有酚、甲酚、萘酚等有机物，它们对水生生物极为有害。

B　无机污染物

矿业废水中的无机污染物包括酸碱污染物、营养物质污染物、有毒污染物等。

矿业酸性废水主要来源于矿坑水、废石堆淋滤液等，其对环境的污染可归结为酸性废水和重金属离子两个方面。矿业酸性废水污染程度与酸性废水产量、pH、金属离子种类及价态、浓度有关。矿业碱性废水主要产生于浮选作业，矿石进行浮选时为获得最佳的分离效果，需要对矿浆进行 pH 的碱性调整，由此而产生的废水通常呈碱性。随着浮选作业过程所添加的药剂等的不同，碱性废水含有的污染物也不同。酸、碱污染物不仅会改变水体的 pH，而且还大大增加了水中的一般无机盐和水的硬度。酸、碱与水体中的矿物相互作用产生某些盐类，水中无机盐的存在能增加水的渗透压，从而对淡水生物和植物生长产生不良影响。

营养物质污染物主要是指氨氮和磷。磷矿的开采与加工排放的废水含有较高浓度的磷。浮选中采用氨（胺）盐作为浮选剂时，排放的选矿废水也会含有较高浓度的氨氮。

矿业废水的无机污染物还包括汞、铬、镉、铜的化合物，放射性元素及砷、氟、氰化物等。重金属的毒性大，被重金属污染的矿区排水随灌渠进入农田时，一部分会流失，一部分会被植物吸收，剩余的大部分会在泥土中聚集，当达到一定数量时，会造成农作物的病害。如土壤中含铜达 20mg/kg 时，小麦会枯死，达到 200mg/kg 时，水稻会枯死。此外，重金属污染了的水还会使土壤盐碱化。矿业废水中的氰化物主要来源于金属选矿及炼油、焦化、煤气工业等。例如，每吨锌、铅矿石进行浮选时，其排放的废水中氰化物的平均浓度为 4~10mg/L，高炉煤气洗涤水中氰化物的含量最高可达 31mg/L；萤石矿的废水中含有氟化物，因为这种废水通常是硬水，其中氟与钙或镁形成化合物沉淀下来，故毒性较小，而软水中的氟毒性却很大。

C　油类污染物

油类污染物主要来自含油废水。水体含油达 0.01mg/L 就可使鱼肉带有特殊气味而不能食用。油膜还能附在鱼鳃上，导致鱼类呼吸困难，甚至窒息死亡；在含油废水的水域中孵化的鱼苗，多数产生畸形，易于死亡。含油污染物对植物也有影响，妨碍通气和光合作用，使水稻、蔬菜减产，甚至绝收。除石油开采外，选厂含油类浮选药剂以及矿山和选厂机械设备维修和清洗时产生的废水也常含油类污染物。

3.2.2.3　矿业废水污染的危害

矿业废水污染所造成的危害有以下几方面。

A　危及人体健康及动植物的生存

矿业废水对人体健康的危害来自两个方面：其一，水中含有的微生物和病毒，会引起各种传染病和疾病的蔓延；其二，当饮用水中含有氰化物、砷、铅、汞、有机磷等有害物质时，会引起中毒事故。如选矿后的尾矿水中所含的酚类化合物达到有害浓度时，会引起头痛、头昏、贫血、失眠以及其他神经系统症状；在含汞矿床排放的矿坑水中，汞含量若超过 0.05mg/L 时，即能毒害人的神经系统，使脑部受损，引起四肢麻木、视野变窄、发音困难等症状；铅在水中的浓度过高，会引起淋巴癌和白血病等。

矿业水体污染严重时排入河流、湖泊，还会影响水生动植物的生长，甚至造成鱼虾绝迹。如我国江西某铜矿，由于矿区的酸性水大量排入附近的交集河，致使排放口以下 5km 河段内，河水呈强酸性，河中鱼虾绝迹，水草不生，成为一条典型的"死河"。

B 危害工农业生产

矿业废水污染，对农业生产的危害也是相当严重的，尤其是酸性水侵入农田或用于灌溉会导致农作物不能正常生长，甚至枯萎死亡。如安徽某硫铁矿，雨季时从废石堆淋滤出来的酸性水，大量排入采石河并用于农田灌溉，致使河两岸农作物受到严重危害，造成绝产田 1000 余亩，减产 2000 余亩。广东某铅锌矿，过去曾采用氰化钠作为铅锌分选的抑制剂，致使废水中含氰浓度大大超过排放标准，先后污染农田数千余亩，并使数以万计的牲畜死亡。

矿业废水对工业生产也会带来严重危害。地面和地下水受到污染后，若使用污染水进行生产，往往会引起产品质量降低或造成设备腐蚀，如井下酸性水能严重腐蚀管道和通排设备；经酸性水长期侵蚀的混凝土或木质结构，其强度及稳定性将大大降低。

3.3 矿业废水排放标准与水质监测

3.3.1 煤炭工业污染物排放标准

煤炭工业新建生产线自 2006 年 10 月 1 日起，现有生产线自 2007 年 10 月 1 日起，煤炭工业水污染物排放按《煤炭工业污染物排放标准》（GB 20426—2006）执行，不再执行《污水综合排放标准》（GB 8978—1996）。本标准规定了原煤开采、选煤水污染物排放限值。

煤炭工业［包括现有及新（扩、改）建煤矿、选煤厂］废水有毒污染物排放质量浓度不得超过表 3-2 规定的限值。

表 3-2 煤炭工业废水有毒污染物排放限值

序号	污染物	日最高允许排放浓度/mg·L^{-1}
1	总 汞	0.05
2	总 镉	0.1
3	总 铬	1.5
4	六价铬	0.5
5	总 铅	0.5
6	总 砷	0.5
7	总 锌	2.0
8	氟化物	10

序号	污染物	日最高允许排放浓度/mg·L⁻¹
9	总 α 放射性	1Bq/L
10	总 β 放射性	10Bq/L

3.3.1.1 　采煤废水排放限值

现有采煤生产线自 2007 年 10 月 1 日起，执行表 3-3 规定的现有生产线排放限值；在此之前过渡期内仍执行《污水综合排放标准》（GB 8978—1996）。自 2009 年 1 月 1 日起执行表 3-3 规定的新（扩、改）建生产线排放限值。

新（扩、改）建采煤生产线自本标准实施之日 2006 年 10 月 1 日起，执行表 3-3 规定的新（扩、改）建生产线排放限值。

表 3-3 　采煤废水污染物排放限值

序号	污染物	日最高允许排放质量浓度（pH 除外）/mg·L⁻¹	
		现有生产线	新（扩、改）建生产线
1	pH	6~9	6~9
2	总悬浮物	70	50
3	化学需氧量（COD_{Cr}）	70	50
4	石油类	10	5
5	总铁	7	6
6	总锰	4	4

注：总锰限值仅适用于酸性采煤废水。

3.3.1.2 　选煤废水排放限值

现有选煤厂自 2007 年 10 月 1 日起，执行表 3-4 规定的现有生产线排放限值；在此之前过渡期内仍执行《污水综合排放标准》（GB 8978—1996）。自 2009 年 1 月 1 日起，应实现洗水闭路循环，偶发排放应执行表 3-4 规定的新（扩、改）建生产线排放限值。

新（扩、改）建选煤厂，自本标准实施之日起，应实现洗水闭路循环，偶发排放应执行表 3-4 规定的新（扩、改）建生产线排放限值。

表 3-4 　选煤废水污染物排放限值

序号	污染物	日最高允许排放质量浓度（pH 除外）/mg·L⁻¹	
		现有生产线	新（扩、改）建生产线
1	pH	6~9	6~9
2	总悬浮物	100	70
3	化学需氧量（COD_{Cr}）	100	70
4	石油类	10	5
5	总铁	7	6
6	总锰	4	4

3.3.2 矿业废水水质监测

矿业废水主要包括矿山开发过程中排放的矿坑水、矿产品加工分选过程中产生的废水、尾矿库废水以及机修车间的地面冲洗水等，矿业废水进入水处理设施，处理达标后，排入地表水环境。因此，矿业废水监测对于保证水处理设施效率、保护地表水环境质量具有重要意义。

3.3.2.1 矿业废水水质监测的目的和方法

水质监测的目的包括：（1）掌握矿业废水污染物现状及其影响和发展规律。（2）为污染源管理提供依据。（3）为分析判断事故原因、危害及采取对策提供依据。（4）为国家政府部门制定环境保护法规、标准和规划，为全面开展环境保护管理工作提供有关数据和资料。（5）为开展水环境质量评价、预测预报及进行环境科学研究提供基础数据和手段。

监测分析方法应遵循的原则和要求：灵敏度能满足定量要求；方法成熟、准确；操作简单；抗干扰能力好；其分析方法应采用国家统一的标准分析方法。

制定水质监测方案首先需要明确和具体规定监测的目的，确定监测项目，以此选择分析方法，前后统一，使监测数据具有可比性。根据排放特点、自然环境条件等情况，确定采样路线、采样设备、采样地点、方法、时间和频次等。另外，对监测结果尽可能提出定量要求，包括监测项目结果的表示方法、有效数字的位数及可疑数据的取舍等。

3.3.2.2 矿业废水的采样方法

A 水样类型

（1）瞬间水样。适用于流量不固定、不连续流动、污染物最高值与最低值都变化的情况。

（2）混合水样。在同一采样点上的，以时间、流量或体积为基础，按照已知的比例（间隔或连续的）混合的水样。

（3）综合水样。从不同采样点同时采得的瞬时水样混合成的一个综合水样。

B 采样时间和频次的确定

矿业废水的流量和水中污染物的浓度随生产情况经常会发生变化，待测矿业废水的水质是不均匀的，而且随时间和地点会不断发生变化，必须根据企业的实际情况确定采样时间和频率。对连续稳定生产车间的排污口，可在一个生产周期内采平均水样和定时水样；对连续不稳定生产车间，可根据排放量的大小，在一个生产周期内按废水流量比例采样，混合均匀后测平均浓度。对生产无规律的车间，根据排污的实际情况采样，并且要求一个生产周期采样不少于5次。对通过废水调节池停留相当长时间后再排污的矿山废水，可采用瞬时采样法一次采样。如发生事故高浓度排放，应及时采样作为事故排放处理，以便与正常采样相区别，在节假日或生产不正常或停产检修期间，应停止采样。在任何情况下，采样都必须杜绝发生人为稀释的现象。采样量一般水样为0.5~1.0L，全分析水样不少于3.0L，底泥样品一般为1~2kg。

C 采样点的选择

为了保证采样具有代表性，采样点的选择和布置十分重要。一般应根据矿区水源的具体情况和污水成分及含量，慎重考虑和布置采样点。例如应在河流的不同区段（清洁区段、污染区段及净化区段）选择布置采样点，并将采样点分为基本点、污染点、对照点和净化点。基本点应设在河流的清洁区段，即其入口或矿区以外的下游河段；污染点应设在河流污染特定区段，以控制和掌握矿区造成的污染程度；对照点应设在河流的发源地，或是矿区的上游区段，以便和污染点进行对比；净化点应设在矿区的下游区段，以检查水体自净作用。同时，还应考虑河面的宽度和深度。河流水质采样点可根据污染状况、河流的流量、河床宽窄等条件采用：单点布设法、断面布设法、三点布设法、多断面布设法等具体布置方法。

除河流布点外，在矿区内还应布置图3-5所示的采样监测点。

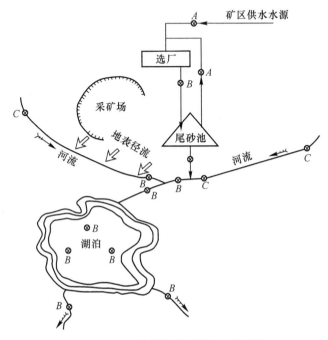

图3-5 矿区水体监测采样点布设略图

矿区内采样点的选择也应具有代表性。凡是矿业生产可能影响到的水体，都要布点采样监测。为了使生产用水合乎标准，应设置生产用水监测点，见图3-5中的 A 点。为了检查废水排放的污染程度，应设置废水排放控制点，见图3-5中的 B 点。为了检查与对比水源的污染程度，还应设置水源监测点，见图3-5中的 C 点所示。

实际工作中，除了布置上述的河流与矿区水质采样监测点外，为了调查地下水源的污染情况，还应对地下水源布点监测。一般情况下，可围绕污染源，取不同的井下水作为分析水样即可。

D 采样方法

采样点确定后，使用正确的采样方法，也是水体监测中的一个重要环节。一般可根据水体的性质，采用不同的方法采集水样。

a 表层水样采集方法

对河流、水库以及湖泊等地表水体，凡是可以直接吸水的场合，可直接把采样瓶置于水中，或者以适当的容器吸水。若从桥上采样时，可将系着绳子的采样瓶，投入水中取样。

表层水采样，最好取水面以下 10~15cm 的水。若需采集一定深度的水样，应将采样瓶投放相应深度处采样。常用的简单采样器的构造如图 3-6 所示，它是一个装在金属框架 2 内用绳索吊起的采样瓶 1，金属框架底部装有铅块 3，以增加瓶重，瓶口配塞 4，以细绳 5 系牢，在绳索上还要标有高度标记。

在流速大的河流中采样，只需将悬吊采样器的绳索用长钢管代替即可。

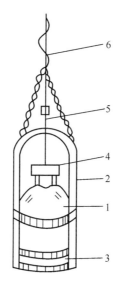

图 3-6 简单采样器示意图

1—采样瓶；2—金属框架；3—铅块；4—瓶塞；5—系瓶塞的细绳索；6—吊采样瓶的绳索

b 矿山废水采样

由于采选工艺过程不同，废水的成分和流量也不同。因此在采样前应首先了解生产废水的工艺过程，掌握水质、水量的变化规律。然后再根据实际情况和分析目的，采用不同的采样方法，分别采集平均水样，平均比例水样以及高峰期排放水样等。如果废水的排放流量比较稳定，只需采集一昼夜的平均水样即可，即每隔相同的时间取等量废水混合成分分析水样。如果废水的排放流量不稳定时，则要采集一昼夜内的平均比例水样，即流量大时多取，流量小时少取，把每次取得的水样，倒在清洁的大瓶中，取样完毕后，将大瓶中的水样充分混合，从中取出 1~2L，作为分析水样。如果废水的产生和排放是间断性的，采样时间和次数与其排放的特点相适应，并应注意所采集水样必须具有代表性。

采集水样的数量，应根据分析项目的不同而定，一般水样总量以 3L 为宜，也可根据分析项目的内容，酌情处理。

采样和分析的时间间隔越短越好。水样的存放时间不得超过表 3-5 所规定的标准。水样在保存期内其成分也可发生变化，如溶解氧逸散、悬浮物沉淀、pH 改变及有机物或无机物发生氧化等。所以，采集水样后，应尽快进行化验与分析，最大限度地缩短存放期，防止水样变化而造成的损失。此外，还有部分项目如温度、pH 及透明度等指标，应当在现场进行直接测定。部分项目若不能在现场进行直接测定，可采用加入试剂或冷冻保存等方法，如在测定矿山废水中的挥发分、溶解氧等无法在现场测定的指标时，采取加入试剂或冷冻使水样变成固态，待进行分析时，再还原成液态的方法，可大为减少保存期产生的损失。

表 3-5 水样保存时间标准

序号	水样性质	保存时间/h
1	未污染的水样	72
2	轻度污染的水样	48
3	严重污染的水样	12

3.4 矿业废水的防治与利用

3.4.1 矿业废水处理技术

3.4.1.1 控制废水的基本原则

由于矿业废水排放的特性，决定了该废水的处理原则是：采取最有效、最简便和最经济的处理方法，使处理后的水和重金属等物质都能回收利用。故应做到以下几点基本要求。

A 改革工艺、抓源治本

污染物质是从一定的工艺过程中产生出来的，因此，改革工艺以杜绝或减少污染源的产生，是最根本、最有效的途径。如选矿厂生产，可采用无毒药剂代替有毒药剂，选择污染程度少的选矿方法（如磁选、重选等），可大大减少选矿废水中的污染物质。

B 循环用水、一水多用

采用循环供水系统，使废水在一定的生产过程中多次重复利用或采用接续用水系统。既能减少废水的排放量，减少环境污染，又能减少新水的补充，节省水资源，解决日益紧张的供水问题。如矿山电厂、压气站用水和选矿厂废水循环利用等。特别是选矿厂废水的循环利用，还可回收废水中残存的药剂及有用的矿物，既能节省用药量，又能提高矿物的回收率。

C 化害为利、变废为宝

工业废水的污染物质，大都是生产过程中进入水中的有用元素、成品、半成品及其他能源物质。排放这些物质既污染环境，又造成了很大的浪费。因此，应尽量回收废水中的有用物质，变废为宝、化害为利，是废水处理中优先考虑的问题。据估计，全国有色企业每天排放"三废"中的剧毒物质，如汞、镉、砷就达两万多吨，若能正确地回收与处理这些废弃物，将有一举多得的好处。

3.4.1.2 煤矿矿井水处理技术

A 煤矿矿井水的来源

矿井水是煤矿废水的主体，在煤炭开采过程中，为保证采矿安全，需要对矿井排水和地下含水层进行预先的人工疏干。煤矿矿井水是伴随煤矿开采而产生的水体，其主要来源有以下 3 个方面。

a 地下水

地下水包括煤系地层及其上覆及下伏地层中的含水层水和老窑积水，是矿井水的主要来源。

b 大气降水

随着煤炭的大量开发，井下采空面积逐渐增大，围岩应力场也发生变化，顶板开始沉陷，地表出现裂缝和塌陷，大气降水有的直接通过裂缝灌入坑道，有的则沿有利于入渗的构造、裂隙及土壤等补给含水层，因此大气降水入渗补给是一种发生在流域面上的补给水源。

c 地表水

由于采矿活动进一步沟通原始构造，同时又产生新裂隙与裂缝等次生构造，当矿区有河流、水库、水池、积水洼地等地表水体存在时，地表水就有可能沿河床沉积层、构造破碎带或产状有利于水体入渗的岩层层面补给浅层地下水，再补给煤系含水层，或通过采矿产生的裂隙直接补给矿井。

B 煤矿矿井水的水质特征

从水质处理的角度出发，可将煤矿矿井水分为洁净矿井水、高悬浮物矿井水、高矿化度矿井水、酸性矿井水和含特殊污染物矿井水五类。

a 洁净矿井水

洁净矿井水是相对于其他被污染的矿井水而言的，呈中性或弱碱性，低浊度，低矿化度，总硬度低，有害离子含量低微或未检出，各种理化指标符合国家饮用水标准。

b 含悬浮物矿井水

在煤炭开采过程中，矿井水一般含有煤粉、岩粉等固体颗粒，主要成分是煤粉。煤粉的密度一般只有 $1.5g/cm^3$，远小于地表水系中泥沙颗粒物的密度（$2.4 \sim 2.6g/cm^3$），因此，煤矿矿井水中的悬浮物颗粒具有密度小、沉降速度慢等特点。悬浮物含量高，每升达到数千或数万毫克，总硬度和矿化度并不高，pH 呈中性，金属离子含量微量或者未检出，不含有毒离子，矿井水因含有大量的煤粉，颜色呈灰黑色。

c 高矿化度矿井水

高矿化度矿井水又称为苦咸水，含有较高的可溶性盐类及悬浮物质，含盐量大于 1000mg/L，甚至达到 10000mg/L。主要含有 SO_4^{2-}、Cl^-、Ca^{2+}、K^+、Na^+ 等离子，硬度较高，水质多数呈中性或偏碱，带苦涩味，少数为酸性。高矿化度矿井水又可以分为微咸水（矿化度为 $1000 \sim 10000mg/L$）、咸水（矿化度为 $10000 \sim 50000mg/L$）。据不完全统计，我国煤矿高矿化度矿井水含盐量一般在 $1000 \sim 4000mg/L$，少数达 4000mg/L 以上。高矿化度矿井水主要分布在我国北方矿区、西部高原、黄淮海平原及华东沿海地区。

d 酸性矿井水

酸性矿井水是指 pH 小于 6.5 的矿井排水，一般 pH 在 $3.0 \sim 6.5$，总酸度高，化学组成极不稳定。在煤矿矿井水中，大约有 10% 的水是酸性水。我国南方煤矿的矿井水多呈酸性，pH 一般在 $4.5 \sim 6.5$，个别的 pH 小于 3.0，这和我国南方煤的含硫量普遍较高有关。酸性矿井水主要来自高硫煤的开采。

e 含特殊污染物矿井水

该类矿井水主要指含有毒、有害元素（氟和铅）或放射性元素（铀和镭）等当地煤矿特征污染物的矿井水。

C 煤矿矿井水的处理技术

a 洁净矿井水的处理与利用

洁净矿井水可设专用输水管道给予利用，一般采用清污分流方式，保证其在排出过程中不混入其他矿井水和煤粉、岩粉，将洁净矿井水和已被污染的矿井水利用各自单设的排水系统，分而排之。洁净矿井水可直接作为生产生活用水，或经过简单的消毒处理作为饮用水。做生活饮用水时需进行消毒处理。

另外，有些矿井水因含有一些有益于人体健康的微量元素，可作为矿泉水开发利用。如兖州矿区鲍店煤矿开采 3 煤层时，来自灰岩的地下水水量丰沛，水质优良，且微量元素 Sr 的含量优于国家饮用天然矿泉水的水质标准，该矿将其作为矿泉水进行了开发，获得了较大的经济效益。

b 含悬浮物矿井水处理技术

含悬浮物矿井水处理工艺较为简单，经混凝、沉淀、过滤及消毒等工序处理后，出水水质能达到我国生活饮用水水质标准要求。图 3-7 所示是矿井水处理中比较成熟的工艺。

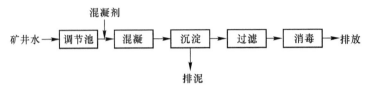

图 3-7 含悬浮物矿井水处理工艺

矿井水处理混凝剂常用硫酸铝、聚合氯化铝及聚丙烯酰胺等，其中聚合氯化铝铁对矿井水的水温及 pH 的变化适应性强，价格较低，得到广泛应用；滤料常采用过滤效果好、强度高、价格低的无烟煤和石英砂。

c 高矿化度矿井水处理技术

高矿化度矿井水处理一般分成两个部分：第一部分是预处理，主要去除矿井水中的悬浮物，采用常规混凝沉淀技术；第二部分是脱盐处理，在我国苦咸水脱盐方法主要有两种：电渗析脱盐技术和反渗透脱盐技术。电渗析脱盐技术自 20 世纪 50 年代末期引入我国以来，现已在苦咸水淡化、高中压锅炉给水处理、水污染控制等方面得到了广泛的利用。目前建成的矿井水处理站中均选择电渗析脱盐技术作为高矿化度矿井水的脱盐处理。图 3-8 所示为张集煤矿高矿化度矿井水处理工艺流程。

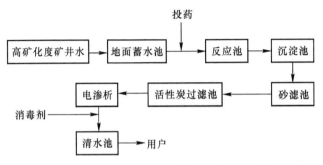

图 3-8 张集煤矿高矿化度矿井水处理工艺

d 酸性矿井水处理技术

酸性矿井水处理一般采用中和法加常规工艺处理，常用的中和剂有石灰石、大理石、白云石、石灰等碱性物质，其中以石灰石及石灰应用最为广泛。

（1）石灰石中和。石灰石中和装置常采用中和滚筒机、升流膨胀过滤床和曝气流化床。中和滚筒机内置石灰石为中和剂，通过滚筒不停翻转，增大酸性水与中和剂的接触面积，促进中和反应进行。为保证石灰石与酸性水有较充足的接触反应时间，中和滚筒机出水送入反应池，使反应继续进行，其工艺如图3-9所示。

图3-9　中和滚筒法处理酸性矿井水工艺流程

中和滚筒机处理酸性废水设备简单，管理方便，处理费用低，但其噪声较大，二次污染严重，特别是反应产物 $CaSO_4$、$Fe(OH)_3$ 和过剩的石灰石黏在一起，容易堵塞后续管路，且其除铁效率较差。

石灰石升流膨胀过滤中和是以细小石灰石颗粒（$D \leqslant 3mm$）为滤料，酸性水自滤池底部进入滤池，使滤料膨胀，从而使中和反应沿着流线方向连续不断地进行，是目前普遍采用的中和方法，其工艺如图3-10所示。

图3-10　石灰石升流膨胀法处理酸性矿井水工艺流程

石灰石升流膨胀过滤中和操作简单，管理方便，处理费用低，但其处理出水 pH 不高，常低于6.0，且除铁效率较差，反应产物 $CaCO_4$、$Fe(OH)_3$ 经常包裹在石灰石颗粒表面，出现包固现象，从而使石灰石颗粒失去活性，降低了反应效率。

（2）石灰中和。石灰中和是利用 CaO 与硫酸反应，从而得以中和，其工艺流程如图3-11所示。

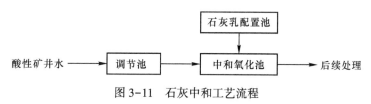

图3-11　石灰中和工艺流程

石灰中和工艺简单，操作方便，出水 pH 能够稳定达标，除铁效率比石灰石中和法高，但费用相对较高，且存在二次污染问题。

（3）生物处理。针对酸性矿井水中含有高浓度硫酸盐和大量重金属离子的特点，利用硫酸盐还原菌将硫酸盐（SO_4^{2-}）还原为硫化物（S^{2-}），同时产生碱度提高废水的 pH，使重金属离子与硫化物（S^{2-}）产生难溶的金属硫化物沉淀去除。其反应如下：

$$2C + SO_4^{2-} + H_2O \longrightarrow H_2S + 2HCO_3^- \quad （硫酸盐还原菌作用下）$$

$$M^{2+} + H_2S \longrightarrow MS_{(s)} \downarrow + 2H^+$$

生物法处理酸性矿井水费用低，无二次污染，还可回收副产品单质硫，应用前景广泛，但由于关键技术尚未解决，目前国内尚无应用。

3.4.1.3　选煤废水处理技术

我国煤炭产业要求选煤废水必须执行闭路循环一级标准，即保证在正常或事故状态下，选煤废水均不外排。选煤废水闭路要达到以下要求：煤泥全部厂内回收，取消煤泥沉淀池；选煤水重复利用率 90% 以上，补充水量小于 0.15m³/t；设有事故放水池或缓冲浓缩机，并有完备的回收系统；选煤水浓度小于 50g/L；入选原料达到稳定能力的 70% 以上。

煤泥水的处理几乎涵盖湿法选煤过程的所有环节，通常包括：煤泥分选—尾矿浓缩—压滤。目前，国内外常用的煤泥水处理工艺包括四种流程：浓缩浮选流程、直接浮选流程、半直接浮选流程、浓缩分级浮选流程。

浓缩浮选流程是指全部煤泥水进入浓缩机，经浓缩后，溢流作为选煤的循环水，底流进入浮选作业。该流程的特点是浓缩机底流浓度较高，在 300~400g/L 之间，用清水稀释到 100~200g/L 再进入浮选，所以浮选的浓度较高，粒度较粗。该方法投资少，运行费用低，但容易造成选煤循环水中细泥积聚，造成循环水浓度较高，影响浮选结果。

直接浮选流程是指全部煤泥水不经浓缩，通过缓冲池，直接进入浮选，浮选尾煤进入浓缩机，在浓缩机中添加絮凝剂沉淀，所得清水作为循环水使用。底流用压滤机脱水，实现闭路循环。直接浮选消除了细泥循环，降低了循环水浓度，但入料浓度偏低，增加了药剂消耗。

半直接浮选流程是介于上述两者之间的流程，溢流水一部分进入浓缩机，另一部分直接进入浮选作业。该流程比较灵活，适用于煤质变化较大的选煤厂，一方面减少了细泥的恶性聚集，另一方面可保证循环水的正常循环。

浓缩分级浮选流程是指煤泥水经浓缩后，底流由分级旋流器进行分级，旋流器底流进入浮选机，溢流进入浮选柱进行分选，浮选机精煤进入过滤机脱水，浮选柱浮精煤进入压滤机脱水。

3.4.2 矿业废水再生回用技术与方法

为了贯彻节能减排精神，提高矿业企业废水回用率，我国对新建矿业企业排放废水量和废水最低允许重复使用率做出了明确规定：有色金属系统选矿废水重复利用率 ≥75%；其他矿山工业采矿、选矿、选煤等废水重复利用率 ≥90%；脉金选矿：重选废水排放量 ≤16.0m³/t（矿石）、浮选 ≤9.0m³/t（矿石）、氰化 ≤8.0m³/t（矿石）、碳化 ≤8.0m³/t（矿石）；有色金属冶炼及金属加工废水重复利用率 ≥80%。因此，矿业废水必须处理回用。

国内外工业废水回用的技术方法很多，大致可以分为以下几种：（1）工业废水的物理处理，包括均和调节、隔滤法、离心法以及澄清法。（2）工业废水的化学处理，包括中和处理、化学沉淀处理和氧化还原处理。（3）工业废水的物理化学处理，包括混凝法、浮选法、吸附、离子交换和膜分离技术。（4）工业废水的生物处理，包括活性污泥法、生物膜法、厌氧生物处理法、稳定塘与湿地处理。根据水质要求和处理对象不同，常采用不同组合工艺处理。

矿业废水处理回用水质标准国家未做明确要求，废水处理回用以不影响生产指标和废水处理成本较低为基本原则，同时要充分利用药剂和水资源。

对选矿废水的处理，国外常用沉淀、氧化及电渗析、离子交换、活性炭吸附、浮选等方法。处理后，选矿废水循环回用率可保证在 95% 以上，从而实现选矿废水"零排放"。而国内常用自然降解、混凝沉淀、中和、吸附、氧化分解等方法处理，废水回用率相对较低，资源化利用程度不高，只有为数不多的几家选厂的回用率可达 95% 以上，如凡口铅锌厂、南京铅锌银矿等。

3.4.2.1 国外选矿废水再生回用技术

美国、加拿大、日本等国在建设新选厂和改造某些现有选厂时，规定必须实行场内循环供水和干尾矿的局部堆置。工艺回路中利用循环水，是通过尾矿矿浆浓缩到 60% 左右而实现的。

美国铜冶炼厂往往采用下述方法处理回用废水：将矿山和选矿厂排水集中，在干旱地区用尾矿库处理，实行闭路循环使用；对于电解精炼厂的废水，则根据实际可能，采用中和法、蒸发法和沉淀法等进行处理；对于浸出废液则汇合入尾矿库，进行中和后循环使用。

日本采用离子（泡沫）浮选法处理重金属废水，然后再将其回用到选矿工艺流程中。该方法就是在废水中加入与金属离子带电相反的捕收剂，使之成为具有可溶性的络合物，或不溶性的沉淀物附着于气泡上，作为气泡或浮渣而回收，该法对 Hg^{2+}、Cd^{2+}、Cu^{2+}、Cr^{3+}、Co^{2+}、Ni^{2+}、Pb^{2+}、Zn^{2+}、Sr^{2+} 等均有效。例如，日本的宫古工厂（铜冶炼厂）使用这种方法处理含镉废水：将戊基黄原酸钾溶液与 MIBC 起泡剂在搅拌槽中混合后加入浮选机中，其所形成泡沫与选矿厂的铜泡沫一起过滤脱水，其溢流水中含镉 $0.01 \sim 0.05mg/L$，铜 $0.4 \sim 0.8mg/L$，锌 $4 \sim 6mg/L$，和一般废水混合沉淀回用。

苏联稀有金属矿矿石选矿时，常使用 UM-50（一种羟胺酸）和氨化硝基石蜡作捕收剂，一般使用活性炭处理，去除浮选药剂，用量为 200mg/L，对废水作相对处理并调整药剂用量后，便可有效地作为选厂循环水使用。

据统计数据显示，加拿大铜选厂循环水利用率达到 82%，铜、锌选厂的循环水利用率为 61%~67%，该国的 62 个有色和黑色金属矿石选矿厂中，有 35 个实行循环水供水。在美国选矿工艺过程中，每吨矿石耗水量只有 $2.4 \sim 4.0m^3$，且循环水利用率达到 80%，而铁矿石选厂循环水利用率高达 92%。苏联锡选厂的循环水利用率达到 95%，铁矿石选厂可达到 80%。

美国、日本和加拿大等国在综合回收废水中有用成分的方面也进行了大量的研究。例如，加拿大 G. B. 马依宁格公司的选厂，从 1970 年就开始采用吹脱法从废水中脱除氢氰酸与沉淀回收有色金属、稀有金属相结合的方法，来回用选矿废水。

3.4.2.2 国内选矿废水再生回用技术

国内在选矿废水再生回用方面的研究也不少，在这里主要介绍其研究的成果，并介绍在选矿废水再生回用方面做得比较成功的几个选厂情况。

A 混凝斜板（管）沉淀法

来自车间的废水，首先通过沉砂池进行固液分离，沉砂池沉砂通过卸砂门排入尾矿砂场。沉砂池溢流出的上清液，通过投药混合后进入反应器充分混凝反应，然后流入斜板（管）沉淀池，使细粒悬浮物、有害物质进一步去除，斜板（管）沉淀池的沉泥，通过阀门排至尾矿砂场。通过此工艺后，废水即达国家允许排放标准。根据环保的要求，斜板（管）沉淀池出水进入清水池，用清水泵打回车间回用，节约用水，并使废水闭路循环，实现零排放，其工艺流程如图 3-12 所示。

B 混凝沉淀—活性炭吸附—回用工艺

此法是目前国内选厂采用较多的选矿废水回用方法，通过对不同矿山的选矿废水实验

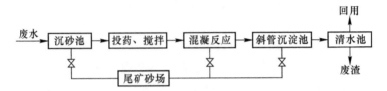

图 3-12 混凝斜板（管）沉淀法处理工艺流程图

研究发现对同一选矿废水投入不同药剂或同一药剂不同的量，其结果往往不一样。

广东工业大学的袁增伟以南京栖霞山锌阳矿业有限公司选厂浮选废水为研究对象，选择了适当处理后全部回用的思路，其具体工艺流程如下：废水→调节池→混凝沉淀→活性炭吸附→回用。

通过使用该技术工艺，浮选厂废水实现了废水零排放，达到了清洁生产和水资源综合利用的目的。同时，由于没有污染排放，浮选厂周围的环境污染将会最终消除。另外，由于采用该工艺，仅省的排污罚款，节约的新鲜水用量和浮选药剂用量折合约 100 万元/年。这不仅降低了生产成本，而且大大提高了企业的竞争力。

C 废水资源化利用综合方法

研究者经过大量的水处理试验和选矿对比试验，总结出一条解决矿山选矿废水的较好方案。以铅锌矿为例，其流程如图 3-13 所示。

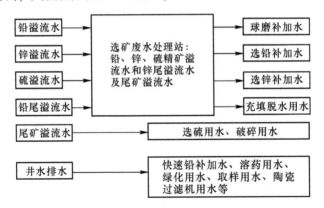

图 3-13 选矿废水适度处理工艺流程示意图

由于各种废水水质不同，在回用处理过程中调节池起着调节水质、水量的作用。混凝沉淀池可加强混凝剂与废水的混合，使微细粒子成长，使之变成可通过沉淀出去的悬浮物。反应池用于废水进一步深化处理，利用消泡剂把废水中多余的起泡剂反应掉，削弱对浮选指标的影响。

4 矿业固体废物与资源化利用

我国高度重视固体废物污染环境防治工作。固体废物管理与大气、水、土壤污染防治密切相关，是整体推进生态环境保护工作不可或缺的重要一环。固体废物的产生、收集、贮存、运输、利用、处置过程，关系生产者、消费者、回收者、利用者、处置者等利益方，需要政府、企业、公众协同共治。统筹推进固体废物"减量化、资源化、无害化"，既是改善生态环境质量的客观要求，又是深化生态环境工作的重要内容，更是建设生态文明的现实需要。

为了保护和改善生态环境，防治固体废物污染环境，保障公众健康，维护生态安全，推进生态文明建设，促进经济社会可持续发展，2020 年 4 月 29 日第十三届全国人民代表大会常务委员会第十七次会议对《中华人民共和国固体废物污染环境防治法》进行了第二次修订。国家推行绿色发展方式，促进清洁生产和循环经济发展；倡导简约适度、绿色低碳的生活方式；引导公众积极参与固体废物污染环境防治。

据国家统计局相关数据显示，2006～2015 年，我国工业固体废物的年产量逐年增加，自"十二五"规划以来年产量突破 32.27 亿吨，近年来更是以 12 亿吨/年的速度在递增，年平均增长率约 9.8%。目前，我国工业固体废物的堆积量已超过 75 亿吨，占地约 6.2 万公顷，不仅造成土地资源的极大浪费，而且某些含放射性物质的废渣还会给水体、土壤及大气带来不同程度的污染，甚至危及人类安全。《2019 年全国大、中城市固体废物污染环境防治年报》显示，2018 年，我国大宗工业固体废物尾矿、粉煤灰、煤矸石、冶炼废渣、炉渣、脱硫石膏产生量分别为 8.8 亿吨、5.3 亿吨、3.5 亿吨、3.7 亿吨、3.1 亿吨、1.2 亿吨，综合利用率分别为 27.1%、74.9%、53.7%、88.7%、71.0%、73.6%。大宗工业固体废物存在产生量大，历史堆存量大；跨产业领域技术研究、开发不足；高值化处置利用技术投资大，产品附加值不高；标准体系支撑不足等问题。因此，在国家积极倡导资源与环境协调发展的今天，实现工业固体废物的资源化利用显得尤为重要。

随着我国社会经济的高速发展，矿产资源对社会经济的发展起到了重要的作用。我国拥有数量众多的各类矿山，如有煤矿、有色金属矿山、黑色金属矿山、非金属矿山及建材矿等。在矿产资源开发利用（包括采矿、选矿和湿法冶炼等）过程中会产生数量庞大的固体状或泥状废物，主要包括废石、煤矸石、尾矿等。大量矿山固体废物的排放和堆存，不仅占用大量的土地，破坏生态平衡，而且造成严重的环境污染。

4.1 概述

4.1.1 固体废物的定义及分类

4.1.1.1 固体废物的定义

2020 年 4 月 29 日修订并于 2020 年 9 月 1 日起施行的《中华人民共和国固体废物污染环境防治法》中定义，固体废物是指在生产、生活和其他活动中产生的丧失原有利用价值或者虽未丧失利用价值但被抛弃或者放弃的固态、半固态和置于容器中的气态的物品、物质以及法律、行政法规规定纳入固体废物管理的物品、物质。对固体废物的界定往往具有相对性，一定条件下的固体废物在其他条件下也会变成为具有利用价值的原料。

4.1.1.2　固体废物的分类

为了充分认识和分析研究各种类型的固体废物，对其进行严格管控，进而防止和减少固体废物污染，需要对其进行分类，分类如下：

（1）依据固体废物组分的不同可分为有机固体废物和无机固体废物；

（2）按其危害性不同可分为一般固体废物和危险固体废物；

（3）按其形态不同可分为固态废物、半固态废物和液态废物；

（4）按其来源不同可分为工业固体废物，生活垃圾，建筑垃圾、农业固体废物和危险废物四类，即《中华人民共和国固体废物污染环境防治法》中对固体废物的分类。固体废物的具体分类、来源和主要组成物参见表4-1。

表 4-1　固体废物的分类、来源和主要组成物

分类	来源	主要组成物
矿业废物	矿山、选冶	废矿石、煤矸石、尾矿、金属、废木、砖瓦灰石等
工业废物	冶金、交通、机械、金属结构等工业	金属、矿渣、砂石、模型、边角料、涂料、管道、绝热和绝缘材料、黏结剂、废木、塑料、橡胶、烟尘等
	食品加工	肉类、谷物、果类、蔬菜、烟草
	橡胶、皮革、塑料等工业	橡胶皮革、塑料布、纤维、染料、金属等
	造纸、木材、印刷等工业	刨花、锯末、碎木、化学药剂、金属填料、塑料、木质素
	石油化工	化学药剂、金属、塑料、橡胶、陶瓷、沥青、油毡、石棉、涂料
	电器、仪器仪表等工业	金属、玻璃、木材、塑料、橡胶、化学药剂、研磨料、陶瓷、绝缘材料
	纺织服装业	布头、纤维、橡胶、塑料、金属
	建筑材料	金属、水泥、黏土、陶瓷、石膏、石棉、砂石、纸、纤维
	电力材料	炉渣、粉煤灰、烟尘
城市垃圾	居民生活	食物垃圾、纸屑、布料、木料、金属、玻璃、塑料陶瓷、燃料灰渣、碎砖瓦、废器具、粪便、杂品
	商业机关	管道等碎物体、沥青及其他建筑材料、废汽车、废电器、废器具、含有易爆、易燃、腐蚀性、放射性的废物以及居民生活所排出的各种废物
	市政维护、管理部门	碎砖瓦、树叶、死禽畜、金属、锅炉灰渣、污泥、废土
农业废物	农林	稻草、秸秆、蔬菜、水果、果树枝条、落叶、废塑料、人畜粪便、农药
	水产	腐烂鱼、虾、贝壳、水产的污水、污泥
放射性废物	核工业、核电站、放射性医疗、科研单位	金属、含放射性废渣、粉尘、污泥、器具、劳保用品、建筑材料

A 工业固体废物

工业固体废物是指在工业、交通等生产活动中产生的固体废物。按其行业可分为矿业废物、冶金废物、能源灰渣、化工行业废物、石油工业废物、农产品加工业废物及其他废物。工业固体废物主要产生于采掘、冶金、煤炭、火力发电四大行业，其次是化工、石油等部门。

B 生活垃圾

生活垃圾是指在日常生活中或者为日常生活提供服务的活动中产生的固体废物。例如，在居民生活、商业活动、市政建设与维护、机关办公等过程中产生的固体废物。依据其产生源一般又可分为：居民生活产生的生活垃圾、市政维护与管理产生的垃圾和商业活动与机关产生的垃圾。

C 建筑垃圾、农业固体废物

建筑垃圾是指建设、施工单位或个人对各类建筑物、构筑物、管网等进行建设、铺设或拆除、修缮过程中所产生的渣土、弃土、弃料、淤泥及其他废弃物。按产生源分类，建筑垃圾可分为工程渣土、装修垃圾、拆迁垃圾、工程泥浆等；按组成成分分类，建筑垃圾中可分为渣土、混凝土块、碎石块、砖瓦碎块、废砂浆、泥浆、沥青块、废塑料、废金属、废竹木等。

农业固体废物是指种植业、养殖业和农副产品加工业等生产过程中产生的固体废物。例如种植业中产生的各种作物秸秆、烂菜烂果、落叶、废弃的生产资料（如农膜等）等；养殖业中的动物粪便、死禽死畜、死鱼烂虾等；农副产品加工业中的各种下脚料、渣滓、外壳等。

D 危险废物

《中华人民共和国固体废物污染环境防治法》中将危险废物定义为：列入国家危险废物名录或者根据国家规定的危险废物鉴别标准和鉴别方法认定的具有危险特性的废物。危险废物必然具有毒性（含急性毒性或浸出毒性，如含重金属等的废物）、爆炸性（如含硝酸铵、氯化铵等的废物）、易燃性（如废油和废溶剂等）、腐蚀性（如废酸和废碱等）、化学反应性（如含铬废物）、传染性（如医疗废物）、放射性等一种或几种的危害特性。

4.1.2 与固体废物相关的法律法规

我国为了保护和改善生态环境，防治固体废物污染环境，保障公众健康，维护生态安全，推进生态文明建设，促进经济社会可持续发展，制定了《中华人民共和国固体废物污染环境防治法》（简称《固体法》）。下面重点介绍固体废物污染环境防治的基本原则和相关的监督管理制度。

4.1.2.1 基本原则

《固体法》规定固体废物污染环境防治坚持减量化、资源化和无害化的原则。

A 减量化原则

减量化是指通过适宜的手段减少固体废物的数量、体积，并尽可能地减少固体废物的种类、降低危险废物的有害成分浓度、减轻或清除其危害性等，从"源头"上直接减少或减轻固体废物对环境和人体健康的危害，最大限度地开发和利用资源与能源。对固体废物的综合利用是实施减量化的一个重要选择，有些既可实现资源化，又可减少固体废物的产量。

B　资源化原则

固体废物经过一定的处理或加工，可使其中所含的有用物质提取出来，继续在工、农业生产过程中发挥作用，也可使有些固体废物改变形式成为新的能源或资源。这种由固体废物到有用物质的转化称为固体废物的综合利用，或称为固体废物的资源化。即固体废物的资源化是指对固体废物进行综合利用，使之成为可利用的二次资源。

C　无害化原则

无害化是固体废物处理的首要任务。固体废物的无害化是指经过适当的处理或处置，使固体废物或其中的有害成分无法危害环境，或转化为对环境无害的物质，这个处置过程即为固体废物的无害化。目前我国固体废物的无害化处理工程理论已相当成熟，如垃圾的焚烧、堆肥的厌氧发酵等都成为固体废物无害化处理的重要技术。

4.1.2.2　监督管理制度

为了保证《固体法》在各级政府和企业的有效实施，《固体法》制定了详细的监督管理制度，明确了法律责任及处罚规定。

A　分类管理制度

固体废物具有量多面广、成分复杂的特点，因此《固体法》确立了对城市生活垃圾、工业固体废物和危险废物分别管理的原则，明确规定了主管部门和处置原则。

B　工业固体废物申报登记制度

该制度可使环境保护主管部门掌握工业固体废物和危险废物的种类、生产量、流向以及对环境的影响等情况，进而有效地防治工业固体废物和危险废物对环境的污染。

C　固体废物污染环境影响评价制度及其防治设施的"三同时"制度

环境影响评价和"三同时"制度是我国环境保护的基本制度，《固体法》进一步重申了这一制度。

D　排污收费制度

排污收费制度也是我国环境保护的基本制度。但是，固体废物的排放与废水、废气的排放有本质的不同。固体废物对环境的污染是通过释放出水和大气污染物进行的，而这一过程是长期的和复杂的，并且难以控制。因此，从严格意义上讲，固体废物是严禁不经任何处置排入环境中的。固体废物排污费的缴纳，是对那些在按照规定和环境保护标准建成工业固体废物贮存或者处置的设施、场所，或者经改造这些设施、场所达到环境保护标准之前产生的工业固体废物而言的。

E　限期治理制度

《固体法》规定，没有建设工业固体废物贮存或者处置设施、场所，或者已建设但不符合环境保护规定的单位，必须限期建成或者改造。对于排放或处置不当的固体废物造成环境污染的企业和责任者，实行限期治理，是有效防治固体废物污染环境的措施。如果限期内不能达到标准，就要采取经济手段以至停产。

F　进口废物审批制度

《固体法》明确规定："禁止境外的固体废物进境倾倒、堆放、处置""禁止中华人民共和国过境转移危险废物""国家禁止进口不能用作原料的固体废物、限制进口可以用作原料的固体废物"。为贯彻《固体法》的这些规定，原国家环保局与外经贸部、国家工商总局、海关总署、国家商检局于1996年4月1日联合颁布了《废物进口环境保护管理暂行规定》以及《国家限制进口的可用做原料的废物名录》。

G 危险废物行政代执行制度

由于危险废物的有害特性，其产生后如不进行适当的处置而向环境排放，则可能造成严重危害，因此必须采取一切措施保证危险废物得到妥善的处理处置。行政代执行制度是一种行政强制执行措施，这一措施保证了危险废物能得到妥善、适当的处置。而处置费用由危险废物产生者承担，也符合我国"谁污染、谁治理"的原则。

H 危险废物经营单位许可证制度

危险废物的危险特性决定了并非任何单位和个人都能从事危险废物的收集、贮存、处理、处置等经营活动。从事危险废物的收集、贮存、处理、处置活动，必须具备达到一定要求的设施、设备，又要有相应的专业技术能力等条件；必须对从事这方面工作的企业和个人进行审批和技术培训，建立专门的管理机制和配套的管理程序。因此，对从事这一行业的单位的资质进行审查是非常必要的。

I 危险废物转移报告单制度

危险废物转移报告单制度的建立，是为了保证危险废物的运输安全，以及防止危险废物的非法转移和非法处置，保证危险废物的安全监控，防止危险废物污染事故的发生。

4.1.3 固体废物的处理与处置

固体废物处理就是通过物理处理、化学处理、固化处理、热处理、生物处理等不同方法，使固体废物转化为适于运输、贮存、资源化利用以及最终处置的一种方法。物理处理包括压实、破碎、分选、沉淀和过滤等；化学处理包括焚烧、焙烧热解及溶出等；生物处理包括好氧分解和厌氧分解等处理方式。

固体废物的处理，按其处理目的又可分为预处理、资源化处理和最终处置等。预处理是通过压实、破碎和分选等方法对固体废物在资源化处理和最终处置前进行预加工；资源化处理有物理处理方法（拣选、重力分选、磁力分选、电场分选、浮选、摩擦和弹道分选）、化学处理方法（焚烧热回收利用、热解燃料化和湿式氧化等）和生物处理法（好氧堆肥、厌氧发酵沼气化等）；最终处置是寻求固体废物的最终归宿，主要方法有陆地填埋处置和海洋处置等。

4.1.3.1 固体废物的预处理

预处理主要包括废物的破碎、筛分、粉磨、压缩等工序。

A 破碎

破碎的目的是把固体废物破碎成小块或粉状小颗粒，以利于分选有用或有害的物质。

固体废物的破碎方式有机械破碎和物理破碎两种。机械破碎是借助于各种破碎机械对固体废物进行破碎。主要的破碎机械有颚式破碎机、辊式破碎机、冲击破碎机和剪切破碎机等。对于不能用破碎机械破碎的固体废物，可用物理法破碎。物理法破碎有低温冷冻破碎、超声波破碎。低温冷冻破碎的原理是利用一些固体废物在低温（−120～−60℃）条件下脆化的性质达到破碎的目的。超声波破碎还处在实验室研究阶段。

B 筛分

筛分是利用筛子将粒度范围较宽的混合物料按粒度大小分成若干不同级别的过程。它主要与物料的粒度或体积有关，密度和形状的影响很小。筛分时，通过筛孔的物料称为筛下产品，留在筛上的物料称为筛上产品。筛分一般适用于粗粒物料的分解。常用的筛分设备有棒条筛、振动筛、圆筒筛等。

根据筛分作业所完成的任务不同，筛分可分为独自筛分、准备筛分、辅助筛分、选择筛分、脱水筛分等。在固体废物破碎车间，筛分主要作为辅助手段，其中在破碎前进行的筛分称为预先筛分，对破碎作业后所得产物进行的筛分称为检查筛分。

C　粉磨

粉磨在固体废物处理和利用中占有重要的地位。粉磨一般有三个目的：（1）对物料进行最后一段粉碎，使其中各种成分单体分离，为下一步分选创造条件；（2）对各种废物原料进行粉磨，同时起到把它们混合均匀的作用；（3）制造废物粉末，增加物料比表面积，为缩短物料化学反应时间创造条件。

磨机的种类很多，有球磨机、棒磨机、砾磨机、自磨机（无介质磨）等。

D　压缩

压缩对固体废物压缩处理的目的：一是减少容积，便于装卸和运输；二是制取高密度惰性块料，便于贮存、填埋或作建筑材料。可燃废物、不可燃废物或是放射性废物都可进行压缩处理。

用于固体废物的压缩机类型很多，大致可分为竖式压缩机和卧式压缩机两种。

4.1.3.2　资源化处理

A　物理方法处理技术

通常依据的物理性质有重力、磁性、电性、光电性、弹性、摩擦性、粒度特性等；物理化学性质有表面润湿性等。根据固体废物的这些特性可分别采用拣选、重力分选、磁力分选、电场分选、浮选、摩擦和弹道分选等方法。

a　拣选

拣选是利用物料之间的光性、磁性、电性、放射性等拣选特性的差异实现分选的一种新方法。拣选时，物料呈单层（行）排队，逐一受到检测器件的检测，检测信号通过电子技术放大，驱动拣选执行机构，使目的物质从物料中分选出来。

拣选可用于从大量工业固体废物和城市垃圾中分拣出塑料、橡胶、金属及其制品等有用物质。

b　重力分选

重力分选（简称重选）是将物料给入活动或流动的介质中，密度的差异导致颗粒运动速度或运动轨道不同，因而可分选出不同密度产物。重力分选过程中常用的介质有水、空气、重液和重介质。重选方法主要有分级和洗矿、重介质选矿、跳汰选矿、摇床选矿和溜槽选矿。

重选的优点是生产成本低，处理的物料粒度范围宽，对环境的污染少。

c　磁力分选

磁力分选（简称磁选）分为两种类别。一种是电磁和永磁的磁力分离，即通常所说的磁选。这种磁选的方法是在皮带机端头设置一个电磁或永磁的磁力滚筒，当物料经过磁力滚筒时，可将铁磁性物质分离。另一种是磁流体磁力分离。磁流体是指某种能够在磁场或者磁场与电场联合作用下磁化，呈现似加重现象，对颗粒具有磁浮力作用的稳定分散液。磁流体通常采用强电解质溶液、顺磁性溶液和磁性胶体悬浮液。

　　磁流体分选法在固体废物中的处理和利用中占有特殊的地位，它不仅可用于分选各种工业废渣，而且可以从城市垃圾中分选铝、铜、锌、铅等金属。

　　d　电场分选

　　电场分选是在高压电场中利用入选物料之间电性差异进行分选的方法。一般物质大致可分为电的良导体、半导体和非导体，它们在高压电场中有着不同的运动轨道。我们利用物质的这一特性即可将各种不同物质分离。

　　电场分选对塑料、橡胶、纤维、废纸、合成皮革、树脂等与某种物料的分离，各种导体和绝缘体的分离，工厂废料的回收，例如旧型砂、磨削废料、高炉石墨、煤渣和粉煤灰等的回收都十分简便、有效。

　　e　浮选

　　浮选是固体废物资源化技术中的重要工艺方法。主要用于分选出不易被重力分选所分离的细小固体颗粒。浮选的原理是利用矿物表面物理化学的特性，在一定条件下，加入各种浮选剂（调整剂、捕收剂、起泡剂等），并进行机械搅拌，使悬浮固体附在空气泡或浮选剂上，随着气泡等一起浮到水面上来，然后再加以回收。目前，一般都采用直接或稍加改进的矿用浮选机。

　　f　摩擦和弹道分选

　　摩擦和弹道分选是根据固体废物中各种混杂物质的摩擦系数和碰撞恢复系数的差异来进行分选的一种新技术。其原理是，各种固体废物摩擦系数和碰撞恢复系数明显不同，当它们沿斜面运动和与斜面碰撞时，就会产生不同的运动速度和反弹运动轨道，从而达到彼此分开的目的。

　　B　化学方法处理技术

　　采用化学方法处理固体废物是使固体废物发生化学转换从而回收物质和能源的有效方法。煅烧、焙烧、烧结、溶剂浸出、热分解、焚烧、电力辐射等都属于化学方法处理技术。

　　a　煅烧

　　煅烧是在适宜的高温条件下，脱除物质中二氧化碳、结合水的过程。煅烧过程中发生脱水、分解和化合物理化学变化。如碳酸钙渣经煅烧再生成石灰。

　　b　焙烧

　　焙烧是在适宜气氛条件下将物料加热到一定的温度（低于其熔点），使其发生物理化学变化的过程。根据焙烧过程中的主要化学反应和焙烧后的物理状态，可分为烧结焙烧、磁化焙烧、氧化焙烧、中温氯化焙烧、高温氯化焙烧等。这些方法在各种工业废渣的资源化过程中都有较成熟的生产实践。

　　c　烧结

　　烧结是将粉末或粒状物质加热到低于主成分熔点的某一温度，使颗粒黏结成块或球团，提高致密度和机械强度的过程。为了更好地烧结，一般需要在物料中配入一定量的溶剂，如石灰石、纯碱等。物料在烧结过程中发生物理化学变化，化学性质改变，并有局部熔化，生成液相。烧结产物既可是可熔性化合物，也可是不熔性化合物，应根据下一工序要求制定烧结条件。

　　d　溶剂浸出法

　　溶剂浸出法将固体物料加入液体溶剂内，让固体物料中的一种或几种有用金属溶解于液体溶剂中，以便下一步从溶液中提取有用金属，这种化学过程称为溶剂浸出法。

按浸出剂的不同，浸出方法可分为水浸、酸浸、碱浸、盐浸和氧化浸等。

溶剂浸出法在固体废物回收利用有用元素中应用很广泛，如可用盐酸浸出物料中的铬、铜、镍、锰等金属；从煤矸石中浸出结晶三氯化铝、二氧化钛等。

e　热分解

热分解（或热裂解）是利用热能切断大分子量的有机物（碳氢化合物），使之转变为含碳量更少的低分子量物质的工艺过程。通过热分解可在一定温度条件下从有机废物中直接回收燃料油、气等。但是并非所有有机废物都适合于热分解，适于热分解的有机废物有废塑料（含氯者除外）、废橡胶、废轮胎、废油及油泥、废有机污泥等。

固体废物热分解一般采用竖炉、回转炉、高温熔化炉和流化床炉等。

f　焚烧

焚烧是对固体废物进行有控制的燃烧方法。其目的是使有机物和其他可燃物质转变为二氧化碳和水逸入环境，以减少废物体积，便于填埋。在焚烧过程中，还可把许多病原体以及各种有毒、有害物质转化为无害物质，因此，也是一种有效的除害灭菌的废物处理方法。

焚烧和燃烧不完全相同，焚烧的目的是侧重于固体废物的减量化和残灰的安全稳定化；燃烧的目的是使燃料燃烧获得热能。但是，焚烧必以良好的燃烧为基础，否则将大量生产黑烟，同时，未燃物进入残灰，达不到减量与安全、稳定化的目的。

固体废物焚烧在焚烧炉内进行。焚烧炉种类很多，大体上有炉排式焚烧炉和流化床焚烧炉等。

g　辐射处理

辐射处理是采用γ射线和电子束等电离辐射与固体废物相互作用，以达到杀菌、消毒目的的一种无毒化处理方法。此法的优点是设备简单，操作容易，只要用泵或其他传送工具把废物送进辐射处理设备，经放射线照射后即可达到杀菌目的，而且穿透力强，杀菌效果彻底。

废物在辐射作用下，能够改变微生物的活力和成分，其中有些分解，有些聚合，从而实现杀菌、消毒。

C　生物方法处理技术

生物方法也称生物化学处理法，是利用微生物处理各种固体废物的一种方法。其基本原理是利用微生物的生物化学作用，将复杂有机物分解为简单物质，将有毒物质转化为无毒物质。根据氧气供应的有无，生物处理法可分为好氧生物处理法和厌氧生物处理法。好氧生物处理法是在水中充分溶解氧存在的情况下，利用好氧微生物的活动，将固体废物中有机物分解为二氧化碳、水、氨和硝酸盐。厌氧生物处理法是在缺氧的情况下，利用厌氧微生物的活动，将固体废物中有机物分解为甲烷、二氧化碳、硫化氢、氨和水。生物处理法具有效率高、运行费用低等优点。沼气发酵、堆肥和细菌冶金等都属于生物处理法。

a　沼气发酵

沼气发酵是有机物质在隔绝空气和保持一定的水分、温度、酸和碱度等条件下，微生物分解有机物的过程。经过微生物的分解作用可产生沼气。沼气是一种混合气体，主要成分是甲烷和二氧化碳。甲烷占 60%～70%，二氧化碳占 30%～40%，还有少量氢、一氧化碳、硫化氢、氧和氮等气体。由于含有可燃气体甲烷，故沼气可作燃料。城市有机垃圾、污水处理厂的污泥、农村的人畜粪便、作物秸秆皆可作产生沼气的原料。

为了使沼气发酵持续进行，必须提供和保持沼气发酵中各种微生物生长所需的条件。产生甲烷的细菌是厌氧的，少量的氧也会严重影响其生长繁殖。因此，沼气发酵需要在一个能隔绝氧的密闭消化池内进行。

b 堆肥

堆肥是垃圾、粪便处理方法之一。堆肥是将人畜粪便、垃圾、青草、农作物的秸秆等堆积起来，利用微生物的作用，将堆料中的有机物分解，产生高热，以达到杀灭寄生虫卵和病原菌的目的。堆肥分为普通堆肥和高温堆肥，前者主要是厌氧分解过程，后者主要是好氧分解过程。堆肥的全程一般约需一个月，为了加速堆肥和确保处理效果，必须控制以下几个因素：

（1）堆内有足够的微生物；

（2）须有足够的有机物，使微生物得以繁殖；

（3）保持堆内适当的水分和酸、碱度；

（4）适当通风，供给氧气；

（5）用草泥封盖堆肥，以保温和防蝇。

c 细菌冶金

细菌冶金是利用某些微生物的生物催化作用，使矿石或固体废物中的金属溶解出来，使所需要的金属能够较为容易地从溶液中提取出来。它与普通的"采矿—选矿—火法冶炼"相比具有如下特点：

（1）设备简单，操作方便；

（2）特别适宜处理废矿、尾矿和炉渣；

（3）可综合浸出，分别回收多种金属；

（4）目前仅铜、铀细菌冶炼比较成熟，而且铜的回收需要大量铁来置换。

4.1.3.3 固体废物的最终处置

A 固体废物处置的概念

固体废物的处置，是将固体废物焚烧或用其他改变固体废物的物理、化学、生物特性的方法，达到减少已产生的固体废物数量、缩小固体废物体积、减少或者清除其危险成分目的的活动，或者将固体废物最终置于符合环境保护规定要求的场所或设施、并不再回收的活动。

可以看出固体废物的处置技术包括处理和处置两部分。经过处理后的固体废物可大大地降低废物的数量，回收其中储存的能源及有用物质，同时也缓解了废物对环境污染造成的压力，即实现了固体废物的资源化、减量化。而要根本上实现其无害化，则需要对采用当前技术尚不能处理的有害废物进行妥善安置，使其不影响人类的生存活动。

B 处置的要求及原则

固体废物的最终处置是为了使固体废物最大限度地与生物圈隔离而采取的措施，对于防治固体废物的污染起着十分关键的作用。固体废物处置的总目标是确保废物中的有毒有害物质，无论现在和将来都不会导致对人类及环境造成不可接受的危害。

固体废物的最终处置的基本要求是：废物的体积应尽量小，以减少处置的投资费用；废物本身有害组分的含量要尽可能少；处置场地设施结构合理、安全可靠，通过天然屏障或人工屏障使固体废物被有效隔离，使污染物质不会对附近生态环境造成危害；封场后要定期对场地进行维护及监测，使处置工程得到良好的管理。

固体废物的最终安全处置基本原则：区别对待、分类处置、严格管制危险废物和放射性废物。固体废物种类繁多，危害特性和方式、处置要求及所要求的安全处置年限均各有不同。

a　最大限度地将危险废物与生物圈相隔离

固体废物，特别是危险废物和放射性废物，最终处置的基本原则是合理地、最大限度地使其与自然和人类环境隔离，减少有毒有害物质释放进入环境的速率和总量，将其在长期处置过程中对环境的影响减至最低程度。

b　集中处置原则

《中华人民共和国固体废物污染环境防治法》把推行危险废物的集中处置作为防治危险废物污染的重要措施和原则。对危险废物实行集中处置，不仅可以节约人力、物力、财力，利于监督管理，也是有效控制乃至消除危险废物污染危害的重要形式和主要的技术手段。

C　处置技术

a　一般固体废物的处置方法

（1）土地堆存法。土地堆存法是最原始、最简单和应用最广泛的处置方法。这种方法适于处置不溶解（或低溶性）、不扬尘、不腐烂变质等不危害周围环境的固体颗粒物。堆存场应设在山沟、山谷或坑洼荒地，尽量做到贮量大，使用年限长，运营方便，绝不应占用良田。

（2）填埋法。填埋法是古老而广泛采用的处置方法。适用于处置任何形状的废物。填埋场地尽量利用人工开发过的废矿坑，有利生态平衡。填埋场要防止填埋废物的溶出液、滤液及雨水径流对土壤、水源等的污染。回填地段还应能排放有机废物厌氧分解产生的气体，防止发生爆炸、火灾或窒息性死亡等。一些工业发达国家应用卫生填埋、滤沥循环埋地、压缩和破碎垃圾填地等新的填埋技术处理城市垃圾等固体废物。

（3）筑坝堆存法。粉煤灰、尾矿粉等湿排灰泥需要进行围隔堆存。贮存场应设在输送方便、工程量少、使用年限长的山沟、山谷。近年来正在发展的多级坝，是利用天然土石堆筑母坝，然后贮灰，贮满后再在其上利用已贮好的部分灰、粉作为堆筑子坝的材料不断逐层堆筑子坝。此法具有以灰、粉筑坝，并能贮存灰粉的作用，较以前筑坝可节省约30%~85%的土方量。

（4）土壤耕作法。土壤耕作法是利用土壤中的微生物将固体废物分解，以有效地处理某些可生物降解废物，如石油渣和制药、化工以及其他工业中的各种有机渣等的方法。此法简单易行，既处理了废物，还有可能改善土壤结构和提高肥效。它适用于可以机械耕作的中性土壤区，所处理的废物应该是无毒的或经过无毒化处理的。

b　工业有害渣的最终处置

即使资源化工作不断发展，也不可能将每年所排的各种固体废物全部用光，废物的积存是一个必然的趋势，这就需要采取最终处置措施，使其安全化、稳定化、无害化。对于工业有害固体废物的管理，许多国家制定了各种法规。我国公布的《工业企业设计卫生标准》和《工业"三废"排放标准》也做了原则性的规定。目前各国对有害渣进行无害化处理和最终处理的方法有如下几种。

（1）焚化法。废渣中有害物质的毒性如果是由物质的分子结构，而不是由所含元素构成的，这种废渣一般可采用焚化法分解其分子结构。

（2）化学处理法。通过化学反应使有毒废渣达到无毒或减少毒性的方法称为化学处理法。化学处理法中应用普遍的有如下几种。

酸碱中和法：可采用弱酸或弱碱就地中和。

氧化还原处理法：如处理氰化氢和铬酸盐应用强氧化剂和还原剂。

化学沉淀处理法：利用沉淀作用，形成溶解度低的水合氧化物及硫化物等。

化学固定：常能使有害物质形成溶解度较低的物质。固定剂有水泥、沥青、硅酸盐、离子交换树脂、土壤黏合剂、脉醛以及硫黄泡沫材料等。

水泥窑高温煅烧：将有害废物放进水泥窑，在 1400℃ 高温煅烧 10 多秒，分解和净化某些有毒成分。

（3）生物处理法。对各种有机物采用生物降解法，如采用沼气发酵、堆肥等方法进行无害化处理。

（4）海洋投弃。经过回收利用或适当处理后的废渣与垃圾，在不破坏海洋生物生态系统的条件下，可以投入大海。投入海洋的废物应做出如下严格规定：

投入海洋的固体废物主要限于疏浚工程泥土、污水处理厂的污泥、粪便、经过初步处理的工业废物和爆炸物等。

禁止含汞、镉等有毒物质，塑料制品或其他可以漂浮在海面上的物质，以及原油，含油废渣和放射性废物等投入大海。

严格控制废物投入大海的地点与时间，不得近距离入海。

（5）填埋法。掩埋有害废物必须做到安全填地。预先要进行地质和水文调查，选定合适的场地，保证不发生滤沥、渗漏等现象，不使这些废物或淋出液体排入地下水或地面水体，也不使之污染空气。对被处理的有害废物的数量、种类、存放位置等均应做记录，避免引起各种成分间的化学反应。对淋出液要进行监测。对水溶性物质的填埋，要铺设沥青、塑料等隔水层，以防底层渗漏，安全填埋地的场地最好选在干旱或半干旱地区。

4.2　矿业固体废物

4.2.1　矿业固体废物的定义及分类

4.2.1.1　矿业固体废物的定义

按《中华人民共和国固体废物污染环境防治法》分类，矿山固体废物属于工业固体废物，主要是指各类露天矿和井工矿在建设期间、投产开采过程中以及矿石洗冶过程中所产生矿山剥离物、废石、尾矿以及废渣等固体废物。

A　剥离物（Overbuvrden Material）

剥离物是指露天矿开采时需要剥离的浮土与岩石。它包括外剥离物和内剥离物两个部分。内剥离物又称层间剥离物，指露天采区矿体内部的夹层或矿体与矿体之间的夹层；外剥离物是矿体的上覆土层与岩层（包括开拓安全角的剥离物）。

B　废石（Waste Ores）

矿山开采过程所产生的无工业价值的矿体围岩和夹石统称为废石。废石包括井下岩巷掘进产生的废石以及采矿产生的不能作为矿石的夹石和露天矿中剥离下来的矿体表面的围岩。

C　尾矿(Mine Tailing)

矿石在选矿过程中选出目的精矿后，剩余的含目的金属很少的矿渣称为尾矿。

D　废渣(Waste Slag)

废渣主要是指矿石在冶金工业生产过程中产生的各种固体废物。主要指炼铁炉中产生的高炉渣、钢渣；有色金属冶炼产生的各种有色金属渣，如铜渣、铅渣、锌渣、镍渣等；从铝土矿提炼氧化铝排出的赤泥；以及轧钢过程产生的少量氧化铁渣等。

4.2.1.2　矿业固体废物的来源

图 4-1 为矿山生产工序及固体废物产生环节示意图，该图显示了矿山采矿、选矿和冶炼生产过程中产生固体废物的主要环节及对应的固体废物，矿业固体废物具体来源如下：

（1）基建及生产时期剥离的覆盖层和岩石；

（2）地面及井下开采过程中产生的废石、煤矸石等所堆积而成的地面废石场；

（3）露天或井下采出的矿石所形成的地面矿石堆；

（4）露天或井下采场爆下的矿石；

（5）地面贮矿仓，井下矿石破碎硐室及装载硐室所存的矿石；

（6）尾矿、水砂、废石充填料堆积场地及充填采矿石；

（7）露天及井下装载、运输、卸矿过程中撒下的矿石、精矿粉；

（8）精矿粉堆积场及重选无法回收的固体排放物；

（9）尾矿堆积场（坝）；

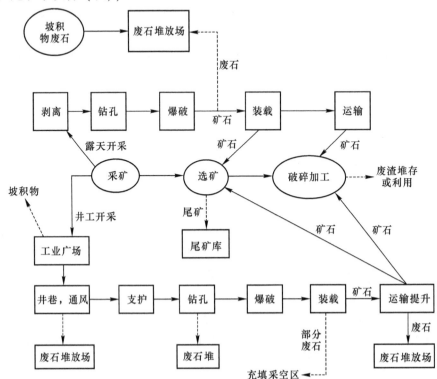

图 4-1　矿山生产工序及固体废物产生环节示意图

（10）金属冶炼过程中各种冶金炉（反射炉、电炉、鼓风炉、烟化炉）等产生的炉渣；

（11）湿法冶炼生产中产生的浸出渣、中和净化渣及其残留物；

（12）火法冶炼中竖罐或横罐蒸馏的残渣以及破损的罐片；

（13）电解产生的阳极泥；

（14）矿山各种干式或湿式收尘设备所收集的粉尘及浓缩物；

（15）矿山废水处理后的沉渣及其他固体沉淀物；

（16）矿山生活及工业垃圾。

4.2.1.3 矿山固体废物的分类

根据矿山发展阶段及固体废物物理性状、主要矿物成分及其危险性，对矿山固体废物进行分类，见表4-2。

表4-2 矿山固体废物的分类

分类依据		分类	矿山类型	固 体 废 物
按矿山开发阶段		建设期固体废物	露天矿	坡积物、废石、尾矿、建筑垃圾
			井工矿	工业广场坡积物、废石、井筒及大巷废石、尾矿、建筑垃圾
		生产期固体废物	露天矿井工矿	废石、尾矿、尾矿砂、工业废渣、废气处理粉尘、废水处理污泥
		闭矿后固体废物		矿山地面建筑垃圾、永久封存的废石、尾矿、尾矿砂、工业废渣
按物理性状	相态	固态		废石、尾矿、尾矿砂、废渣
	粒度	半固态		全尾砂膏状体、废弃原油、废弃切削液及封装的废气、废液装置等
		块状		废石、尾矿、尾矿砂、工业废渣
		粗粒		
		中粒		
		细粒		
按有机物含量		有机固体废物		煤矸石、油页岩尾矿等含一定量有机质的固体废物
		无机固体废物		不含或含微量有机质的固体废物
按主要矿物成分		碳酸盐类固体废物		石灰岩、白云岩、大理岩及多金属矿床的白云岩化围岩等碎屑
		硅酸盐类固体废物		石英砂、脉石类、石英砂岩等硅酸盐岩类、硅化围岩等碎屑等
		硫酸盐类固体废物		硫铁矿废石、尾矿、含硫铁矿围岩废石、工业废渣、部分废水、废气脱硫废渣
		黏土质类固体废物		泥岩、页岩类碎屑
		基性—超基性岩固体废物		基性—超基性岩岩屑（块）及尾矿
按危险性		一般固体废物		未列入国家危险废物名录的废石、尾矿及废渣等
		危险固体废物		列入国家危险废物名录或据国家规定的鉴别标准和鉴别方法认定的具有危险性的废物，如矿山含超标重金属的固废；具有爆炸性、易燃性、腐蚀性、化学反应性及超标放射性固废等；以及矿山机械加工产生的废润滑油、废切削液等

4.2.2 矿业固体废物对环境的影响

4.2.2.1 矿业固体废物对环境的影响

A 占用土地、破坏植被

伴随着矿产资源的开发利用，将产生庞大的矿山固体废物，这些固体废物在未得到充分的利用之前，都将以露天堆放的形式处置，堆放不仅会占用大量的土地资源，还会引起地表植被的破坏，造成矿区生态破坏。

据估算，每堆放 $1×10^4$t 矿山废渣将占地 $667m^2$，图 4-2 为某矿的固废堆山。《全国矿产资源节约与综合利用报告（2020）》显示，截至 2018 年年底，我国尾矿累积堆存量约为 207 亿吨，约占地 $138m^2$，随着矿产资源不断开发，占地还有不断扩大的趋势。因此，我国也积极采取各种技术措施，提高矿产资源的综合利用能力。2018 年全国综合利用尾矿总量约为 3.35 亿吨，综合利用率约为 27.69%。

图 4-2　矿山固废堆山

B 污染水体、土壤及大气环境

a 污染水体

矿山固体废物中含有多种有毒有害物质，尤其是金属矿山固体废物含有铅、锌、镉、砷、汞等重金属有害元素及一些放射性的物质。由于固体废物长期的露天堆放，会与空气发生氧化、分解以及溶滤等反应，这些有害物质从矿山固体废物中溶解并随雨水进入矿山附近水体，造成地表水体和地下水体的污染。

b 污染土壤

矿山固体废物中的有毒有害组分，经长期风化、雨雪淋溶、地表径流的侵蚀而进入土壤，并向周围扩散，能杀死土壤中的微生物、破坏微生物与周围环境构成的生态系统，使土壤逐渐失去生态功能，变得贫瘠。

c 污染大气

长期堆放于矿山地表的固体废物，由于终年暴露在大气中，往往因为风化作用而变成粉状，干旱季节在一定的风速作用下会扬起大量粉尘而污染矿区的大气环境。有些矿山固体废物中含有硫铁矿、碳素等可燃性的物质，在大气供氧充分的条件下，有可能会自热和自燃，从而生成大量的 SO_2 等有毒有害气体，严重污染矿区的大气环境。图 4-3 为某煤矿矸石山自燃造成大气污染。

图 4-3 煤矿矸石山自燃污染

另外不少金属矿山的固体废物中还含有放射性物质。由于放射性元素对人体健康的主要危害是引起各种癌症。因此,含放射性元素的矿山固体废物不但不能用作建筑材料,而且还必须进行严格的处理,否则会使矿区环境污染的范围扩大,引起严重的后果。

矿山固体中的有害组分不管是水体污染、土壤污染还是大气污染,都有可能通过食物链最终进入人体,危害人体健康。因此,对矿山固体废物污染的预防和治理对人类健康发展有重要作用。

C 引发重大地质灾害

矿山固体废物长期堆放,不仅带来严重的环境污染,还会诱发重大的地质灾害,如排土场滑坡、泥石流、尾矿库溃坝等,给社会带来极大的安全隐患。治理灾害工程不仅难度大,而且代价高昂,有时甚至超过了开采矿产品的价值。

D 矿山固体废物的大量排放造成资源的严重浪费

矿山固体废物中常含有多种有用的金属元素,如果长期堆放和流失,不及时进行回收和综合利用,不仅污染环境,而且对于国家矿产资源来说也是一种极大的浪费。20 世纪我国矿产资源利用率很低,其总回收率比发达国家低 20%,大量有价金属元素及可利用的非金属矿物遗留在固体废物中,造成每年矿产资源开发损失价值上千亿元。随着我国经济的高速发展,矿产资源开发技术不断发展,我国开始更加重视对矿山固体废物资源化利用。

中华人民共和国生态环境部发布的《2020 年全国大、中城市固体废物污染环境防治年报》显示,2019 年度我国工业企业尾矿产生量为 10.3 亿吨,综合利用量为 2.8 亿吨(其中利用往年贮存量 1777.5 万吨),综合利用率为 27.0%;粉煤灰产生量 5.4 亿吨,综合利用量为 4.1 亿吨(其中利用往年贮存量为 213.0 万吨),综合利用率为 74.7%;煤矸石产生量为 4.8 亿吨,综合利用量为 2.9 亿吨(其中利用往年贮存量 525.7 万吨),综合利用率为 58.9%;冶炼废渣产生量为 4.1 亿吨,综合利用量为 3.6 亿吨(其中利用往年贮存量 498.8 万吨),综合利用率为 88.6%;炉渣产生量为 3.2 亿吨,综合利用量为 2.3 亿吨(其中利用往年贮存量 121.4 万吨),综合利用率为 72.7%。

4.2.2.2 煤矿固体废物对环境的影响

我国是多煤、贫油、少气的能源结构,煤炭是我国的主要消费能源,因此我国每年将排放庞大的煤矿固体废物。煤矿固体废物具有排放量大、分布广、矿物组成及化学成分复杂、堆放形式自然多样的特点。煤矿固体废物给环境带来的影响主要表现在以下几个方面。

A 侵占土地

煤矿开采和选煤厂作业过程中产生大量的煤矸石，约占煤炭产量的15%。据不完全统计，2018年，我国累计堆放量超过60亿吨，形成矸石山1600多座，占地20余万亩，且以5亿~8亿吨/年的排放量逐年增加。随着我国经济的高速发展，煤炭工业将继续为经济服务而大力发展，煤矿排放的煤矸石会越来越多，2020年，我国仍有7.95亿吨煤矸石产生。大量的煤矿固体废物堆存，同样会占用大量的土地资源，引起地表植被的破坏，造成矿区生态破坏。因此，需要寻求减少煤矸石占地及破坏环境的有效解决方法。

B 污染大气

煤矿开采对我国大气环境造成污染的最主要、最具普遍的污染物有5种：飘尘、二氧化硫、氮氧化物、一氧化碳和总氧化剂。煤矿固体废物造成的大气污染具有明显的地域特点，对煤矿及其周边地区的大气污染比较严重，并随着大气流动污染影响将辐射到更大范围内。

a 煤矸石自燃对大气环境的污染

煤矸石自燃是矸石山（堆）中碳质物的燃烧，其实质是碳的氧化过程。在煤矸石自燃过程中，碳氧化成二氧化碳（CO_2）和一氧化碳（CO），燃烧充分时主要生成CO_2，燃烧不充分时则CO增多，此外还产生游离碳（表现为黑烟）。随着温度增高，部分矸石熔融，矸石山空隙减少，供氧出现不足，CO的产生量相对增多。大部分CO_2进入大气之中，大气中CO_2浓度的增加，必然会给生态平衡带来一定影响，主要是加剧"温室效应"。

煤矸石中的硫分以有机硫化物和无机硫化物的形式存在。在燃烧过程中，有机硫化物分解、氧化生成SO_2，故有机硫化物称为可燃性硫化物；而无机硫化物多为硫酸盐，燃烧时不分解，残存于过火矸中，此种硫化物称为非可燃性硫化物。

煤矸石中的黄铁矿，在自燃过程中放出硫化氢（H_2S），这是一种对人有强烈刺激作用的难闻气体，对人体的影响类似SO_2。

煤矸石在自燃过程中，除产生上述有害气体外，还产生大量的烟尘，主要是可燃性碳氢化合物经氧化、分解、脱氢、缩合和聚合等一系列复杂过程形成的含有飞灰、炭黑的粒状浮游物，其中粒径大于$10\mu m$的，容易沉降，称为降尘，粒径小于$10\mu m$的，不容易沉降，称为飘尘。

b 粉尘污染

在煤矿区，特别是我国北方矿区，遇到干燥、多风天气，煤矸山常粉尘飞扬，对大气环境造成严重污染。

此外，煤矸石从开始排放，到风化破碎之后较长时期内一直慢慢地释放着它本身带有的甲烷（CH_4），它和上述其他碳氢化合物一样污染着大气。

C 污染水体

煤矿固体废物随大气降水和地表径流进入河、湖等地面水体，或以粉尘的形式随风飘迁落入地面水体使地面水体受到污染；煤矸石山经长期风化、雨水浸溶、地表径流的侵蚀而渗入土壤后，使地下水被污染。

煤矸石对水体的污染按发生的原因分两种：一种是物理污染，大量的雨水将矸石上的细碎物质冲刷下来，形成混浊的泥流流入附近水体中，造成对水体的物理污染；另一种是化学污染，煤矸石的成分一般不受冻结与解冻的影响，但是受析出的影响。渗入矸石堆中的水可浸出硫化物，碳化物以及铁、铝、镁、钡、钠等的氧化物。如果矸石中含有较多的重金属矿物，重金属会对水体产生毒性污染，其危害往往较重，但这类污染不具有普遍性。

D 诱发滑塌、矸石流等环境地质灾害

煤矿开采主要的固体废物就是煤矸石，数量庞大的煤矸石堆放形成的矸石山高度可达几十米，矸石山的选址及设计对其稳定性具有重要的影响。历史上曾多次发生因煤矸石堆放未经设计的、堆放极不正规，造成矸石山不稳固而严重威胁人身安全的悲惨事故。1966年在英国南威尔士的阿邦芳，一座高达 60m 的矸石山滑塌，0.11Mm³ 的矸石流落下来，使 100 多人丧生；2004 年 2 月 28 日，我国凤台县新集镇境内发生一起因当地农民进入煤矸石山，扒捡矿山废弃物，而造成煤矸石山意外坍塌，致使 8 人死亡的事故。

4.2.3 矿业固体废物的性质

4.2.3.1 矿山固体废物的矿物组成

矿产通常由多种矿物组成，主要有自然元素矿物、含氧盐矿物、硫化物及其类似化合物矿物、氧化物和氢氧化物矿物、卤化物矿物等。矿山固体废物中的矿物组成与原矿大致相同。对于矿山固体废物而言，主要的组成矿物为含氧盐矿物、氧化物和氢氧化物矿物等。认识和掌握矿山固体废物中的各种矿物组成及其特性，对于矿山固体废物的资源化利用有着重要的意义。

A 含氧盐矿物

含氧盐矿物占已知矿物总量的 2/3 左右，在地壳中分布极为广泛。含氧盐矿物可分为硅酸盐矿物、碳酸盐矿物、硫酸盐矿物和其他含氧盐矿物 4 类。

硅酸盐是组成岩石最主要的成分，已知的硅酸盐矿物约有 800 种之多，约占矿物种类总数的 1/4，占地壳总质量的 80%。它们是许多非金属矿产和稀有金属矿产的来源，如云母、石棉、长石、滑石、高岭石等矿物以及 Be、Li、Zr、Rb、Cs 等元素。硅酸盐矿物的性质随其结构的不同变化较大。

碳酸盐矿物在自然界中分布较广，已知的碳酸盐矿物约有 80 种之多，占地壳总质量的 1.7%。这其中以 Ca、Mg 碳酸盐矿物最多，其次为 Fe、Mn 等碳酸盐矿物。碳酸盐矿物是非金属矿产的成分，如方解石、白云石、菱镁矿等，有的则是金属矿产的重要成分，如菱铁矿、菱锰矿等。在金属矿石中，碳酸盐矿物是常见的脉石矿物。

硫酸盐矿物在自然界中产出约有 260 种，但其仅占地壳总质量的 0.1%。其中常见和具有工业意义的矿物不多，主要是作为非金属矿物的原料（如石膏）。

其他常见的含氧盐矿物有磷酸盐、钨酸盐和钼酸盐，不常见的有硼酸盐、砷酸盐、矾酸盐、硝酸盐矿物等。

B 氧化物和氢氧化物矿物

氧化物和氢氧化物是地壳的重要组成矿物，是由金属和非金属的阳离子与阴离子 O^{2-} 和 OH^- 相结合得到的化合物，如石英、氢氧镁石等。氧化物和氢氧化物矿物有 200 种左右，约为地壳总质量的 17%。其中以 SiO_2 分布最广，约占 12.6%，Fe 的氧化物和氢氧化物占 3.9%，其次是 Al、Mn、Ti、Cr 的氧化物和氢氧化物。氧化物和氢氧化物是许多金属

（Fe、Mn、Cr、Al、Sn 等）、稀有金属和放射性金属（Ti、Nb、Ta、Tr、U、Th 等）矿石的重要来源。此外，它们还是许多非金属原料（如耐火材料）和宝石的矿物来源。

C　硫化物及其类似化合物矿物

此类矿物主要为金属硫化物，也包括金属与硒、碲、砷、锑等的化合物，其总数约为350 种，约占地壳总质量的 0.15%，其中以铁的硫化物为主，有色金属铜、铅、锌、锑、汞、镍、钴等也以硫化物为主要来源。因此，该类矿物在工业上具有重大意义。

D　其他矿物

矿山固体废物中除了含以上 3 类矿物外，还含有卤化物和单质矿物，但是数量较少。自然界中最常见和最重要的卤化物矿物为萤石、石盐和钾盐，常见的单质矿物是自然金、铂族矿物、金刚石和石墨等。

4.2.3.2　矿山固体废物的性质

矿山固体废物的性质主要分为物理性质和化学性质。物理性质包括光学性质、力学性质、磁学性质、电学性质和表面性质等。与固体废物资源化有关的化学性质主要包括矿物的可溶性、氧化性等。例如，我们可根据矿山固体废物中有用矿物的光泽、颜色的差异进行光电分选，根据废物中不同矿物的磁性差异进行磁选来分离磁性不同的矿物，根据矿物的润湿性来浮选不同矿物，根据矿物的可溶性，可浸出固体废物的有价成分。

认识和掌握矿山固体废物的性质是对其资源化利用的重要依据。

A　物理性质

a　光学性质

矿物的光学性质是矿物对光线的吸收、折射和反射所表现出来的各种性质，包括颜色、光泽、透明度等，这些性质是相互关联的。矿物颜色与色调的浓淡决定着这些矿物的价值，提取矿石固体废物中的有价矿物，可借助于它与脉石矿物光泽、颜色的差异进行光电分选；透明度则是鉴定矿山固体废物能否作为光学材料使用的特征之一，也是能否作为填料使用的特征之一，如石英、方解石就常作为无色透明的填料使用。

b　力学性质

力学性质是指矿山固体废物在外力作用下所表现的物理力学性能，包括废物的硬度、韧性、相对密度等性能。硬度不同的废物，其利用价值不同，硬度大的可作为磨料使用，硬度小的则可作为填料；硬度也与废物的粉碎关系密切，韧性不同的矿山废物，所采用的粉碎流程不同，所选用的粉碎设备也不同；另外相对密度在选择资源化方法时也具有重要的指导意义。

c　电学性质

矿物的电学性质是指矿物导电的能力及在外界能量作用下矿物带电的性质，即导电性及荷电性。在矿山固体废物的资源化过程中，可根据废物中矿物导电性的不同采用静电分离法来提纯有用的矿物；根据荷电性的不同，不同的矿物可用做不同的材料。

d　磁性和润湿性

矿物的磁性是指矿物能被永久磁铁或电磁铁吸引或矿物本身能够吸引铁物体的性质。根据矿物的磁性差异，在矿山固体废物资源化过程中可利用磁选来分离各种有用的矿物。矿物表面能否被液滴所润湿的性质，称为润湿性。矿物的润湿性是浮选的理论基础。

B 化学性质

a 可溶性

矿物的溶解度是衡量其可溶性的指标，矿物的可溶性是矿物中有价成分浸出的重要依据。决定矿物水溶性的内在因素有晶格类型及化学键、电价和离子半径大小，阴、阳离子半径之比以及 OH^- 和 H_2O 的影响。

b 氧化性

暴露或处于地表条件下的矿山固体废物中的矿物，在空气中氧和水的长期作用下发生变化，形成一系列的金属氧化物、氢氧化物以及含氧盐等次生矿物。矿物被氧化后，其成分、结构和矿物表面性质均发生变化，对矿山废物的资源化利用有一定的影响。

4.3 矿业固体废物的资源化利用

《中华人民共和国固体废物污染环境防治法》规定，固体废物污染环境防治坚持减量化、资源化和无害化的原则，而资源化是处理固体废物最优先选择的处理技术。通过对矿业固体废物的再循环利用回收原材料和能源，大规模地建立资源回收系统，实现有用矿业固体废物的循环利用，必将减少对原材料的消耗，同时减少矿业固体废物的排放量、运输量和处理量。

矿山固体废物属于大宗工业固体废物。大宗工业固体废物指我国各工业领域在生产活动中年产生量在 1000 万吨以上、对环境和安全影响较大的固体废物，主要包括尾矿、煤矸石、粉煤灰、冶炼废渣、炉渣、脱硫石膏、磷石膏、赤泥和污泥等。

煤矸石指与煤层伴生的一种含碳量低、比煤坚硬的黑灰色岩石，包括巷道掘进过程中的掘进矸石、采掘过程中从顶板、底板及夹层里采出的矸石以及洗煤过程中挑出的洗矸石。

粉煤灰指从燃煤过程产生烟气中收捕下来的细微固体颗粒物，不包括从燃煤设施炉膛排出的灰渣。

尾矿指矿山选矿过程中产生的有用成分含量低、在当前的技术经济条件下不宜进一步分选的固体废物，包括各种金属和非金属矿石的选矿。

冶炼废渣指在冶炼生产中产生的高炉渣、钢渣、铁合金渣等，不包括列入《国家危险废物名录》中的金属冶炼废物。

炉渣指企业燃烧设备从炉膛排出的灰渣，不包括燃料燃烧过程中产生的烟尘。

脱硫石膏指废气脱硫的湿式石灰石/石膏法工艺中，吸收剂与烟气中二氧化硫等反应后生成的副产物。

4.3.1 煤矸石的资源化利用

煤矸石是煤炭生产和加工过程中产生的固体废物，每年的排放量相当于当年煤炭产量的 10%左右，目前已累计堆存 30 多亿吨，占地约 1.2 万公顷，是目前我国排放量最大的工业固体废物之一。煤矸石长期堆存，占用大量土地，同时造成自燃，污染大气和地下水质。煤矸石又是可利用的资源，其综合利用是资源综合利用的重要组成部分。

国家《煤矸石综合利用技术政策要点》指出，煤矸石综合利用以大宗利用为重点，将煤矸石发电、煤矸石建材及制品、复垦回填以及煤矸石山无害化处理等大宗量利用煤矸石技术作为主攻方向，发展高科技含量、高附加值的煤矸石综合利用技术和产品。图4-4为某煤矿排放煤矸石现场。

图4-4 煤矿煤矸石的排放

4.3.1.1 煤矸石作燃料发电

煤矸石或多或少都含有一定数量的碳或其他可燃物，因而可以当作燃料使用，属于低热值燃料。煤矸石含有一定数量的固定碳和挥发分，灰分变化范围为50%~90%，一般在75%左右。煤矸石的发热量在1000~6000kJ/kg，一般烧失量在10%~30%。经过长期的发展，我国的煤矸石发电已经有了一定的规模，电厂的装机容量也已经达到了5.0×10⁶kW，每年用于发电的煤矸石量达到了4.6×10⁶t以上。

煤矸石发电项目应当按照国家有关部门低热值煤发电项目规定进行规划建设，煤矸石使用量不低于入炉燃料的60%（重量比），且收到基低位发热量不低于5020千焦（1200千卡）/千克，应根据煤矸石资源量合理配备循环流化床锅炉及发电机组，并在煤矸石的使用环节配备准确可靠的计量器具。鼓励能量梯级利用，满足周边用户热（冷）负荷需要。对申报资源综合利用认定的发电项目（机组），其入炉混合燃料收到基低位发热量应不高于12550千焦（3000千卡）/千克。

煤矸石发电由于有较好的社会、经济和环境效益，符合我国煤炭行业产业、产品结构调整政策。利用煤矸石发电不仅能减少堆放占地，保护了耕地，改善矿区环境；还可以节约煤炭能源，为企业创造可观的经济效益。

4.3.1.2 建筑材料

利用煤矸石来做建筑材料在我国比较普遍，它制成的建材质量轻、强度高、吸水率小、化学稳定性好，主要用途有：制砖瓦、生产水泥、混凝土空心砌块、加气混凝土、轻骨料、陶粒等。因为煤矸石本身含有可燃物，用它代替黏土制砖，既节地又节能。

A 利用煤矸石制砖

煤矸石制砖既利用了其中的黏土矿物，又利用了热量，节约燃煤用量，实现制砖不用土，烧砖少耗煤或不耗煤，是大宗利用煤矸石的有效途径。煤矸石砖与传统的黏土砖相比较，其强度和耐腐蚀性都优于黏土砖，且干燥快，收缩率小。

利用煤矸石制砖有两种方式：一是烧结方式，二是做烧砖内燃料。煤矸石砖是以煤矸石为主要原料，一般占坯料重量的80%以上，先进的技术已能够做到完全用煤矸石做原料，不外加任何其他原料生产空心砖。

　　煤矸石经过破碎、粉磨、搅拌、压制、成型、干燥、焙烧后，即成为产品。而且焙烧时基本无须再外加燃料，其性能与规格和普通黏土砖基本相同。用煤矸石做烧砖内燃料节能效果显著，其工艺与用煤做燃料基本相同，只是增加了煤矸石的粉碎工序。图 4-5 为利用煤矸石制成的煤矸石空心砖。

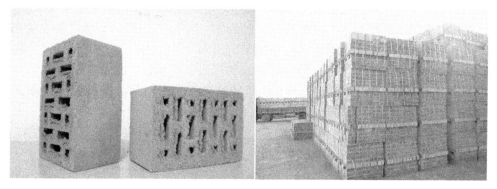

图 4-5　煤矸石空心砖

　　B　利用煤矸石制水泥

　　煤矸石中主要成分是 SiO_2 和 Al_2O_3，它是天然的黏土原料，可以替代黏土进行配料，作为水泥 Si 和 Al 质组分的主要来源。煤矸石可以通过做水泥混合材料、代替黏土原料配料燃烧水泥熟料或生产无熟料水泥来实现资源化利用。

　　燃烧良好的煤矸石是一种活性较高的水泥混合材料，随着煤矸石加入量的增加，水泥的干缩率减少、抗酸侵蚀能力提高、水化热下降。具有一定活性的煤矸石经 800℃ 燃烧后作为主要原料，与激发剂石灰、石膏共同混合细磨后，可以制成煤矸石无熟料水泥。煤矸石无熟料水泥的抗压强度为 30~40MPa，其水化热较低，只相当于普通水泥的 1/4 左右，适宜于大体积混凝土工程或用以制作各种建筑砌块、大型板材及预制构件。当煤矸石含铝较高时，还可以用来代替黏土和铝矾土制成一系列不同凝结时间、具有快硬性的特种水泥和普通水泥的早强掺和料和膨胀剂。

　　C　利用煤矸石制多孔陶瓷

　　硅质煤矸石可以合成高级陶瓷材料，如碳化硅（SiC）微粉和 Sialon 陶瓷；利用高岭石质煤矸石合成氮化硅陶瓷和莫来石等耐火材料。

　　研究表明，硅质煤矸石是合成 SiC 比较理想的天然原料，可作为 Acheson 法合成 SiC 传统原料的优质替代物。利用煤矸石制备多孔陶瓷的力学性能，发现制得的多孔陶瓷的孔隙分布均匀，并在内部形成贯通的多孔结构，随着烧成温度升高，多孔陶瓷的抗压强度最高可达 55.13MPa。

　　莫来石多孔陶瓷是一种优质的耐火材料，具有很多优点，如耐高温、高强度、导热系数小等特点。研究表明，以煤矸石为原料制备莫来石多孔陶瓷，其合成温度约为 1200℃，孔隙率在 50% 左右，最高强度达到 70MPa。

　　4.3.1.3　利用煤矸石生产化工产品

　　煤矸石中所含的元素种类较多，其中 SiO_2 和 Al_2O_3 含量最高，其次为 Fe_2O_3、CaO、

MgO等。煤矸石的主要化工用途就是通过各种不同的方法，提取煤矸石中某一种元素或生产硅铝材料。对于含铝较高的煤矸石，其开发的化工产品主要有结晶氯化铝、聚合氯化铝、硫酸铝、4A分子筛、4A沸石等；对于含硅较高的煤矸石，其开发的化工产品主要有水玻璃和合成碳化硅等。

A　制备铝系产品

结晶氯化铝又称六水氯化铝，主要用于精密铸造的硬化剂（较氯化铁强度高）、造纸施胶沉淀剂、净化水混凝剂、木材防腐剂、制造 $Al(OH)_3$ 等。煤矸石生产结晶氯化铝的过程大体分为四步：成型—干馏—氯化—提纯。

聚合氯化铝又称碱式氯化铝，是一种新型的混凝沉淀剂，广泛应用于净水和污水处理，以及造纸、制革、铸造、医药、轻工、机械等许多领域。以煤矸石为原料制取聚合氯化铝投资小、成本低、工艺简单。

硫酸铝是无机盐化工中的一个基本品种，其产量的50%以上用作造纸的施胶剂，其次用作水处理剂和木材防腐剂等。用 Al_2O_3 含量大于36%，Fe_2O_3 含量小于3%的煤矸石经过焙烧成熟料—在常压下进行酸溶处理—分离浓缩—冷凝固化—破碎工序，可制备硫酸铝。

因为用煤矸石生产铝盐后留下的残渣的主要成分为 SiO_2，所以除以上高铝产品外，其残渣还可以用来生产水玻璃、偏硅酸钠、白炭黑、碳化硅等。对于含硫较高的煤矸石还可作为制取硫黄和硫酸的原料。

氧化铝含量大于20%的煤矸石，可深加工制造出高附加值的精细化工产品，制造出不同纯度的结晶氯化铝，再以结晶氯化铝为原料制造出更为高级的碱式氯化铝、亚微米级氧化铝及纳米级氧化铝等。

分子筛是一种硅铝酸盐多孔材料。目前，工业分子筛一般都是以硅酸盐、铝酸盐和苛性碱等为原料，其成本高、价格昂贵，限制了其推广应用。根据煤矸石的主要化学成分为 SiO_2 和 Al_2O_3 特点，可以利用煤矸石制备分子筛，其工艺流程简单，成本低廉，并且原料来源丰富，具有一定的市场竞争力。

根据煤矸石的主要成分为 SiO_2 和 Al_2O_3 这一特点，以煤矸石为原料可以合成无磷洗涤助剂4A沸石。

B　制备硅系产品

煤矸石生产聚合氯化铝的硅渣中常含有大量 SiO_2，将其与 NaOH 反应就可制得水玻璃，该工艺可在常压下进行，操作简单，成本低，经济效益好，很有开发前景。

煤矸石经过特殊的加工工艺，可以制成白炭黑。白炭黑是白色粉末状 X-射线无定形硅酸和硅酸盐产品的总称，主要是指沉淀二氧化硅、气相二氧化硅和超细二氧化硅凝胶，也包括粉末状合成硅酸铝和硅酸钙等。广泛用于各行业作为添加剂、催化剂载体，石油化工，脱色剂，消光剂，橡胶补强剂，塑料充填剂，油墨增稠剂，金属软性磨光剂，绝缘绝热填充剂，高级日用化妆品填料及喷涂材料、医药、环保等各种领域。在利用煤矸石中的 Al_2O_3 制取 $AlCl_3$ 的同时，也能利用其中的 SiO_2 生产出聚硅酸，将 $AlCl_3$ 与聚硅酸混合即可得到聚硅酸铝混凝剂。

利用煤矸石可以合成碳化硅（SiC）。碳化硅材料以优异的高温强度、高导热率、高耐磨性和耐腐蚀性在磨料、耐火材料、高温结构陶瓷、冶金和大功率电子学等工业领域广泛应用。经大量研究表明：用高硅煤矸石与烟煤做原料，用 Acheson 工艺合成 SiC，与传统原料相比其反应速度快且反应温度低，代替了石英砂和大部分价格较贵的石油、焦炭，并可降低能耗和生产成本。

C 其他化工产品

当煤矸石中 TiO_2 质量分数达到 7.2%时，便可用于制取钛白粉。采用烧结的方法，通过控制制备条件，经过一系列复杂的深加工处理后，可煅烧制得增白和超细高岭土。

4.3.1.4 利用煤矸石生产肥料

煤矸石含有 15%～20%的有机质以及多种植物所需的 B、Zn、Cu、Mn、Mo 等微量元素。某些煤矸石中的 N、P、K 和微量元素含量是普通土壤的数倍，经过加工可生产有机肥和微生物肥料。

煤矸石有机肥一般用化学活化法制成，即将有机质含量较高的煤矸石破碎成粉末后，与过磷酸钙按一定比例混合，然后加入适量的活化添加剂，充分搅拌，再加入适量水，堆沤活化即成。在此基础上还可以掺入氮、钾和微量元素等制成全养矸石肥料。煤矸石有机肥料可增加土壤的疏松性、透气性，改善土壤的结构，提高土壤肥力，从而达到增产的目的。

利用煤矸石的酸碱性及其中含有的多种微量元素和营养成分，可将其用于改良土壤，调节土壤的酸碱度和疏松度，并可增加土壤的肥效。

制备有机肥复合肥料的煤矸石要求有机质含量大于 20%，粒径小于 6mm，其中 N、P、K 等植物生长所必需的元素含量要高，且富含农作物生长所必需的 B、Cu、Zn、Mo、Co 等微量元素。有害元素 As、Cd、Pb、Se 等的含量要符合农用标准（GB 8173—87）的要求。

4.3.1.5 煤矸石的回填复垦

在煤炭开采过程中容易造成地面塌陷，并且在采煤过程中排放出很多煤矸石，同样占用大量的土地，导致可利用的耕地面积减少，生态环境逐渐恶化。利用煤矸石回填地表采砂坑和沉陷区，不仅变沉陷土地为可复垦土地，还可以节约用地，减少对环境污染。

对半干旱地区煤矸石风化物与黄土的水分特性进行了比较研究，结果表明矸石风化物具有颗粒粗、孔隙大、渗透系数高，田间持水量低、凋萎系数和累积蒸发量低的特点，并提出和论证了能充分利用水分的矸石山"薄层覆盖复垦"新技术。进行复垦后，可针对具体情况进行绿化种植。先以草灌植物为主，然后再种植乔木树种，一般选择抗旱、耐盐碱、耐瘠薄的树种，对表层已风化成土的煤矸石复垦后，不需覆土，可直接进行植树造林或开垦为农田。

4.3.1.6 用煤矸石做公路路基

煤矸石可作为一般公路的路基或底基层的填料，它的强度、冻稳性和抗温缩防裂性能，均能满足多种等级公路的规范要求。煤矸石和熟石灰混合后制成灰矸材料，这种材料具有承压强度高和水温性比较强等特点。用这种材料作路基构筑材料，不仅施工操作简单，造价低，而且在寒冷的季节能改善路基的抗冻性，在雨水多的时候可以增强路基的抗水性。

4.3.2 尾矿的资源化利用

大多数金属和非金属矿石经选矿后才能被工业利用，选矿也会排出大量的尾矿，尾矿是工业固体废物的主要组成部分。大量尾矿的堆积不仅占用了土地和造成了资源的浪费，而且也给人类生活环境带来了严重污染和危害，图4-6显示某尾矿库对环境的破坏。由于我国的采矿技术落后于发达国家，剩在尾矿中的有用组分含量过高，造成巨大的损失。尾矿中不仅含有贵金属，有色金属和黑色金属，还有大量的非金属，尾矿中有用组分丰富，如不进行综合利用，将造成资源的严重浪费。同时，随着矿产资源的大量开发和利用，矿石日益贫乏。因此，从我国尾矿资源的实际出发，大力开发尾矿的综合利用，提高资源利用效率，有着十分重要的经济意义和社会意义。

图4-6　尾矿库

4.3.2.1　尾矿再选

我国矿产资源的一个重要特点是单一矿少，共伴生矿多。由于技术、设备及以往管理体制等原因，有的矿山由于选矿回收率不高，矿产综合利用程度不足，现已堆存甚至正在排出的尾矿中含丰富的有用元素。尾矿中含有的多种有价金属和矿物未得到完全回收。目前，由于技术设备的改进，有许多矿山对尾矿进行再选，回收利用其中的有价组分。尾矿再选是尾矿利用的两个主要途径之一，并使其成为可利用的二次资源，可减少尾矿坝的建设和维护费用，节省破磨、开采、运输等费用，还可节省设备及新工艺研制的更大投资，因此尾矿的再选受到越来越多的重视。目前，尾矿再选已经在 Fe、Cu、Pb、Zn、Sn、W、Pt、Au、U 等许多金属尾矿的处理方面有了进展，取得了明显的经济、环境及资源保护效益。

据《中国矿产资源节约与综合利用报告（2019）》显示，截至2018年年底，我国尾矿累积堆存量约为207亿吨。2018年，我国尾矿总产生量约为12.11亿吨。全国用于生产建筑材料及有价组分回收的尾矿总量约18443万吨。其中有价组分回收约占3.5%，从尾矿中回收有价组分1174万吨。

4.3.2.2　尾矿生产建筑材料

我国利用尾矿作建筑材料的研究始于20世纪80年代，但因其不具备发热能力，应用领域不及煤矸石广。目前国内利用尾矿作混凝土骨料、筑路碎石、建筑用沙、建筑陶瓷、微晶玻璃等，其特点是利用量较大，但附加值较低。利用尾矿中的某些微量元素影响熟料的形成和矿物的组成，尾矿可以用于生产水泥；利用尾矿制作烧结空心砌砖，免烧砖、墙、地面装饰砖，成本低廉，市场效应好。

福建西陂水泥厂掺入铅锌尾矿后，每生产189kg熟料，煤耗下降502kJ，大大降低了成本，为企业带来更大的利润空间。

鞍钢矿渣砖厂利用大孤山选矿厂尾矿配入水泥、石灰等原料，制成加气混凝土，其产品质量轻，保湿性能好。

冯启明等利用四川某铜尾矿为骨料（添加70%~80%），加入适量水泥、石灰以及发泡剂后，通过浇注、成型、养护后制得免烧砖。

矿山产生大量的废石、尾矿，尤其是一些预选抛尾等在粒度较大情况下产生的尾矿，均可以选作路基材料。利用这些尾矿资源完全可替代或部分替代砂石骨料。而石灰岩、玄武岩等就较适用于作为铁路道砟。

4.3.2.3 尾矿充填矿山采空区

矿山采空区充填是直接利用尾矿的最有效途径之一，尾矿的回填可以大大减少占地。尾矿粒度细而均匀，用作矿山地下采空场的充填料具有输送方便、无须加工、易于胶结等优点；这种方法工艺简单，就地取材，降低了充填成本和整个矿区生产成本，降低了矿石贫化率和损失率，提高了回采率。近年来发展的全尾砂膏体充填工艺，在减轻或消除尾矿对地表或井下环境污染方面，效果非常显著。

据《中国矿产资源节约与综合利用报告（2019）》显示，2018年，全国综合利用尾矿总量约为3.35亿吨，综合利用率约为27.69%，比2017年提高5.6个百分点。其中，全国黄金矿山地下采矿大部分采用充填采矿法，对黄金尾矿的利用率约为26%，全年折合利用黄金尾矿总量约5616万吨。全国铜矿山和其他有色及稀贵金属矿山地下采矿约占采矿总量的42%，大部分采用充填采矿法，对铜尾矿及其他有色金属尾矿的利用率约为15%，全年折合利用铜尾矿及其他有色金属尾矿总量约6255万吨。2018年，全国铁矿充填利用尾矿量约为2805万吨。

4.3.2.4 尾矿农用

有些尾矿中往往含有Zn、Mn、Cu、Mo、V、B、Fe、P等微量元素，这是维持植物生长和发育的必需元素。尾矿经磁化施入土壤后，可提高土壤的磁性，引起土壤中磁团粒结构的变化，尤其是导致土壤中铁磁性物质活化，使土壤的结构性、空隙度、透气性得到改善。

尾矿中含有一些植物所需的微量元素，将尾矿直接加工即可当作微肥使用，或用作土壤改良剂。如尾砂中的K、Mn、P、Zn、Sn等组分，常常可能是植物的微量营养组分。

4.3.2.5 尾矿其他利用

尾砂中含有方解石、长石或者矾类盐，可生产工业污水絮凝剂、捕收剂等；用花岗闪长岩类尾砂生产絮凝剂或水玻璃，在工业中具有广泛用途；尾砂还可做杀虫剂等用于农业生产；在尾矿排放区域人为建造一些陆地和人工湿地，种植品种不同的当地植物，建立生态区，优化周围环境；国务院颁布了土地复垦规定，规定了"谁破坏谁复垦"的原则，在尾矿库的复垦植被方面也取得了较大进展。

4.3.3 粉煤灰的资源化利用

燃煤电厂将煤磨成100mm以下的细粉（煤粉）用预热空气喷入炉膛悬浮燃烧，燃烧后将产生三种固体废物：从烟囱中飘出来的细灰为飘灰；从烟道气体中由捕尘装置收集的细灰为粉煤灰,如图 4-7 所示;从炉底排出来的炉底灰为煤渣。其中,飘灰与粉煤灰占到总量的 80%~90%。

图 4-7　粉煤灰

粉煤灰是一种复杂的细分散性固体物质,其化学组成主要是 SiO_2、Al_2O_3、Fe_2O_3、CaO、MgO 和 FeO,其次为其次还有微量元素 As、Cu、Zn、Cd、Cr、Ge 和 Hg 等,粉煤灰中未燃尽的碳一般不超过 10%。

在粉煤灰的形成过程中,由于表面张力的作用,大部分呈球状,表面光滑,微孔较小,一部分因在熔融状态下互相碰撞而粘连,成为表面粗糙、棱角较多的蜂窝状组合粒子。粉煤灰的主要物相是玻璃体,占 50%~80%,所含晶体矿物主要有莫来石、石英、方解石、钙长石、硅酸钙、赤铁矿和磁铁矿等。这些矿物一般不以单矿物状态存在,而以多相集合体形式出现。粉煤灰磨细后并在水分参与下,能与 $Ca(OH)_2$ 或其他碱土氢氧化物发生化学反应,生成具有水硬胶凝性能的化合物。

2013 年 1 月,国家发展和改革委员会同国务院有关部门对《粉煤灰综合利用管理办法》进行了修订,修订的《粉煤灰综合利用管理办法》称粉煤灰综合利用是指:从粉煤灰中进行物质提取,以粉煤灰为原料生产建材、化工、复合材料等产品,粉煤灰直接用于建筑工程、筑路、回填和农业等。

4.3.3.1　粉煤灰在化工方面的应用

A　合成分子筛

分子筛是一种用碱、铝、硅酸钠等合成的泡沸石晶体。因其吸附能力强,可以筛分不同大小的分子,所以广泛用于催化、吸附等领域。由于粉煤灰合成分子筛的孔结构可调,还可合成不同孔径的分子筛。粉煤灰经碱溶改性后,通过水热法简单合成沸石分子筛,使其作为吸附剂用于去除水中的 Cu^{2+}。

B　提取氧化铝

粉煤灰中含有大量的氧化铝成分,一般含量在 17%~35%,部分地区氧化铝含量高达 40%~60%,因此,从粉煤灰中提取氧化铝有望缓解我国铝土矿资源短缺的情况。粉煤灰提取氧化铝的方法主要有酸法、碱法、酸碱联合法。

C　提取稀有金属

粉煤灰中含有镓、锂、钒、镍等微量稀有金属元素,对这些微量元素进行提取和高附加值利用,是实现粉煤灰精细化利用的重要途径。

D 其他利用

由于粉煤灰中所含的大量 SiO_2、Al_2O_3、TiO_2 等氧化物是常用的催化剂载体,因此粉煤灰也被广泛应用于催化剂领域;另外粉煤灰经过高温燃烧后化学性质极其稳定,也可作为载体用于脱硫、脱硝、制氢等领域;粉煤灰还可以取代或部分取代填塑材料,用于生产塑料制品,如地板、落水管、电线管等;磨细的粉煤灰还用于涂料中的填料等。

4.3.3.2 粉煤灰在建筑方面的应用

A 粉煤灰制造水泥

粉煤灰和黏土的化学成分相似,可替代黏土配制水泥生料。由于粉煤灰中含有一定量的未能燃烧的炭粒,用粉煤灰配料还能节省燃料。目前国内主要生产粉煤灰硅酸盐水泥和粉煤灰无熟料水泥两种类型。利用粉煤灰做水泥混合材料生产各种水泥,不仅能减少污染,而且能降低物料的水分,减少热能消耗,对于提高水泥的质量、产量,降低水泥成本等有显著的优越性。

B 粉煤灰制造混凝土和砂浆

粉煤灰砂浆是用粉煤灰取代或部分取代传统建筑砂浆中的某些组分,改善其某种性能的砂浆。微细粉煤灰能代替部分水泥或石灰膏或砂,具有提高黏聚性及密实度等作用。由于粉煤灰的形态效应、活性效应和微集料效应,从而提高了混凝土的强度、抗渗性、抗侵蚀性和耐磨性等。在混凝土中掺加定量粉煤灰,可节约水泥,提高混凝土制品质量及工程质量,降低生产成本和工程造价。

C 粉煤灰制造墙体材料

粉煤灰可以通过高压蒸汽养护、常压蒸汽养护、自然条件养护以及高温烧结制成各种粉煤灰建筑制品,主要有粉煤灰陶粒、砖、瓦、小型空心砌块和砌块等。

粉煤灰陶粒是在高温烧结下的一种轻质骨料,具有容重轻、隔热性能好等特点,可用于制造高强度轻质混凝土构件,减轻高层建筑物建材的自重,节能,降低建筑造价。

粉煤灰砌块是以粉煤灰、石灰、石膏和骨料等为原料,加水搅拌、振动成型、蒸汽养护而成的密实块实体,适用于砌筑民用和工业建筑的墙体和基础。粉煤灰烧结砖是以粉煤灰和黏土为原料,经搅拌、成型、干燥、焙烧制成的砖。

4.3.3.3 在农业方面的应用

A 改良土壤

粉煤灰的粉砂粒占92%,黏性颗粒占8%,保水能力为57%,导热系数小,亲水性弱,容重低,孔隙率为70%。在黏质土壤中加入适量的粉煤灰,可使土壤容重、密度、孔隙率、通气性、渗透率、三相比关系、pH 等理化指标得到改善,起到增产效果。粉煤灰的加入也能够提高土壤中微生物的活性,有利于植物的生长。在适宜的掺灰量下,一般小麦、玉米、大豆都能增产10%~20%,但对砂质土不宜使用粉煤灰。

B 粉煤灰制化肥

粉煤灰含有迄今已知的植物生长所需的16种主要元素和其他营养素,是一种优质的复合肥料。由于其含量少,要想只使用粉煤灰肥达到理想的增产效果,就必须施用大量粉煤灰,但粉煤灰施用过多也会对田地造成损害。据此,人们将粉煤灰进行加工处理,制成多种高效复合化肥。这种化肥具有非常好的增产效果,并且价格低廉,用量较少。目前,市面常见的有粉煤灰硅钙肥、粉煤灰复混肥，粉煤灰磁化肥等，这些肥料的肥效较长，增产效果也较明显。

4.3.3.4　粉煤灰在环境保护中的应用

粉煤灰中所含物质多呈不规则多孔形式，比表面积大，同时粉煤灰中还含有一些活性基团，这就使其具有较强的吸附能力，能够作为吸附剂处理污水和烟气。

A　污水处理

粉煤灰具有较大的比表面积，利用其吸附性能，处理一些含有害物质的废弃物。利用粉煤灰未燃尽炭的多孔性，可吸附地下水污泥中产生的氧、磷及有机物以及工业废水中的磷酸盐、重铬酸盐和氟化物等。用粉煤灰为原料合成的托贝莫来石粒子可用于处理含重金属离子的污染物或作为过滤剂以替代硅藻土处理含重金属离子的污染物。

B　烟气处理

研究表明，将粉煤灰通过不同的物理化学方法进行改性，改性后的粉煤灰比表面积将大大增加，吸附能力增强，可以有效吸附特定烟气中的有害物质，达到烟气处理的目的。

4.3.4　废石的资源化利用

我国矿山开采产生的剥离废石量为世界第一。我国矿山开采的采剥比大，如冶金矿山的采剥比为1∶(2~4)；有色矿山采剥比大多在1∶(2~8)，最高达1∶14。我国矿山每年废石排放总量超过6亿吨，仅露天铁矿山每年剥离废石就达4亿吨。目前，我国剥离的废石堆存总量已达数百亿吨。图4-8为某矿山堆放的废石。

图4-8　矿山废石

4.3.4.1　废石再选

废石中有价金属很多，尤其2000年以前的金属矿山开采，由于开采技术的和选治不发达，造成矿山废石中金属含量较高，造成资源浪费。随着我国矿山固废综合利用技术的不断发展，废石再选提取有价金属已成为废石资源化利用重要途径。目前提取的主要有铜、金等比较昂贵的金属。江西德兴铜矿利用酸性废水浸出废石中的铜，既充分利用了矿山资源，又保护了水体和土壤环境免遭酸性废水的污染。为充分利用资源，张家口金矿利用堆浸技术从废石中提取金，取得了较好的效果。

4.3.4.2　废石充填

用废石回填矿山井下采空区是既经济又常用的废石利用方法。回填采空区有两种途径：一种是直接回填，将上部中段的废石直接倒入下部中段的采空区，这样可节省大量的提升费用，无须占地，大部分的矿山都采用了这种回填方法；另一种方法则是将废石提升到地表后，进行适当的破碎加工，用尾矿和水泥拌和后回填采空区，这种方法安全性好，但处理成本相对较高。

废石充填已经在我国矿山企业得到充分的应用，达到了较高的经济和环境效益，成为矿山废石资源化利用的有效方法。

4.3.4.3 废石建筑材料

废石可代替黏土生产硅酸盐水泥和低碱水泥，有的单位还用废石生产微晶玻璃和水处理混凝剂等。如果条件允许，废石还可以加工成路面碎石材料，应用到道路桥梁的建设中。

5 矿业噪声污染与控制

5.1 概述

5.1.1 噪声

声音是一种物理现象，在人们的日常工作和学习中起着非常重要的作用。然而，人们并不是任何时候都需要声音。任何声音，当个体心理对其反感时，即成为噪声。从噪声的物理学特性来看，它是声强和频率的变化都无规律、杂乱无章的声音。从广义上来讲，凡是人们不需要的，使人厌烦并干扰人的正常生活、工作和休息的声音统称为噪声。因此，噪声不单独取决于声音的物理特性，而且与个体所处的环境和主观感觉有关。同一个人对同一种声音，在不同的时间、地点和条件下，往往会产生不同的主观判断。比如，在心情舒畅或休息时，人们喜欢听音乐；而当心绪烦躁或集中精力思考问题时，即使是和谐的乐声也会使人反感。此外，不论是乐声还是噪声，人们对任何频率的声音都有一个绝对的时限忍受强度，超过这一强度就会对人身造成伤害。因此，从这个角度讲，噪声就是对人身有害和人们不需要的声音。

5.1.2 噪声的分类

噪声的分类方法较多，从区分自然现象和人为因素产生的噪声角度出发可分自然噪声和人为噪声；按噪声辐射能量随时间的变化可分为稳态噪声、非稳态噪和脉冲噪声；按频率分布可分为低频噪声(<500Hz)、中频噪声(500~1000Hz)和高频噪声(>1000Hz)。环境声学一般从城市环境噪声的来源和噪声产生的机理进行分类。

5.1.2.1 按城市环境噪声的来源分

与人们生活密切相关的是城市环境噪声，它的来源大致可分为交通噪声、工业噪声、建筑施工噪声和社会生活噪声等。

A 交通噪声

城市环境噪声的70%来自交通运输噪声，汽车、火车、飞机等交通运输工具都是活动的噪声源，其噪声强度大，影响面广。交通运输噪声主要来自交通运输工具的行驶、振动和喇叭声，如载重汽车、公共汽车、拖拉机等重型车辆的行进噪声约89~92dB(A)。喇叭声在我国城市噪声中最为严重，电喇叭大约为90~100dB(A)，汽喇叭大约为105~110dB(A)(距行驶车辆5m处)。民航机在起飞和着陆时，噪声在85~105dB(A)。火车运行的噪声，在距离100m处可达75dB(A)。

B 工业噪声

工业噪声主要包括工厂、车间的各种机械运转产生的噪声。此类噪声中，一般电子工业和轻工业的噪声在 90dB(A)以下，纺织厂噪声约为 90~106dB(A)，机械工业噪声为80~120dB(A)，凿岩机、大型球磨机达 120dB(A)，风铲、风镐、大型鼓风机在 130dB(A)以上。工业噪声是造成职业性耳聋的主要原因，它不仅给生产工人带来危害，而且厂区附近居民也深受其害。特别是地处居民区而没有声学防护措施或防护措施不好的工厂辐射出的噪声，对居民的日常生活干扰十分严重。

C 建筑施工噪声

建筑施工噪声包括打桩机、混凝土搅拌机、挖掘机、推土机等产生的噪声。由于建筑工地现场多在居民区，对周围居民影响很大，尤其是夜间施工，严重影响居民休息，随着城市建设的发展，建筑工地产生的噪声影响越来越广泛。但建筑施工噪声是暂时性的，随着建筑施工结束停止，其噪声也会终止。在距声源 15m 处，测得打桩机噪声为 90~105dB(A)，混凝土搅拌机噪声为 80~90dB(A)，推土机噪声为 78~96dB(A)。

D 社会生活噪声

社会生活噪声是由于社会活动、使用家庭机械和电器而产生的噪声。如娱乐场所、商业中心、运动场所、高音喇叭、家用电器设备等。一般情况下，社会生活产生的噪声在 80dB(A)以下，干扰人们学习、工作和休息，对身体没有直接危害。但超过 100dB(A)，尤其是爆破及有些打击乐声响达 120dB(A)以上，处于这种环境下人体健康会遭受伤害。

5.1.2.2 按噪声产生的机理分

按噪声产生的机理可将噪声分为机械噪声、空气动力性噪声及电磁噪声。

A 机械噪声

机械噪声是指机械部件之间在摩擦力、撞击力和非平衡力的作用下振动而产生的噪声。机械噪声的特征与受振部件的大小、形状、边界条件、激振力的特性有关。织布机、球磨机、车床、刨床、齿轮等发出的噪声是典型的机械噪声。

B 空气动力性噪声

空气动力性噪声是指在高速气流、不稳定气流中由涡流或压力的突变引起的气体振动而产生的噪声。空气动力性噪声的特征与气流的压力、流速等因素有关。例如，锅炉排气噪声是由于高速或高压气流与周围空气介质剧烈混合产生的；气流流经阀门的噪声是由于气流流经障碍物后形成涡流产生的；飞机螺旋桨转动时的噪声是由于旋转的动力机械作用于气体，产生压力脉冲产生的；内燃机、压缩机、鼓风机的进、排气噪声是由于进、排气时，周围空气的压强和密度不断受到扰动产生的。

C 电磁噪声

电磁噪声是指电磁场的交替变化引起某些机械部件或空间容积振动产生的噪声。电磁噪声的特征主要取决于交变磁场特性、被激发振动部件和空间的大小形状等。电动机、发电机、变压器和日光灯镇流器等发出的噪声属于电磁噪声。

5.1.3 噪声污染的特征与危害

5.1.3.1 噪声污染的特征

噪声污染属于感觉公害，与大气污染、水污染不同，有其自身的特点：(1) 环境噪声是一种感觉污染，是危害人类环境的公害。评价一种声音是否是噪声，取决于声音的大小及受害人的生理与心理因素，与人所处的环境和主观愿望有关，即与人的主观感觉有关；

（2）噪声是一种物理污染，没有污染物，即噪声在空中传播时并未给周围环境留下什么毒害性的物质；（3）噪声对环境的影响不积累、不持久，传播的距离也有限；（4）噪声声源是分散的不是单一的，具有随发分散性，一旦声源停止发声，噪声也就消失。不像水、气污染源排放的污染物，即使停止排放，污染物在长时间内还残留着，会持续产生污染。因此，噪声不能集中处理，需用特殊的方法进行控制；（5）噪声一般不直接致命或致病，它的危害是慢性的和间接的。

5.1.3.2　噪声污染的危害

噪声污染广泛地影响着人们的生活，如影响睡眠和休息、干扰工作、妨碍谈话、使听力受损害，甚至引起心血管系统、神经系统和消化系统等方面的疾病。大多数国家规定，噪声的环境卫生标准为 40dB（A），超过这个标准的噪声即认为是有害噪声。归纳起来，噪声的危害主要表现在以下几方面：

A　干扰睡眠

噪声会影响人的睡眠质量和数量，老年人和病人对噪声的干扰更为敏感。研究表明，连续噪声可以加快熟睡到轻睡的回转，使人多梦，熟睡时间缩短；突然噪声可使人惊醒。当睡眠受干扰而辗转不能入睡时，就会出现呼吸频繁、脉搏跳动加剧，神经兴奋等现象，第二天会觉得疲倦、易累，从而影响工作效率。久而久之，就会引起失眠、耳鸣、多梦、疲劳无力、记忆力衰退，在医学上称为神经衰弱症候群。在高噪声环境下，这种病的发病率在 50%~60%。

B　损伤听力

人们在高噪声环境中暴露一定时间后，听力会下降，离开噪声环境到安静的场所休息一段时间，听觉就会恢复，这种现象称为暂时性听阈迁移，又称听觉疲劳。但长期暴露在强噪声环境中，听觉疲劳就不能恢复，而且内耳感觉器官会发生器质性病变，由暂时性听阈迁移变成永久性听阈迁移，即噪声性耳聋。噪声是造成人们听力减退甚至耳聋的一个重要原因。85dB（A）是听觉细胞不会受到损害的极限，因此目前大多数国家规定 85dB（A）为人耳最大允许噪声值。

C　对人体的生理影响

实验证明，噪声会引起人体紧张的反应，刺激肾上腺素的分泌，引起心率改变和血压升高。可以说，生活中的噪声是心脏病恶化和发病率增加的一个重要原因。

噪声会使人的唾液、胃液分泌减少，胃酸降低，从而易患胃溃疡和十二指肠溃疡。研究表明，在吵闹的工业企业里，溃疡症的发病率比在安静环境中高 5 倍。

噪声对人的内分泌机能也会产生影响，导致机能紊乱。近年还有人指出，噪声是刺激癌症的病因之一。

D　对儿童和胎儿的影响

噪声会影响少年儿童的智力发展。有人做过调查，吵闹环境下儿童智力发育比安静环境中的低 20%。

噪声对胎儿也会造成有害影响。研究表明，噪声会使母体产生紧张反应，引起子宫血管收缩，以致影响供给胎儿发育所必需的养料和氧气。对机场附近居民的初步研究发现，噪声与胎儿畸形、婴儿体重减轻有密切关系。

E 对动物的影响

噪声对动物的影响十分广泛，包括听觉器官、内脏器官和中枢神经系统的病理性改变和损伤。有关资料认为：120～130dB(A)的噪声可引起动物听觉器官的病理性变化；130～150dB(A)的噪声会引起动物视觉器官的损伤和非听觉器官的病理性变化；150dB(A)以上的噪声能使动物的各类器官发生损伤，严重的可能导致死亡。强噪声会使鸟类的羽毛脱落，不下蛋，甚至内出血，最终死亡。20世纪60年代初期，美国空军的F-104喷气飞机在俄克拉荷马上空作超声速飞行试验，飞行高度为10000m，每天飞越8次，共飞行了6个月，结果一个农场的10000只鸡死了6000只。

F 对建筑物的损害

随着超音速飞机、火箭和宇宙飞船的发展，噪声对建筑物的损坏也引起了人们的注意。研究表明，140dB(A)的噪声对轻型建筑物开始有破坏作用，尤其在低频范围内的危害更大。在美国统计的3000件喷气飞机使建筑物受损害的事件中，抹灰开裂的占43%，窗户损坏的占32%，墙体开裂的占15%，瓦损坏的占6%。

5.1.4 矿业噪声的来源

按噪声产生的地点，矿业噪声可分为矿山井下噪声和矿山地面噪声两种。

矿山井下噪声主要来源于凿岩、爆破、通风、运输、提升、排水等生产工艺过程，在这些过程中，存在着机械设备产生的噪声和气流的空气性动力噪声。其中，井下噪声最大、作用时间最长的是凿岩设备和通风设备产生的噪声，其次是爆破、装卸矿石、运输、提升、排水、二次破碎等产生的噪声。井下噪声源声级大都在95～110dB(A)，个别的噪声级超过110dB(A)，是矿山噪声强度最大的噪声源，而且从噪声的频谱特性来看，多呈中、高频噪声（见表5-1）。

表5-1 井下几种主要设备产生的噪声

设备名称	规格	噪声级/dB(A)	频谱特性
凿岩台车	C22-500	116	高频
气腿凿岩机	YT-25	113	高频
轴流式风扇	28kW、30kW	112	高中频
轴流式风扇	11kW	100	高中频
轴流式风扇	4kW、5.5kW	95	高中频
气动装岩机	ZYQ-14	105	高中频

矿山地面噪声又可分为选矿厂噪声和露天采场噪声。选矿厂噪声主要来源于破碎机、球磨机、筛分、摇床、皮带运输、变电设备等。露天采场噪声则主要是由钻孔机、铲运设备、运输机、扇风机、空压机、锻钎机等产生。矿山地面噪声源产生的噪声是矿山噪声的重要来源。表5-2表明，选矿厂和露天采场主要设备的噪声级，绝大部分超过国标和部标所规定的噪声许可标准。此外，地面上的主力扇风机、空压机、锻钎机等产生的噪声，大都超过100dB(A)，而且声级高、来源多。

表 5-2 矿山地面主要生产设备噪声级

地点	设备类型	主要生产设备	噪声级/dB(A)
选矿厂	破碎设备	破碎机（粗碎）	65~85
		破碎机（中碎）	91~95
		MQG250×3600 球磨机	96~100
		3600×4000 球磨机	101~105
	筛分设备	18×36 振动筛	96~100
		单层振动筛	101~105
	其他设备	摇床	65~85
		胶带运输机	91~95
露天采场厂	钻孔设备	国产 53-200 潜孔钻	65~85
		国产 BC-1 型穿孔机（门窗开）	91~95
		国产改装潜孔钻（门窗开）	96~100
	铲运设备	国产 C-3 电铲（门窗开）	91~95
		苏制 3KT-44M3 电铲（门窗开）	96~100
		上海 32 吨汽车（门窗开）	86~90
		美制 120 吨汽车（门窗开）	91~95

5.1.5 矿业噪声的特点与危害

5.1.5.1 矿业噪声的特点

大型的矿山开采时，使用了许多大型、高效和大功率设备，随之带来的噪声污染越来越严重。目前解决矿山机械设备噪声已经成为环境保护和劳动保护的一项紧迫任务。矿业噪声具有以下特点：

A 矿山企业机械设备多，噪声源多，稳态声源多

根据实测和调查，矿山噪声大多数声源为稳态噪声，如凿岩机械、通风设备、压气设备、提升设备、选矿机械等。爆破和露天矿的穿孔机械产生脉冲噪声，并伴随有振动。爆破还会产生冲击波。矿山运输属交通噪声，为非稳态声源。

B 声源量大且分散，超标严重

矿山噪声，不管是地下开采还是露天开采，或是选矿工艺，到处都有噪声源，大于100dB(A)的约占52%。有的岗位噪声高达 110~120dB(A)，如各种类型的风动凿岩机、锻钎机、大型球磨机等。

C 噪声频带宽，噪声波动范围大

实测资料表明：宽频带噪声在矿山噪声中较普遍，噪声能量大多集中在 63~2000Hz 的频段内。球磨机和风动凿岩机噪声能量为 125~4000Hz，噪声级都很高。

凿岩机械噪声一般为 110~120dB(A)，通风机械噪声为 95~105dB(A)，装运机械噪声为 90~100dB(A)，压气设备噪声为 85~90dB(A)，提升设备噪声为 50~80dB(A)，选矿机械噪声为85~110dB(A)。

D 交通运输噪声多

井巷掘进和地下采矿，要用矿车、电耙、电机车等运送岩石和矿石，露天采矿的运输工具为卡车、机车，这些都是移动性噪源。

E 地下噪声比地面噪声大，地下和地面噪声自然衰减不一样

由于井下巷道狭窄，声波在巷道中多次反射，周围岩壁越硬，反射声越大。同一种声源在井下巷道中噪声级比地面大4~8dB(A)。

F 矿山噪声源往往和粉尘发生源相伴生

矿山噪声源主要产生于露天采场和井下工作面的爆破，大型机械设备、运输以及设备选矿厂粉碎工艺（见图5-1）。矿山噪声源与粉尘的发生源基本一致。

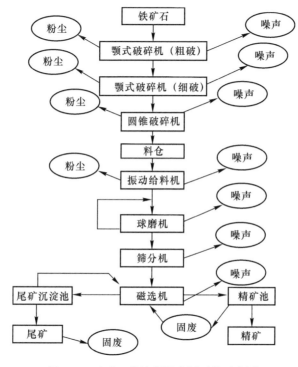

图5-1 选矿工艺流程及产污环节示意图

5.1.5.2 矿业噪声的危害

随着矿山机械化水平的提高和强化开采的结果以及矿山环境的特殊性，使矿业特别是井下工作面噪声问题日益突出。矿山安全条例第五十四条规定："井下工人作业地点，噪声不得超过90dB(A)。超过时应采取消音或其他防护措施。"由于矿山生产环境中多数是高强度的噪声，导致噪声性耳聋的人群数远大于其他行业。另外，矿业噪声还对生产产生直接和间接影响。具体表现在以下几方面：

A 损伤听力

矿工长期在噪声90dB(A)以上的环境中工作，将导致听阈偏移。国外医学界的研究认为，采矿业环境中工作的人员50%~80%都不同程度地受到听觉损害。根据我国统计资料，井下工龄10年以上的凿岩工，20%左右的人员为职业性耳聋。

B 诱发多种疾病

噪声作用于矿工的中枢神经系统，使矿工生理过程失调，引起神经衰弱症；噪声还可引起血管痉挛或血管紧张度降低，血管改变，心律不齐等；噪声使矿工的消化机能衰退，胃功能紊乱，消化不良，食欲不振，体质减弱。

C 降低工作效率和劳动生产率，影响安全生产，造成经济损失

在井下高噪声环境中工作的人群，生理和心理易发生不良变化，如心情烦躁，注意力不集中，易感疲劳，从而影响工作效率，降低劳动生产率。尤其是在强大噪声的掩蔽作用和人群对知觉判断下降的情况下，对一些井下信号和事故征兆不能及时察觉和发现，甚至不能判断，从而造成工伤事故和设备事故，影响安全生产，造成经济损失。

D 干扰通风系统的正常运行

在井下生产过程中，作业人员为了避免高强度噪声的影响，往往违反操作规程，如井下某些特定工作地点需长时间用局扇通风，但在局扇噪声的干扰下，作业人员可能时开时停，干扰通风系统的正常运行，造成工作面新鲜空气不足，矿尘、炮烟和高温高湿的污浊空气得不到及时排出，影响作业人员健康。

5.2 噪声环境标准与噪声测定技术

5.2.1 噪声的量度

描述噪声特性的方法可分两类：一类是把噪声单纯地作为物理扰动，用描述声波的客观特性的物理量反映，这是对噪声的客观量度；另一类涉及人耳的听觉特性，根据听者感觉到的刺激来描述，称为噪声的主观评价。噪声的评价量是在研究了人对噪声反应的方方面面的不同特征后提出的。

5.2.1.1 噪声的客观量度

噪声强弱的客观量度用声压、声强和声功率等物理量表示。声压和声强反映声场中声的强弱，声功率反映声源辐射噪声本领的大小。声压、声强和声功率等物理量的变化范围非常宽广，在实际应用中一般采用对数标度，以分贝（dB）为单位，分别用声压级、声强级和声功率级等无量纲的量来度量噪声。当空间存在多个噪声源时，空间总的声场强度将按能量叠加原理计算。

A 声压与声压级

当声波在媒质中传播时，会使媒质中空间各处的空气压强产生起伏变化。通常用 p 来表示压强的起伏变化量，即 $p = P - P_0$，称为声压。其中，P 为空气压强，P_0 为平衡状态下的空气压强（静态压强）。声压的单位是帕斯卡（Pa），$1Pa = 1N/m^2$。

人耳能听到的声音的最低界限称为听阈，正常人的听阈声压为 $2 \times 10^{-5}Pa$。能使人耳产生疼痛感觉的界限称为痛阈，正常人的痛阈声压为 20Pa。两者相差百万倍，于是引入"级"的概念，用一个倍比关系的对数量表示，成为声压级 L_p，单位为分贝（dB）。

$$L_p = 10 \lg \frac{P^2}{P_0^2} = 20 \lg \frac{P}{P_0} \tag{5-1}$$

式中　P_0——基准声压（$2 \times 10^{-5}Pa$）。

这样,听阈声压级为 0dB(A),痛阈声压级为 120dB(A)。室内相距 1m 的谈话声约 65dB(A)。

B 声强与声强级

声场中某点处,与质点速度方向垂直的单位面积上在单位时间内通过的声能量称为瞬时声强,它是一个矢量。对于稳态声场,声强是指瞬时声强在一定时间 T 内的平均值。声强用 I 表示,单位为瓦特每平方米(W/m²)。

声强级常用 L_I 表示,定义为:

$$L_I = 10\lg \frac{I}{I_0} \tag{5-2}$$

式中 I_0——在空气中,基准声强为 10^{-12}W/m^2。

C 声功率与声功率级

声源在单位时间内向外辐射的总能量称为声功率,记为 W,单位为瓦(W)。声功率级常用 L_w 表示,定义为:

$$L_w = 10\lg \frac{W}{W_0} \tag{5-3}$$

式中 W_0——对于空气媒质,基准声功率为 10^{-12}W。

D 声级运算

a 级的相加

(1)公式法。由于级是对数量度,对于不产生干涉作用的互不相干的多个噪声源叠加时,不能进行简单的声压级算术相加而是根据能量叠加进行声压级计算。对于 n 个声源有:

$$L_{pT} = 10\lg \left(\sum_{i=1}^{n} 10^{0.1L_{pi}} \right) \tag{5-4}$$

(2)查表法。式(5-4)可从两个声压级 L_{p_1} 和 L_{p_2} 的差值 $\Delta L_p = L_{p_1} - L_{p_2}$(假定 $L_{p_1} > L_{p_2}$)求出合成的声压级。因为 $L_{p_2} = L_{p_1} - \Delta L_p$,则有:

$$L_{pT} = L_{p_1} + \Delta L' \tag{5-5}$$

式(5-5)可制成表 5-3 分贝加法计算表或绘成图 5-2 分贝相加曲线。从而直接在曲线或表中查出两声压级叠加时的总声压级。从表 5-3 可知,如果两个声压级相差大于 10dB(A),那么计算总声压级时较小的声压级对总声压级的贡献可以忽略。

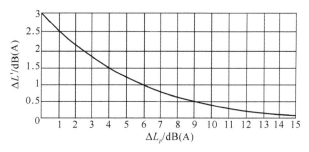

图 5-2 分贝相加曲线

表 5-3　分贝加法计算表

ΔL_p /dB(A)	0	1	2	3	4	5	6	7	8	9	10	11	12	13	14
$\Delta L'$ /dB(A)	3	2.5	2.1	1.8	1.5	1.2	1.0	0.8	0.6	0.5	0.4	0.3	0.3	0.2	0.2

　　b　级的相减

　　已知某机器运行时的总声压级为 L_{pT}（包括背景噪声），机器停止运行时的背景噪声声压级为 L_{pB}，那么被测机器的真实噪声声压级 L_{pS} 为：

$$L_{pS} = 10\lg(10^{0.1L_{pT}} - 10^{0.1L_{pB}}) \tag{5-6}$$

　　式（5-7）也可绘成图 5-3 分贝相减曲线或表 5-4 分贝减法计算表。由 L_{pT} 和 L_{pB} 的差值 ΔL_{pB} 查出修正值 ΔL_{pS}。

　　令 $\Delta L_{pB} = L_{pT} - L_{pB}$，则

$$\Delta L_{pS} = L_{pT} - L_{pB} = -10\lg(1 - 10^{-0.1\Delta L_{pB}}) \tag{5-7}$$

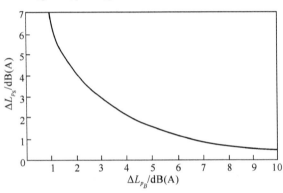

图 5-3　分贝相减曲线

表 5-4　分贝减法计算表

ΔL_{pB} /dB(A)	3	4	5	6	7	8	9	10
ΔL_{pS} /dB(A)	3	2.2	1.65	1.25	1	0.55	0.6	0.46

　　声级相减的公式在现场测试中很有用。例如，在车间内测量某一设备的运转噪声级时，先关闭此设备测得背景噪声级，然后开动设备测出同一点处的总声级，最后利用级的相减公式求出该设备单独运转时在该点的噪声级。

5.2.1.2　噪声的主观量度

　　声压和声压级是衡量声音强度的物理量，声压级越高，声音越强。但人耳对声音的感觉不仅与声压有关，还与频率有关。人耳对高频声感觉灵敏，对低频声感觉迟钝，频率不同而声压级相同的声音听起来不一般响。因此，声压级并不能表示人对声音的主观感觉。我们研究噪声的目的是要防止噪声影响人们的正常生活，所以评价噪声必须以人的主观感觉程度为准。下面仅就最常用的评价量作简单介绍。

　　A　响度、响度级和等响曲线

　　在一定条件下，根据人的主观感觉对声音进行测试，以声音的频率为横坐标，以声压

级为纵坐标，把在听觉上大小相同的点用曲线连接起来，这样得到的一组曲线就叫作等响曲线。图 5-4 为国际标准化组织(ISO)采用的等响曲线。在同一等响曲线上，反应声音客观强弱的声压级一般并不相同。

各条等响曲线上，横坐标为 1000Hz 点的纵坐标值（声压级）就叫作这条等响曲线的响度级，用 L_N 表示，单位为方(phon)，并标注在曲线上。例如，声压级为 85dB(A)的 50Hz 纯音，65dB(A)的 400Hz 纯音，62dB(A)的 4000Hz 纯音与 70dB(A)的 1000Hz 纯音的响度相等，响度级都等于 70 方。

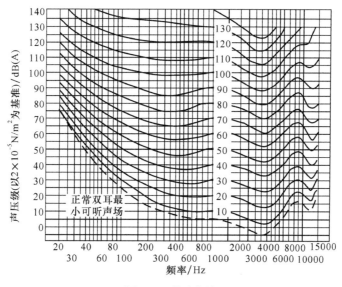

图 5-4　等响曲线

定量反映声音响亮程度的主观量叫作响度，用符号 N 表示，单位为宋(sone)。响度与人们的主观感觉成正比，声音的响度加倍时，该声音听起来加倍响。规定响度级为 40 方时响度为 1 宋。响度与响度级有如下关系：

$$N = 2^{0.1(L_N-40)} \tag{5-8}$$

式中　N——响度，sone；

　　　L_N——响度级，phon。

响度级每增加 10 方，响度增加一倍。

B　A 声级和等效连续 A 声级

以上介绍的是纯音的响度级，而一般的噪声是由频率范围很宽的纯音组成的，其响度级的计算非常复杂。为了能用仪器直接测量噪声评价的主观量，可在声级计放大线路中设置计权网络，以模拟人耳的响度频率特性，测得的结果称为计权声级。一般声级计有 A、B、C 三个计权网络，分别模拟人耳对 40 方、70 方和 100 方纯音的响应，它们的特性曲线如图 5-5 所示。在声级计中设置 A、B、C 计权网络后测得的噪声级分别称为 A 声级、B 声级和 C 声级。A 网络对接收通过的 500Hz 以下低频段的声音有较大的衰减，它与人耳对低频声音感觉迟钝的特点一致，因此，A 声级能较好地反映人类对噪声的主观感觉，它与噪声引起听力损害程度的相关性也很好，近年来 A 声级越来越广泛地用于噪声的主观评价中。

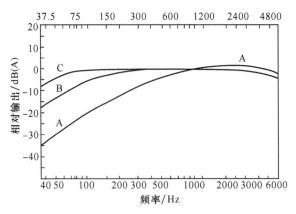

图 5-5 声级计用的国际标准 A、B、C 计权曲线

A 声级适用于连续稳态噪声的评价，但不适用于起伏或者不连续的稳态噪声。这时要用等效连续 A 声级来评价，它是在时间 t 范围内噪声的 A 声级按能量的平均值，计算时将时间划分为 n 个区间，分别测定各时段的 A 声级，按下式算出等效连续 A 声级 L_{eq}：

$$L_{eq} = 10\lg\left(\frac{1}{n}\sum_{t=1}^{n}10^{L_{Ai}/10}\right) \tag{5-9}$$

式中 L_{Ai}——第 i 个 A 声级测定值。

对于不规则幅度起伏变化的噪声，常用 A 声级统计量（又称累积百分声级）L_{10}、L_{50}、L_{90} 表示，他们分别为测定时间内出现时间为 10% 以上、50% 以上和 90% 以上的 A 声级值，其中 L_{10} 表示峰值噪声，L_{50} 表示平均噪声，L_{90} 表示背景噪声。

5.2.2 噪声环境标准

5.2.2.1 听力和健康保护噪声标准

A 国际标准化组织推荐的噪声标准

为了保护人们的听力和健康，1971 年国际标准化组织公布了噪声允许标准，规定每天工作 8h，允许等效连续 A 声级为 85~90dB(A)，时间减半，允许噪声提高 3dB(A)，但最高不得超过 115dB(A)，见表 5-5。

表 5-5 ISO 建议的噪声允许标准

每天允许暴露时间/h	8	4	2	1	0.5	0.25	0.125	最高限
噪声级/dB(A)	85~90	88~93	91~96	94~99	95~102	100~105	103~108	115

B 《工业企业噪声控制设计规范》（GB/T 50087—2013）

为防止工业噪声的危害，保障职工的身体健康，保证安全生产与正常工作，保护环境，2013 年颁布《工业企业噪声控制设计规范》（GB/T 50087—2013），自 2014 年 6 月 1 日起实施。本规范适用于工业企业中的新建、改建、扩建与技术改造工程的噪声（脉冲声除外）控制设计。工业企业内各类工作场所噪声限值应符合表 5-6 的规定。

表 5-6　各类工作场所噪声限值

工作场所	噪声限值/dB（A）
生产车间	85
车间内值班室、观察室、休息室、办公室、实验室、设计室、室内背景噪声级	70
正常工作状态下精密装配线、精密加工车间、计算机房	70
主控室、集中控制室、通信室、电话总机房、消防值班室、一般办公室、会议室、设计室、实验室、室内背景噪声级	60
医务室、教室、值班宿舍、室内背景噪声级	55

注：1. 生产车间噪声限值为每周工作 5d，每天工作 8h 等效声级，对于每周工作 5d，每天工作不是 8h，需计算 8h 等效声级；对于每周工作不是 5d，需计算 40h 等效声级；

　　2. 室内背景噪声级指室外传入室内的噪声级。

C　噪声暴露率

对于非稳态噪声的工作环境或工作位置流动的情况，应测量不同的 A 声级和相应的暴露时间，计算等效连续 A 声级或噪声暴露率。噪声的暴露率是指将暴露时间的时数除以该暴露声级的允许工作的时数。设暴露在 L_i 声级的时数为 C_i，L_i 声级的允许暴露时数为 T_i，则按每天 8h 工作可计算出噪声暴露率：

$$D = \frac{C_1}{T_1} + \frac{C_2}{T_2} + \cdots + \frac{C_n}{T_n} = \sum_{i=1}^{n} \frac{C_i}{T_i} \tag{5-10}$$

如果 D 大于 1，表明 8h 工作的噪声暴露量超过允许标准。

5.2.2.2　声环境质量标准

我国 2008 年 10 月 1 日开始实施的《声环境质量标准》（GB 3096—2008）规定了五类声环境功能区的环境噪声限值及测量方法，见表 5-7。

表 5-7　环境噪声限值　　　　　　　　　　　　单位：dB（A）

时段		昼间	夜间
声环境功能区类别	0 类	50	40
	1 类	55	45
	2 类	60	50
	3 类	65	55
4 类	4a 类	70	55
	4b 类	70	60

0 类声环境功能区：指康复疗养区等特别需要安静的区域。

1 类声环境功能区：指以居民住宅、医疗卫生、文化教育、科研设计、行政办公为主要功能需要保持安静的区域。

2 类声环境功能区：指以商业金融、集市贸易为主要功能，或者居住、商业、工业混杂，需要维护住宅安静的区域。

3 类声环境功能区：指以工业生产、仓储物流为主要功能，需要防止工业噪声对周围环境产生严重影响的区域。

4 类声环境功能区：指交通干线两侧一定距离之内，需要防止交通噪声对周围环境产生严重影响的区域，包括 4a 类和 4b 类两种类型。4a 类为高速公路、一级公路、二级公路、城市快速路、城市主干路、城市次干路、城市轨道交通（地面段）、内河航道两侧区域；4b 类为铁路干线两侧区域。

5.2.2.3 《工业企业厂界噪声排放标准》（GB 12348—2008）

为了防治工业企业噪声污染，改善声环境质量，制定本标准。该标准规定了工业企业和固定设备厂界环境噪声排放限值及其测量方法，适用于工业企业噪声排放的管理、评价及控制机关、事业单位、团体等外环境排放噪声的单位也按该标准执行。排放限值见表 5-8。

（1）夜间频发噪声的最大声级超过限值的幅度不得高于 10dB(A)。

（2）夜间偶发噪声的最大声级超过限值的幅度不得高于 15dB(A)。

（3）工业企业若位于未划分声环境功能区的区域，当厂界外有噪声敏感建筑物时，由当县级以上人民政府参照 GB 3096 和 GB/T 15190 的规定确定厂界外区域的声环境质量要求并执行相应的厂界环境噪声排放限值。

（4）当厂界与噪声敏感建筑物距离小于 1m 时，厂界环境噪声应在噪声敏感建筑物的室内测量，并将表 5-8 中相应的限值减 10dB(A) 作为评价依据。

表 5-8　工业企业厂界环境噪声排放限值　　　　单位：dB(A)

时段		昼间	夜间
厂界外声环境功能区类别	0	50	40
	1	55	45
	2	60	50
	3	65	55
	4	70	55

5.2.3　噪声测定技术

为了研究和控制噪声，必须对噪声进行测定与分析，根据不同的测定目的和要求，可选择不同的测定方法。对于工矿企业噪声的现场测定，一般常用的仪器有声级计，频率分析仪、自动记录仪和优质磁带记录仪等。

5.2.3.1　声级计

声级计是一种按频率计权和时间计权测量声音的声压级和声级的仪器，是声学测量中最常用的基本仪器。

声级计按用途可以分为一般声级计、脉冲声级计、积分声级计、噪声暴露计、统计声级计和频谱声级计。按准确度分为四种类型：0 型声级计作为标准声级计，固有误差为 ±0.4dB(A)；1 型声级计作为实验室精密声级计，固有误差为 ±0.7dB(A)；2 型声级计作为一般用途的普通声级计，固有误差为 ±1.0dB(A)；3 型声级计作为噪声监测的普查型声级计，固有误差为 ±1.5dB(A)。

声级计一般由传声器、放大器、衰减器、计权网络、检波器和指示器等组成，如图 5-6 所示。

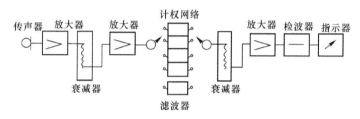

图 5-6　声级计结构框图

声级计是噪声测量中最基本的仪器，它的工作原理是：由传声器将声音转换成电压信号，由衰减器控制输入信号的大小，经过放大器、计权网络或滤波器检波后，由表头显示分贝值，若要记录噪声波形，可由输出端连接到记录器上。

声级计常用的频率计权网络有三种，称 A、B、C 声级。噪声测量时，如不用频率分析仪，需读出声级计的 A、B、C 三挡读数，就可以粗略地估计该噪声的频率特性。声级计表头读数为有效值，分快、慢两挡。快挡适用于测量随时间起伏小的噪声；当噪声起伏较大时，则用慢挡读数，读出的噪声为一段时间内的平均值。

5.2.3.2　频率分析仪

在实际测量中很少遇到单频声，一般都是由许多频率组合而成的复合声，因此需要对声音进行频谱分析。频率分析仪是用来测量噪声频谱的仪器，它主要由两大部分组成，一部分是测量放大器，另一部分是滤波器。若噪声通过一组倍频程带通滤波器，则得到倍频程噪声频谱；若通过一组 1/3 倍频程带通滤波器，则得到 1/3 倍频程噪声频谱。在矿山噪声测量时，常用倍频程带通滤波器。

5.2.3.3　噪声测量方法

在噪声测量时应注意以下几个方面：

（1）测量噪声要避免风、雨、雪的干扰，若风力在 3 级以上时，要在声级计传声器上加防风罩；大风天气（风力在 5 级以上）应停止测量。

（2）手持仪器进行测量，应尽可能使仪器离开身体，传声器距离地面 1.2~1.5m。离房屋或墙壁 2~3m，以避免反射声的影响。

（3）测点的选择应选在测量距离大于机器最大尺度两倍外，且避免距离墙壁或其他物体太近。同时应将传声器尽量接近机械的辐射面，这样可使噪声的直达声场足够大，而其他噪声源的干扰相对较小。

（4）在测定时，若本底噪声小于被测噪声 10dB(A) 以上，则本底噪声的影响可忽略不计。若其差值小于 3dB(A) 时，则所测的噪声值没有意义；若其差值在 3~10dB(A)，可根据表 5-9 进行校正；测定后应做出完整的噪声测定记录。

（5）为了保证测量的准确性，仪器每次使用前及使用后要进行校准。可以使用活塞发生器、声级校准器或其他声压校准器来进行声学校准。噪声测量仪器经过一段时间使用后，应送有关计量部门对其主要性能进行全面检定，检定周期规定为 1 年。

表 5-9　排除本底噪声的修正表

所测出的声源噪声级与本底噪声的差值/dB(A)	3	4，5	6，7，8，9
修正值	-3	-2	-1

5.3 噪声的控制方法

噪声污染的发生必须有三个要素：噪声源、噪声传播途径和接收者。只有这三个要素同时存在才构成噪声对环境的污染和对人的危害。控制噪声污染必须从这三方面着手，既要对其分别进行研究，又要将它们作为一个系统综合考虑。优先的次序是：噪声源控制、传播途径控制和接收者保护。噪声控制的一般程序是：首先进行现场调查，测量现场的噪声级和频谱；然后按有关的标准和现场实测数据确定所需降噪量；最后制定技术上可行、经济上合理的控制方案。

5.3.1 噪声控制的基本原理

5.3.1.1 噪声源的控制

控制噪声污染的最有效方法是消除或减少噪声源。通过研制和选用低噪声设备、改进生产加工工艺、提高机械设备的加工精度和安装技术，以及对振动机械采用阻尼隔振等措施，可减少发声体的数目或降低发声体的辐射声功率，这是控制噪声的根本途径。

由于工矿企业中噪声源的类型不同，产生噪声的机理各不相同，所采用的控制技术也不相同。

A   机械噪声的控制

避免运动部件的冲击和碰撞，降低部件之间的撞击力和速度；提高旋转运动部件的平衡精度，减少旋转运动部件的周期性激发力；提高运动部件的加工精度和光洁度，降低运动部件的振动振幅，采取足够的润滑剂减小摩擦力；在固定零部件接触面上，增加特性阻抗不同的黏弹性材料，减少固体传声；在振动较大的零部件上安装减振器，以隔离振动，减少噪声传递；采用具有较高内损耗系数的材料作机械设备中噪声较大的零部件，或在振动部件的表面附加外阻尼，降低其声辐射效率；改变振动部件的质量和刚度，防止共振，调整或降低部件对外激发力的响应，降低噪声。

B   空气动力性噪声的控制

空气动力性噪声是由气流流动过程中的相互作用或气流和固体介质之间的作用产生的。其控制的主要方法是：选择合适的空气动力机械参数，减小气流脉动，减小周期性激发力；降低气流速度，减少气流压力突变，降低湍流噪声；降低高压气体排放压力和速度；安装合适的消声器。

C   电磁噪声的控制

降低电动机噪声的主要措施为：合理选择沟槽数和级数；在转子沟槽中充填一些环氧树脂材料，降低振动；增加定子的刚性；提高电源稳定度；提高制造和装配精度。降低变压器电磁噪声的主要措施有：减小磁力线密度；选择低磁性硅钢材料；合理选择铁心结构，铁心间隙填充树脂性材料，硅钢片之间采用树脂材料粘贴。

D   隔振技术

许多噪声是由振动诱发产生的，在对声源进行控制时，必须考虑隔振。控制振动的目的不仅在于消除因振动而激发的噪声，而且还在于消除振动本身对周围环境造成的有害影响。控制振动的方法与控制噪声的方法有所不同，可归纳为如下三类。

（1）减小扰动。减小或消除振动的激励，即采用各种平衡方法来改善机器的平衡性能，改进和提高制造质量，减小构件加工误差，提高安装中的对中质量，控制安装间隙，对具有较大辐射表面的薄壁结构采取必要的阻尼措施。

（2）防止共振。防止或减小设备、结构对振动的响应。改变振动系统的固有频率、扰动频率，采用动力吸振器，增加阻尼，减小共振时的辐射。

（3）采取隔振措施。减小或隔离振动的传递。按照传递方向的不同，分为隔离振源和隔离响应两种。隔离振源目的在于隔离或减小动力的传递，使周围环境或建筑结构不受振动的影响，一般动力机器、回转机械、锻冲压设备的隔振都属于这一类；隔离响应又称为被动隔振或消极隔振，目的在于隔离或减小运动的传递，使精密仪器与设备不受基础振动的影响。

5.3.1.2 传播途径的控制

由于技术和经济原因，当从声源上难以实施噪声控制时，就需要从噪声传播途径上加以控制。具体方法如下：

A 合理布局

在城市规划时把高噪声工厂或车间与居民区、文教区等分隔开。在工厂内部把强噪声车间与生活区分开，强噪声源尽量集中安排，便于集中治理。

B 充分利用噪声随距离衰减的规律

如距离大于噪声源最大尺寸 3~5 倍以外的地方，距离若增加一倍，噪声衰减 6dB(A)。因而在厂址选择上把噪声级高、污染面大的工厂、车间设在远离需要安静的地方。

C 利用屏障阻止噪声传播

可利用天然地形，如山冈、土坡、树木等。在噪声严重的工厂和施工现场周围或交通道路两侧设置足够高度的围墙或隔声屏；城市绿化不仅美化环境，净化空气，而且一定密度和宽度种植面积的树丛、草坪也能减少噪声污染。一般的宽林带（几十米甚至上百米）可以降噪 10~20dB(A)。在城市里可采用绿篱、乔（灌）木和草坪的混合绿化结构，宽度 5m 左右的平均降噪效果可达 5dB(A)。

D 利用声源指向性特点降低环境噪声

高频噪声的指向性较强，可改变机器设备安装方位降低对周围的噪声污染。如电厂、化工厂的高压锅炉、高压容器的排气放气，如果把它的出口朝向天空或野外，比朝向生活区能降低噪声 5~10dB(A)，如图 5-7 所示。

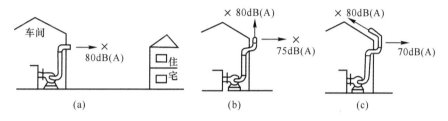

图 5-7 声源的指向性

E 采用局部降噪技术

在上述措施均不能满足环境要求时，可采用局部声学技术来降噪，如吸声、隔声、消声、隔振、阻尼减振等。这要对噪声传播的具体情况进行分析后综合应用这些措施，才能达到预期效果。

5.3.1.3 接收者的防护

在声源和传播途径上控制噪声难以达到标准时，采取个人防护还是最有效、最经济的方法。最常用的是佩带护耳器，可使耳内噪声降低 10~40dB（A）。护耳器的种类很多，按构造差异分为耳塞、耳罩和头盔。耳塞体积小，使用方便；耳罩隔声性能较耳塞优越，易清洁，但不适于高温下佩带；头盔的隔声效果好，可防止噪声的气导泄漏，但制作工艺复杂，价格较贵，通常用于如火箭发射场等特殊场所。

5.3.2 吸声技术

当室内声源向空间辐射声波时，接收者听到的不仅有从声源直接传来的直达声，还会有一次与多次反射形成的反射声。由于直达声与反射声的叠加，会增强接收者听到的噪声强度。

如果用可以吸收声能的材料装饰在房间内表面，就可吸收掉入射到其上面的部分声能，使反射声减弱。能够吸收较高声能的材料或结构称为吸声材料或结构。利用吸声材料吸收声能以降低室内噪声的办法工程上称为吸声技术，简称吸声。利用吸声技术一般可使室内噪声降低 3~5dB（A），对于反射声很严重的车间，降噪量可达到 6~10dB（A）。

矿山设备噪声控制中，吸声材料和吸声结构主要用于消声器、隔声罩和管道内壁的衬垫以增加噪声的衰减量，以及用作室内壁的饰面层和吸声吊顶，以降低室内的噪声。

5.3.2.1 吸声系数与吸声量

当声波在传播过程中遇到各种固体材料时，一部分声能被反射，另一部分声能被材料内部吸收，还有一部分声能透过它继续向前传播，透射到固体材料的另一侧，如图 5-8 所示。吸声材料吸声能力的大小通常用吸声系数表示，吸声系数定义为吸收声能（包括透射声能）与入射声能之比，记为 α ，即：

$$\alpha = \frac{E_a + E_t}{E_i} = \frac{E_i - E_r}{E_i} = 1 - r \tag{5-11}$$

式中　E_i——入射总声能，J；

　　　E_a——被材料吸收的声能，J；

　　　E_t——透过材料的声能，J；

　　　E_r——被材料反射的声能，J；

　　　r——反射系数。

α 值的变化一般在 0~1。$\alpha = 0$，表示声能全反射，材料不吸声；$\alpha = 1$，表示材料吸收全部声能，无声能反射。吸声系数 α 值越大，材料的吸声性能越好。

吸声系数不仅与吸声材料本身的吸声性能有关，而且与入射声波的频率有关，同样的吸声材料，如果入射声波的频率不同，吸声系数的大小也不同。在工程中常采用的是平均吸声系数，它是指吸声材料对 125Hz、250Hz、500Hz、1000Hz、2000Hz、4000Hz 六个倍频程的吸声系数的算术平均值，称它为平均吸声系数，记为 $\bar{\alpha}$。$\bar{\alpha} > 0.2$ 的材料称为吸声材料。

吸声量定义为材料的吸声系数与其吸声面积的乘积，即：

$$A = \alpha S \tag{5-12}$$

式中 A——吸声量，m^2；

  α——材料的吸声系数；

  S——材料的吸声面积，m^2。

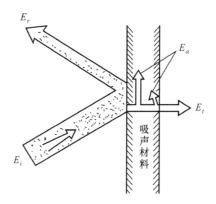

图 5-8 吸声示意图

如果房间各壁面使用的是不同的吸声材料，则房间各壁面的总吸声量 A 为各壁面的吸声量之和，即：

$$A = \sum_{i=1}^{n} A_i = \sum_{i=1}^{n} \alpha_i S_i \qquad (5\text{-}13)$$

式中 A_i——第 i 种材料组成的壁面的吸声量，m^2；

  α_i——第 i 种材料的吸声系数；

  S_i——第 i 种材料组成的壁面的面积，m^2。

由此可以计算出房间的平均吸声系数 $\bar{\alpha}$ 为：

$$\bar{\alpha} = \frac{A}{S} = \frac{\sum\limits_{i=1}^{n} \alpha_i S_i}{\sum\limits_{i=1}^{n} S_i} \qquad (5\text{-}14)$$

注意，这里所指房间的平均吸声系数，是房间各内表面积敷设的不同吸声材料吸声系数的平均值，而平均吸声系数则是同一种吸声材料的吸声系数对不同频率入射声波的平均值，两者不能混淆。

5.3.2.2 吸声降噪量

室内声源声功率 W 一定时，距离声源 r 处的声压级为：

$$L_p = L_w + 10\lg\left(\frac{Q}{4\pi r^2} + \frac{4}{R}\right) \qquad (5\text{-}15)$$

可见，只有改变室内的房间常数 R 才能使 L_p 发生化，设 R_1 和 R_2 分别为间采取吸声处理前后的房间常数，当室内声源稳定发声时，距声源 r 处的相应声压级 L_{p1} 和 L_{p2} 分别应为：

$$L_{p1} = L_w + 10\lg\left(\frac{Q}{4\pi r^2} + \frac{4}{R_1}\right) \qquad (5\text{-}16)$$

$$L_{p2} = L_w + 10\lg\left(\frac{Q}{4\pi r^2} + \frac{4}{R_2}\right) \qquad (5\text{-}17)$$

定义降噪量为 $\Delta L_p = L_{p1} - L_{p2}$，它反映了采取吸声处理后的降噪效果，则：

$$\Delta L_p = L_{p1} - L_{p2} = 10lg\left(\dfrac{\dfrac{Q}{4\pi r^2} + \dfrac{4}{R_1}}{\dfrac{Q}{4\pi r^2} + \dfrac{4}{R_2}}\right) \tag{5-18}$$

对于距声源距离较远的受声点，若满足条件 $\dfrac{4}{R} \gg \dfrac{Q}{4\pi r^2}$ 时，上式可简化为：

$$\Delta L_p = 10lg\dfrac{R_2}{R_1} = 10lg\dfrac{(1 - \bar{\alpha}_1)\bar{\alpha}_2}{(1 - \bar{\alpha}_2)\bar{\alpha}_1} \tag{5-19}$$

一般情况下，$\bar{\alpha}_1$ 和 $\bar{\alpha}_2$ 都比 1 小得多，若满足 $\bar{\alpha}_1$、$\bar{\alpha}_2$ 之积远小于 $\bar{\alpha}_1$ 和 $\bar{\alpha}_2$，上式可简化为：

$$\Delta L_p = \dfrac{\bar{\alpha}_2}{\bar{\alpha}_1} \tag{5-20}$$

可见，房间的降噪量取决于 $\bar{\alpha}_1$ 和 $\bar{\alpha}_2$ 的比值。上式也可用混响时间表示为：

$$\Delta L_p = 10lg\left(\dfrac{T_1}{T_2}\right) \tag{5-21}$$

T_1、T_2 分别为吸声降噪前和吸声降噪后的混响时间。由上述两式可知如果知道 $\bar{\alpha}_1$ 和 $\bar{\alpha}_2$（或 T_1、T_2），即可计算出降噪量 ΔL_p 或已知 $\bar{\alpha}_1$（或 T_1）和降噪量 ΔL_p，就可算出所需要的 $\bar{\alpha}_2$（或 T_2）。

由于混响时间可以用专门的仪器测得，就免除了计算吸声系数的麻烦。按上两式的计算将室内的吸声状况和相应的降噪量列于表 5-10。

表 5-10　室内吸声状况相对变化与吸声降噪量相对关系

$\bar{\alpha}_2/\bar{\alpha}_1$	1	2	3	4	5	6	8	10	20	40	100
ΔL_p/dB（A）	0	3	5	6	7	8	9	10	13	16	20

从表 5-10 可以看出，只有当原来房间的平均吸声系数不大时，采用吸声处理才会获得明显的降噪效果，如果房间的平均吸声系数已较大，再采用一般的吸声处理方法，不仅降噪效果不大，而且成本过高。

5.3.2.3　吸声材料与吸声结构

常用的吸声材料多是一些多孔透气的材料，如塑料泡沫、毛毡、玻璃棉、矿渣棉、木丝板和吸声砖等。当声波进入这些多孔材料中时，引起材料的细孔或狭缝中的空气振动，使一部分声能由于细孔的摩擦和黏滞阻力转化为热能而被损失掉。多孔材料的吸声系数随声频率的增高而增大，所以多孔材料对高频噪声吸声效果较好对低频噪声不是很有效。要想使多孔材料更好地吸收低频噪声，需要大大增加材料厚度，在经济上是不合适的。

为解决中、低频吸声问题，往往采用共振吸声结构，其吸声频谱以共振频率为中心出现吸收峰，当远离共振频率时，吸声系数就很低。吸声结构有以下几种基本类型。

（1）薄板共振吸声结构。把薄的塑料板、金属板或胶合板等的周边固定在框架上，并将框架与刚性板壁紧密结合，薄板与板后的空气层就形成了薄板共振吸声结构。薄板共振吸声结构实际上是由薄板和后面空气层组成的振动系统。薄板相当于质量块，板后的空气层相当于弹簧，当声波入射到薄板上，薄板受激发生振动，由于摩擦作用将机械能转化为热能耗散掉。主要特点是有较大的低频吸收，但单纯利用由板和空气层构成的结构，其吸声系数不高。如果在空气层中填充一些多孔材料，则可以使吸声系数显著提高。

（2）单腔共振吸声结构。单腔共振吸声结构是由腔 V 与颈口 d 组成的，腔体通过颈口与外部空气相通。当声波入射到单腔时，入射声能将激起孔洞处的空气分子作往复运动，孔洞处的摩擦阻力消耗声能。单腔共振吸声结构的最大特点是吸收频带窄，因此可以用于消除具有明显音调的低频噪声。如果要使在共振频率附近较宽的区域内有良好的吸声性能，可以在颈口处放置一些诸如玻璃棉之类的多孔材料，或贴一层薄布等，以增加颈口部分的摩擦阻力。

（3）穿孔板共振吸声结构。穿孔板共振吸声结构是由穿孔的板和板后的空气层组成的，可以看作是由许多个单腔并联在一起。它的吸声机理实际上包括薄板吸声机理和单腔共振吸声机理两个方面，它的最高吸声系数也出现在共振频率 f_0 处，f_0 的计算公式为：

$$f_0 = \frac{c}{2\pi}\sqrt{\frac{p}{L_K D}} \tag{5-22}$$

式中　D——穿孔板后空气层的厚度，cm；

L_K——$L_K = t + 0.8d$；

t——板厚，cm；

d——孔径，cm；

p——穿孔率（穿孔面积／总面积）×100%。

穿孔板共振吸声结构比单腔式的结构简单，而且能在比较宽的频率范围内得到令人满意的吸声效果。但在实际使用中，由于穿孔板吸声结构的性能不易控制，因此常用作多孔材料的护面板。用作护面板的穿孔板，孔径一般为 3~10mm，穿孔率大于 20%。

（4）微穿孔板吸声结构。微穿孔板是指在厚度不大于 1mm（一般为 0.2~1mm）的薄板上，在每平方米面积穿以上万个甚至几十万个直径小于 1mm 的孔（穿孔率一般为 1%~3%），并与板后一定厚度的空气层构成一定的结构。它主要是利用声波传过时空气在小孔中来回摩擦消耗声能，并利用腔的大小来控制吸收峰的共振频率，腔越大，共振频率越低。因此，可用中间留有空腔的双层微穿孔板吸声结构改善低频吸声效果，展宽吸收频带。

5.3.3　隔声技术

用构件将噪声源和接收者分隔开，阻断噪声在空气中的传播，从而达到降低噪声目的的措施称作隔声。采用隔声措施控制噪声，工程上称为隔声技术。隔声技术是噪声控制中常用的技术之一，常见的隔声处理方式有隔声墙、隔声间、隔声罩和声屏障等。

5.3.3.1　透声系数与隔声量

隔声构件的透声系数 τ 是指声波入射时，透射声功率 W_i 与入射声功率 W 的比值，即

$$\tau = W_i / W \tag{5-23}$$

τ介于 0 和 1 之间，值越小，表示隔声性能越好，通常所指的τ是无规入射时各入射角度透声系数的平均值。一般隔声构件的透声系数值很小，在 $10^{-1} \sim 10^{-5}$。

实际工程中，由于采用τ评价隔声材料或结构的隔声特性很不方便，于是引入隔声量，又称传声损失，是指墙或间壁一面的入射声功率级与另一面的透射声功率级之差，用 TL 表示，单位为 dB。隔声量等于透声系数的倒数取以 10 为底的对数，即

$$TL = 10 \lg \frac{1}{\tau} \tag{5-24}$$

隔声构件的透声系数越小，其隔声量越大，隔声性能越好。这两个指标可以用来比较不同隔声构件本身的隔声性能。

隔声量是频率的函数，同一隔声结构，不同的频率具有不同的隔声量。故工程中常用 $125 \sim 4000$Hz 6 个倍频程中心频率的隔声量的算术平均值，来表示某一构件的隔声性能，称为平均隔声量。为更准确表示某一隔声构件的隔声性能，可选用 ISO 推荐的隔声指数作为评价标准。

5.3.3.2　单层密实均匀构件的隔声性能

单层密实构件的隔声材料要求密实而厚重，如砖墙、钢筋混凝土、钢板、木板等都是较理想的隔声材料，它们的隔声性能与材料的刚性、阻尼、面密度有关。图 5-9 给出均匀密实、边缘固定的长方形单层隔墙的隔声量频率特性曲线。随着频率的升高，该曲线可分为以下四个区域：

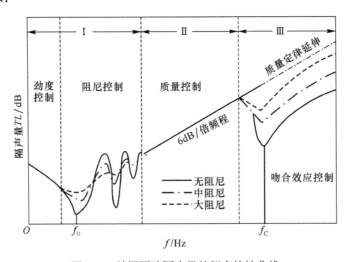

图 5-9　单层隔墙隔声量的频率特性曲线

A　劲度控制区

在很低频率范围，即低于隔墙最低共振频率时，隔声量主要取决于隔墙的劲度。劲度全称劲度系数，定义为构件抵抗弹性位移的能力，用产生单位位移（或单位角位移）所需的力（或力矩）来度量，用 K 表示，单位是 N/m。劲度越大，隔声量也越高。

B　阻尼控制区

随着频率的增加，进入了隔墙的共振频率及谐波的控制频域。在这一区域，隔声量下降。第一共振频率处，隔声量最小，随频率上升而出现的共振现象越来越弱，直到消失。

共振影响区的宽度取决于结构形状、边界条件和结构阻尼的大小。增加结构的阻尼可以抑制其共振幅度和共振区的上限，即提高隔声量并缩小共振区的范围。所以有时也称它为阻尼控制区。

C 质量控制区

在此区域内是隔墙的质量起主要控制作用。声波作用到墙体结构上时，如同一个力作用于质量块上，质量（隔墙的面密度）越大，其惯性阻力也越大，墙体的振动速度越小，即隔声量越大，而且频率越高，隔声量越大。

单层均匀隔墙对垂直入射声的隔声量可用式（5-25a）计算（隔墙两边均为空气）

$$TL = 20\lg f + 20\lg m - 42.7 \tag{5-25a}$$

式中，f 为入射声波频率，Hz；m 为隔墙的单位面积的质量（面密度）（$= \rho d$），kg/m^2。

当入射声波为无规入射时，隔声量按式（5-25b）计算：

$$TL = 20\lg f + 20\lg m - 48 \tag{5-25b}$$

式（5-25）就是关于隔声的质量定律表达式。它表明，单层隔墙的面密度每增加一倍，隔声量就增加 6dB(A)；同样，入射声波频率每升高一倍，隔声量也增加 6dB(A)。实际上，由于隔墙本身存在弹性，隔声量的增加仅为 4~6dB(A)。本区域内隔墙的隔声量符合质量定律，故称为质量控制区。

D 吻合效应区

频率上升到一定数值以后，质量效应与板的弯曲刚度效应抵消，就是当声波以一定角度入射到隔墙上时，其波长在墙体上的投影正好等于墙板弯曲波的波长，这时墙板振动最大，透声也最多，隔声量显著下降而不再遵守质量定律。这种现象称为吻合效应。产生吻合效应的最低频率 f_c 称为临界频率，它的大小与隔墙材料的面密度、厚度和弹性模量有关。厚重墙体的临界频率多发生在低频，人耳一般感受不到；薄板墙的临界频率多发生在可听声频率范围，如 5mm 薄板的临界频率在 4000Hz 以上，但随板厚的增加而逐渐推移到中频和低频。在高于吻合临界频率的高频段，隔墙的隔声量仍遵循质量定律，故此区也称为"质量定律延伸区"。

在隔声设计中必须使所隔绝的声波频段避开低频共振频率与吻合频率，从而可以利用质量定律来提高隔声量。

5.3.3.3 双层结构的隔声性能

双层结构是指两个单层结构中间夹有一定厚度的空气或多孔材料的复合结构。双层结构的隔声效果要比同样质量的单层结构好，这是因为中间的空气层（或填有多孔材料的空气层）对第一层结构的振动具有弹性缓冲作用和吸收作用，使声能得到一定衰减后再传到第二层，能突破质量定律的限制，提高整体的隔声量。一般可比同样质量的单层结构的隔声量高 5~10dB(A)。

双层结构的隔声量与空气层厚度有关，厚度增加，隔声增量也增加。实际工程中一般取空气层厚度为 8~10cm。双层间若有刚性连接，则会存在"声桥"，使前一层的部分声能通过声桥直接传给后一层，从而显著降低隔声量，因此要求双层结构边缘与基础之间为弹性联结，空气层中填有多孔材料。

5.3.3.4 隔声罩和隔声间

对体积较小的噪声源（小设备或设备的某些噪声部件），直接用隔声结构罩起来，可以获得显著的降噪效果，这就是隔声罩，是目前控制机械噪声的重要方法之一。

隔声罩由板状隔声构件组成，一般用厚 1.5~3mm 的钢板为面板，用穿孔率大于 20% 的穿孔板作内壁板（面向噪声源），中间填充用纤维布等包覆的多孔吸声材料。这种由单层隔声构件构成的隔声罩的插入损失一般为 20~40dB(A)。

为了获得较为理想的隔声降噪效果，在设计隔声罩时应考虑以下几点：

（1）尽量选用隔声性能好的轻质复合材料，最好在板的内侧涂敷阻尼材料。

（2）罩板面尽量不与设备表面平行，以防止驻波效应存在，降低隔声量。遇到这种情况时，可以在夹缝内填充吸声材料加以改善。

（3）避免声罩与声源之间的刚性连接，隔声罩与地面间应设隔振措施。

（4）隔声罩应尽量密封和避免开孔，否则会使隔声量大大下降。试验表明，只要开孔面积占隔声罩总面积的 1/100，其隔声量就会下降 20dB(A) 以上。故在罩上需要开孔时需进行必要的处理，如传动轴在罩上穿过的开孔处加一套管，管内衬以泡沫塑料、毛毡等吸声材料；在通风散热口处加装消声器；在门、窗、盖子的接缝处垫以软橡胶之类的材料等。

（5）要考虑罩内的通风散热问题，并要方便设备的检修、操作和监视。

当一个车间内有很多分散的噪声源时，可考虑建立一个小空间使之与噪声源隔离开来，形成较安静的小空间这就是隔声间，它还可以作为操作控制室或休息室。隔声间的隔声原理与隔声罩相同，只是变换了声源和受声点的相对位置。隔声间可用金属板或土木结构建造，并要考虑通风、照明和温度的要求，特别是要采用特制的隔声门窗。

5.3.3.5　隔声屏

隔声屏是放在噪声源和受声点之间的用隔声结构所制成的一种隔声装置。合理设计声屏障的位置、高度、长度，可使接受点的噪声衰减 7~24dB(A)。隔声屏降噪原理如图 5-10 所示。首先，它可以阻挡噪声直接传播到屏障后的区域；其次，它使噪声从屏障上端发生绕射，在屏障另一面形成一定范围的声影区。在声影区内的噪声强度相对小些，达到利用屏障降噪的目的。

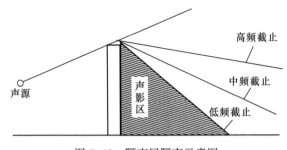

图 5-10　隔声屏隔声示意图

隔声屏的降噪效果与声波频率、屏障尺寸有关。由于低频声波波长较长，绕射能力强，隔声屏对低频噪声的降噪效果较差。隔声屏具有灵活、方便可拆装的优点，可作为不易安装隔声罩时的补救降噪措施。现已广泛应用于穿越城市的高架路、高速公路和铁路的两侧。

隔声屏一般用砖、砌块、木板、钢板、塑料板、玻璃等厚重材料制成，面向声源的一侧最好加吸声材料。在设计使用时应注意以下几点：

（1）隔声屏主要用于阻挡直达声，尽量靠近声源，活动隔声屏与地面间的缝隙应减到最小。

（2）为了形成有效的"声影区"，隔声屏要有足够的高度和长度，特别是有足够的高度。有效高度越高，降噪效果越好，宽度一般应为高度的3~5倍。

（3）隔声屏选材要考虑本身的隔声性能。一般要求其本身的隔声量比声影区所需声级衰减量至少大10dB（A），才能排除透射声的影响。

（4）室内设置隔声屏要做吸声处理，有利于减弱混响声场，提高隔声屏的降噪作用。

5.3.4　消声器

消声是利用消声器来降低空气动力性噪声传播的措施。消声器主要用于矿山通风设备。消声器是一种既能允许气流顺利通过，又能有效地阻止或减弱声能向外传播的装置。消声器只能用来降低空气动力设备的进、排气口的噪声或沿管道传播的噪声，而不能降低空气动力设备本身所辐射的噪声。消声器的种类和结构形式很多，根据其消声原理和结构的不同大致可分为六类：一是阻性消声器；二是抗性消声器；三是阻抗复合式消声器；四是微穿孔板消声器；五是扩散式消声器；六是有源消声器。一个合适的消声器，可以使气流声降低20~40dB（A），响度相应降低75%~93%。

一个好的消声器要满足以下三个条件：

（1）具备良好的消声性能。在使用现场工况条件下，在所要求的频率范围内，有足够大的消声量。

（2）具有良好的空气动力性能。要求消声器对气流阻力要小，阻力损失和功能损失要在允许的范围内，不影响空气动力设备的正常运行。

（3）具有良好的机械结构性能。消声器的材料要坚固耐用，适用于高温、高湿、腐蚀性等特殊环境。同时消声器要体积小、重量轻、结构简单，并便于加工、安装和维护。

阻性消声器是一种吸收型消声器，是把吸声材料固定在气流通过的通道内，利用声波在孔吸声材料中传播时，因摩擦阻力和黏滞阻力将声能转化为热能，从而达到消声的目的。阻性消声器的结构如图5-11所示。消声器设计时，根据消声量选择其结构形式和吸声材料，同时考虑"高频失效"和气流再生噪声对消声效果的影响。常用于大型离心式通风机和轴流式通风机扩散器内壁中。阻性消声器的优点是能在较宽的中、高频范围内消声，特别是对刺耳的高频噪声有突出的消声作用。其缺点是在高温水蒸气以及对吸声材料有侵蚀作用的气体中，使用寿命较短，而且对低频噪声消声效果差。

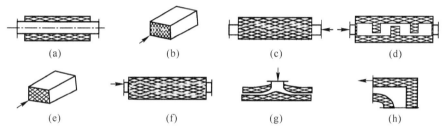

图5-11　阻性消声器结构示意图

（a）直管式；（b）片式；（c）折板式；（d）迷宫式；（e）蜂窝式；（f）声流式；（g）盘式；（h）弯头式

　　抗性消声器依靠管道截面的突变或旁接共振腔等在声传播过程中引起阻抗的改变而产生声能的反射、干涉，从而降低由消声器向外辐射的声能，达到消声目的。常用的抗性消声器有扩张室式、共振腔式、插入管式、干涉式、穿孔板式等。这类消声器适用于低中频的窄带噪声的控制。单节扩散式消声器，是由管和室组成，是扩散式消声器最简单的形式；单腔共振消声器，是由管道壁上的开孔与外侧密闭空腔相通而构成的，是共振消声器的基本形式。

　　如前所述，阻性消声器在中高频范围内有较好的消声效果，而抗性消声器适用于消除低中频噪声。如果把两者组合起来，可以获得低、中、高频宽频带范围的消声效果。这就是阻抗复合消声器。常用的阻抗复合式消声器有：阻-扩复合式消声器、阻-共复合式消声器和阻-扩-共复合式消声器等。总之，根据阻性和抗性消声器两种消声原理，通过不同方式进行创造性组合，便可以设计出各式各样的阻抗复合消声器。图 5-12 所示为常见阻抗复合式消声器示意图。

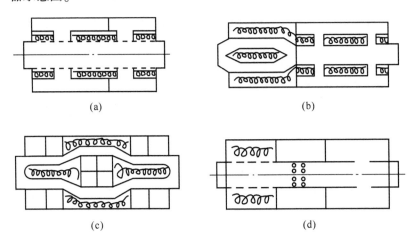

(a)　　　　　　　　　　　　　　(b)

(c)　　　　　　　　　　　　　　(d)

图 5-12　常见阻抗复合消声器结构示意图
(a)，(b) 阻性-扩张室复合消声器；(c) 阻性-共振腔复合消声器；
(d) 阻性-扩张室-共振腔复合消声器；

5.3.5　隔振及阻尼减振

　　物体的振动除了向周围空间辐射在空气中传播的声（空气声）外，还能以弹性波的形式在基础、地板和墙壁中传播，并在传播过程中向外辐射噪声，这种通过固体传播的声波称为固体声。振动控制的常用措施：一是控制振动源振动，即消振；二是在振动传播路径上采取隔振措施，或在受控对象上附加阻尼材料或阻尼元件，通过减弱振动传递或加大能量消耗减小受控对象对振源激励的响应。可以采用以下方法实现隔振：

　　(1) 采用大型基础；

　　(2) 在机械振动基础周围开设防振沟；

　　(3) 在振动设备下安装隔振器如隔振弹簧、橡胶垫等，使设备与基础之间的刚性连接变成弹性支撑。

5.4 矿业机械设备噪声控制

5.4.1 采矿主要设备噪声控制技术

5.4.1.1 风机

矿井通风的主要动力是通风机。按通风机的构造和工作原理可分为离心式通风机、轴流式通风机、罗茨鼓风机和叶片式风机等。按通风机的服务范围可分为矿井主要通风机（主扇）、矿井辅助通风机（辅扇）和矿井局部通风机（局扇）。矿井主要通风机服务于全矿井或矿井的一翼，是矿井的主要通风设备；矿井辅助通风机服务于矿井中的某一分支（如某采区或某工作面），帮助主要通风机克服分支的阻力，保证分支所需的风量，是矿井的辅助通风设备；矿井局部通风机是服务于掘进工作面或局部通风地点，是矿井掘进通风的主要设备。

A　风机噪声源分析

主要通风机在运转过程中产生强烈的噪声。按噪声产生的机理，主要通风机噪声包括空气动力性噪声、机械噪声和电磁噪声；按噪声产生的部位，主要通风机噪声包括进气噪声、排气噪声、机壳噪声、电动机噪声和风机振动通过基础辐射的固体声。在这些噪声中，一般以进、排气口的空气动力性噪声最强，具有噪声频带宽、噪声声级高、传播远等特点。根据对风机的实测分析表明，风机的空气动力性噪声约比其他部分的噪声高出 $10\sim20dB(A)$，因此对风机采取噪声控制首先应考虑空气动力性噪声。

a　空气动力性噪声

风机的空气动力性噪声主要是气体流动过程中所产生的噪声，它主要是由于气体非稳定流动（即气流的扰动），气体与气体及气体与物体相互作用产生的噪声。从噪声产生的机理来看，它主要由两种成分组成，即旋转噪声和涡流噪声。如果风机出口直接排入大气，还有排气噪声。

b　机械噪声

机械噪声包括通风机轴承噪声、胶带及其传动引起的噪声、转子不平衡引起的振动噪声、机壳及管道的振动噪声。当叶片刚性不足，由于气流作用使叶片振动也会产生噪声。一般来说，如果轴承精度高，轴的动平衡好，传动件加工良好，通风机和管道结构刚度有保证，安装和装配正确，则机械噪声与气流噪声相比是次要的。如果在通风机进、排气口都安装有消声器，则机械噪声就显得很重要。

c　电磁噪声

电磁噪声属于机械性噪声，系由电动机驱动、运转而形成的。在电动机中，电磁噪声是由交变磁场对定子和转子作用产生周期性的交变力引起振动而产生的。

B　通风机噪声控制方法

如前所述，风机噪声最强的是空气动力性噪声，其次是机械噪声和电磁噪声等。控制扇风机噪声的根本性措施是：改进风机的结构参数，提高风机的加工精度，从研制低噪声、高效率的新型风机入手，从声源上控制噪声。现主要阐述风机噪声在传播途径上的控制，即被动控制。根据风机噪声的大小、现场条件、噪声控制的要求，可选择不同的噪声控制措施。通常国内通风机噪声综合治理可以通过以下几个途径：（1）采用隔声方法降低通风机机体和电机噪声；（2）采用饰面吸声或悬吊吸声体的方法降低机房噪声；（3）通风机机组装设在地下建筑物内，以使机械噪声和电机噪声与外界环境隔离；（4）采用扩散塔消声结构降低通风机气流噪声。

a   在通风机出气口管道上安装消声器

控制风机的空气动力性噪声的最有效措施是在风机进、出气口安装消声器。风机安装消声器一般有这几种情况：当向需要控制强噪声的区域送风时，可仅在风机出口管道上安装消声器；对送风区域无噪声要求、抽风区域有噪声要求时，可仅在风机进口管道上安装消声器；当进、出气口区域均有噪声要求时，如在井下使用的辅助通风机，则应在进、出气口管道上都要装消声器。

根据风机噪声频谱特性与区域环境的允许噪声频率特性的差值，决定设计或选用消声器的消声频率特性，即噪声频带的衰减量。根据环境噪声功能区域，选用相应的国家噪声控制标准。风机噪声的有关数据可由厂家提供，如资料不全，也可进行估算，最好进行实际测量，以便获得精确可靠的数据，取得良好的噪声控制效果。设计或选用消声器时，其阻力损失不能超出允许范围，而且应尽量小些。同时，要避免消声器的气流噪声过大，工业用风机消声器的气流速度应控制在 $10 \sim 20 m/s$；消声器宜安装在风机进、出口，即离噪声源较近，以防风机噪声激发管路振动；当需要装几个消声器时，消声器宜分段安装。另外，还要考虑消声器的特殊环境要求。

b   通风机机组加装隔声罩

风机噪声不但沿管道气流传播，而且能透过机壳和管道向外辐射噪声，同时，机组的机械噪声和电磁噪声也向外传播，污染周围环境。当环境降噪要求较高时，可采取综合措施控制噪声，其中最有效的措施是设计安装机组隔声罩。

机组大多采用密闭式隔声罩，这种隔声罩隔声效果好，但同时存在的机组散热问题，成为隔声罩设计的关键。目前，一般都采用隔声罩内通风冷却的办法，冷却方式有自然通风冷却法和强制通风冷却法等。

自然通风冷却法常适用于机组发热量不大、工作气温不高的场合。该方法是在隔声罩下部开进风口、上部开出风口，并在进出口都设计安装消声器。当隔声罩外部的冷空气经消声的进风口进入罩内后，被机组的热量加热为热空气，气体的热压促使热空气从罩顶部出风口排出，此时，冷空气从进风口不断地补充，从而使机组降温冷却，达到散热的目的。

对于电机和风机转数很高的机组，在单位时间内散发热量较多，工作媒质气温很高，就必须采用强制通风的办法控制机组的温升。针对不同的场合，可分别采用附加通风冷却法（见图 5-13）、罩内负压吸风冷却和罩内循环空气冷却法。附加通风冷却法是最常用的，它特别适用于输送高温工作媒质的系统。该方法的主要特点是在原有机组隔声罩内附加了一套通风冷却系统，该系统由进风消声器、进风风机及出风消声器组成。进口安装的风机常为轴流风机（风量大），为增加罩内空气量并呈紊流状态，增加散热量，风机必须装在进风口侧。

c   风机综合降噪措施

风机噪声除空气动力性噪声外，还有机械噪声、电磁噪声等，要使机组噪声不污染周

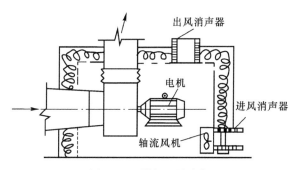

图 5-13 附加通风冷却

围环境，必须对风机噪声进行综合治理。

在风机选型和安装以前，针对现场实际情况，就要考虑噪声控制问题。这样，可以降低减噪的经济成本，施工方便，并取得良好的噪声控制效果。一般风机的位置应远离办公楼和需安静的区域；要选用高效低噪声风机、低转速风机，在通风系统设计时，应尽量减小管路长度，适当降低管道风速，少设弯接头及阀门，风机进、出口与管道连接处应安装柔性接管等；风机运转工况应位于或接近最高效率工况点；如机组通过基础传递强烈的振动，可考虑弹性基础隔振；对于管道或机壳振动强烈，可采用加涂阻尼材料减振；对于多台机组工作，可将机房建造成隔声间，即把机组（一台或几台）封闭在隔声间内，使其噪声传不出去。建造隔声间投资少，降噪效果好。同时，也应考虑其他隔振和机壳、管道的阻尼减振，包裹涂贴阻尼材料及吸声材料等。这样，会取得更好的降噪效果。另外也可以用地坑法消声，如图 5-14 所示。

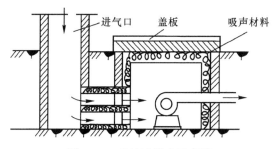

图 5-14 地坑法消声示意图

5.4.1.2 凿岩机

在矿山井下开采作业中，凿岩机是主要的噪声源。目前我国地下金属矿山凿岩作业主要还是用气动凿岩机，少数有条件的矿山采用液压凿岩机。气动凿岩机也称风动凿岩机，是用压气驱动，以冲击为主，间歇回转（内回转式凿岩机）或连续回转（独立回转式凿岩机，也称外回转式凿岩机）的一种小直径的凿岩设备。尽管气动凿岩机类型很多，但其结构组成基本相同。它们都包括冲击配气机构、回转（转钎）机构、排粉系统、润滑系统、推进机构和操作机构等。

A 气动凿岩机噪声源分析

气动凿岩机噪声源有：废气排出的空气动力性噪声，活塞对钎杆冲击噪声，凿岩机外壳和零件振动的机械噪声，钎杆和被凿岩石振动的反射噪声。风动凿岩机总噪声频谱较宽，是属于具有低频、中频和高频成分的广谱声。同时，测得它的声功率级为123dB（A）。在对凿岩机噪声源的分析中可知，凿岩机的噪声源主要是排气动力性噪声和钎杆的振动噪声。在1500Hz频率以下的噪声，排气动力性噪声是主要的噪声源，而在1500Hz频率以上，钎杆的振动噪声则成为主要噪声源。因此风动凿岩机噪声控制要对排气噪声和钎杆噪声采取措施。

B　气动凿岩机噪声控制方法

a　降低排气噪声方法

风动凿岩机噪声的主要声源是排气噪声。废气经排气口以高速气流冲击和剪切周围静止的大气，引起剧烈的气体扰动，在废气和大气混合区排气速度降低引起无规则的旋涡，旋涡以同样无规则的方式运动、消散，出现许多频带不规则的噪声；活塞往复一次，压气从气缸排出两次，产生周期性脉动噪声；排气本身就是凿岩机内部机械噪声的传播介质，上述过程产生噪声概括称为"空气动力性噪声"。排气的流速越大，排气管直径越细，则产生的噪声峰值频率越高，越趋于尖叫刺耳。在凿岩机排气口安装消声器，是控制排气噪声的有效方法。

图5-15所示为凿岩机排气口安装的阻抗复合式消声器。该消声器是用隔板分为不同小室的圆柱体。引射器压入隔板中，当废压缩气体从凿岩机沿着软管，经过连接管进入消声器的接受小室，被引射器吸入，并经过扩散器进入大室。从扩散器出口到消声器的排气口，需经几道带有分布不对称且有很多小孔的隔板。这些隔板不断改变气流的方向。通过降低小室的压力来补偿消声器气流的阻力。在消声器端部或其他位置，粘贴50mm厚的吸声材料，消除中高频噪声，即起到阻性消声器的作用。该消声器的最大消声量达30dB（A），能取得良好的消声效果。

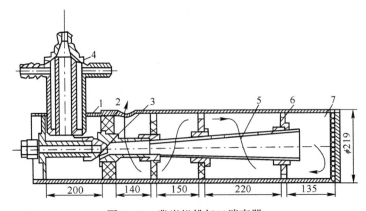

图5-15　凿岩机排气口消声器

1—圆柱体；2—隔板；3—引射器；4—连接管；5—扩散器；6—带孔隔板；7—吸声材料

b　降低钎杆冲击噪声方法

钎杆噪声主要是活塞撞针撞击作用产生的。通过理论分析和实验研究，欲降低钎杆噪声可从以下几点考虑：一是增加活塞撞针与钎杆撞击持续时间，当撞击时间增加一倍时，声功率级约减少12dB（A）；二是减小活塞撞针直径，同时，增加长度也可使持续时间提高；三是增大钎杆直径，比如，钎杆直径增大0.5倍时，高频噪声可以减少8dB（A）；四是钎杆减振可有效地降低噪声，当钎杆材料的阻尼系数增加1~2倍，钎杆的声功率级噪声约减少3~5dB（A）。

5.4.1.3 空压机噪声控制

A 空压机噪声源分析

空压机是矿山主要机电设备，同时也是矿山主要噪声源，噪声级高达100dB（A）以上。空压机按其工作原理可分为容积式和叶片式两类。容积式压缩机又分往复式（也称活塞式）和回转式，一般使用最为广泛的是往复式压缩机。空压机是个综合噪声源，空压机噪声是由进、出口辐射的空气动力性噪声、机械运动部件产生机械性噪声和驱动机（电动机或柴油机）噪声组成的。从空压机组噪声频谱可看出：声压级由低频到高频逐渐降低，呈现为低频强、频带宽、总声级高的特点。由于矿井空压机房多建在副井口附近，噪声掩蔽运输和提升信号，容易造成井口地面的运输工伤事故。

a 进气与排气噪声

空压机的进气噪声是由于气流在进气管内的压力脉动而形成的。进气噪声的基频与进气管里的气体脉动频率相同，它们与空压机的转速有关。空压机的转速较低，往复式压缩机转数为480~900r/min，因此，进气噪声频谱呈典型的低频特性，它的谐波频率也不高。

空压机的排气噪声是由于气流在排气管内产生压力脉动所致。由于排气管端与贮气罐相连，因此，排气噪声是通过排气管壁和贮气罐向外辐射的。排气噪声较进气噪声弱，所以，空压机的空气动力性噪声一般以进气噪声为主。

b 机械性噪声

空压机的机械性噪声一般包括构件的撞击、摩擦噪声，活塞的振动噪声，阀门的冲击噪声等，这些噪声带有随机性，呈宽频带特性。

c 电磁噪声

空压机的电磁噪声是由电动机产生的。电动机噪声与空气动力性噪声和机械性噪声相比是较弱的。但对于一些空压机由柴油机驱动时，则柴油机就成为主要噪声源，柴油机噪声呈低、中频特性。实验表明，同一种空压机，若将电动机驱动改为柴油机驱动，其噪声要高出10dB（A）以上。

综上所述，空压机的噪声主要是进、排气空气动力性噪声，其次为机械性噪声和电磁噪声。

B 空压机噪声控制方法

a 进气口安装消声器

进气口辐射的空气动力性噪声是整个空压机组中最强的噪声，控制噪声应安装进气消声器。对一些进气口在空压机机房里的场合，可先将进气口由车间引出厂房外，然后再加消声器。这样消声器的效果会发挥得更好。由于进气噪声呈低频特性，所以，一般加装阻抗复合式消声器。图5-16所示为两节不同长度的扩张室与一节微穿孔板组成的复合式消声器，用于进气口消声。它的消声原理为：当气流通过消声器的插入管进入扩张室，由于体积膨胀，起到缓冲器的作用，从而使气体脉动压力降低、强度减弱达到其降噪的目的；微穿孔板的使用可展宽消声频带，以提高其消声效果。

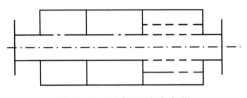

图 5-16　进气口的消声器

b　空压机装隔声罩

在环境噪声标准要求较高的场合，不仅要对空压机进气口噪声加以控制，还必须对机壳及机械构件辐射的噪声采取措施，才能满足降噪要求，为此应对整个机组加装隔声罩。为获得良好的隔声效果，隔声罩的设计要保证其密闭性。为了便于检修和拆装，隔声罩常设计成可拆式，留检修门及观察窗；同时应考虑机组的通风即散热问题，在进、出风口安装消声器。

c　空压机管道的防振降噪

空压机的排气至贮气罐的管道，由于受排气的压力脉动作用而产生振动并辐射出噪声。它不仅会造成管道和支架的疲劳破坏，还会影响周围操作人员的身心健康。为此，对管道可采用下列方法防振降噪。

（1）避开共振管长。当空压机的激发频率（空压机的基频及谐频）与管道内气柱系统的固有频率相吻合时，会引起共振，此时的管道长度称为共振管长。对于空压机的管道，它一端与压缩机的气缸相连，另一端与贮气罐相通。一般共振区域位于（0.8~1.2）倍的固有频率之间。设计输气管道长度时，应尽量避开与共振频率相关的长度。

（2）排气管道中加装节流孔板。在排气管道中加装节流孔板。节流孔板相当于阻尼元件，对气流脉动起减弱作用，从而降低管道的振动和噪声辐射。

d　贮气罐的噪声控制

空压机不断地将压缩气体输送到贮气罐内，罐内的压缩空气在气流脉动的作用下，产生激发振动，从而伴随强烈的噪声，同时激励壳体振动辐射噪声。这种噪声，除采取隔声方法外，也可以在贮气罐内悬挂吸声体，利用吸声体的吸声作用，阻碍罐内驻波形成，从而达到吸声降噪的目的。

e　空压机站噪声综合治理

一般矿山企业内空压机站均有数台空压机运转，对每台空压机安装消声器，虽能取得一定的降噪效果，但整个厂房噪声水平并不能取得根本改善，可采取如下措施：根据空压机站运行人员的工作性质要求，建造隔声间作为值班人员的停留场所，隔声间噪声可降低到 60~65dB(A) 以下。也可在空压机站的顶棚或墙壁上悬挂吸声体，噪声可降低 4~10dB(A)。

5.4.1.4　电机噪声控制

A　电机噪声源分析

电机（包括发电机和电动机）是使用量大面广的动力设备，是空压机、风机、球磨机等的驱动设备。目前国产的中小型电机噪声多在 90~100dB(A)，大型电机噪声均高达 100dB(A) 以上，声能分布在 125~500Hz（个别的达 1000Hz）。其噪声为低、中频性。电动机噪声一般由三部分组成：空气动力性噪声、机械性噪声和电磁噪声。

a 空气动力性噪声

空气动力性噪声是电机的主要噪声源，它的产生机理与风机的空气动力性噪声机理相似，噪声的强度与叶片的数量、尺寸、形状及转速有关。

b 机械性噪声

机械性噪声包括电机转子不平衡引起的低频声、轴承摩擦和装配误差引起的高频噪声、结构共振产生的噪声等。它对电机噪声的影响仅次于空气动力性噪声。

c 电磁噪声

电磁噪声是由于电机空隙中磁场脉动、定子与转子之间交变电磁引力、磁致伸缩引起电机结构振动而产生的倍频声。电磁噪声的大小与电机的功率及极数有关。对于一般功率不大的小型电机，电磁噪声并不突出。但对于大型电机，功率很大，电磁噪声在电机噪声中占有一定分量。

综上所述，在电机的噪声中，空气动力性噪声最强，机械噪声次之，电磁噪声最弱。

B 电机噪声控制

a 合理设计电机结构

合理设计电机结构、提高加工精度、改变风扇结构，直接从声源上降低噪声是非常有效可行的途径。例如，一台55kW电机，原风扇叶片为直叶片，现改为后弯式叶片，叶片由多片改为4片，并使风扇的直径由350mm缩短为325mm，为保证风量，适当增加叶片的宽度。实验表明，通过对风扇直径和叶片形状的改进，噪声可由97dB(A)降至88.5dB(A)。

b 加装消声器

对于冷却风扇位于电机尾部的电动机，大多在电机尾部和机壳上加装阻性消声筒，并在消声筒内放置吸声锥，吸声锥做成可调式，根据实际需要，对通流的断面积进行调节，如图5-17所示。把电机半围封起来，在降低空气动力性噪声的同时，也阻挡机壳的辐射噪声，常使噪声降低十几分贝。

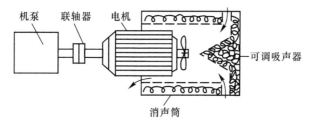

图5-17 电机消声筒

对于某些功率较大的电机，通风冷却系统是从电机尾部和联轴节两端进入，从机体两侧向外排气，这种进、出气方式的噪声控制，可在进、出气处加装适当形式的消声器。为避开电机主轴及电缆线等障碍物，消声器可设计成拼装结构，便于拆卸，可随时检查、维修电机。为保证电机冷却散热的需要，各消声器的通流面积均设计成原来的1.2倍。

c 隔声罩

对于大、中型电机，在降噪量要求很大的情况下，可采用全封闭隔声罩，即将整个电机都罩起来，在隔声罩上开进、排气口，并安装进、排气口消声器，这种控制方法十分有效。电机隔声罩的外壳用钢板制成，内衬吸声材料，并加护面结构。不过，在设计电机隔声罩时，要特别注意电机的温升问题。为了满足电机的散热要求，大、中型电机隔声罩内壁与电机外缘的间距一般在 70~100mm，这样有利于气流流动，并保持一定流速，不易产生涡流噪声，同时进、排气口的消声器的通流面积要比实际需要的通流面积大 20%。一般罩内气流通畅，有足够的储气量，进、出气口面积足够大，电机加装隔声罩一般不会影响电机的温升。

5.4.2　选矿主要设备噪声控制技术

选矿前设备有破碎、筛分、磨矿和分级设备，这些设备的噪声控制措施由各种结构的类型及其加工处理的物料和工作条件而定。

5.4.2.1　破碎机

A　破碎机噪声源分析

大多数破碎设备的声压级都超过允许值 10~25dB(A)。破碎机噪声属于撞击性机械噪声。破碎机在工作过程中，高速转动的齿盘和固定齿盘上的钢齿相互交错摩擦和撞击来粉碎物料。破碎物料的撞击和挤压产生弹性变形，引起破碎机整个机体的振动而发出强烈噪声。圆锥破碎机传动装置齿轮、可动破碎机锥齿轮的啮合也会产生振动，引起噪声。破碎机中的撞击噪声实际都来自给料撞击受料装置（漏斗）和分料板，以及所破碎物料撞击机内衬板所致，衬板因动力负荷变化而产生声振、衬板磨损、破碎机可动锥或颚板（颚式破碎机）传动部件都会产生噪声。

B　破碎机噪声控制方法

为了降低破碎机噪声，应该是减少主要振动力传递给相连接零部件。因此，需要在破碎机和支承结构之间安装弹性橡胶衬垫，对破碎机部件的传动装置进行隔振，机架外壳、机座和进料漏斗的振动表面复加阻尼材料。破碎机旋转零件应该仔细地平衡，这样也可以使振动强度降低。在出料口装置消声通道，防止内部噪声向外辐射。采用上述方法，噪声级可降低 10~15dB(A)。此外，安装隔声罩或建立隔声间也可以有效降低破碎机噪声。对破碎机整体增设隔声罩，综合治理噪声，阻隔噪声对外辐射。隔声罩要设计观察窗与隔音门，方便工人巡查与设备检修，连接处用特殊材料填充，保证隔声效果；设置散热系统，保证电机散热需求，不影响设备本身使用寿命。为操作工人建立隔声操作间，适用于破碎机厂房与其他厂房相距甚远，对周围其他人群影响不大和较难于使用降低破碎机本身噪声措施的情况。

5.4.2.2　磨矿机

磨矿机包括球磨机和棒磨机，磨矿机及其所配的电动机都是噪声源。磨矿机的声压级视磨矿机的结构类型、磨矿机内物料的负荷（填充率）、所磨物料的类型、工作条件、磨矿介质类型、球径、衬板的磨损程度而定。

A　磨矿机噪声源分析

磨矿机的噪声一般来自：（1）磨矿介质（球或棒）撞击磨机筒体和端盖衬板；（2）传动装置齿轮啮合处；（3）齿轮磨损；（4）磨矿机两端（给矿端和排矿端）轴颈没有密闭，传出噪声；（5）衬板造成的声振，传给筒体外表面和端盖；（6）齿轮箱防护装置不密闭；（7）给料、排料装置上物料的撞击声。

钢球撞击磨矿机筒体产生噪声最强，给料一侧稍差，其中筒体噪声为 90~110dB(A)，齿轮啮合处噪声为 102~105dB(A)，排矿一端噪声在 98~100dB(A) 以上。

B　磨矿机噪声控制方法

降低磨矿机噪声的办法，最好采用无介质磨矿法或减少磨矿介质撞击磨矿机筒体。自磨机、半自磨机和砾磨机的噪声较小。现在的工艺就是要减少磨矿介质的撞击，减少齿轮啮合的噪声、采取措施减小排矿端的噪声。

目前，许多企业采取措施，大大降低了噪声，这些措施有：在筒体和钢板之间垫以橡胶材料；筒体、排矿和磨矿机装置部件采取隔声装置；以橡胶衬板代替钢衬板。现在许多国家广泛采用橡胶板代替磨矿机中的钢衬板。如俄罗斯生产 14112、14478 和 18016 混合橡胶。瑞典斯克加和特列博格公司生产的各种衬板在北欧和北美洲各国广泛应用，效果良好。橡胶衬板与钢或合金钢板相比，不仅降低噪声，而且还可增长使用寿命、减少安装衬板时间，减少安装劳动量。使用橡胶衬板可降低 1/2 的噪声。为了降低开启排矿端发出的噪声，可在旋转的排矿轴颈处安装一个隔声板或是装有带隔声垫的带罩的隔声屏。隔声屏用 8~12mm 的钢板制成，屏的直径与轴颈的外径相同。在筒体的内表面衬有厚 40~50mm 的毡垫，以金属网（网格 20~30mm）使毡垫固定于筒壁上。

为了降低因筒体内旋转物料不平衡、齿圈周边形状变形、齿圈上齿的磨损不匀、齿轮啮合时引起的撞击噪声，在传动电动机和轴齿轮之间采用弹性联轴节，使齿圈、筒体、轴齿轮装上防护隔声装置，在简体内表面衬 10~15mm 厚的橡胶，采取这些措施之后可降低噪声 10~15dB(A)。如采用摩擦啮合代替齿轮啮合或人字齿轮时，噪声还可能降低 10dB(A)。

5.4.2.3　筛分机

筛分机的噪声往往都超过所允许值。筛分机的噪声特性视筛分机的结构、筛分机筛数（面）的形式、工作条件、所筛的物料粒度和硬度而定。

A　筛分机噪声源分析

中频和低频筛分机中，由传动装置不平衡块旋转产生的离心力引起筛框侧壁的振动、振动器轴承部件的撞击以及物料对筛板的撞击都是筛分机噪声源。

筛分振幅增大一倍，声压提高 3~4dB(A)。筛分机的噪声声压级也与负荷有关。筛分物料层增高可降低噪声，降低噪声最有效的办法是使筛网上运动的料层高度为矿石块度的两倍。如筛分物料粒度和硬度增大，筛分机的噪声也增大。

振动器、溜槽面、筛框和筛板是筛分机噪声的主要声源，当然物料落下也是噪声源。筛分振动器产生噪声的地方是在齿轮圈和轴承部件处。

B　筛分机噪声控制方法

俄罗斯 ГСЛ42、ГСЛ62 和 ГИСЛ 筛分机，采用一种结构经改进的自同步振动器，而不用齿轮传动使噪声降低 5~6dB(A)。目前俄罗斯已成批生产这种振动器。在振动器和筛架之间安装一种减振器也可降低筛分机筛框和轴承部件的噪声。俄罗斯采用橡胶减振器代替金属弹簧，也能降低噪声。日本在实践中采用橡胶金属减振器，降低了筛分机的噪声，这种减振器是把弹簧连在橡胶底座中。

国外许多选矿企业在光滑的筛板面上粘上厚 10~12mm 的硬橡皮，可降低噪声 3~6dB(A)。俄罗斯和其他国家采用橡胶筛板（橡胶网筛板和冲压筛板）代替金属筛网，大大降低了噪声。各企业的橡胶筛板使用经验表明，橡胶筛板与金属筛网相比，除了使用寿命增长以外，还可提高工艺指标，降低噪声 10dB(A)。

5.4.2.4　跳汰机、真空过滤机、真空泵

跳汰机的脉动器、真空过滤机、真空泵都是选矿厂车间中空气动力性噪声的主要来源。空气分配装置、脉动器电气传动装置、排料器和提升机的传动装置等所产生的声音决定设备的噪声特性。

为了降低噪声，在新型和改进型跳汰机中，采用阀门型的脉动器代替瞬时作用的脉动器。目前，国外采用电磁风动阀，降低了噪声。

真空过滤器在吹气时造成空气动力性噪声。真空过滤机吹滤饼时产生的噪声超过了允许值。此外，真空泵、鼓风机、空气分配器工作时也产生空气动力性噪声。俄罗斯和其他国家的研究表明，改进空气分配器配件，或将其换为阀型的分配器，在吹气时降低空气速度和利用外壳使空气分配器部件隔声，都可以降低真空过滤器的噪声。为了降低结构噪声，最好采用噪声小的材料制造真空过滤机的各个部件。泵装置、管道和管件也是选矿厂车间中的噪声源。真空过滤机在排出气水混合物时也产生噪声。

降低空气动力性噪声最有效的方法是在真空泵的排出处安装消声器。为了较有效地降低噪声，最好安装特制的噪声消声器。为了降低结构噪声和振动，安装泵时，要采用减振器和隔声材料。泵的工作噪声也取决于装配精度、工作条件、基础安装的方法以及与管道连接的方法。安装得当，可使泵运转平稳，因此要仔细加以调节。同时，流体通过管道时，也产生强烈的振动，为了降低噪声，在管道处利用特殊的隔声垫。采用滑动轴承，提高制造和安装精度，安装隔声外壳和防振的垫片，采取这些措施后噪声可降低 10~15dB(A)。

5.4.2.5　运料设备

选矿厂车间装有多种运料设备，如皮带运输机、斗式提升机、刮板斗式运输机和自流运输设备（如流槽漏斗等）。通常在流槽和分矿箱上衬橡胶或旧胶带，以降低大块物料的撞击噪声。尽量利用物料层来缓冲、减少矿块对仓壁的撞击。矿仓内尽量不放空。皮带运输机头部采用吸声的覆盖面材料，可以降低噪声。

6 矿山生态环境治理与土地复垦

中国共产党第十九届中央委员会第五次全体会议就制定国民经济和社会发展"十四五"规划和二〇三五年远景目标提出建议。全会提出，推动绿色发展，促进人与自然和谐共生。坚持绿水青山就是金山银山理念，坚持尊重自然、顺应自然、保护自然，坚持节约优先、保护优先、自然恢复为主，守住自然生态安全边界。深入实施可持续发展战略，完善生态文明领域统筹协调机制，构建生态文明体系，促进经济社会发展全面绿色转型，建设人与自然和谐共生的现代化。要加快推动绿色低碳发展，持续改善环境质量，提升生态系统质量和稳定性，全面提高资源利用效率。

在《"十三五"生态环境保护规划》中，就将矿山生态环境恢复治理列为重点工程内容，明确提出：加强矿山地质环境保护与生态恢复。严格实施矿产资源开发环境影响评价，建设绿色矿山。加大矿山植被恢复和地质环境综合治理，开展病危险尾矿库和"头顶库"（1公里内有居民或重要设施的尾矿库）专项整治，强化历史遗留矿山地质环境恢复和综合治理。推广实施尾矿库充填开采等技术，建设一批"无尾矿山"（通过有效手段实现无尾矿或仅有少量尾矿占地堆存的矿山），推进工矿废弃地修复利用。

我国矿产资源给经济的强力发展提供了有力的资源保障，我国95%以上的能源，80%以上的工业原料，70%以上的农业生产资料都来自矿产资源。而矿产资源带给人类社会提供巨大财富的同时，也给矿山地区带来了一系列的生态环境破坏的问题。

我国矿山生态环境破坏类型由矿产资源赋存特点及其开采方式决定的，大致可以分为三种类型：露天开采矿山、地下开采矿山和矿产资源采、选。露天矿山开采，其造成的生态环境破坏数量多、分布广、影响大，主要是采场对生态、自然景观的破坏；地下矿山开采主要是采矿造成的地面塌陷等问题，这一类矿山在局部地区较严重，治理难度较大；矿产资源采、选主要是指矿产资源采、选造成的化学污染和尾矿污染问题。

6.1 矿山开发对生态环境的影响

矿山生态系统是陆地生态系统的一个子系统，采矿生产使矿山生态结构破坏，矿山生态功能丧失或降低，生态环境恶化，生态平衡受到破坏。采矿造成地表挖掘破坏或塌陷崩落，地下水水位下降，露天矿边坡失稳或滑坡；矿山排出的"三废"使地表植被破坏，耕地废弃，河流淤积，地下水受到污染，土壤沙化，水土流失；采矿过程排出的粉尘、有毒有害气体也导致附近农业用地减产，土壤受到污染。更为严重的是，矿山开采将导致数倍于开采面积的区域地表形态发生根本变化，从而严重影响其生态环境。

6.1.1 露天开采对生态环境的影响

6.1.1.1 侵占、破坏土地

露天开采占用并破坏了大量土地，其中占用的土地指生产、生活设施所占的土地；破

坏的土地指露天采矿场、排土场、尾矿场、塌陷区及其他矿山地质灾害破坏的土地。采矿过程中排放的废石和尾矿对土地资源的破坏最为严重。

我国采矿业破坏的土地约有 140 万~200 万公顷，并以每年约 2 万公顷的速度增加，2000 年后每年增加 3.4 万公顷。据不完全统计，我国露天开采每万吨煤破坏土地 0.24 公顷，其中采场挖损破坏土地为 0.08 公顷，外排土场压占土地约 0.16 公顷。

露天开采还对耕地、森林、草地等造成了破坏。2008 年 4 月，国土资源部对国家地质环境进行调查后指出，因采矿及各类废渣、废石堆置等，目前全国累计侵占土地达 586 万公顷，破坏森林 106 万公顷，破坏草地 26.3 万公顷。地表植被破坏和大量堆放的尾矿，导致严重的水土流失和土地荒漠化。

6.1.1.2 　水土流失及土地沙化

我国是世界上水土流失最为严重的国家，露天开采在很大程度上破坏了原来相对稳定的土壤、植被和山坡土体，破坏了矿山地面景观，产生的废石、废渣等松散物质极易促使矿山地区水土流失。

为了明确国家级水土流失防治重点，实施分区防治战略，分类指导，有效地预防和治理水土流失，促进经济社会的可持续发展，水利部在划定 42 个国家级水土流失重点防治区（包括重点预防保护区、重点监督区、重点治理区）。国家级水土流失重点监督区共 7 个，涉及 13 个省区市，总面积 30.60 万平方千米，其中水土流失面积 17.98 万平方千米，主要是矿山集中开发区、石油天然气集中开发区、特大型水利工程库区、交通能源等基础设施建设区以及在建的国家特大型工程区，包括辽宁冶金煤矿区、晋陕内蒙古接壤煤炭开发区、陕甘宁内蒙古接壤石油天然气开发区、豫陕晋接壤有色金属开发区、新疆石油天然气开发区等，这些以矿产资源开发为主的区域，开发历时长，强度大，造成的水土流失及其危害比较严重。

6.1.1.3 　破坏水资源

露天开采对采矿地区水环境的影响，取决于采矿工程的规模、采矿技术条件、地下水位、区域水文地质条件、采矿场的排水能力等。露天采场内疏干排水改变了地下水的自然流场及补、径、排条件，打破了地下水原有的自然平衡，破坏了大气降水、地表水与地下水这一均衡系统的转化关系，常常形成以采区为中心的大面积水位下降漏斗区，造成水质恶化、泉眼干枯、水源枯竭等。

另外，露天开采使基岩裸露，易使流入境内的地下水酸化和受到重金属等有害物质的污染。而且，露天矿坑大量排放的酸性废水，对周围受纳水体也会产生一定的污染。

6.1.1.4 　引发泥石流、滑坡、溃坝等地质灾害

露天开采要剥离地表堆积物、土壤和矿体上覆岩层，地面及边坡开挖影响山体和边坡的稳定，导致岩（土）体变形，诱发崩塌、滑坡、泥石流等地质灾害。废石（渣）等大量的固体废物如果堆存不恰当、处置不合理，或堆积于山坡或沟谷中，在暴风雨诱发下极易发生泥石流、滑坡、溃坝等事故，对矿山生态环境造成严重破坏。

6.1.1.5 　生物资源的损害

矿区生物资源的损害主要是由于矿山工业建设、矸石堆放、开山修路、露天采矿剥离等引起的。这些剧烈的矿山开采与建设活动，特别是不合理的活动，改变了矿区内以及周

边地区水体、土壤等环境的原始条件，破坏了区域内营养元素的循环与更新，从而对矿区生物资源造成了严重损害。其主要表现为：

（1）采矿活动造成生物的生存环境或栖息地被破坏。

（2）由于矿产开采对矿区及周围水体、大气和土壤的严重污染，导致某些生物减少，甚至灭绝，最终导致矿区生物多样性受损。

（3）在进行矿区生态修复和重建的过程中，人为引入的外来物种入侵，对当地生态系统造成严重干扰和破坏，致使原有物种大量灭绝，导致矿区生物物种单一，生态系统退化。

6.1.1.6 烟（粉）尘的污染

露天采矿过程中的大爆破产生的烟（粉）尘冲向天空，使土壤、植被和水体受到污染。烟尘量的多少取决于矿岩硬度、含水量和药量等。有资料表明，一次大爆破产生的烟尘含量超过 $15\sim20m^3$，粉尘及有害气体可漂浮至 $10\sim20km$ 之外，经 1 到 4 个昼夜可在 $2\sim4km$ 的范围内降落 $200\sim500t$ 粒度 1.5mm 以下的粉尘。

露天堆积的排土场废弃土石易于风化破碎，产生的大量粉尘随风飘扬，加重矿区环境的粉尘污染。降尘损害土地、农作物、景观和设备。

6.1.2 地下开采对生态环境的影响

6.1.2.1 影响地下水系、破坏水均衡

地下开采破坏了地下岩层结构及地表水、地下水均衡系统，尤其是地下水循环系统。矿坑疏干排水使一些地下水源相继枯竭，造成大面积疏干漏斗、大批泉井干枯、水位下降、河水断流、地表水入渗或经塌陷灌入地下，使原本地下水良好的富水区变为缺水区；地面塌陷改变地表水体径流条件，使水质恶化；矿山废水的排放，使矿区周围河道淤积、水质污染，造成水质型缺水，严重影响了矿山地区的生态环境。

6.1.2.2 破坏地形地貌

大规模的地下采矿活动常引起大面积的地表变形，破坏了矿区原始的地形地貌，对土地资源破坏严重。另外，采用水溶法开采岩盐所形成的地下溶腔，也可导致地面沉陷。

地表变形通常是指由于地下采矿造成地表下沉、水平移动、地表倾斜、地表弯曲等变形，甚至形成地表下沉盆地或出现漏斗状的塌陷坑。地表变形往往造成地表积水或地貌改变、建筑物断裂或倒塌、公路塌方、山坡滑落、水库漏水等，使矿区大片耕地变为凹凸不平的荒滩或阶梯状的洼地。

6.1.2.3 造成山体崩塌、塌陷等地质灾害

矿山井巷的开掘会破坏岩石应力平衡状态，由于地下采空，地面及边坡开挖影响山体、斜坡稳定，在一定条件下会引起山体崩塌（见图6-1）、塌陷（见图6-2）、滑坡等地质灾害，影响土壤和植被的生长，破坏矿区生态环境。特别是地表下沉和塌陷区引起地表水和地下水的水力联通，容易酿成淹没矿井的水灾事故。大面积地表塌陷的同时，会出现高度、深度不等的地裂缝，导致地面建筑物的坍塌，破坏地面景观，影响人民生活甚至危及生命财产安全。

图 6-1 地下开采引起的山体崩塌

图 6-2 地下开采引起的塌陷

6.1.2.4 引起气候变化，影响生物圈

矿山排放的废气、粉尘及矿区燃煤排放的烟尘等污染矿区及其周围的大气环境，使空气能见度、清洁度降低；空气温度、光照、太阳辐射、蒸发散热量等局部气候特征发生改变。这种微气候的变化会对生物圈产生一定的影响，地表植被受到破坏，动物、植物和微生物的生存环境遭到破坏，生物量下降、生物种类减少，区域环境的生态平衡也随之受到破坏。

6.1.2.5 损害矿区景观环境

由于在矿山开采过程中，采掘土方、堆弃废石及尾矿、排放污染物，破坏了矿区地质地貌原有的形态，影响了自然风景观瞻，毁坏了珍贵的地质遗迹和名胜古迹。这不仅给人们带来视觉污染，也给人类历史文化和科学研究造成了不可弥补的损失。

6.1.3 矿山生态环境治理的意义及进展

加强矿山生态环境保护，最大限度地减轻矿山开发对生态环境的污染和破坏，搞好矿山生态环境的治理和恢复，提高矿山生态环境恢复率，这是矿山生态环境保护与治理的总体要求和具体目标。

矿区生态环境的治理不仅关系到区域环境的可持续发展，而且对改善全国、全球的生态环境有着十分重大的意义。通过法律法规的完善与制约，限制不合理的矿产开采活动，从而减轻矿山生态环境的破坏；通过土地复垦、生态修复等措施，尽力恢复矿区土地原有功能和矿山生态环境，重新建立健康的矿山生态系统；通过发展新型绿色能源，减轻自然的生态负荷，遏制矿山生态环境的人为破坏，逐步恢复天然林草植被、水源涵养功能和生物多样性；通过综合治理，减少水土流失、土地沙漠化等灾害的发生，使可持续发展能力进一步增强，人与自然更加和谐发展。

矿山生态环境是整个环境系统的重要组成部分，矿山生态环境保护和治理是生态文明建设的重要内容。作为生态环境的重要构成部分，矿山自然生态环境的保护与治理对整个环境系统的生态建设和文明推进发挥着十分重要的作用；是实施可持续发展战略的需要。推进矿山态环境建设，走科技先导型、生态保护型、循环经济型的矿业经济发展之路，不仅有利于促进矿产资源的永续利用，实现物质、能量、信息的多层次分级循环利用，改变目前矿产资源保证度低、环境容量小对经济发展的制约，更重要的是从根本上整合和重新配置有限的矿产资源，优化矿产资源布局，更加合理地调整矿业结构不断提升产业层次和经济质量，从而实现矿业的可持续发展；是全面建设小康社会的需要。推进矿山生态建设，正是在矿产资源管理领域遵循生态学原理、系统工程学方法和循环经济发展理念，充分利用现代科技，转变经济增长方式，不断改善和优化生态环境，促进国民经济和社会持续健康协调发展，并为今后的发展提供良好的基础和可以永续利用的矿产资源和矿山生态环境，真正把美好的家园奉献给人民群众，把青山绿水留给子孙后代。

6.2　矿山治理的法律法规

6.2.1　矿山治理的法律法规

随着我国社会经济结构的转型，经济增长方式的转变，追求人与自然的和谐必将成为未来中国经济发展的主题，而要达到这个目标，充分发挥法律对社会经济结构的规制作用显然是富有效率的选择。为此，国家制定了一系列相关法律法规。

中华人民共和国成立后，国家机关十分重视矿产资源法制建设。国家以宪法的形式明确规定矿藏属国家所有。最高国家行政机关制定了一系列矿产资源行政法规。1986年3月19日第六届全国人民代表大会常务委员会第十五次会议通过，中华人民共和国主席令第三十六号公布了《中华人民共和国矿产资源法》。

我国资源法包括的内容非常广泛，目前相关的资源法规主要有：（1）林业资源：《中华人民共和国森林法》；（2）草原资源：《中华人民共和国草原法》；（3）渔业资源：《中华人民共和国渔业法》；（4）矿产资源：《中华人民共和国矿产资源法》《中华人民共和国煤炭法》；（5）土地资源：《中华人民共和国土地管理法》《中华人民共和国房地产管理法》；（6）水资源：《中华人民共和国水法》《中华人民共和国水土保持法》；（7）物种资源：《中华人民共和国野生动物保护法》；（8）气候资源：《中华人民共和国气象条例（行政法规)》；（9）风景名胜区和自然保护区：《中华人民共和国自然保护区条例（行政法规)》；（10）文物资源：《中华人民共和国文物保护法》。

《中华人民共和国矿产资源法》是我国调整矿产资源勘查、开采活动等各种社会关系的一项基本法律。在我国的法律体系中，《宪法》是根本法，具有最高的法律效力，是制定其他法律的立法基础，《中华人民共和国矿产资源法》也不例外，在《中华人民共和国矿产资源法》总则的第一条就明确指出："根据中华人民共和国宪法，特制定本法。"这就表明，《中华人民共和国矿产资源法》是以《宪法》为立法依据的。《中华人民共和国矿产资源法》遵循以下基本原则：

（1）矿产资源国家所有原则；

（2）国家对矿产资源勘察和开发实行统一管理；

（3）正确处理不同类型矿业经济组织之间相互关系；

（4）国家对矿产资源的勘察开采实行统一规划、合理布局；

（5）国家对矿产资源实行综合勘查、合理开采和综合利用；

（6）加强矿产资源保护；

（7）鼓励矿产资源勘查和开发技术进步；

（8）加强环境保护；

（9）供矿山建设设计使用的勘探报告审批；

（10）矿产资源的有关资料实行统一管理；

（11）矿业权有偿取得和依法转让；

（12）矿床勘探报告及其他有价值的勘察资料实行有偿使用；

（13）对勘查、开采矿产资源进行监督管理。

在我国，由于矿产资源立法起步较晚，如何全面实施矿产资源法，如何认定、区分矿产资源法中所规定的相对利益主体，如何调整相对利益主体间的利益关系，如何依法处理矿产业资源方面的各类现实难题，促进矿业的持续、快速、健康发展，已是今后矿业管理部门和矿山企业的迫切任务。

除了《矿产资源法》以外，我国还出台了《中华人民共和国环境保护法》《全国生态环境保护纲要》《"十五"国土资源生态建设和环境保护规划》《土地复垦规定》《矿山生态环境保护与污染防治技术政策》《关于逐步建立矿山环境治理和生态恢复责任机制的指导意见》《中华人民共和国固体废物污染环境防治法》《中华人民共和国土壤污染防治法》《中华人民共和国水污染防治法》《中华人民共和国大气污染防治法》《中华人民共和国放射性污染防治法》及《中华人民共和国矿山安全法》等矿山治理相关的法律法规。

为加强土地复垦工作，合理利用土地，改善生态环境，1988 年 11 月 8 日发布，自 1989 年 1 月 1 日起施行《土地复垦规定》，是《土地管理法》的实施配套法规。共 26 条，对土地复垦的含义、适用范围、"谁破坏，谁复垦"原则、管理体制、土地复垦规划、建设项目土地复垦要求、复垦标准以及复垦后土地的验收和交付使用等，做了具体规定。2012 年 12 月 11 日，国土资源部第 4 次部务会议审议通过发布《土地复垦条例实施办法》，自 2013 年 3 月 1 日起施行，以保证土地复垦的有效实施。

为保护和改善环境，防治污染和其他公害，保障公众健康，推进生态文明建设，促进经济社会可持续发展，1989 年 12 月 26 日，第七届全国人民代表大会常务委员会第十一次会议通过《中华人民共和国环境保护法》，并于 2014 年 4 月 24 日第十二届全国人民代表大会常务委员会第八次会议进行了修订。保护环境是国家的基本国策，国家采取有利于节约和循环利用资源、保护和改善环境、促进人与自然和谐的经济、技术政策和措施，使经济社会发展与环境保护相协调。

为贯彻《中华人民共和国固体废物污染环境防治法》和《中华人民共和国矿产资源法》，实现矿产资源开发与生态环境保护协调发展，提高矿产资源开发利用效率，避免和减少矿区生态环境破坏和污染，2005 年 9 月 7 日，环保总局、国土资源部和卫计委联合发布《矿山生态环境保护与污染防治技术政策》，以实现矿产资源开发与生态环境保护协调发展，提高矿产资源开发利用效率，避免和减少矿区生态环境破坏和污染。本技术政策适用于矿产资源开发规划与设计、矿山基建、采矿、选矿和废弃地复垦等阶段的生态环境保护与污染防治。

为了加强矿山环境治理和生态恢复，促使矿山企业合理负担其资源与环境成本，理顺资源价格形成机制，根据《矿产资源法》和《环境保护法》中有关加强生态环境保护、防止环境污染的有关规定，贯彻落实《国务院关于全面整顿和规范矿产资源开发秩序的通知》的有关要求，2006 年 2 月 10 日，财政部、国土资源部和环保总局共同出台《逐步建立矿山环境治理和生态恢复责任机制提出指导意见》。

为贯彻《中华人民共和国环境保护法》《中华人民共和国环境影响评价法》和《国务院关于加强环境保护重点工作的意见》，规范矿产资源开发过程中的生态环境保护与恢复治理工作，促进矿区生态环境保护，2013 年 7 月 23 日，环境保护部发布《矿山生态环境保护与恢复治理技术规范（试行）》（HJ 651—2013）。本标准规定了矿产资源勘查与采选过程中，排土场、露天采场、尾矿库、矿区专用道路、矿山工业场地、沉陷区、矸石场、矿山污染场地等矿区生态环境保护与恢复治理的指导性技术要求。

6.2.2 土地复垦相关的法律法规

1989 年，国务院针对采矿等造成土地破坏的生产建设活动专门出台了与《土地管理法》配套实施的《土地复垦规定》，对破坏土地的复垦做了规划和指导；2011 年，在吸收国外优秀经验的基础上，国务院出台了《土地复垦条例》，提出许多新的具体措施，其中把土地复垦方案编制和复垦费用及保证金缴纳纳入采矿许可证制度，有效地推动了矿山废弃地的修复工作；为了合理利用土地和严格保护耕地，加强矿山环境恢复，2012 年，国土资源部发布了《关于开展工矿废弃地复垦利用试点工作的通知》，开展历史遗留矿山废弃地复垦试点工作，经过 3 年实践，2015 年国土资源部根据生态文明建设等新形势、新要求制定了《历史遗留工矿废弃地复垦利用试点管理办法》，有效期 5 年。对我国目前矿山生态环境保护工作起到明显推动作用的主要是《土地复垦规定》和严格编制矿区土地复垦规划。

6.2.2.1 《土地复垦规定》的主要内容

A 明确了土地复垦的宗旨

土地复垦的宗旨是"加强土地复垦工作，合理利用土地，改善生态环境"。这是根据我国国情所提出的一项极为重要的法规。

B 明确了土地复垦的含义和范围

土地复垦是指对在生产建设过程中，因挖损、塌陷、压占等造成破坏的土地，采取整治措施，使其恢复到可供利用状态的活动。适用于因从事开采矿产资源、烧制砖瓦、燃煤发电等生产建设活动，造成土地破坏的企业和个人（以下简称企业和个人）。

C 明确了土地复垦的基本原则

明确了土地复垦的基本原则："谁破坏，谁复垦"。凡是一切单位和个人因各种活动造成土地破坏的都必须履行土地复垦义务。

D 明确了土地复垦工作的管理体制

各级人民政府土地管理部门负责管理、监督、检查本行政区域的土地复垦工作。这表明，土地管理部门是土地复垦工作的主管部门，要实行集中统一的领导，同时也明确了各级政府部门和各有关行业管理部门的职责义务。

E 明确了土地复垦的"三同时"制度

有复垦任务的建设项目，其可行性研究报告和设计任务书应当包括土地复垦的内容；设计文件应当有土地复垦的章节，工艺设计应当兼顾土地复垦的要求。这表明，对有复垦任务的新建项目，从可行性研究报告、初步设计和文件以及工艺设计开始，必须一起考虑土地复垦的内容、要求，使土地复垦与生产设计和建设同步进行。

F　明确了土地复垦的主要形式

明确了土地复垦的主要形式，开辟了土地复垦资金渠道，明确了复垦后的土地检查验收程序，以及复垦土地使用权的归属。为节约、合理利用土地，规定还明确了使用复垦土地的优惠政策。同时，还规定了对破坏土地的单位如何按规定政策要求对遭受损失的单位支付土地损失补偿。

G　明确了土地复垦违法行为的法律责任

明确了土地复垦违法行为的法律责任，分别做出了处罚的具体规定。违反《土地复垦规定》应承担相应的行政责任、民事责任和刑事责任。

6.2.2.2　土地复垦的范围

土地复垦的范围大体包括以下6种情况：

（1）由于露天采矿、取土、挖砂、采石等生产建设活动直接对地表造成破坏的土地；

（2）由于地下开采等生产活动中引起地表下沉塌陷的土地；

（3）工矿企业的排土场、尾矿场、电厂储灰场、钢厂灰渣、城市垃圾等压占的土地；

（4）工业排污造成对土壤的污染池；

（5）废弃的水利工程，因改线等原因废弃的各种道路（包括铁路、公路）路基、建筑搬迁等毁坏而遗弃的土地；

（6）其他荒芜废弃地。

恢复利用的具体用途，根据《土地复垦规定》，按照经济合理的原则和自然条件、土地破坏状态来确定，宜农则农、宜林则林、宜渔则渔、宜建则建，尽量将破坏的土地恢复利用。

6.2.2.3　编制矿区土地复垦规划的基本程序

矿区土地复垦规划是指一段时期内，对土地复垦工程的总体安排，具体包括空间、时间、规模与方法等多方面。空间上的规划包括摸清破坏土地资源的分布与特征、确定复垦工程的位置等；时间上的规划是指确定各复垦工程的先后次序，也称分期实施规划；规模规划即确定复垦工程的面积大小、投资规模等；方法规划包括确定复垦工程措施、复垦后土地利用方向以及复垦土地的经营管理方法等。编制矿区土地复垦规划的基本程序可分为以下10个步骤。

A　明确问题的性质

本阶段对规划类型、规划范围、规划期限、规划的基本要求及规划中应遵循的基本原则或指导思想等问题，应有明确的认识。

B　信息系统设计

土地复垦规划涉及大量的基础资料的分析处理，如预测采后地形变化，分析复垦区环境、经济特征，评价复垦土地适宜性等。

C　确定复垦目标

本阶段具有战略意义，即初步确定了复垦土地的利用方向。总的原则是遵循《土地复垦规定》的要求，即复垦土地的利用方向与当地土地利用总体规划相协调。若当地无土地利用总体规划或缺乏明确规定，这时矿山企业应与当地土地管理部门共同商议，保证复垦土地与邻近区域土地利用相协调，以满足当地居民生活要求、保护自然生态环境为准则，确定复垦土地利用目标。

D 初步论证及资料收集

本阶段应提供形成土地复垦方案和方案评价所必需的背景资料，如地表水、地下水、覆岩、矿层、土壤、地形、气候、植被、野生动物及土地利用现状等。除此之外，规划人员还需收集复垦区经济、人口、地理特征信息并对这些信息加以分析。地理特征调查要求得到公共设施分布图、交通运输网及居民区分布图、工农业生产布局图等。

E 提出供选方案

复垦方向包括农业用地、林业用地、水产养殖用地、居民区用地、蔬菜基地、商业用地、娱乐用地、工业用地等多方面。将破坏的土地恢复原用途或暂不复垦也可看作是两个可供选择的方案。而一般的供选复垦方案应指出采用何种工程和生物措施、复垦土地的用途与比例、不同用途土地的空间布局等。

F 选择评价方法

方案评价包含三个方面，即经济、环境与社会影响分析；经济影响分析视评价要求分为土地潜在利用价值的概算和详细的复垦成本分析；环境与社会影响分析除需说明采用的土地复垦方案对现有问题解决的可能性外，还需说明复垦后可能出现的新的环境与社会问题。

G 选择评价标准

评价标准的选择取决于评价方法，它应能综合衡量规划方案在经济、环境与社会三方面的优缺点。经济标准可以用最小的投入获取最大的收益来表示；环境标准要求规划方案满足各种法规和技术标准，且对环境产生的负面影响最小；社会标准通常以复垦方案所能解决矿区社会问题的程度来表示，如增加就业人数和农副产品供应状况等，也可用投资收益分析等方法来定量分析。

H 方案评价

利用选定的评价方法和评价标准对每一供选方案进行评价，评价的内容应包括经济社会分析和环境分析，评价的结果可以是定性的，也可以是定量的。

I 方案选择

根据评价结果推荐可行的复垦规划方案。

J 结论与评述

对选定方案的主要技术经济指标和工艺流程进行阐述，并对某些因素或条件的改变对复垦规划方案产生的影响进行说明，供土地管理与投资部门决策时参考。

6.3 矿山生态环境保护的基本理论

矿山生态系统属于工业生态系统，矿山生态系统是矿区空间范围内的人类与相应的自然环境系统和人类社会环境系统通过各种相互联系而形成的，以矿产资源开发利用为主导的自然、经济与社会复合生态系统。

6.3.1 矿山生态环境保护的阶段划分

人类社会发展进入新的发展时代后，从过去的生态与经济不协调走向两者协调发展的矿山生态系统类型。其特征是科学技术更快发展，社会生产力水平很高，矿产资源的综合利用率大大提高。由于人们已经有生态与经济协调和可持续发展的理论做指导，矿区灾害很少发生，矿山生态系统处于健康状态。这时的生态系统循环也是开放式的循环，但由于经济系统与生态系统结合形成的复合生态经济系统结构和功能已经走向协调，因此不会导致生态环境危机的产生。这种矿山生态系统类型是当前人们正在努力建造，今后将成为普遍存在的一种先进矿山生态系统类型。

矿山生态环境保护工作应贯穿矿山从立项到闭矿的全过程，即从矿山开发设计时就应有矿山生态环境保护规划，"规划"应包括建设期、生产营运期和闭矿期三个阶段。

6.3.1.1　建设期矿山生态环境保护

建设期矿山生态环境保护应按照《矿山开发方案》《矿山环境影响报告书》《水土保持方案》《地质灾害评价报告书》《安全评价报告书》等制定的生态保护规划实施。包括生态环境保护内容在内的环境保护措施和建设项目应实行"三同时"制度。矿山选址应符合政府和相关部门有关规划和各地区的《生态建设规划》《自然保护区规划》《地下水保护规划》《城市发展规划》《风景名胜区规划》《旅游区规划》等。

露天开采或地下开采都应关注"三场"位置的选择，即在满足采矿需求的同时，应尽可能少地破坏地表植被，减轻对景观的影响；既能满足废石和矿石堆存的容量需要，又要考虑扬尘对周围环境敏感点的影响。废石堆放场和矿石堆放场最好选择在环境敏感点的下风向，距周围环境敏感点的距离应大于500m。建设期产生的施工废水和生活废水应简单处理后回用，不向地表水体排放。

6.3.1.2　生产营运期矿山生态环境保护

在不影响矿山生产的前提下，按规划逐步实施生态保护工作，保证治理资金，确保矿井水的处理效果和综合利用率符合国家要求。生产过程中产生的矿山固体废物要积极妥善的处置，对于有利用价值的废石和尾矿采取可行的综合利用方式，减小固体废物的堆存量。对于无法综合利用的矿山固体废物，可以考虑在其上覆土造田或恢复植被。

另外，矿山企业应全面实施《矿山环境影响报告书》中提出的各项污染防治措施，确保污染防治设施的正常运行；按规划实施生态恢复工程，尽量减少矿区生态环境破坏。

6.3.1.3　闭矿期矿山生态环境保护

按闭矿期矿山生态环境保护规划做好具体的实施步骤和时间安排。有序拆除无用的地面建筑，妥善处理建筑垃圾。被硬化的地面尽量恢复为裸土地面，并恢复植被。清理固体废物堆放场，优先采用回填采空区或地表塌陷区等方法及时处理和利用剩余固体废物，不能利用的固体废物应因地制宜，平整地面，覆土造田或恢复植被。

6.3.2　矿山生态环境保护的理论基础

矿山生态环境保护是一个系统工程，它是在研究采矿活动生态环境影响的基础上，研究通过调控人类行为使矿山生态系统发生正向演替的原理和工程方法。矿山生态环境保护的每一个环节，如生态环境保护立项、生态环境保护规划、生态环境保护工程措施、生态环境保护生物措施、生态环境保护验收和后期管理等，都需要广泛的理论支撑。矿山生态环境保护的理论基础主要有生态学基本原理、工业资源生态学、环境保护生态学及景观生态学等。

6.3.2.1　生态学基础

生态学（Ecology）是德国生物学家恩斯特·海克尔（Ernst Heinrich Haeckel）于 1866 年初次定义的一个概念，是"研究有机体与其周围环境（包括非生物环境和生物环境）相互关系的科学"。生态学基本原理详见：1.2 生态系统与环境。

6.3.2.2　环境生态学

环境生态学是指以生态学的基本原理为理论基础，结合系统科学、物理学、化学、仪器分析、环境科学等学科的研究成果，研究生物与受人干预的环境相互之间的关系及其规律性的一门科学。从学科发展上看，环境生态学的理论基础是生态学，它由生态学分支而来，但同时又不同于生态学。环境生态学是研究人为干扰下，生态系统内在的变化机理、规律和对人类的反效应，寻求受损生态系统恢复、重建和保护对策的科学，即运用生态学理论，阐明人与环境间的相互作用及解决环境问题的生态途径。

环境生态学研究重点是环境污染的生态学原理和规律、环境污染的综合治理、自然资源的保护和利用、废弃物的能源化和资源化技术，研究目的是改善不断恶化的生态环境，达到资源的永续利用，促进经济、环境和人类社会的可持续发展。环境生态学的研究对象是污染的环境对整个生态系统（以生物为主）的影响。它是研究生态系统中的生物与污染的环境两者之间作用与反作用、对立与统一、相互依赖与相互制约、物质的循环与代谢等一系列相互作用的规律，以及支配这些规律的内在机理。生命系统与人为干预的环境系统两者之间的相互作用，可以表现为各级水平，所以，环境生态学的研究对象既包括从宏观上研究环境中污染物和人为干预的环境对生物的个体、种群、群落和生态系统产生影响的基本规律，也包括从微观上研究污染物和人为干预的环境对生物的分子、细胞和组织器官产生的毒害作用及其机理。

6.3.2.3　工业生态学

工业生态学(Industrial Ecology，IE) 又称产业生态学，是一门研究社会生产活动中自然资源从源、流到汇的全代谢过程、组织管理体制以及生产、消费、调控行为的动力学机制、控制论方法及其与生命支持系统相互关系的系统科学。是对开放系统的运作规律通过人工过程进行干预和改变，在一般的开放系统中资源和资金经过一系列的运作最终结果是变成废物垃圾，而工业生态学所研究的就是如何把开放系统变成循环的封闭系统，使废物转为新的资源并加入新一轮的系统运行过程中。

工业生态学把整个工业系统作为一个生态系统来看待，认为工业系统中的物质、能源和信息的流动与储存不是孤立的简单叠加关系，而是可以像在自然生态系统中那样循环运行，它们之间相互依赖、相互作用、相互影响，形成复杂的、相互连接的网络系统。工业生态学通过"供给链网"分析（类似食物链网）和物料平衡核算等方法分析系统结构变化，进行功能模拟和分析产业流（输入流、产出流）来研究工业生态系统的代谢机理和控制方法。工业生态学的思想包含了"从摇篮到坟墓"的全过程管理系统观，即在产品的整个生命周期内不应对环境和生态系统造成危害，产品生命周期包括原材料采掘、原材料生产、产品制造、产品使用以及产品用后处理。

6.3.2.4　景观生态学原理

景观生态学(Landscape Ecology)是在 1939 年由德国地理学家 C. 特洛尔提出的。它是以整个景观为对象，通过物质流、能量流、信息流与价值流在地球表层的传输和交换，通过生物与非生物以及与人类之间的相互作用与转化，运用生态系统原理和系统方法研究景观结构和功能、景观动态变化以及相互作用机理、研究景观的美化格局、优化结构、合理利用和保护的学科，是一门新兴的多学科之间的交叉学科，主体是生态学和地理学。

景观生态学是研究在一个相当大的区域内，由许多不同生态系统所组成的整体的空间结构，相互作用，协调功能以及动态变化的一门生态学新分支。景观在自然等级系统中一般认为是属于比生态系统高一级的层次。景观生态学以整个景观为研究对象，强调空间异质性的维持与发展，生态系统之间的相互作用，大区域生物种群的保护与管理，环境资源的经营管理，以及人类对景观及其组分的影响。在景观这个层次上，低层次上的生态学研究可以得到必要的综合。

在矿产开发过程中，在采矿活动中，以工业广场为中心板块，矿区公路为廊道，整个采矿影响区为本底的工业景观构造，部分地或整体地割断了自然景观的连续性，使其结构、功能和稳定性受到影响。矿区生态环境的恢复与重建活动则是在对采矿活动生态环境影响评价的基础上，采取工程和生物措施逐步恢复或提高受采矿影响的自然景观的结构、功能和稳定性。

矿区废弃地恢复为何种景观类型并不是随意的，而是在综合分析整个矿区的社会—经济—生态环境系统各种影响因素的基础上提出的合理性规划。不合理的生态恢复规划，以及在废弃地恢复与重建中没有因地制宜，不仅会增加投入，而且会使已经开始自然生态恢复的废弃地再度面临破坏，引起更为严重的生态问题。如在非稳定塌陷区进行大投入的耕地复垦活动，或在已经覆绿的矸石山上进行过度土地平整和复垦活动等。

6.4　矿山生态环境恢复治理

6.4.1　矿山生态环境恢复治理现状

美国、德国、英国、澳大利亚等经济发达国家，随着第二次工业革命的发展，矿业随之不断发展并拥有悠久的矿业历史。20 世纪 70 年代以前，发达国家走了先污染后治理的道路，导致在矿山环境恢复治理方面花费了巨大代价，成为一项重要的财政支出。经过若干年的探索，以预防为主与预防结合为原则，摸索总结出一系列经验，并使得环境恢复治理取得一定的成效。总结可得，发达国家主要从制度层面和技术层面开展矿山环境恢复治理工作。

制度层面上，如澳大利亚通过制订抵押金制度、年度矿山环境评价制度以及矿山监察员巡回检查制度等工作，总结了一套比较完善的矿山环境管理制度；美国按照"谁破坏、谁恢复、要求恢复率100%原则"出台一系列矿山环境保护法规；许多国家以防治结合代替单纯治理，建立了矿山环境影响评价制度；为了严格把控矿山开采的法律程序，许多国家制订了矿山环境许可制度；发达国家按照"污染者付费原则"，确保项目经营者履行义务，普遍建立了矿山环境恢复保证金制度；为了查明矿山企业遵守各项环境保护规定的情况，并在必要时采取强制管理措施，一些国家制订了矿山环境监督检查与强制性制度等。综上可得，发达国家从矿山开采前、开采时、开采后等各个环节，都制定了翔实可行的法规、政策、制度等，这样从根本上减轻了矿山环境恢复治理的工作强度。

技术层面上，如美国通过实施无覆土的生物复垦以及抗侵蚀复垦工艺等技术对矿山环境进行恢复与治理；在矿山土地生态复垦方面，澳大利亚从表土处理、种子播撒到外来物种的管理，能够因地制宜，最大限度地保证矿山生态系统的恢复。

研究表明经济发达国家矿山生态环境恢复与重建的有以下共同之处：有健全的生态环境恢复与重建法规；有专门的生态环境恢复与重建研究和实施机构；有明确的生态环境恢复与重建资金渠道和生态环境恢复与重建基金；将生态环境恢复与重建纳入开采许可制度之中；实行生态环境恢复与重建保证金制度；建立严格的生态环境恢复与重建标准；重视生态环境恢复与重建研究和多学科专家的参与合作。

近年来，随着我国经济的高速发展，我国矿产资源的开发强度不断增加，矿产资源的开发引起的矿山生态环境破坏、矿山环境污染严重等问题越来越严重。随着我国深入实施可持续发展战略，完善生态文明领域统筹协调机制，构建生态文明体系，促进经济社会发展全面绿色转型，建设人与自然和谐共生的现代化，矿山生态环境保护已被列入国家发展战略，得到了国家的高度重视，我国先后发布实施了《土地复垦规定》《矿山生态环境保护与污染防治技术政策》《关于逐步建立矿山环境治理和生态恢复责任机制的指导意见》《全国重要生态系统保护和修复重大工程总体规划（2021—2035 年）》等法律法规及相关制度。

我国矿山生态修复历史欠账多、问题积累多、现实矛盾多，且面临"旧账"未还、又欠"新账"的问题。据遥感调查监测数据，截至 2018 年年底，全国矿山开采占用损毁土地 5400 多万亩。其中，正在开采的矿山占用损毁土地约 2000 多万亩，历史遗留矿山占用损毁约 3400 多万亩。

我国矿山自然生态环境保护与治理工作时间紧迫，任务艰巨。近几年，政府高度重视矿山生态修复工作，逐步加大了资金投入，2020 年 2 月末，全国 PPP 综合信息平台项目管理库统计数据显示，生态建设和环境保护累计项目数为 927 个，占比约为 9.8%，累计项目投资额 10060 亿元。

2016~2019 年，我国生态修复行业市场规模不断扩大，且增速也呈现出上升趋势。2016 年，国内生态修复行业市场规模约为 2640 亿元，到 2019 年，全国生态修复行业市场规模增长到 3872 亿元，年均复合增长率 13.62%。

2020 年 6 月，国家发展改革委和自然资源部发布的《全国重要生态系统保护和修复重大工程总体规划（2021—2035 年）》，提出了以"三区四带"为核心的总体布局，部署了九大工程、47 项重点任务。涵盖了森林、草原、荒漠、河湖湿地、海洋等五大自然生态系统，基本囊括我国主要的生态安全屏障骨架，以及长江经济带发展、黄河流域生态保护和高质量发展等重大战略的生态支撑区域。预计总投资超 3 万亿元，其中，废弃矿山生态修复也是全国重要生态系统保护和修复重大工程的重要内容。

随着国家环境治理体系的不断完善以及矿山生态修复技术的不断进步，矿山生态修复行业将会呈现更快的发展态势。矿山生态修复短期市场需求大，在国家相关政策激励与支持下，未来将会有更多社会资本参与矿山修复，更多的企业主体将会按照"谁修复、谁受益"原则从事矿山生态修复工作，矿山生态修复将真正实现"生态产业化、产业生态化"的转型发展。

另外，我国目前矿山生态修复的另一个发展趋势是许多大型国有企业进入到废弃矿山生态修复领域，比如目前开展的青海省木里矿区生态修复，就有中煤地质总局、中煤科工、中核集团等大型国有企业加入。这些国企不仅技术力量雄厚，而且设备先进，对废弃矿山的生态修复具有重要的推动作用。

总之，在生态文明建设背景下，要注重保护矿山地质环境，确保矿山资源开发利用的可持续发展。矿山生态环境的保护与治理，是一项艰巨而长期的任务倡导绿色开采，防治或尽可能减轻矿山开发造成的不良影响，以矿山开发与恢复治理并进的理念，进行矿山开采，为生态文明建设做出贡献。

6.4.2　矿山生态恢复治理技术

张绍良统计分析世界生态恢复大会论文和报告发现，世界生态恢复大会将矿山生态系统列为大会交流的主题之一，矿山生态恢复治理的主要技术包括植被恢复、土壤修复和景观恢复等。

从生态修复的对象来看，受关注程度最高的一直是植被，包括林地、苔藓、灌木、草本和豆科植被等。根据植被所在地区的不同又可细分为矿区植被、流域植被、泥炭地植被与湿地植被等；根据所处地可分为干旱带、干湿热带、热带以及寒带植被等。土壤的恢复次之，包括土壤有机质提高、重金属迁移和土壤结构重构等。除此之外，修复要素还包生态景观、物种多样性、本土物种结构、土壤微生物、生态系统服务、水资源污染、地下水水位、土壤种子库等的修复。

从研究的矿区类型看，露天矿山的生态修复是关注的重点，井工矿山相对较少。从不同矿山类型来看，煤矿是关注的重点，金属矿、砂石矿修复的研究也较多。金属矿山中，以金矿、铜矿、钴矿、铁矿、铝矿和铀矿为主，砂石矿则以干旱地区的采砂场为主。除此之外，油砂矿、草原沙矿和林地砂矿等也受到一定程度的关注。其他矿山，例如黏土矿、页岩矿等的研究也有涉及。值得一提的是，关闭矿山的生态恢复受到较大程度的关注，尤其是关闭时间很长的矿山的复垦场地的生态演替得到了研究人员的重视。从生态修复方法看，人工修复是研究的主体。相比之下，自然恢复的研究较少，但有增长趋势。对自然恢复的研究强调恢复效果的监测和评价，而人工修复研究则侧重于开发不同的修复方法，如植被修复、动物修复、微生物修复、表层土壤重构和营养物覆盖方法等。在植被修复方面，主要关注固氮植物、吸附重金属植物、保水植物和耐受性植物等的优选方法。

目前，我国矿山的生态环境恢复治理主要在采矿造成的四种主要的破坏类型上进行。这四种主要的破坏类型是：露天采矿场、地下开采塌陷区、排土场（废石场）和尾矿场。

6.4.2.1　露天开采生态环境恢复治理

A　露天采矿场生态环境恢复治理

包括采空区的生态环境恢复治理和边坡的生态环境恢复治理。

a　采矿场采空区的生态环境恢复治理

露天采矿场采空区是指露天剥离与回采后形成的空场。露天采空区地表自然景观与生环境遭到彻底的破坏，自然恢复过程相对缓慢，因此必须进行生态环境治理。目前我国露天采矿场采空区生态环境恢复与重建主要有以下三种模式。

（1）农林利用生态环境恢复治理模式。对于较平缓或非积水的露天采空区可以采用农林利用为主的生态环境恢复与重建模式。具体的工程措施是将露天采空区充填、覆土、整平，然后进行农林种植。根据充填物质的不同，又可将其分为剥离物充填、泥浆运输充填和人造土层充填三种重建类型。

（2）蓄水利用生态环境恢复治理模式。对于常年积水的挖损大坑，以及开采倾斜和急倾斜矿床形成的矿坑，可以作为蓄水设施加以利用，如渔业、水源、污水处理池等。

渔业开发：海南田独铁矿是一个中型深凹的露天矿，自20世纪50年代中期闭坑后，露天采矿坑即蓄水养鱼，发展渔业。

水源地：广西荔浦县锰矿烟灯陡矿区有一采空区约20公顷，采矿过程中揭出地下河涌水点几处，经过县防疫部门检验符合生活用水标准后就将其蓄水为水塘。

污水处理池：东胜矿区马家塔煤矿利用废弃矿坑作氧化塘，用于处理矿区的污水，塘体建设成公园，内设游泳池、钓鱼池及养殖池等，使污水得到综合利用。

（3）挖深垫浅，综合利用生态环境恢复治理模式。对积水或季节性积水的挖损坑，可采用挖深垫浅的措施，低洼处开挖成水体，发展水产养殖、做水源等，垫高处发展种植业。山东北墅石墨矿的部分矿坑的生态环境恢复与重建采用了这种方式。

b　采矿场边坡的生态环境恢复治理

目前，国内露天采矿场边坡生态环境恢复主要是天然植被的自然恢复，也有个别的矿山进行了人工植被的建设。在露天采矿场边坡上进行人工植被建设，需要进行边坡处理，将较陡的边坡变成缓坡或改成阶梯状，这有利于人工和机械操作，有利于截留种子，促进植被恢复。

江西永平铜矿在露天采矿场的边坡进行了植被的重建工作。在边坡上挖坑、换土并施农家肥，采用带土球穴植（乔木）、直播（灌木）的方法，种植了适于在边坡生长、覆盖面大、固着力强的野葛藤、铁茨藜、芮草、马尾松、湿地松等，总成活率60%～86.5%，取得较好的效果。

B　排土场生态环境恢复治理

排土场生态环境恢复治理的时间根据排土堆置工艺不同分两种情况：在排土堆置的同时进行生态环境恢复与重建，如开采缓倾斜薄矿脉的矿山或一些实行内排土的矿山；而大多数金属矿山的排土场为多台阶状，短时间不能结束排土作业，待结束一个台阶或一个单独排土场后，便可以进行生态环境恢复治理。

根据排土场条件的差异，我国露天采矿排土场生态环境恢复治理类型可分为以下三种：

a　含基岩和坚硬岩石较多的排土场的生态环境恢复治理

这类排土场需要覆盖垦殖土才适宜种植农作物和林草。在缺乏土源时，可以利用矿区内的废弃物如岩屑、尾矿、炉渣、粉煤灰、污泥、垃圾等做充填物料，种植抗逆性强的先锋树种。

b　含有地表土及风化岩石排土场的生态环境治理

这类排土场经过平整后可以直接进行植物种植。我国金属矿山多位于山地丘陵地带，含表土较少，又难以采集到覆盖土壤，但可以充分利用岩石中的肥效，平整后直接种植抗逆性强的、速生的林草种类，并在种植初期加强管理，一般可达到理想的效果。

c　表土覆盖较厚的矿区排土场的生态环境恢复治理

直接取土覆盖排土场，用于农林种植。表土覆盖的厚度视重建目标而定，用于农业时一般覆土 0.5m 以上，用于林业时，覆土 0.3m 以上，用于牧业时覆土 0.2m 以上。平台可以种植林草，也可以在加强培肥的前提下种植农作物，边坡进行林草护坡。

6.4.2.2　地下开采生态环境恢复治理

矿井下的矿物被采出以后，开采区域周围岩体的原始应力平衡状态受到破坏，应力重新分布，达到新的平衡。在此过程中，岩层和地表产生连续的移动、变形和非连续的破坏（开裂、冒落等）即为矿区开采塌陷。矿区开采塌陷的直接外在表现即为地面变形。塌陷区地面变形主要是塌陷、沉降、开裂三种形式，它们一般相继产生，伴随出现。

矿区的地面沉降一般先塌陷，影响范围广，分布面积大。据广东的两个矿区的统计，沉降面积可达 25 公顷以上。沉降形态多似锅状、蝶状等。沉降范围内，塌陷、开裂分布普遍，由矿井水疏干所引起的沉降区，基本处于地下水降落漏斗范围内。当地下水位降低和排水量增大时，沉降范围和深度也随之增大。同时，沉降中心也随着地下水降落中心的转移而转移。地面沉降除产生垂直位移外，也伴有水平位移现象。

地面开裂是塌陷和沉降的伴生产物，涉及的范围广、数量多，形状为弧形、直线形、封闭形或同心圆形。一般多分布在沉降范围内或塌陷周围，开裂长度一般在 5~150m，裂口面倾角陡，一般在 70°~80°，倾向一般多指向沉降或塌陷中心。

塌陷区生态重建的目标有农业、建筑、水域（鱼塘、公园、水库等），不同的塌陷类型有不同的重建目标。目前，其重建利用方向趋向于综合利用。据沈渭寿等对塌陷地性质的划分，分为塌陷干旱地、塌陷沼泽地、季节性积水塌陷地、常年浅积水塌陷地和常年深积水塌陷地。

根据塌陷区对生态环境破坏的结构类型，塌陷区的生态环境恢复与重建可以归纳为以下六种模式。

A　积水稳定塌陷地农林业综合开发的模式

此类塌陷地地表高低不平，但土层并未发生较大的改变，土壤养分状况变化不大，只要采取工程措施修复整平，并改进水利条件，即可恢复土地原有的实用价值。根据工程措施的不同又可分为以下三种。

a　矸石充填

利用矸石作为塌陷区的充填材料。矸石充填分三种情况：第一，新排矸石充填，是利用矿井排矸系统，将新产生的矸石直接排入塌陷区，推平后覆土。第二，预排矸石充填，是在建井过程和生产初期，在采区的上方地表预计要发生下沉的地区，将表土取出堆放在四周，按预计下沉的等值线图，用生产排矸设备预先排放矸石，待到下沉停止，矸石充填到预定的水平后，再将堆放四周的表土推到矸石层上覆土成田。第三，老矸石山充填，是利用老矸石充填塌陷区生态重建。矸石充填后，可覆土作为农林种植用地，也可经过地基处理后用作建筑用地。

b　粉煤灰充填

将坑口电厂粉煤灰充填于塌陷区，用于农林种植。其方法是利用管道将电厂粉煤灰用水力输送到塌陷区储灰场，待粉煤灰达到设计的标高后停止冲灰，将水排净，覆盖表土，表土厚度一般在 0.5m 以上，即可进行农林种植。在缺乏土源的地方，可选择合适的作物或林草种类直接种植。对有害成分含量较高的粉煤灰充填土地应尽量种植不参加食物链循环的林木。

　　c　其他物充填

　　在利用煤矸石和粉煤灰进行充填重建时，也可以利用矿区的其他物质。如靠近河、湖的一些矿区，可利用河、湖淤泥充填塌陷区，先将矿井废弃物或其他固体废物排入塌陷区底部，取河、湖的泥土，通过管道加水输送充填到废石上，待泥干后用推土机整平，进行农林种植。

　　B　非积水稳定塌陷地开发为建筑用地

　　肥城矿区查庄、南高余等矿用稳定塌陷地做建筑用地，共节约耕地31.67公顷，带来了显著的经济效益与社会效益。

　　C　季节性积水稳定塌陷地农林渔综合开发生态重建模式

　　季节性积水稳定塌陷地较非积水塌陷干旱地开发难度大，土壤结构也不同程度地发生了变化，多雨季节积水成沼泽状，干旱季节成板结状。这类塌陷地的重建，主要的工程措施为挖深垫浅，即将塌陷下沉较大的土地挖深，用来养鱼、栽藕或蓄水灌溉，用挖出的泥土垫高下沉较小的土地，使其形成水田或旱地，种植农作物或果树。

　　D　常年浅水位积水稳定塌陷地渔林农生态重建模式

　　在地下水位较高的塌陷区，即使沉陷量不大，也终年积水，而周围的农作物则是雨季沥涝，旱季泛碱。这类塌陷地由于水浅不能养鱼，地涝不能耕种，形成大片荒芜的景象。此类塌陷地生态重建的主要工程措施为挖深垫浅，即将较深的塌陷区再挖深使其适合养鱼、栽藕或其他水产养殖，形成精养鱼塘；然后用挖出的泥土垫到浅的沉陷区使地势抬高成为水田或旱地，建造林带或发展林果业。

　　E　常年深积水稳定塌陷地水产养殖与综合开发重建模式

　　常年深积水稳定塌陷不适宜发展农业，但适宜于水产养殖或进行旅游、自来水生产等综合开发。如淮北煤矿区洪庄、烈山塌陷区具有水面大、水体深的特点，重建时采取了开挖鱼塘发展水产养殖的模式，先后开挖了精养鱼塘120ha、特种鱼苗塘13.3公顷，并配套发展种植业和加工业。

　　除了发展渔业外，大面积的深水塌陷地还可以建水上公园、水上娱乐城、自来水净化厂和污水处理厂、拦蓄水库、水族馆等。淮北矿区和徐州矿区在塌陷区建立水上公园，为矿区职工提供了休息娱乐的场所。平顶山矿务局谢山矿利用约10ha塌陷地改造为生物氧化塘，塘中种植水葫芦等水生植物来处理矿井水及生活污水，净化后水质基本达到渔业用水的标准。

　　F　不稳定塌陷地因势利导综合开发生态重建模式

　　不稳定塌陷地是指新矿区开采引起塌陷或老矿区的采空区重复塌陷而造成的塌陷地。其类型包括非积水塌陷干旱地和塌陷沼泽地，也包括季节性积水塌陷地和常年积水塌陷地。此类塌陷地的重建采用因势利导自然利用模式。对不稳定的塌陷干旱地有针对性地整地还耕，修建简易型水利设施，灵活利用，避免土地的长期闲置。对季节性积水不稳定塌陷地，因其水位常变，以发展浅水种植为主，也可因势利导开挖鱼塘养鱼，四周垫地，种优质牧草做鱼禽饲料。常年积水不稳定塌陷地以人放天养的形式进行养鱼，但不宜建造水上或水下设施。

6.4.2.3　尾矿场生态环境恢复治理

　　矿山尾矿场的生态环境恢复与治理一般是在干涸的尾砂层上直接种植植被或覆土后划

块成田，种植作物或种草植树，覆盖尾矿场的表面防止尾矿场的浮尘污染。露天矿尾矿场的生态环境恢复治理包括尾矿场立地条件的分析、尾矿场土壤的改良或覆盖、植物种的筛选与种植和种植模式的选择。

露天矿尾矿场生态重建的类型一般有不覆土重建和覆土重建两种类型。

A　不覆土重建

在土源缺乏的矿区，从外地取土来覆盖尾砂，会导致取土处土地的破坏，因此，这类尾矿场可以采用不覆土，直接通过植树绿化来重建尾矿场。但如果尾砂中所含的重金属离子浓度超标，则必须进行深度的土壤改良或尽量种植不参与食物链循环的林木。不覆土直接种植，节省了覆土的工程量，节省了投资，但可选择的植物种类将有所限制。此时，应选择耐贫瘠、抗逆性强的植物种，而且田间管理方面也需采取更多的措施，这些措施包括：由于尾砂保水能力差，为了满足作物生长的需要，在水源缺乏的地区或旱季，可对其进行喷灌、滴灌和渗灌；由于尾砂保肥能力差，施肥宜采用少量多次。

B　覆土重建

在有土源的矿区，在平整后的尾矿场上覆盖土层，进行林业、农业的重建。对于尾砂中含有超标重金属离子的尾矿场，进行生态环境恢复与重建时，除了进行必要的改良外，还要根据条件覆盖表土，一般覆盖 0.5m 以上。南方地区土源缺乏，最好将表土剥离单独存放，待尾矿疏干、改良后，将剥离表土，覆盖其上。

6.4.2.4　矸石山生态环境恢复与重建

矸石山是煤矿的废石排放场，是我国重要的矿山废弃地，总占地面积达各类矿山排土场总占地的 1/3。由于近年来煤矸石利用率提高，尤其是煤矸石作为燃料和建材的利用技术不断开发，矸石山占地呈现逐年减少的趋势。这使得矸石山的生态恢复方式由原来的"山上恢复"向矸石山清理完毕后的矸石堆放区的"山底恢复"发展。但由于矸石的长期堆放和雨水的淋溶、浸出，矸石堆放地的土壤成分受矸石的影响非常明显，土壤贫瘠，不利于植被生长。

A　生态恢复技术

矸石山生态恢复一般需要对土地进行平整，若有坡度则需采用穴坑整地和梯田整地等方式，这样有利于蓄水保墒，提高缓苗率和成活率。对于酸性矸石场，矸石淋溶后的酸性物质会通过毛细作用上升到土层，造成土壤的酸化，从而严重影响植物生长和土壤微生物的生成。常将 CaO 或 $CaCO_3$ 破碎后均匀地撒入矸石场，在表层翻耕一定深度，使 pH 呈中性后再恢复植被。

B　生态恢复植物措施

根据矸石山立地条件及当地的自然条件，选择耐干旱、耐贫瘠、萌发强、生长快的林草种类，尽量选择乡土树种。

在种植方式上，针对不同的植物种，采用不同的种植方式。对落叶乔灌木采用少量的配土栽植，对常绿树种采用带土球移植；对花草等草本植物采用蘸泥浆或拌土撒播。有些落叶乔灌木如火炬树、刺槐等，在种植前还可采用短截、强剪或截干的措施促使其生长。

矸石场生态重建的主要途径是植树种草，以绿化为重建方向，极少情况下用于农业，这是因为矸石土壤的保水、保肥性能差。用于农业生产时，首先要对酸性的矸石土壤进行中和处理，再全场覆土 0.5m 以上。作物品种选择的原则是，种高秆作物不如种矮秆作物，种蔬菜不如种豆类。总之，矸石土壤上发展作物，其根本目的是改善矿区的环境，辅之以经济效益。

6.5　矿区土地复垦及其技术

6.5.1　矿区土地复垦的概念

1988 年国务院颁布的《土地复垦规定》将土地复垦定义为"对在生产建设中因挖损、塌陷、压占等造成破坏的土地，采取整治措施，使其恢复到可供利用状态的活动"。

矿山土地复垦是采矿权人按照矿产资源和土地管理等法律、法规的要求，对在矿山建设和生产过程中，因挖损、塌陷等造成破坏的土地，采取整治措施，使其恢复到可供利用状态的活动。矿山土地复垦是对因采矿弃置的土地进行勘测规划、填平整治和开发利用的方法和过程。

土地是人类赖以生存和繁衍的场所，对人口众多，耕地少的国家来说，其意义尤为重要。无论是采矿场、废石场、尾矿场还是地表沉陷区，都属于破坏性占地，它严重破坏生态平衡和自然景观，造成环境污染的扩大，其影响是深远的。因此，必须正确处理矿业发展与保护环境的矛盾，将矿山开发破坏的土地进行及时复垦，提高土地利用的社会效益、经济效益和生态效益。

6.5.2　矿区土地复垦的分类

矿区土地复垦是一个系统工程，涉及不同学科。按照不同目的，对矿区土地复垦进行有效分类是认识其内在规律、有效实施其具体环节、取得良好复垦效果的基础和前提。

6.5.2.1　按照工程阶段和顺序分类

按照工程阶段和顺序，矿区土地复垦分为工程复垦和生物复垦。

A　工程复垦

工程复垦是土地复垦的初级阶段。此阶段的主要任务是利用采矿工程设备对矿区废弃地进行土地整理，建立有利于植物生长的立地条件，或为今后有关部门利用废弃地做前期准备。其主要工艺措施有：堆置受采矿影响区域的耕层土壤、充填塌陷坑和裂缝、物理化学方法改良土壤、覆土与土地平整、修筑梯田、建造人工水体、修建排水网、修筑复垦区的道路、做好复垦区建筑的前期准备工作、防止复垦区水土流失和沼泽化等。

B　生物复垦

生物复垦是土地复垦的高级阶段。此阶段的主要任务是根据复垦区土地的利用方向，采取相应的生物措施恢复废弃地的土地肥力及生物生产效能，重建矿区的生态平衡。其主要工艺措施有：表层土壤培肥与改良、建造农林附属物、选择耕作方式及耕作工艺、优选农作物及树种、修建排灌设施、复垦土地的景观重构与开发利用、做好地下水和地表水的恢复和保护工作等。

6.5.2.2　按照工程方法和措施分类

按照工程方法和措施，矿区土地复垦分为充填复垦和非充填复垦。

A　充填复垦

充填复垦是一种重要的复垦形式，它可充分利用矿山固体废物，起到一举多得的效果，因而在我国及其他国家都被广泛使用。按充填物料不同，可分为矸石充填、粉煤灰充填、生活垃圾充填、其他工业废料充填和塘河湖泥充填等。利用露天矿剥离物充填井工开采塌陷坑以及露天矿倒堆法充填采空区的复垦也属于充填复垦一类。充填复垦应优先考虑矿山固体废物的高附加值综合利用，因此随着我国加大对固体废物的综合利用程度，充填复垦的比例逐渐降低。

B　非充填复垦

非充填复垦是 20 世纪 80 年代逐步发展和完善的土地复垦方法，它是在充分考虑废弃地的自然地理条件的基础上，按照主导环境因子原理，因地制宜地重建矿区生态系统，恢复和提高废弃地的土地价值。非充填复垦技术包括：塌陷区的土地平整法、梯田法、疏排法、深沟台田法、挖深垫浅法、坡地整形法；边坡稳定化处理，废矿坑综合利用，尾矿场微地形重塑与覆绿，矸石山整形与覆绿等。由于非充填土地复垦灵活多样，因地制宜对土壤扰动小，工程投资小，因而在我国各矿区得以迅速推广。但非充填复垦后期管理投入较大，需要长期的跟踪和投入，复垦效果差异性大。

6.5.2.3　按照采矿阶段性的特点分类

采矿可划分为以下六个阶段：地质勘探、基本建设、投产到达产、达产后稳定期、产量衰退期和闭矿期。地质勘探阶段主要为钻探、勘探，占有或破坏少量土地；基本建设阶段对土地的破坏与占有包括工业广场与居民生活设施占用及排弃、井巷工程的废弃矸石占地两部分；投产至达产阶段用地量相对较小，主要为排矸占地；达产后，土地逐步塌陷，且经过一段时间后，土地沉陷成为矿区重要的占地类型，并且每年破坏的土地量大致相等，表现在曲线为连续破坏土地阶段；

进入衰退期，土地沉陷量逐渐减小，最终为零，表现为累积曲线平缓并达到峰值；进入闭矿期，随着地面建筑物的拆除，受采矿影响破坏地面的部分恢复，以及永久性排土场、尾矿库的封场与复垦等生态工程的实施，大量被破坏与占用的土地得以恢复，表现为曲线的逐渐下降。

从采矿阶段的划分及不同阶段对土地的破坏与占用情况分析，土地复垦可划分为以下 3 个阶段。

第 1 阶段为预复垦阶段：从地质勘探起至矿井开采连续破坏土地之前，此阶段的主要目标是尽量减小土地破坏，有条件的矿井可采取预复垦措施，如预先剥离表土等。

第 2 阶段为平衡复垦阶段：对应于连续破坏土地阶段，此阶段的目标是平衡复垦与破坏土地量并充分利用沉陷地；

第 3 阶段为衰退期与闭矿期的大规模复垦阶段。

6.5.2.4　按照复垦方向和土地利用方式分类

关于土地复垦后用途的确定，《土地复垦规定》提出应遵循三个原则：

(1) 要符合土地利用总体规划，在城市规划区应符合城市规划；

(2) 要尽量复垦为耕地或其他农用地，鼓励种粮食；

(3) 要尽量恢复原来用途。

但由于土地破坏程度的不同，所处的位置不同，应本着经济合理、因地制宜的原则确定用途。宜农则农、宜林则林、宜渔则渔、宜建则建，还可开辟成游览娱乐场地。我国目前矿区土地复垦方向有农业复垦、林业复垦、牧草地复垦、建筑用地和恢复为娱乐场所等形式。

6.5.2.5　按照复垦对象和土地破坏类型分类

按照复垦对象和土地破坏类型，矿区土地复垦分为采矿场复垦、排土场复垦、矸石山复垦、尾矿场复垦、塌陷区复垦。其中，塌陷区是主要的土地破坏类型。

对采矿场复垦、排土场复垦、矸石山复垦、尾矿场复垦、塌陷区复垦技术将在6.5.4中进行详细介绍。

6.5.3　矿山土地复垦的基本要求及注意事项

6.5.3.1　矿山土地复垦的基本要求

（1）首先应根据采矿地质条件、发展远景及当地具体情况，制定出矿山土地复垦规划。土地复垦规划要纳入矿山设计中的开采、排弃计划，其内容包括利用土地的方式、采矿复垦方法、回填岩石顺序等内容。

（2）复垦与修坡工作要保持与开采、排弃顺序相协调，且尽可能利用矿山的采、装、运设备。

（3）保持良好的土壤质量，必要时原有的表土层需预先剥离、储存（包括采矿场或剥离物排弃场）。对有毒物料必须埋掉，其埋深不小于1m，保证植物生长的土壤酸碱度，对农作物来说，pH一般以4~8为宜。

（4）铺垫表土要保证植物的种植深度，同时应进行必要的化学分析试验，搞清土壤的物理机械性质和农业化学性质。

6.5.3.2　矿山土地复垦应注意的事项

（1）矿区地表特征，如地形、地貌等。

（2）矿区环境因素，如气候、气象、周围城镇、居民点的分布，矿山开采前该地区环境现状及矿山开采后可能造成的污染。

（3）矿区表层耕植土及覆盖岩土的厚度、物理机械性质、化学特性、表土肥沃程度等。

（4）矿床开采方法对土地破坏和占用的状况，废石及尾矿的排弃方式及复垦的可能性。

（5）矿山原有植被的调查，再种植及综合利用的可能性。

（6）复垦设备及采矿设备的通用性。

（7）复垦成本，经济效益及复垦周期等。

6.5.4　矿区土地复垦技术

6.5.4.1　采矿场土地复垦

采矿场主要指露天采矿剥离与回采后形成的空场。露天开采将毁掉大面积的有价表土和底土，形成坑状的露天采矿场，采矿场地表土壤结构、自然景观与生态环境遭到彻底的破坏。采矿场生态环境自然恢复过程相对缓慢，因此，必须对采矿空场土地进行人工复垦以恢复其生态环境。

A　采矿场复垦的影响因素

采矿场复垦主要取决于矿床赋存、地形条件、围岩、表土及当地的实际需要。矿床赋存是影响采矿工艺的首要因素，由此也显著影响着土地破坏程度和复垦的难度。矿床赋存形式包括埋藏深度、矿床大小、形状和岩层倾角等；地形分为山地、丘陵、平原、高原和盆地5类，此外，还有受外力作用而形成的河流、三角洲、瀑布、湖泊、沙漠等；围岩因素包括围岩的厚度、伴生形式、风化程度和浸出液毒性等；表土因素包括土壤母质、肥力、剖面和理化性质等；实际需要分为农、林、牧、副、渔、娱乐、水源地和生态工程等多种类型。

露天开采的水平矿和缓斜矿的剥离物可堆弃在露天矿场（采用内排土工艺）内，复垦场地的坡度可与矿床底板坡度相近，以利于地表水的排除。在矿床开采前利用采运设备超前采集表层土壤，接着覆盖在内排土场上即可恢复原先的地形。然后按田园化要求修筑道路、灌溉水渠及营造防护林带。

开采矿体长的倾斜或急斜矿时，也可采用内排土方法，将矿体分为若干小矿田，在其中寻出剥离系数最小的一块矿田进行强化开采，尽快将矿石采出以腾出空间，同时将剥离的表土暂时堆弃在该矿田周边，然后再开采另一块矿田并将剥离物回填在已腾出空间的采空区内，再将其周边的表土覆盖上去并整平。复垦地用于种植大田作物时整平的坡度不应超过1°，用于植树造林时不超过3°，必要时可修筑成梯田。

对于倾斜或急斜的矿床，用水力开采或随等高线开挖后，呈现裸露的石坡一般成"石林"状。这类地形的复垦就地取材修筑梯田，按等高线堆筑石墙，并尽量与"石林"连接，然后在墙内回填尾矿，尾矿可用泥浆泵吸取，经过管道回填到梯田。尾矿干涸后要保持 0.5%~1% 的坡度，以满足复垦后排灌的要求，再在平整后的地面覆土整平（覆土厚度一般为 0.3~0.5m），供农业或林业利用。

对于地下水丰富的矿区，为恢复因采矿而破坏了的含水层，必须在采空区内先回填岩石，必要时需建立黏土隔水层，再覆盖肥沃的土壤层。用于农业、林业复垦的采矿场，在适宜的位置上需设置防洪设施，如截洪沟和排水沟，以免洪水冲毁场地。

采矿场边坡和安全平台上可用植被保护。为使植被在边坡上成长，可用泥浆法处理，或在安全平台上种植藤本植物，以拢住岩石。平台（崖道）可视具体条件种植矮株的经济林、薪炭林。种植方式可以采用土球穴植（乔木）、直播（灌木）、水力喷播（草本或藤本）等。

深度较大的露天矿坑可改造成各种用途的水池，如工业和居民的供水池、养鱼和水禽池、水上运动池、文化娱乐设施和疗养地等。此时，要求矿坑四周围岩的浸出液无毒性、无大的破碎带、渗水性小，否则应采取一定的边坡稳定化、堵漏、防渗等措施。

　　B　采矿场土地复垦典型工艺介绍

对于较平缓或非积水的露天采空区通常可以采取充填工艺进行以农林为目的的土地复垦；对于常年积水的挖损大坑，以及开采倾斜和急倾斜矿床形成的大坑，可采用非充填工艺作为蓄水体加以利用，如渔业、水源、游泳场、污水处理池等。

充填物可以是采矿剥离物、管道运输泥浆、人造土等。充填方式可按倾斜分层式、水平分层式或混合式进行。其中，水平分层式充填具有更高的地面稳定性和防形变性，通常复垦为建筑用地时采用该方法。本节将重点介绍充填工艺中的剥离-采矿-复垦一体化充填工艺、泥浆运输充填工艺、人造土充填工艺，非充填工艺中的贮水池岸坡稳定工艺和水力喷播工艺。

a 剥离—采矿—复垦一体化充填工艺

剥离—采矿—复垦一体化充填工艺，即内排土工艺，指在编制矿山采掘计划时，综合考虑矿产开采和土地复垦要求，融复垦与采矿于一体，统筹规划采剥作业与复垦覆土作业。

b 泥浆运输充填工艺

泥浆运输充填工艺就是将尾矿泥通过管道送至采空区，尾矿泥沉淀干涸后，平整后铺上一层表土，便可作为农林用地。用尾矿泥充填采空区，要求尾矿浸出液无毒性。

c 人造土充填工艺

有的矿区几乎没有土壤，这时将岩石破碎后覆盖一层"造林沙砾层"，形成人造土层，也可在人造土层中掺入生活垃圾、池塘污泥、尾矿或粉煤灰等。"造林沙砾层"中的粒级比例可视当地条件（如岩石的硬度、掺入量）而定。此外，人造土还可以由泥煤、锯末、粉碎麦秆、树叶、粪肥等组成。人造土层应分层配制，按"上轻下重"的原则，大岩块在下，黏土、污泥等在上。杂料、杂土（包括垃圾）采用城镇生活垃圾时，为了防止污染、保证原地土壤和水质的安全、卫生，用于造土的垃圾应符合城镇垃圾农用控制标准。

d 贮水池岸坡稳定工艺

对于深度较大的露天采空区若改造成各种用途的贮水池，则贮水池岸坡的稳定化则是土地复垦的关键。水池岸边地带是水域和陆地交互作用地区，它包括水上和水下部分，水上部分称为岸。当贮水池注水后，岸坡的稳定性通常会降低，因此土地复垦时，应对岸坡进行整治，保证岸坡的稳定系数达到 1.5~2.0。

e 水力喷播工艺

水力喷播是利用水力喷播机械进行水力播种。为了提高植物成活率和减少侵蚀，在种液中添加肥料和各种纤维的覆盖物。纤维覆盖材料通常是木质或纸质的纤维制成的碎屑状，与种子一起混合成种子浆液，并具有一定的黏着性。它主要应用于较难植被土地上的植被工作，能迅速有效地播种且促进种子发芽，添加的纤维覆盖物还可以防止侵蚀、提高植被的成活率。为增加急斜边坡喷播植被的固着性，喷播前可用铁栅网包裹岩体。这一技术常用于废弃场顶部、陡坡、灰场、运动场、娱乐场、沙地等场地的植被与侵蚀控制。

6.5.4.2 排土场土地复垦

排土场的土地复垦工程措施主要包括边坡的稳定化和平台区土壤改良两个方面。边坡的稳定化措施要求排土场边坡的稳定性不受地形、地表水的影响，不发生崩塌和泥石流，不会成为二次污染源，如扬尘和酸性废水。平台区土壤改良措施要求能满足农林复垦的要求，应具有一定的平整度、土壤层厚度和适宜的土壤理化性质，并具有一定的排水设施，防止沼泽化和冲刷边坡。

A 排土场边坡稳定化措施

对排土场边坡采取必要的水保措施，保证排土场的稳定性。边坡稳定化措施包括边坡削缓、阶地化、设石挡和排水沟、表面覆盖（种植或化学处理）。具体措施见表 6-1。

表 6-1 排土场边坡稳定化措施

边坡状态	边坡倾角	必要的防护措施
平缓	3°~5°	营造水土保持林、灌木、种草
缓坡	6°~10°	建造防水的石挡和排水沟，种植多年生草皮

边坡状态	边坡倾角	必要的防护措施
斜坡	11°~20°	边坡绿化护坡、阶地化、设石挡和排水沟
陡坡	20°~安息角	边坡削缓、阶地化、设石挡和排水沟、化学加固、格网式草皮铺装或水力喷播

其他的常规工程技术有鱼鳞坑、水平阶、反坡梯田等。目前，推广土石混排坡面加大表层土量，覆土后立即种植。

B　排土场平台区土壤改良措施

由于排土场中岩石含量多或具有生物毒性，土壤较少或熟化程度低，不适宜直接种植，一般首先需要改良土壤，建立腐殖质含量较多、土壤结构良好的肥沃土壤层。目前采用的土壤改良方法有建立隔离层、覆盖土壤层、生物土壤改良。

a　建立隔离层

当排土场岩石含有有毒的重金属和 pH 呈酸性或碱性时，对植物生长不利，因此必须对其进行改良。改良一般采用铺盖隔离层的方法。通常情况下，在采矿剥离物堆放时，应将有毒岩石埋在排土场底部，其他岩石和土壤覆盖其上。隔离层是在尾矿上覆盖一层能与重金属反应使其沉淀的物质，如石灰、硅酸钙、水泥、炉灰、钢渣、粉煤灰等含有碱性的物质，可以使重金属生成硫化物等沉淀，降低岩石酸性和减少重金属的迁移扩散。隔离层完成后还要在其上覆盖土壤层。

b　覆盖土壤层

在排土场结束作业后，即铺盖土壤，因地制宜就近运输进行覆土造田，有条件的矿山最好将剥离的表土进行分运、分堆，以便做后期覆土用。覆土的厚度以矿山条件及底层岩土性质和可利用程度而定，一般覆盖土层厚度 0.1~0.6m，既可以植树种草，也可以用于农业耕种。以农业利用为主时，覆土厚度要超过 0.5m；以林草利用为主时，覆土厚度一般不超过 0.3m；在耕作初期不宜深耕，以免把贫瘠的岩石翻上来。排土场平台复垦还可采用其他的覆盖物质，如草木灰、泥炭、可利用的污泥和分选场的废料等。

c　生物土壤改良

在排土场平台上不覆盖土层，采用直接种植绿肥植物，利用微生物活化剂、施有机肥以及用化学法中和酸碱性的土壤，以达到改良土壤的目的。酸性土层的改良需用石灰做调节剂；碱性土层的改良需用石膏、氯化钙等做调节剂。广泛分布于矿区的第四纪砂质黏土和黄土中缺乏氮、磷，但具有团粒结构，含有大量的钾，具有良好的溶水性、透水性，无须施肥便可种植绿肥植物。绿肥植物根系发达，主根入土深度达 2~3m，根部具有根瘤菌，根系腐烂后还对土壤有胶结和团聚作用，有助于改善土壤结构和肥力。此外，绿肥植物耐酸碱、抗逆性好、生命力强，能在贫瘠的土层上达到高产。目前矿区采用的绿肥植物主要有草木樨、紫花苜蓿、三叶草等。

此外，采用合理的轮作倒茬和耕作改土，加快土壤熟化和增加土壤的肥力，如豆科作物与粮棉作物轮作、绿肥作物与农作物轮作、施有机肥等。

6.5.4.3　尾矿场土地复垦

尾矿中含有其他品位低的矿物元素，在条件允许的情况下，优先回收有用成分，其次可作为其他废弃地的充填复垦材料，最后考虑尾矿场的土地复垦。尾矿场的土地复垦一般是在干涸的尾砂层上直接植被，或覆土后划块成田种植作物或种草植树，防止尾矿场的浮尘污染。

A 尾矿的性质分析

尾矿场的物理特性主要分析尾砂的容重、密度、堆存特征和机械组成等；尾矿场的化学特性主要分析 pH、有机质、总氮、总磷、总钾、重金属含量与类型、浸出液毒性等；尾矿场环境要素分析包括尾矿场周围地形、水文、气候（蒸发量、平均风速等）、土壤和植物资源等。根据已有的调查研究资料，尾矿场的性质具有以下特点：

（1）尾矿机械组成单一，颗粒细小、松散，堆存时易流动和塌漏，易被水流冲走发生水蚀现象；质地轻，表层干燥时易发生风扬现象。

（2）尾矿持水能力差、昼夜温差大，对植物扎根生长不利。

（3）尾矿 pH 呈酸性、碱性，极端贫瘠。

（4）尾矿含大量重金属、盐、残留选矿药剂，对植物有毒害作用，对地下水和周围水体产生污染。

（5）尾矿场多处于山地或凹谷，易发生山洪冲坝的危险；局地气候明显，植物生长缓慢；周围土壤和植物资源缺乏，取土运土困难。

以上因素分析表明，尾矿场的立地条件要比排土场差很多，在进行土地复垦前，应进行详细的调查研究，以便制订适宜的土地复垦方案。

B 尾矿场植被恢复技术

由于尾矿场存在坝体控制，因此，与排土场相比较，土地复垦的重点是尾矿场内的土壤改良与植被恢复。土壤改良措施包括建立隔离层、覆盖土壤层和生物土壤改良三个方面，与排土场类似。

a 尾矿场植物种筛选的原则

露天矿尾矿场植物种筛选的原则有改树适地、改地适树两种。改树适地是指通过选择生命力强、生长迅速、耐性强、耐贫瘠的乡土植物来适应尾矿基质的不良特性，并对尾矿起到一定的改良作用；改地适树即通过先锋植物的根部固氮、萃取、过滤、固定、刺激、转化等植物修复技术，改良尾矿基质中对乡土植物生长不利的理化性质，以达到使乡土植物能在尾矿上生长的目的。

对于以林草为利用方向的尾矿，采用改树适地的原则；对于以农业、果园利用为方向的尾矿，采用改地适树的原则。因为具有一定经济效益的农作物和果树涉及其可食性问题，所以要尽量改良尾矿基质，保证农作物和果品的可食性。此外，由于不同的农作物或果树对不同的金属吸收、运输、转化的差异和不同种类金属在植物体内不同部位积累的差异，在具体的物种选择中，还应该考虑选择那些食用部分有害元素含量符合食用标准的农作物或果树，以免有害元素通过食物链对人体造成危害。

b 尾矿场植物种的筛选与种植

根据改树适地的原则，在生物复垦初期土壤贫瘠、种植条件恶劣的情况下，应选择生长力强的草本植物，如马鞭草、铁线草、狗牙根、白茅、羊茅属及黑麦草属等植物。本着先草后树的原则，因地制宜地选择合适的物种非常重要，如德兴铜矿选择了象草、画眉草、马尾松等；大冶铁矿选择了刺槐、山毛豆、大叶桉、夹竹桃等。农作物及经济作物有水稻、花生、桃、梨、梅、柑橘；药类植物有金银花、藤三七、药用牡丹等。

根据改地适树的原则，首先以先锋植物建立临时性植被，待尾矿改良后再建立以乡土植物为主的永久性植被。

尾矿场植物的种植方法大体与排土场上植被的种植方法类似，有种子直播和幼苗穴植。

6.5.4.4　矸石山土地复垦

矸石山土地复垦一般可分为三种情况。第一种情况是煤矸石可以综合利用，例如煤矸石可以用作各种建筑材料和化工原料，发热量较高的还可以作为沸腾炉的燃料，或作为坑口电厂的原料等。目前，我国煤矸石的综合利用率正逐年增大，这是煤矸石资源化利用的最佳途径。第二种情况是矸石山作为充填材料，采用充填方式复垦采矿场或塌陷区的土地，此时矸石山可以完全清除。第三种情况是因各种原因，煤矸石长期不能利用，矸石山复垦的主要任务是矸石山整型和覆绿。整型是指将矸石山平整或修整为阶地状，使它能抗御水和风的侵蚀，并在平整的表面上采取农业化学措施以保证植被的生长；覆绿是指矸石山生物复垦与植被建立，修复矿山生态环境。

A　矸石山整型技术

矸石山整型方案的设计取决于矸石山的几何形状、周围的地形、岩土的形状和矸石山堆置的次序等。所以，矸石山的整型设计要求整型后占地面积小，外观与周围地形景观相协调，施工工程量小，施工期短，宜集中处置。此外，矸石充填场地要考虑不改变地区的水文系统，即不阻碍正常的水流及集水方向，同时，也不要使地表水流经矸石山，以免淋溶渗透造成对地下水的污染。

矸石山整型包括矸石山的扁平化和阶地化两种。

a　矸石山扁平化

即将锥形的矸石山改造成扁平化的矸石场。当矸石山处于待充填复垦的采矿废弃地内或周围土地相对充裕时，可以从矸石山顶部用推土机逐层把矸石推向周边，不断拓展矸石场的占地面积，从而降低矸石山的高度。在矸石山扁平化施工前，应注意预先剥离、保留矸石山残积风化层和矸石山周围的表土层，它们是整型后矸石场表层覆盖和生物复垦的重要资源。残积风化层的厚度随着排矸龄的增加逐渐增大，一般有 0.1m 左右，坡面和坡角厚度不均，通常采用水枪冲刷的方式剥离。表土层的厚度依土壤肥力而定，一般 0.2 ~ 0.4m，通常采用推土机剥离。

施工前首先根据矸石场设计，划定矸石场的占地范围；剥离预充填矸石场内的表土，堆置在矸石场外围的空地上，在空地四周用剥离土堆砌土堤，堤高 1.2m 以上；在矸石山周围挖排水沟，沟宽 2 ~ 4m；用水枪冲刷矸石山的残积风化层，风化物泥浆流入排水沟；再用泥浆泵通过管道输送到矸石场外围空地的土堤内；待矸石场充填整平结束后，土堤内的泥浆已经蒸干；将空地上的表土和矸石风化物平铺到矸石场表面，最后覆盖植被。

b　矸石山阶地化

为消除矸石山对周围环境的有害影响，在不清除矸石山的情况下可采用绿化的办法，为此，在矸石山的坡面上建造阶地，覆盖土壤，栽种树木。阶地之间的坡面广种多年生的草本植物。矸石山绿化的结果可改善环境，清洁大气，并改善矿区景观面貌，这对于土地紧张的市区或靠近居民区的矸石山尤为重要。

B 矸石山覆绿的立地条件

矸石山覆绿必须首先考虑矸石山的立地条件。主要包括机械组成、水分状况、酸度、营养元素、重金属及土壤生物等。

矸石可在短期内风化,矸石山坡面表面一般有0.1m左右灰黑色颗粒状的残积风化层,下层为未风化的矸石块。风化层的机械组成包括石、砾、砂、粉砂及更细的粒级。新的矸石山风化物的pH为7左右。但矸石风化物的pH会受到风化程度以及矸石山自燃状况的影响。新排放的煤矸石可耕性差,必须覆土后才能复垦。矸石山表层风化物具有一定的蓄水保肥能力,可逐渐发育成土壤。与土壤自然背景值比较,煤矸石中镉超标最为严重,铜次之,铬、铅和锌均未超标。随着风化程度的增加,矸石中重金属含量并未发现显著性变化(铬除外)。对于自燃后呈酸性或风化程度高的矸石山进行复垦时,应注意酸性改良或建立隔离层,防止植物受到污染。矸石中细菌量与周边黄土相比较,土壤微生物含量明显偏少,不利于植物抗性的提高和煤矸石肥力的改善。

总之,矸石及矸石风化层通气、透水性能好,有一定的保水能力,但地表高温、有效养分不足、重金属污染、土壤生物缺乏,特别是自燃后的矸石酸性强、盐分高,给植被恢复带来了极大的困难。

C 矸石山覆绿技术

a 整地及控制侵蚀技术

矸石山一般堆成山状,为了利于种植,需要对矸石山进行整地。矸石山整地的方式主要有穴坑整地和梯田整地。穴坑整地是按一定的种植密度,定点挖穴,穴的规格一般为穴径50cm,穴深25~30cm,这样有利于蓄水保墒,提高缓苗率和成活率。梯田整地可分为水平梯田整地和倾斜梯田整地。因倾斜梯田耐侵蚀且蓄水保墒能力强,所以也采用倾斜梯田整地方式。矸石山坡面一般有细沟、浅沟侵蚀,但如果有外部的集水,就会产生严重的沟蚀,甚至塌方、滑坡。因此,矸石山整地在采取水保措施的同时要降低坡度。

b 矸石山基质改良

根据矸石山的立地条件,要取得良好的复垦效果,必须对矸石山进行基质改良。用于矸石山基质改良的物质包括:表土、无机化学肥料、有机废料、绿肥等。

酸性岩石场未经中和处理就种植,则矸石淋溶后的酸性物质会通过毛细作用上升到土层,造成土壤的酸化,从而严重影响植物生长和土壤微生物的生成和发育。酸性矸石场基质改良物质一般采用CaO或$CaCO_3$,方法是将其破碎后均匀地撒入矸石场,翻耕深度10~15cm,用量依矸石的pH和中和材料的纯度以及矸石层的深度而定。

对于无毒性、养分含量低的矸石山,由于矸石山结构松散,持水保肥能力差,施用的速效肥很容易淋溶流失,因此应施加缓释肥或有机肥。绿肥作物能够吸收土壤深层的养分,具有固氮作用,在其本身腐烂后,氮元素营养便留在土壤中有利于增加土壤的养分,并能改善土壤的物理结构,促进植物的发育。

c 矸石山植物种类的选择

根据矸石山立地条件及当地的自然条件,植物种类的选择根据改树适地的原则,一般选择耐干旱、耐贫瘠、萌发强、生长快、固氮的林草种类,并优先选择乡土植物。由于矸石山特殊的立地环境,乡土植物的选用必须预先在矸石山上进行物种筛选试验,才能取得成功。根据这些特点,一些抗旱的豆科植物宜作为矸石山绿化的先锋植物,如北方的刺槐、紫穗槐、胡枝子、锦鸡儿和紫花苜蓿等。

d　矸石山植物栽植技术

影响植物栽植成活的重要因素是植物的水分代谢和平衡是否得以维持。植物的根和叶是影响植物的水分代谢和平衡的重要器官。苗木栽植过程中，根系损失和暴露、残留茎叶的蒸腾作用，将导致苗木的水分平衡完全破坏。采用适宜的栽植技术可以最大限度地恢复根系吸水和减少苗木失水，避免苗木失水死亡，如起苗前浇水、剪枝、土球移植，运输时土球包衣或洒水。种植时根系蘸水蘸浆，植后浇透水，以及苗木的固定、遮阳与定期浇水等措施。

6.5.4.5　塌陷区土地复垦

地下采矿会引起地表大面积的塌陷，塌陷区面积随矿体厚度、层数、埋深及倾角而变化。地下矿物的不断开采使地表发生缓慢下沉，形成了平缓的沉陷盆地。多层矿床的开采，地表沉陷量的叠加，又使下沉的平缓盆地不断扩大、加深；当其沉陷深度超过该区潜水位时开始积水，形成水深在2m以内的浅积水区和水深在2m以上的深积水区。而各矿区的地势地貌、区域气候、地下水位高低相差悬殊。

A　塌陷对土地损害的类型

塌陷对土地损害大致可分三种类型。

（1）丘陵山地。塌陷后地形地貌无明显变化，不积水，塌陷影响小，只要将局部的漏斗式塌陷坑和裂缝填堵，加以平整即可恢复原有的地形地貌。我国西北、东北和华北大部分矿区就属于此类。

（2）黄河以北平原地区，因地下水位较深，年降雨量少，地表塌陷后只有一小部分积水，这些地区本来水面就少，对这点宝贵水面经美化、绿化后成为人工湖或养鱼塘，用以调节小气候，使其具有更好的环境效益和社会效益。对低洼地区将旱地改造为水田，则是化害为利之举。

（3）位于我国黄淮平原的中、东部和长江以南的平原地区，那里地势平坦，潜水位高，是我国粮棉重点产区，塌陷对耕地破坏严重，不但塌陷面积大，塌陷深度大，长年积水，水深由数米到十余米，部分土地被盐渍荒芜，因而是复垦综合治理的重点地区。

B　塌陷土地复垦技术

塌陷区土地复垦的基本技术可分为充填法和非充填法两大类。由于塌陷之前的土地多为耕地，因此，塌陷区土地复垦前应注重肥沃表土层的剥离、保存与重构等措施。

a　表土剥离工艺

表土是土地恢复的重要基础，是复垦区非常珍贵的资源。优质农田的复垦往往严格要求构造土壤剖面，对表土和心土的构造都有特定的要求，以保证复垦土壤的生产力等于或优于原土壤。以前的塌陷区土地复垦往往不重视表土的剥离与重构，采用混推法，造成复垦土地的土壤养分分布不均，上下层混合，复垦效果差。

b　充填工艺

在采煤塌陷区，充填材料主要为煤矸石、粉煤灰、其他工业废料、生活垃圾和塘河湖泥等。充填前，应对充填材料的有害成分进行化验测试，以保证充填后不产生二次污染。充填复垦机械有汽车、挖掘机、推土机和泥浆泵等，物料运输方式包括铁路运输、汽车运输和管道运输等。充填方式包括全厚充填、分层充填、条带充填、预充填等方式。

（1）全厚充填。全厚充填就是一次将塌陷坑用矸石或其他材料回填至设计标高，此法施工方法简单、适用性强、应用广泛。使用这种方法恢复的土地可以用于农林种植，稍作地基处理可建低层建筑，经强夯处理可建高层建筑。

（2）分层充填。为了达到预期的充填复垦效果，以一定的充填厚度逐次将塌陷区回填至设计标高，其工艺要点是分层充填、分层碾压。此充填工艺具有较高的地基稳定性，将塌陷地改造为建筑用地常用这种充填方法。

（3）条带充填。对于大面积的塌陷区复垦，充填物料的供应是一个长期的、连续的过程，不能在短期内完成充填工程。为防止大面积施工所引起的不良生态环境影响，可考虑采用条带充填法。此工艺是预先将塌陷坑划分为若干充填条带，条带宽度2~4m；挖沟1~2m深，表土和生土分别堆置在沟两侧；充填材料逐段充填入沟内，达到设计标高后覆表土进行生物复垦。当充填材料浸出液酸性强时，应做好充填物隔离措施，沟底标高应大于旱季地下水水位，且沟底铺5~10cm厚的石灰隔离层，充填层上面也应铺隔离层，然后再覆盖表土。依据条带设置的差异，此工艺分为边缘法和平行法。边缘法即充填沟沿塌陷坑边缘设置，表土堆置高处，生土堆置低处，充填沟依次向塌陷坑中心递进；平行法是将塌陷坑划分成等间距的平行条带，充填沟沟底保持水平，按一定的方向充填水平沟。

（4）预充填。在建井过程和生产初期，在采区的上方地表预计要发生下沉的地区，将表土取出堆放在四周，按预计下沉的等值线图，用生产排矸设备预先排放矸石，待到下沉停止，矸石充填到设计标高后，再将堆放四周的表土平推到矸石层上覆土成田。

C 非充填工艺

（1）土地平整法。本法主要消除附加坡度、地表裂缝以及波浪状下沉等破坏特征对土地利用的影响，适用于中低潜水位塌陷地的非充填复垦，与疏排法配合用于高潜水位塌陷地非充填复垦、矿山固体废物堆放场的平整以及建筑复垦场地的平整等。

土地平整的要求：土地平整要与沟、渠、路、田、林、井等统一规划；土地平整施工顺序合理，做到先易后难、短期内见效益，并且效益逐年提高；土地平整与垦区排灌设施做到"三同时"，使复垦土地稳产高产；合理划分平整单元，使挖方量等于填方量，且施工量最小；在一个平整单元内满足平整度的要求，对于水田绝对高差不大于3~5cm，旱地不大于10cm。

土地平整后的地面标高，应满足农作物生长的要求，即农田地下水埋深应大于地下水的临界深度。

（2）修筑梯田法。修筑梯田法是在大型塌陷盆地的边缘地带，沿地形等高线修成梯田。此法适用于地处丘陵山区的塌陷盆地，或中低潜水位矿区开采沉陷后地表坡度较大的情况。我国山西大部分矿区，河南、山东等地的一些矿区不少塌陷地可采用此法复垦，利用此法复垦可解决充填法复垦充填料来源不足的问题。

（3）疏排法。地下开采沉陷引起地表积水而影响耕种，地表积水可分成两种情况。一种情况是外河洪水位高出塌陷后地表标高，这种情况下，若不采取充填法复垦，必须采用强排法排除塌陷坑积水或采用挖深垫浅的方法抬高部分农田标高方可耕种。另一种情况是外河洪水位标高低于塌陷后农田标高的情况，在这种情况下，可在塌陷区内建立合理的疏排系统，通过自排方式排除塌陷盆地内积水。无论自排还是强排，都必须进行排水系统设计，满足复垦土地的防洪、除涝和降渍的目的，使地下水埋深大于地下水临界深度，这样才能保证作物的正常生长。

疏排法与挖深垫浅法配合使用，效果更佳。

（4）深沟台田法。对于混合型或条带型的塌陷地的边缘地带，可以采用深沟台田的方法重构土壤。此法既可用于高潜水位塌陷区的降渍，又可用于低潜水位塌陷区的蓄水灌溉。具体做法为：在塌陷洼地分段开深沟，取出的土就近摊平，抬高地面建成台田，用于水田、旱地耕作或家畜养殖；深沟用于蓄水或排水。

（5）挖深垫浅法。这种方法是用挖掘机械将塌陷深的区域再挖深，形成水（鱼）塘，取出的土方充填塌陷浅的区域形成耕地，达到水产养殖和农业种植并举的利用目标。它主要用于塌陷较深、有积水的高、中潜水位地区，还应满足挖出的土方量大于或等于充填所需土方量，且水质适宜于水产养殖。由于这方法操作简单、适用面广、经济效益高、生态效益显著，因而被广泛用于采煤塌陷地的复垦。

（6）边坡地水保措施。平原塌陷区复垦为林牧地时，由于附加坡度不大（2°~6°），只需要进行适当的边坡地水保措施即可。这些措施包括人工挖鱼鳞坑、与坡向垂直方向挖平行沟、地表裂缝充填堵漏等。

7 矿业循环经济与清洁生产

7.1 矿业循环经济概述

7.1.1 循环经济的基本概念

7.1.1.1 循环经济的发展

人与自然关系的发展表现为社会经济系统和自然生态系统的密切关系。社会经济系统和自然生态系统之间不断地进行着物质与能量的交换。在这种循环中，社会经济系统的发展要从自然生态系统中取得作为原材料的自然资源产品，同时又将生产和生活的废物返回到自然系统中，不仅消耗了自然生态系统的物质，也降低了自然生态系统的质量。可以说自从有了人类，人类的生存模式就孕育了人与自然的矛盾，随着社会生产活动的发展，人与自然的矛盾不断发展并激化。这一矛盾的发展变化实际上揭示了循环经济产生的历史根源。所以从人类社会历史发展的进程来考察社会经济系统与自然生态系统的矛盾发展，是我们正确认识循环经济产生的出发点。

循环经济的思想萌芽可以追溯到 20 世纪 60 年代，美国经济学家波尔丁（K. Boulding）提出"宇宙飞船理论"对传统工业经济"资源—产品—排放"的产业链提出了批评，并在 1969 年的《一门科学——生态经济学》中提出了"循环经济"一词，几乎同时，美国生物学家卡逊出版了《寂静的春天》阐述了大量使用杀虫剂对人与环境造成的危害，敲响了工业社会环境危机的警钟。

20 世纪 70 年代，经济增长与资源短缺之间矛盾凸显，引发人们对经济增长方式的深刻反思。1972 年，《增长的极限》研究报告中首次提出了经济增长极限理论，这份报告被认为是第一次系统考察了经济增长与人口、自然资源、生态环境和科学技术进步之间的关系。自此，生态环境作为制约经济增长的要素受到全世界的注意，世界各国开始重视污染物产生后的治理和减少其危害，即所谓的末端治理。

末端治理主要是指在生产过程的末端，针对产生的污染物开发并实施有效的治理技术。但随着时间的推移、工业化进程的加速，末端治理的局限性也日益显露。首先，处理污染的设施投资大、运行费用高，使企业生产成本上升，经济效益下降；其次，末端治理往往不是彻底治理，而是污染物的转移，如烟气脱硫、除尘形成大量废渣，废水集中处理产生大量污泥等，所以不能根除污染；再者，末端治理未涉及资源的有效利用，不能制止自然资源的浪费。所以，要真正解决污染问题需要实施过程控制，减少污染的产生，从根本上解决环境问题。

20 世纪 80 年代，人们开始探索走清洁生产的道路。清洁生产的本质在于源头削减和污染预防。首先，它侧重于"防"，从产生污染的源头抓起，注重对生产全过程进行控制，尽量将污染物消除或减少在生产过程中，减少污染物的排放量，且对最终产生的废弃物进行综合利用。其次，它从产品的生态设计、无毒无害原辅材料选用、改革和优化生产工艺和技术设备、物料和废弃物综合利用等多环节入手，通过不断优化管理和技术创新在提高资源利用效率的同时，减少城市污染物的排放量，实现经济效益与环境效益的双赢。相对末端治理而言，清洁生产则是实现经济与环境协调发展的一种更好的选择。

1983 年，联合国大会和联合国环境署授命组建"世界环境与发展委员会"，就人类未来发展与环境问题进行全面研究。1987 年，该委员会在东京通过《我们共同的未来》的著名报告，第一次提出可持续发展的新理念，并系统地阐述了可持续发展的含义和实现途径。可持续发展就是转向更清洁、更有效的技术，尽可能接近"零排放"或"密闭式"的工艺方法，尽可能减少能源和其他自然资源的消耗。可持续发展注重经济数量的增长，更关注经济增长质量的提高。它的标志是资源的永续利用和良好的生态环境，目标是谋求社会的全面进步。报告中着重指出了按照生态系统的自然规律，循环使用自然资源，力争可持续发展。1989 年，《加工业的战略》首次提出工业生态学概念，即通过将产业链上游的"废物"或副产品，转变为下游的"营养物"或原料，从而形成一个相互依存、类似于自然生态系统的"工业生态系统"，为生态工业园建设和发展奠定了理论基础。

20 世纪 90 年代，随着人口的持续增加，经济规模的不断扩大，传统生产模式带来的资源短缺和环境污染，世界各国开始陆续颁布法律保障循环经济和可持续发展的实施。1992 年，联合国环境与发展大会通过了《里约宣言》和《21 世纪议程》，正式提出走可持续发展之路，号召世界各国不仅要关注经济发展的数量和速度，更要重视发展的质量和可持续性。德国于 1996 年颁布了《循环经济和废物管理法》，日本也相继颁布了《促进建立循环型社会基本法》《资源有效利用法》等一系列法律法规。

进入 21 世纪以后，循环经济发展模式得到了更多国家的认可，各国都在进一步完善循环经济法律法规，将清洁生产、资源综合利用、生态设计和可持续消费等融为一体，运用生态学规律来指导人类社会的经济活动。其中，日本是发达国家中循环经济立法最全面的国家，先后出台了《推进循环型社会形成基本法》（2000 年 6 月）、《新环境基本法》（2000 年 12 月）、《资源有效利用促进法》（2000 年 6 月）、《促进资源循环利用基本法》（2001 年 4 月）等法律，并于 2001 年 6 月开始，日本在大都市圈逐步建设无垃圾型城市，进行循环经济的全面实践。

综上所述，循环经济的产生过程就是人类对经济发展和环境保护问题的认识的发展过程，经历了从"排放废物"到"净化废物"再到"利用废物"的过程。循环经济在发达国家取得了成功实践，循环经济的发展已在三个层面上展开：一是企业内部的循环利用；二是企业间或产业间的生态工业网络；三是社会循环经济体系。

7.1.1.2　循环经济的概念

20 世纪 90 年代后期，循环经济的概念被引入中国，在西方理论的基础上，结合我国国情，由实践过程中的问题总结而来，并很快得到重视。目前应用较多的是国家发展和改革委员会对循环经济下的定义"循环经济是一种以资源的高效利用和循环利用为核心，以'减量化、再利用、资源化'为原则、以低消耗、低排放、高效率为基本特征，符合可持续发展理念的经济增长模式，是对'大量生产、大量消费、大量废弃'的传统增长模式的根本变革。"其内涵包括以下六个方面：

（1）在资源综合利用方面，通过废弃物的循环再生利用发展经济，减少生产和消费中投入的自然资源，最大限度降低向环境中排放的废弃物数量，对环境的危害或破坏降到最小。

（2）在物质循环流动方面，传统工业的经济是以"高消耗、高污染、低效率"为特征的"资源—产品—污染排放"单向流线型过程。循环经济是以"低开采、高利用、低排放"为特征的"资源—产品—废弃物—再生资源"反复循环流动过程，提高了资源利用率、经济运行质量和效益。

（3）在经济增长模式方面，循环经济强调资源消耗的减量化、再利用化和再生化，其本质是对人类生产关系进行调整，目标是追求可持续发展。

（4）在环境保护方面，循环经济在环境方面表现为污染低排放，甚至污染零排放。倡导实现经济和环境和谐发展，最终实现经济和环境"双赢"的最佳发展。循环经济的根本任务就是保护日益稀缺的环境资源，提高环境资源的配置效率。

（5）在经济系统发展方面，循环经济是把企业生产经营、原料供应、市场消费等组成生态化的链式经济体，建立一个闭环的物质循环和经济发展系统，不仅体现在工业、农业、商业等生产和消费领域，还可体现在人口控制、城市建设、防灾抗灾等社会管理领域，最终实现社会的可持续发展。

（6）在生态学方面，循环经济要求遵循生态学规律，把清洁生产、资源循环利用、生态设计和可持续消费等融为一体，合理利用自然资源和环境容量，在物质不断循环的基础上发展经济，使经济系统和谐地纳入自然系统的物质循环过程中。

循环经济是对物质循环流动型经济的简称，是一种新的经济形态和经济发展模式。循环经济倡导的是一种与环境和谐的经济发展模式，要求对污染和废物产生的源头进行预防和全过程治理，从根本上消解长期以来环境与经济发展的矛盾，使经济系统和谐地纳入自然生态系统的物质循环过程，从而实现经济、资源、环境的协调持续发展。

循环经济的指导思想是可持续发展，可持续发展理念实际上是对整个人类社会处理人口、资源、环境与社会经济发展关系的一个总体指导体系。"可持续"指的是人类社会经济发展所依托的自然资源与人工资源的合理开发与保护。可持续发展理念的提出便是来自对资源的关注，其目的是实现物尽其用，使资源在技术进步的前提下可以多次循环利用。

循环经济理论与行动的目的是节约资源、减废治污、治理和保护环境，进而从整体上推进经济持续发展与社会全面进步，实现人类社会与自然和谐、公平、良性的互动循环。这种循环的推动力是科学技术进步。在以上过程中，环境保护与治理是一直伴随着的行动和措施。

7.1.1.3 循环经济的特征

循环经济作为一种全新的经济发展模式，其特征主要体现在以下几个方面：

（1）科技性。循环经济的出现和发展是以先进的科技作为依托的，只有通过不断的技术进步，才能实现更大范围和更高效率的资源循环利用，同时不断拓展可供人类使用的资源范围，从源和流两个方面解决人类所面临的资源短缺和生态环境保护问题。

（2）统一性。循环经济的统一性包含两层含义，第一层含义是指循环经济是人类社会经济发展和生态环境保护的统一，通过循环经济的社会再生产方式，既可以解决人类目前所面临的资源、环境两大危机，又能实现人类社会经济的可持续发展；第二层含义是指社会再生产的宏观及微观层面与资源循环利用的统一。

（3）客观性。循环经济内在规律的客观性指循环经济的出现是人类社会经济发展进程中所必然出现的一种社会生产方式，是不以人的意志为转移的社会经济发展的客观现象，是人类社会发展到一定程度之后，面对有限的资源与环境承载力所做出的必然选择。

（4）主观能动性。循环经济是人类对自身面临的资源和环境危机的理性反思的产物，是人类对客观世界认识的进一步深化。

（5）系统性。循环经济是一个涉及社会再生产领域各个环节的经济运作方式。在不同的社会再生产环节上，它有不同的表现形式，只有通过整个社会再生产体系层面的系统性协调，才能真正实现资源的高效循环利用。

7.1.2　矿业循环经济的内涵及特点

20 世纪 80 年代前，矿业受产业政策和当时价格体系的影响以及技术发展的限制，先进的生产工艺不普及，生产的同时造成了环境污染，企业从事"高开采、低利用、高排放"的粗放型生产，矿产廉价用完即弃，资源消耗高、浪费大、造成了环境污染。

20 世纪 80 年代中后期，随着国家对环保的日益重视和《环保法》及《环保标准》的相继制定和出台，企业被动地进行环保末端治理，但仅限于污染治理，固体废物、废水未能进行综合利用和循环使用。

随着国家对企业环保要求的提升，企业加大了对现有生产工艺技术攻关并引进国内外先进技术，逐步对矿山、冶炼进行技术革新和加工产品链延伸；同时，企业的环境保护、资源利用与节能降耗意识逐步加强。很多企业进行技术改造，引进先进的生产工艺技术。

20 世纪 90 年代末，部分矿山企业开始实施清洁生产，强调减少废石，废渣优先的"低开采、低排放（或零排放）、高利用"的新型工业化方式。通过改进设计、采用先进的工艺技术与设备、改善管理、综合利用等措施，开始从生产的全过程控制物质利用和污染排放，从源头减少污染，对生产过程中产生的废物、废水和余热等进行综合利用或循环使用，提高资源利用效率，并减轻或者消除对人类健康和环境的危害。如对粉煤灰和煤矸石进行综合利用。

近些年，矿业企业开始全面认识循环经济，对发展循环经济促进企业经济转型的重要性、必要性、紧迫性有了进一步的认识，并按照循环经济理念，加快企业循环经济发展。主要措施包括：生产过程的节能降耗、废弃物资源化、清洁生产、绿色制造、资源综合利用及矿产品回收和加快矿业生态工业园建设等。

7.1.2.1　矿业循环经济的内涵

矿业循环经济是指地球上的矿产品遵循矿产物质的自身特征和自然生态规律，按其勘查、采选冶生产、深加工和消费等过程构成闭环物质流动，与之依存的能量流、信息流内在叠加，达到与全球环境、社会进步等和谐发展的一个经济系统。其核心是矿产资源的综合利用。矿业循环经济是人类经济系统的基础，对人类的经济发展和环境变化有重大的影响力，而其本身发展又受到科学技术水平、人类认识水平的制约。

矿业循环经济与传统的矿业经济有着本质区别。传统的矿业经济基本上是以高开采、低利用、高排放为特征的"矿产勘查—矿产品—污染排放"简单流动线性经济，造成出入系统的物质流远远大于内部交互的物质流；产品生产链较短，表现为加工多，精产品少，矿产资源利用率低，粗加工产品长距离运输等。矿产品开采加工的同时，还伴随着土地塌陷、水资源的破坏等不少环境问题，有些难以治理。矿业循环经济是一种"矿产勘查—矿产资源—产品—再生矿产资源—最终排放"的反馈式流程，所有的矿物质和能源在经济循环中得到合理的利用，从而减少对矿产资源的消耗，把矿产活动对自然环境的影响降到最低，使得产品产业链得以延长，产品质量提高，使用寿命增长，矿物质的综合回收率大大提高，可以从根本上消解资源、环境与发展之间的尖锐冲突。

矿业循环经济的中心含义是"循环"，强调资源在利用过程中的循环，其目的是既实现环境友好，又保护经济的良性循环与发展。资源循环利用是指自然资源的合理开发，能源、原材料在生产加工过程中通过先进技术加工为环境友好的产品并且实现回用，在流通过程中的理性消费，最后又回到生产加工过程中的资源回用，实现以上环节的反复循环。

为了保护矿产资源，维持生态平衡，实现矿业良性循环，必须高度重视矿产资源循环利用。充分合理地开发利用矿产资源，不仅要靠增加资源开采数量实现，主要还要靠提高资源的综合利用水平来实现。首先，要利用好原矿资源，提高矿产资源综合回采率，抑制当前的过快储量消耗。其次，要推进共伴生矿产资源的综合利用，提高资源保障能力；最后，要充分利用矿山尾矿、废石及矿业及相关产业废物（废渣、废气、废水），增加资源供给，减少环境污染。

7.1.2.2 矿业循环经济的特点

矿业作为国民经济的基础产业，发展矿业循环经济有利于克服我国当前面临的资源瓶颈和环境制约，矿业环境经济不是独立存在的，其与循环经济的基本内涵、国外相关经验、环境经济学、矿产资源的基本特点、矿业产业实践密不可分。

A 培养系统观，坚持3R原则

结合循环经济特征，矿业循环经济的发展首先要注重的是系统地推进。传统矿业发展循环经济，目标在于实现矿业生态经济系统的良性循环，使得生态系统和经济系统互相作用、互相耦合，实现两者物质流、能流和信息流的有序流动和顺利交换。系统推进矿业循环经济需要合理规划，统筹安排。

首先，要按照工业生态学的原理，通过企业间的物质集成、能量集成和信息集成，形成产业间的代谢和共生耦合关系，使一家工厂的废气、废水、废渣或副产品成为另一家工厂的原料和能源，建立工业生态园区。

其次，矿业循环经济的推进必须坚持3R原则。3R原则在矿业循环经济中的表现形式主要是贫富矿兼采，综合回收使一矿变多矿，清洁生产，保护生态。3R原则在矿业过程中的总体要求集中体现在对矿产资源的利用方式和对环境的保护形式上。矿业循环经济中的3R原则见表7-1。

表7-1 矿业循环经济中的3R原则

矿业生产过程	减量化原则	再利用原则	再循环原则
勘查	减少勘查量、勘查程度和勘查深度	使用先进理论、仪器，提高勘查质量及准确性	勘查资料的公开性，多次开发
矿山开采	少采，贫富兼采，少破坏植被	使用先进开采技术，降低剥采比和贫化率，提高开采率	随着加工技术提高，降低矿产品的边界品位

矿业生产过程	减量化原则	再利用原则	再循环原则
选矿	减少应选矿石	采用先进流程，注意综合利用，提高选矿回收率	提高技术，综合回收有价元素和尾矿
冶炼	尽量减少冶炼量	采用先进工艺，提高主元素回收率和产品质量，节能降耗，保持适度规模	对难熔、难回收有价元素进行回收，废气、废水、废渣的综合利用
深加工	开发新产品、新用途；废物回收再利用	综合回收有价元素	废弃物的无害化处理

3R原则是矿业循环经济思想的基本体现，但3R原则的重要性并不是并行的。矿业循环经济提倡以原料控制、节省资源消耗和避免矿产废弃物产生为优先目标。避免把矿业循环经济片面理解为传统意义上的"三废"综合利用，废物的循环利用只是一种措施和手段，而投入经济活动的物质和所产生废弃物的减量化是其核心。因此，3R原则的优先顺序是：减量化→再利用→再循环，减量化原则优于再利用原则，再利用原则优于再循环原则，本质上再利用原则和再循环原则都是为减量化原则服务的。

近几年，北京航空航天大学吴季松教授在研究西方经济学的基础上，总结中国经济发展的经验，创立了新循环经济学，它以科学发展观为指导、以可持续发展为目的。新循环经济学不但给传统循环经济"3R"原则赋予了新的内容，而且在此基础上发展了"再思考""再修复"原则，使循环经济发展到了全新的"5R"理念。与西方循环经济学说相比，新循环经济学更适合中国的国情和经济发展，得到了世界的承认。其中，再修复指的是要不断修复被各种社会活动所破坏的生态系统，在自然生态系统修复、承载能力提高的基础上再增加社会财富的生产，从而形成自然生态系统与人类社会的良性循环。再思考指的是对发展及循环经济的关系进行不断思考，在创造社会财富的同时创造自然财富，并实现两种财富之间的循环，互相促进，共同发展。

B　进行制度创新，发挥主观能动性

20世纪80年代以来，西方发达国家开始采取从源头预防废弃物的产生，以达到从源头预防环境污染的目的。由于所有废弃物都是消耗资源产生的，所以减少资源消耗和对废弃物进行循环利用就成为保护环境的最有效途径。发达国家政府通过制度创新，在传统市场经济框架内引入了环境规制和环境交易制度体系，把环境作为经济要素纳入市场经济循环之中。通过对循环利用资源和废弃物进行专项及综合立法来促进循环经济发展。

国外循环经济发展的经验对我们有几点启示。首先，在矿业中，要加强管理人员及员工对循环经济的认识与意识，加强矿业循环经济基础设施建设；其次，立法先行，以法律促进和规范循环经济发展，我国近几年出台了一系列绿色矿山建设及矿山循环经济相关法律法规，后期仍需不断完善矿业循环经济法律体系；最后，在形成发展循环经济的激励和约束机制过程中，要注意发挥社会中介组织的作用。

C　自然资本和生态环境的统一性

在经济层面上，循环经济是一种新的制度安排和经济运行方式，旨在实现经济增长、资源供给与生态环境的均衡，实现社会福利最大化和社会公平。它把自然资源和生态环境看成社会大众共有的、稀缺的自然资本，要求改变生产的社会成本与私人获利的不对称性，使外部效益内部化。

循环性生产环节有两个效益来源，废弃物转化为商品后产生的经济效益和节约废弃与排污成本。但目前普遍存在的原材料价格障碍和循环过程成本障碍，使这两方面的效益难以实现。在原材料价格方面，以大规模、集约化为特征的现代生产体系使得多数原材料的开采和加工成本日益降低，再利用和再生利用原料的成本往往比购买新原料价格更高，由此造成了推进循环经济的障碍。价格方面，目前我国的环境容量尚未成为严格监管的有限资源，企业和大众消费者支付的废弃和排污费不仅远低于污染损害补偿费用，甚至也明显低于污染治理费用，这使得循环生产环节的成本很难收回，解决问题的途径主要有两个：（1）提高技术水平以增加循环经济效益；（2）通过政府的宏观调控加以解决。

D 注重矿业循环经济客观性，树立新的资源观

从整体上看，我国陆域地壳活动强烈，地层发育齐全，沉积类型多样，构造复杂，富矿地质环境、成矿种类和矿化程度自成体系。我国矿产资源的基本特点是：矿产资源总量丰富，但人均拥有量较少；矿产资源品种齐全，但某些重要矿产特别是大宗矿产相对不足或短缺；矿床数量多，但大型及特大型矿床较少；矿产地分布广泛，但不均衡；贫矿多、富矿少，"三难"矿多，"三易"矿少；共生矿床、伴生矿床多，单一矿床较少。

矿产资源的基本特点决定了我国矿业必须走循环经济之路，这是建设资源节约型与环境友好型社会的重要途径。在矿业循环经济发展中亟待树立两个重要理念："三有"资源观和"四综合"理念，即有限开发、有序开发、有偿开发和综合勘查、综合评价、综合开采、综合利用。

矿产资源是一种耗竭性并不可再生的自然资源，有限的资源要满足无限的经济社会发展需求，必须树立起新的循环经济资源观，实现资源供应从有限向无限的转化。从外延上，新的资源观将矿山的各种废弃物都看作是资源；从内涵上，它更强调现有资源储量的深入挖潜，减量化、再利用与再循环。

E 循序渐进建设矿业循环系统

通常认为，矿业循环经济有三个层次，分别为点、线、面，如图7-1所示，对于单个企业而言，发展循环经济，要以清洁生产为中心，积极延长产业链，努力提高矿产资源的综合回收率；对于发展到一定规模的较大企业，或在一些成矿区带上具有一定数量的矿业企业群，应积极创造条件建设以核心企业为中心的循环经济园区。

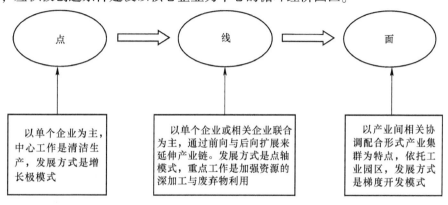

图7-1 矿业循环经济的3个层次

矿业循环经济的最高层次是将矿业循环系统作为社会整体循环的一部分，与其他子循环相互联合构成社会大循环模式。发展矿业循环经济需要循序渐进：（1）有目的地整合矿产资源，形成特色资源产业，从各地实际出发对有关矿山企业做文章，培养矿业主导产业；（2）延长产业链，逐步形成产业集群；（3）在产业集群的基础上大力推行循环经济，完善工业园区层次。

F　以科技推动矿业循环经济

树立起循环经济的观念，不仅要培养资源有限和开发有偿的意识，在资源利用中积极应用新技术，改进旧工艺，不断进行科技创新，全面推进清洁生产，珍惜和合理使用每一份资源，而且要把矿山"三废"作为资源，通过突破技术、资金和政策等瓶颈实现其资源化。

G　坚持企业为主体，政府调控，市场引导和公众参与相结合

推进循环经济发展，国家重视是关键，科学规划是前提，科学技术是支撑，必要投入是保障，完善政策是基础。这是一套推进循环经济的工作思路。推进矿业循环经济的发展同样需要这样一套工作思路，坚持企业为主体，政府调控，市场引导和公众参与相结合，形成有利于促进循环经济发展的政策体系和社会氛围。

7.1.2.3　再循环原则下的矿产资源开发

资源的再循环利用，可以大大减少对矿产资源的开采利用，达到节约资源、能源和减少环境污染的目的，其经济、社会、生态环境效益非常显著。通过对矿山废渣、废水、废气的再循环利用，可以拉动经济增长，促进产业结构优化升级，减少"三废"对环境的影响，提高矿业企业的经济效益和社会效益，促进废物减量化、无害化和资源化。

A　固体废物再循环

煤矿主要的固体废料包括煤矸石、煤泥等，非金属和金属矿山主要的固体废料包括掘进或露天剥离废石、尾砂等。采用选矿、冶炼、化工和生物等方法，将固体废物中的有用组分回收，将有毒物质转化为无毒物质，固体废物经过处理后，即使尚存少量废物，对环境的危害也很小。

矿山固体废物循环利用途径有3种：回收有用矿物、回收能源、制备材料。矿山固体废物再循环利用模式如图7-2所示。对固体废料的再循环利用，首先应确定其中含矿品位在可预见的未来市场条件下，是否可以分选回收。如果能够达到分选的标准，则应首先进行二次回选；否则应根据固体废料的矿物成分、化学组成和力学性质，考虑进行二次开发。对于已无任何利用价值的固体废料，可考虑进行井下回填或复垦造田。

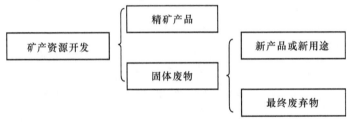

图7-2　矿山固体废物再循环利用模式

B 废水再循环利用

我国矿山水资源利用有两个特点:一方面,矿山生产、生活需要大量的水资源,但大多数矿区缺水严重,影响矿区居民的生活,制约着矿区经济的发展;另一方面,为保证矿山正常生产,每天要排出大量的矿井水和生产废水,不仅会对周边环境造成污染,同时更是对水资源的巨大浪费。我国矿山水资源化利用率仅为20%左右。不同矿山废水的水质和排放情况差异很大,针对不同的情况,将矿山废水采用物理、化学、物理化学和生物等多种方法从废水中回收有用组分,加以净化,使废水变为洁净水再循环使用,实现矿区废水资源化,从而消除对环境造成的污染。发展水循环经济,建立矿区水资源循环经济模式(见图7-3),既可解决废水污染,又能回收和利用水资源。

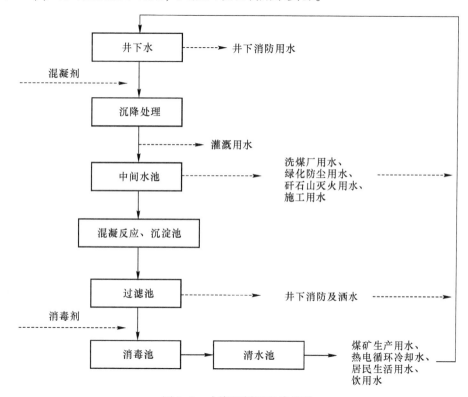

图7-3 水资源循环经济模型

C 废气的再循环利用

矿山的废气主要是在冶炼厂或工厂回收金属或制取化工产品时所排出的烟尘。利用吸附、吸收、冷凝和脱模等方法,可将废气中的有用组分回收利用,治理其中的有害气体,以消除或减少对环境的污染。废气中的氢气可以回收作为燃料,含有二氧化硫的烟气回收后,进行处理可制取硫酸、回收硫等。煤矿废气来源主要是井下开采过程中产生大量的瓦斯气体,目前许多矿山已经采用把瓦斯气体抽出的方法,回收瓦斯气作为燃料或化工原料。

需要注意的是,矿业废料回收利用可以减少废物最终的处理量,但不一定能够减少经济过程中矿物质的流动速度以及使用规模,而且以目前方式进行的综合回收利用,有一些是环境非友好的方式,处置过程会新增其他污染。因此,长远来看,要达到矿产资源最优使用，需要遵循两个原则：一是持久使用，即通过延长产品的使用寿命来降低矿产资源的流动速度，如注重产品的使用范围、符合行标、国家标准或国际标准，进行产品替代，注意保质贮藏等；二是适度规模、集约使用，使产品的利用达到某种规模效应，从而减少分散使用导致的浪费，如注意开采规模，选冶规模、矿山规模与选冶规模的匹配等。

7.2　矿业发展循环经济的基本运行模式

发展循环经济的根本目标是转变经济增长方式、实现可持续发展。矿业发展循环经济的基本思路是必须遵循"资源—产品—再生资源—再生产品"的循环模式，以最大限度地提高资源的利用率，降低资源消耗率，减少矿业生产和消费中废弃物的排放，提升经济运行质量和效益，改善矿区和社会生态环境。矿业发展循环经济可以从企业层面、区域层面和社会层面展开。

7.2.1　企业内部的循环经济模式

企业内部循环模式也称小循环模式，由企业自主开发循环生产设计程序，通过实施清洁生产和环境管理体系，采用生态工业原理和技术，在企业内部实现物质的循环利用，使上游生产过程的废弃物成为下游生产工艺的原材料，达到物质和能源的循环利用，形成少废物甚至无废物的生态工艺，减轻环境污染，实现经济增长和环境保护的双重效益。

在该种循环模式中，企业应该注重的是生态效益，做到减少产品的物质和能源使用量，减少污染物质的排放量，加强物质和能量的循环使用能力，最大限度地利用可再生资源；其次，企业应该注重提高能源利用效率，在西方经济学中，效率被定义为"最有效地使用社会资源满足人类的愿望和需求"，而在循环经济理念中，效率的含义进一步扩展到生态效率，从宏观经济学意义上讲，生态效率被定义为"在尽量提高自然资源的利用效率及减少环境污染的基础上实现国民经济持续增长"，它一方面表现为提高资源、能源等的生产利用率，降低单位原料消耗；另一方面表现为尽量减少由污染带来的低效率，降低单位 GDP 环境污染负荷。

矿业企业发展循环经济，要求大力推行清洁生产，主要体现在以下 5 个方面：一是在生产环节上节能降耗；二是使用可再循环的原材料，提高物质使用效率；三是降低废弃物排放；四是不断提高资源综合利用、循环利用效率；五是倡导企业间物质循环（零排放）。

7.2.2　生态工业园区域循环经济模式

循环经济产业体系的区域层面，属于中循环范畴，是面向共生企业的循环经济。在区域层面上，通过企业间的物质、能量和信息集成，形成企业间工业代谢和共生关系，建立工业生态园区。通过生态工业园区，将多个企业链接起来，使单个企业的废物、废气、废水、废热、废渣在自身循环利用的同时，成为另一个企业的能源和资源，从而达到资源共享、分级利用、变废为宝、将废弃物的排放量降低到最低限度、最大限度地降低生产过程对生态环境的影响，提高物质、能量、信息的利用程度和生态效率，延长了产业链。若有最后不可避免的剩余物，则将其以对生命和环境无害的形式进行排放，尽量做到零排放。

生态工业园区具有以下属性：

（1）整体性。生态工业园区是包括自然、工业和社会在内的复合体，它的运作方式是从原料、中间产物、废物到产品的闭合循环，园内各企业之间通过交换和协作的关系紧密联系在一起，从而得到资源、能源、投资的最佳集合效益，也就是说，生态工业园区具有区域经济的放大效应，可实现群体效益，这比由单个企业实现的个体效益之和要大得多。

（2）生态化。这是指工业园区的功能而言，生态工业园模仿大自然系统的运作模式，对工业进行系统设计。各个企业通过原料之间的合理连接，实现资源的层级利用和充分利用；通过清洁生产工艺减少废物排放，甚至可以达到零排放。另外为了减少原料运输过程中的能量消耗，要求尽量减小相关联企业之间的时间和空间距离。

以举世闻名的丹麦卡伦堡工业园区为例，它是工业生态系统最典型的代表，它由四个主体企业构成，分别是炼油厂、电厂、石膏板厂和制药厂，以这四个企业为核心，园区内通过贸易的方式，相互利用相关联企业的副产品或废弃物作为本企业的原材料，减少了废弃物排放。园区框架结构如图7-4所示，从而产生了很好的经济效益，形成了经济发展和环境保护共赢的良性循环。

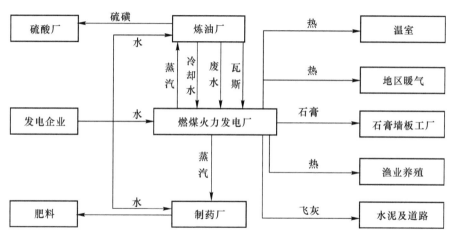

图7-4　丹麦卡伦堡循环经济模式

其中，燃煤火力发电厂是这个工业生态系统的核心，炼油厂和制药厂接受由电厂供应的工业蒸汽，满足自身生产工艺中的热能需求；卡伦堡镇关闭了多座小油渣炉，全镇居民接受由电厂提供的供热采暖，从而大量减少了燃烧废弃物和污染物排放，保护了环境；水泥生产厂和路桥建筑公司接受电厂的除尘粉煤灰，用于制砖和铺路；石膏板厂接受电厂提供的脱硫石膏为原料，用于生产石膏板等。另外，电厂接受炼油厂的废气用于燃烧发电；石膏厂接受炼油厂的火焰气用于石膏板干燥，由此炼油厂减少了废气和火焰气的排放。水资源方面，炼油厂的废水经过净化处理后输送给电厂，由于水的循环使用，电厂每年减少25%的外供水量。也就是说，所有企业都对彼此之间的资源进行了多级使用，对关联企业的副产品和废弃物进行了综合利用。

我国矿业循环经济发展也在积极探索建设生态工业园区，以煤炭生产为例，煤炭生态工业园区要达到的目标是从原料、中间产物、废物到产品的物质循环，达到资源、能源、投资的最佳利用和园区内整体发展的集合效益，而不仅仅是单个企业的最佳效益。园区内企业间更多的是一种互信、互赖的依存关系，这种形式有利于促进当地经济、环境的持续发展。煤炭生态工业园区的特征就是通过政策引导和技术扶持等手段，提高园区内产业关联度，形成产业间的横向辐合、纵向闭合的共生关系。以下介绍几种当前我国典型的煤炭生态工业园区建设模式。

7.2.2.1　煤—电模式

目前我国煤炭产业链最基本的就是煤电开发模式，通过在矿区直接建设大型燃煤坑口电站，或是选择建设低热值燃料综合利用电站，将以往的运煤转变为输送电力或供热。把品质不高和环境污染严重的煤炭用于发电，这种模式适宜于煤质较差以及煤炭运输不便的矿区，如图7-5所示。

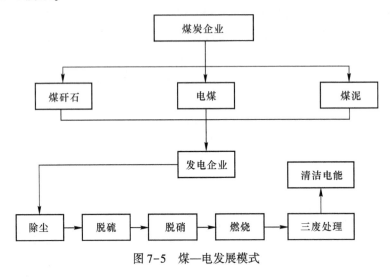

图7-5　煤—电发展模式

7.2.2.2　煤—电—建材模式

利用煤泥、煤和一部分煤矸石来建立电厂，电厂产电供给建材厂，建材厂则又可以利用煤炭开采和洗选排放的剩余煤矸石，或是电厂发电产生的粉煤灰作为原材料来生产矸石砖，此模式只能在煤矸石积存量或粉煤灰排出量较多的矿区采用。由于建材厂所需的主要原料是电厂直接产生的，而且储备量充足，所以在这种模式下的企业投入低且经济效益好，如图7-6所示。

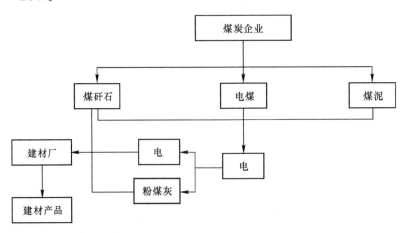

图7-6　煤—电—建材综合发展模式

7.2.2.3 煤—电—冶金模式

该模式是煤电模式的另外一种延伸，即供电给冶金企业生产冶金产品，在矿区重点发展火力发电，变输电为供电给消耗电能的高能耗产业用来生产产品。这适合在发电能力强且周围相关矿产资源丰富的地区采用，但是这种模式对当地环境破坏极大，因此在煤炭产业循环经济的发展过程中具有局限性，如图 7-7 所示。

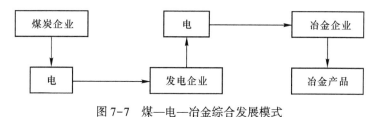

图 7-7 煤—电—冶金综合发展模式

7.2.2.4 煤—电—焦化模式

该模式是一方面利用炼焦煤用于炼焦企业，然后经炼焦后产生的焦炉煤气回收用于提制甲醇和提炼焦油，剩余部分经过深加工转变为煤化工产品；另外还可以将选煤后的副产品用于发电或是供热。该模式实际上是在煤电综合利用模式的基础上更进一步，但只适用于某些品种较齐全并且临近水源的大型矿区。虽然经济效益明显，但对环境，尤其是对水资源的污染严重，所以该模式要因地制宜，斟酌发展，如图 7-8 所示。

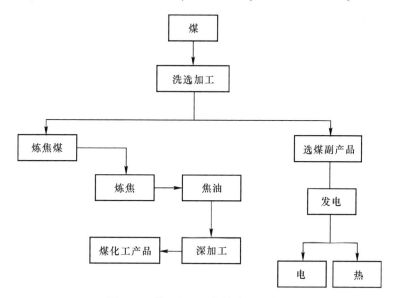

图 7-8 煤—电—焦化综合发展模式

我国的矿业开发现状距离实现矿业内部的循环经济尚存在一定的差距，目前还没有完全意义上的卡伦堡式矿业生态园区，但随着科技的进步和循环经济的发展，我国矿业生态园的建设会不断健全和完善。

7.2.3 社会循环模式

社会整体循环又称大循环，是在社会整体范围内，完成"资源—产品—再生资源"的闭合循环。建立社会大循环的关键在于寻求"工业生态链条"接口,通过产业结构调整,在一个整体范围内,把生产、消费、排放和管理统一组织起来,在社会各个阶层、各个方面构建起各种产业生态链,从而形成一个大的生态网络系统,并在政府推动下,通过建立相应法律法规和利用市场经济手段,在一定区域范围内推行资源循环利用。它的基本点是预防污染、源头控制,它的目标是经济、环境、社会的可持续发展,它的特征是物质和能量的闭合循环,它的功效是最大限度的高效利用资源,减少废弃物排放。

社会层次的大循环主要针对的是消费废弃物的排放,包括城市层面的废弃物再生利用,形成产业和消费之间的互换交错,物质循环良好、能量和信息流动通畅的社会网络。目前世界各国都在积极探索和尝试这种大循环模式,即不但农村、城市、农业、工业各自实现循环,而且通过农业与工业之间、农村与城市之间的交叉和链接,在整个社会领域内,建立大跨度的循环体系,循环经济最终追求的是大尺度社会循环,当整个社会的生产、消费和排放都实现了这样的大范围、大跨度循环时,我们就达到了循环型经济社会。

矿业循环系统作为社会整体循环的一部分,与其他子循环相互联合,促进矿业循环经济的多种形式、不同规模上的闭合。全社会改变发展速度、改善消费方式,以降低矿产资源的需求,真正减量化;全民重视矿物质的回收、含矿物质类产品的持久使用,减缓循环内矿物质的流速,提高矿产资源的使用效率,减少污染处置的压力。总之,提高全民绿色消费意识,采用生态设计、绿色工艺等措施,真正实现矿业大循环。

7.3 矿业清洁生产

7.3.1 清洁生产的概念

从工业革命以来,世界经济得到快速发展,但传统的工业以追求高投入与高产出为目标,其结果是资源利用率低、排放物多和污染大。20 世纪 50 年代,发达资本主义国家遭受了诸如"八大公害"等环境污染事件,走上了"先污染后治理"的道路。通过实践,认识到防治工业污染不能只依靠末端治理,要解决工业污染问题,必须以实行清洁生产,将污染物消除在从原料—生产—产品—售后服务—废旧产品再循环利用的全过程。同时,清洁生产也是矿山环境保护的重要理念和矿业循环经济的重要组成部分。

清洁生产的概念最早出现在 1976 年欧洲共同体举行的"无废工艺和无废生产的国际研讨会",提出"协调社会和自然的相互关系应主要着眼于消除造成污染的根源"的思想。美国环保局在 1990 年颁布了《污染预防法》,提出"通过源削减和环境安全的回收利用来减少污染物的数量和毒性,从而达到污染控制的要求"。对环境政策的讨论和实践,使人们认识到,通过污染预防和废物的源削减,要比在废物产生后再进行治理有着更显著的经济与环境效益。

清洁生产虽然已成为环保和节能减排领域的一个研究热点,但至今还没有完全统一、完整的定义。欧洲国家称其为"少废无废工艺及生产";日本多称"无公害工艺";美国则称其为"废物最少化"。此外,还有"绿色工艺""生态工艺""环境工艺""再循环工艺"等。这些不同的提法或术语实际上描述了清洁生产概念的不同方面。

美国环境保护局对废物最少化技术所做的定义是:在可行的范围内,减少产生的或随之处理、处置的有害废弃物量。包括削减产生源和组织循环两方面的工作，其与"使现代和将来对人类健康与环境的威胁最小"的目标相一致。这一定义是针对有害废弃物而言的，未涉及资源、能源的合理利用和产品与环境的相容性问题。

欧洲专家倾向于下列提法：清洁生产为对生产过程和产品实施综合防治战略，以减少对人类和环境的风险。对生产过程来说，包括节约原材料和能源，革除有毒材料，减少所有排放物的排放量和毒性；对产品来说，则要减少从原材料到最终处理产品的整个生命周期对人类健康和环境的影响。上述定义概括了产品从生产到消费的全过程，是减少风险所应采取的具体措施，但比较侧重于企业层次上。

目前，比较权威的定义是联合国环境规划署在 1996 年提出的清洁生产的概念，即：清洁生产是指将整体预防的环境战略持续应用于生产过程、产品和服务中，以期增加生态效率并减少对人类和环境的风险，综合、预防、持续的思想应用于策略，指导产品的生产和服务，使污染对人类和环境的影响最小。

对生产过程而言，要求节约原材料和能源，淘汰有毒原材料，减少所有废弃物的数量和毒性；

对产品而言，要求减少从原材料获取到产品最终处置的全生命周期的不利影响；

对服务而言，要求将环境因素纳入设计和所提供的服务之中。

贯穿于联合国环境规划署清洁生产的概念中的基本要素是污染预防，即在生产发展活动的全过程中充分利用资源能源，最大可能地削减多种废物或污染物的产生，它与污染产生后的控制（末端治理）相对应。它从清洁的生产过程和清洁的产品（包括服务）两个方面，通过将环境保护结合到产品及其生产过程中，促进生产、消费与环境相容。清洁生产的概念中，两个重要的要素是"综合"与"持续"的要求。

《中华人民共和国清洁生产促进法》关于清洁生产的定义为：清洁生产是指不断采取改进设计、使用清洁的能源和原料、采用先进的工艺技术与设备、改善管理、综合利用等措施，从源头削减污染，提高资源利用效率，减少或者避免生产、服务和产品使用过程中污染物的产生和排放，以减轻或者消除对人类健康和环境的危害。

7.3.1.1　清洁生产概念的含义

清洁生产概念中包含了四层含义：

（1）清洁生产的目标是节省能源、降低原材料消耗、减少污染物的产生量和排放量。

（2）清洁生产的基本手段是改进工艺技术、强化企业管理，最大限度地提高资源、能源的利用水平和改变产品体系，更新设计观念，争取废物最少排放并将环境因素纳入服务中去。

（3）清洁生产的方法是排污审核，即通过审核发现排污部位、排污原因，并筛选消除或减少污染物的措施并进行产品生命周期分析。

（4）清洁生产的终极目标是保护人类与环境，提高企业自身的经济效益。

7.3.1.2　实施清洁生产的优势

（1）清洁生产体现的是以"预防为主"的方针。传统的末端治理侧重于"治"，与生产过程相脱节，先污染后治理；清洁生产侧重于"防"，从生产的源头抓起，注重对生产全过程进行控制，强调"源削减"，尽量消除或减少在生产过程中污染物的排放量，且对最终产生的废弃物进行综合利用。

(2) 清洁生产实现了环境效益与经济效益的统一。传统的末端治理投入多、难度大、运行成本高，只讲环境效益，没有经济效益；清洁生产则是从使用"清洁原料"替代有毒有害材料、改造产品设计、改革和优化生产工艺和技术装备、物料循环和废弃物综合利用的多个环节入手，通过不断加强管理和采用先进技术，在提高资源利用率的同时减少污染物的排放量，实现经济效益和环境效益的最佳结合。

7.3.1.3 清洁生产的内容

清洁生产的核心是将资源与环境有机融入产品及其生产的全过程中。从生产角度来看，它可包括清洁的能源、清洁的原料、清洁的生产过程、清洁的产品四个层次的活动。它们相互联系结合，促进着传统的生产方式乃至经济发展模式的变革。

(1) 清洁的能源。清洁的能源包括常规能源的清洁利用、可再生能源的利用、新能源的利用和节能技术。

(2) 清洁原料。原材料的合理选择是有效利用资源、减少废物产生的关键因素。实施清洁生产的原材料包括以无毒、无害或少害原料替代有毒、有害原料；保证或提高原料的质量、进行原料的加工，减少对产品无用的成分；改变原料配比或降低其使用量；采用二次资源或废物做原料替代稀有短缺资源的使用等。

(3) 清洁的生产过程。清洁生产的重要内容之一是对一个组织的生产过程实施污染预防的活动。生产过程一般包括原料准备直至产品的最终形成，即由生产准备、基本生产过程、辅助生产过程以及生产服务等构成的活动过程，包括减少生产过程中的各种危险因素，如高温、高压、易燃、易爆、强噪声、强振动等；少废、无废的工艺和高效的设备；物料的再循环（厂内，厂外）；简便、可靠的操作和控制；完善的管理。清洁生产是在产品及其生产过程中实施的污染预防对策措施。由于部门、行业、企业情况千差万别，即使同一类型的部门、行业、企业，其产品、生产过程所面临的具体的环境问题也不尽相同。因此，不存在一个统一的清洁生产技术措施。

(4) 清洁的产品。清洁产品指在产品的整个生命周期中，包括生产、流通使用及使用后的处理处置，不会造成环境污染、生态破坏和危害人体健康的产品。

7.3.1.4 清洁生产的意义

清洁生产作为一种全新的发展战略，它是可持续发展理论的实践，以保证环境与经济的协调发展，实施清洁生产具有重大的意义。

(1) 开展清洁生产是控制环境污染的有效手段。清洁生产彻底改变了过去被动的、滞后的污染控制手段，强调在源头和污染产生之前就予以削减，即在生产全过程减少污染物的产生和对环境的不利影响。经国内外的许多实践证明，清洁生产的减污活动具有效率高、能带来可观的经济效益、容易被企业接受等特点。

(2) 开展清洁生产可大大减轻末端治理的负担。末端治理作为目前国内外控制污染最重要的手段，为保护环境起到了极为重要的作用。然而，随着工业化发展速度的加快，末端治理这一污染控制的传统模式显露出多种弊端。而清洁生产从根本上抛弃了末端治理的弊端，它通过生产全过程控制，减少甚至消除污染物的产生和排放。这样，不仅可以减少末端治理设施的建设投资，降低其日常运转费用，也大大减轻了工业企业的负担。

(3) 开展清洁生产是提高企业市场竞争力的最佳途径。实现经济、社会和环境效益的统一，提高企业的市场竞争力，是企业的根本要求和最终归宿。开展清洁生产的本质在于实行污染预防和全过程控制，它将给企业带来不可估量的经济、社会和环境效益。

清洁生产是一个系统工程，它提倡通过工艺改造、设备更新、废弃物回收利用等途径，实现"节能、降耗、减污、增效"，从而降低生产成本，提高企业的综合效益，同时它也强调提高企业的管理水平，提高企业人员在经济观念、环境意识、参与管理意识、技术水平、职业道德等方面的素质。另外，清洁生产还可有效改善操作工人的劳动环境和操作条件，减轻生产过程对员工健康的影响，为企业树立良好的社会形象，提高企业的市场竞争力。

7.3.1.5 清洁生产与循环经济的关系

清洁生产与循环经济都具有提升环境保护对经济发展的指导作用，但清洁生产是循环经济在企业层面上实践的重要推进途径，是循环经济的微观基础，而循环经济是清洁生产的最终发展目标，两者的相互关系见表7-2。

表7-2 清洁生产与循环经济两者之间的关系

比较内容	清 洁 生 产	循 环 经 济
思想本质	环境战略；新型污染预防和控制战略	经济战略：将清洁生产、资源综合利用、生态设计和可持续消费等融为一套系统的循环经济战略
原则	节能、降耗、减污、增效	减量化、再利用、资源化。首先强调的是资源的节约利用，然后是资源的重复利用和资源再生
核心要素	整体预防、持续运用、持续改进	以提高生态效率为核心，强调资源的减量化、再利用和资源化，实现经济行动的生态化、非物质化
适用对象	主要对生产过程、产品和服务（点、微观）	主要对区域、城市和社会（面、宏观）
基本目标	生产中以更少的资源消耗生产更多的产品，防治污染产生	在经济过程中系统地避免和减少废物
基本特征	污染性：清洁生产从源头抓起，实行生产全过程控制，尽最大可能减少乃至消除污染物的产生，其实质是预防污染。通过污染物产生源的削减和回收利用，使废物减至最少	低消耗：提高资源利用效率，减少生产过程的资源和能源消耗。这是提高经济效益的重要基础，也是污染排放减量化的前提
	综合性：实施清洁生产的措施是综合性的预防措施，包括结构调整、技术进步和完善管理	低排放：延长和拓宽生产技术链，将污染尽可能地在生产企业内处理，减少生产过程中的污染排放；对生产和生活用过的废旧产品进行全面回收，可以重复利用的废弃物通过技术处理进行无限次的循环利用。这将最大限度地减少初次资源的开采、最大限度地利用不可再生资源，最大限度地减少造成污染的废弃物的排放
	统一性：清洁生产最大限度地利用资源，将污染物消除在生产过程之中，不仅环境状况从根本上得到改善，而且能源、原材料和生产成本降低，经济效益提高，竞争力增强，能够实现经济效益与环境效益相统一	
	持续性：清洁生产是一个持续改进的过程，没有最好，只有更好	高效率：对生产企业无法处理的废弃物集中回收、处理，扩大环保产业和资源再生产业的规模，提高资源利用效率，同时扩大就业
宗旨	提高生态效率，并减少对人类及环境的风险	

7.3.2　矿业清洁生产

7.3.2.1　矿业清洁生产的必要性

矿山企业的性质决定了必须推行清洁生产。矿业活动主要指采矿、选矿及冶炼三部分。由于矿产资源的特点造成生产工艺复杂、生产流程长、单位产品能耗高、"三废"产生量大等问题，因而矿山企业是环境污染比较严重的行业之一。

实现矿产资源可持续利用的一个关键问题，就是如何提高资源的利用率乃至永续利用。鉴于矿产资源的不可再生性，要实现可持续发展必须开展清洁生产。随着我国经济的快速增长和人口不断增加，水、土地、能源、矿产等资源不足的矛盾越来越突出，生态建设和环境保护的形势日益严峻。面对这种情况，企业必须按照科学发展观的要求，大力发展循环经济，提高资源利用率，做好二次资源的开发利用。

矿业清洁生产有赖于对矿山环境问题的认识。矿产资源的开发既是资源的利用过程，也是环境的改变过程。矿山开发与其他的工业企业之间存在明显的差异，由于矿产资源储量的有限性，任何一个矿山的开发阶段都是矿山生命周期的主体。因此，对于矿山清洁生产，要关注矿山开发阶段的资源综合利用问题，更要关注与矿山开发相关的环境问题。采用清洁生产技术可有效解决我国矿山的环境污染问题，从源头上减少污染物的排放，减轻环境污染。

7.3.2.2　矿业清洁生产的措施

矿山清洁生产的措施包括以下几个方面：

（1）制定合理的清洁生产评价标准。矿山清洁生产程度由多种因素决定，根据采选矿山企业的生产特点，可以首先对其中一些主要的指标进行评价，最大限度地提高资源和能源的利用水平，减少环境污染。目前，由于矿床赋存条件、品位、伴生矿物的差异较难，清洁生产标准制定多集中在选矿厂，而采矿清洁生产标准制定仍需加大力度。

（2）全员参与。矿业清洁生产必须贯穿到矿业开发的生命全过程中去，企业在产生清洁生产方案时最主要的手段是清洁生产合理化建议的收集和采纳。由于从事专业、技术能力和所属岗位的不同，所侧重的问题和角度也就不同，提交的合理化建议应涵盖企业的所有层面。企业在清洁生产过程中要求矿业开发的全体人员必须掌握同类矿业先进的技术、理念和发展趋势，并自觉地应用于矿业开发的实践中，只有这样，清洁生产才有实现的可能性。

（3）注重回收利用以及废物资源化。在生产过程中，充分利用各种资源，从降低能源和原材料消耗方面提出方案，可显著提高清洁生产技术水平，清洁生产效果显著。

（4）改进、完善工艺和设备。提高设备运转率是降低生产成本的有效手段，从中产生清洁生产方案，尽可能消除不利的影响因素，提升清洁生产技术水平。从以设备维护和检修为主要内容的设备维修中产生方案，可提高设备完好率，促进生产的连续性。采用先进的设备和技术改造，可提高生产的产能和联系性，降低生产成本，提高生产效率。例如大型球磨机、节能破碎机、大型浮选槽的应用，可在很大程度上提高企业的清洁生产技术水平。

（5）改进操作方法。受到技术、原料等条件的限制，可以从改进操作方法方面寻找清洁生产方案。

7.3.2.3 矿业清洁生产

以煤炭清洁生产为例，具体内容包括：

（1）清洁开采。就是通过改进传统开采技术或者淘汰落后采煤工序，大量使用新的技术手段，在整个原煤开采过程中减少废物和有毒物质的排放，提高煤炭资源利用率，综合开发高岭土、膨润土等煤系共伴生矿产资源，真正实现清洁化开采。更具体来说，采用合理的开采技术能提升煤炭资源开采的广度和深度，减少煤炭资源的浪费；采用合理的开采技术和煤矸石立即处理技术能减少煤矸石的产生，最低限度降低煤矸石的污染；高效的瓦斯综合抽放技术能提高抽放量和抽放效率，减少瓦斯排放；不断创新采空区充填工艺和保水采煤技术，防止地表沉陷和地下水被污染，降低对环境的影响，如图7-9所示。

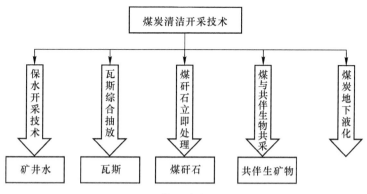

图7-9 煤炭清洁开采模式

（2）清洁生产。就是对煤炭分类开采后进行深加工，采用汽化、液化、水煤浆、煤制油等技术，对煤炭、共伴生矿产、煤矸石等按照煤的用途分类进行加工，使之成为高附加值的产品。同时，为了综合、循环利用煤炭生产、加工中产生的副产品、废弃物等，也要求对其进行加工处理，使其成为其他产业的原材料，提高资源利用程度。为保障清洁生产模式的顺利进行，要加强建设以下工作内容：首先，大力发展煤炭洗选加工转化技术。一方面对于发展较为成熟的技术要全方位推广，另一方面也应加大科研创新力度，主动引进国外先进的技术装备。其次，提高煤炭资源的利用和转化效率。有效控制煤炭利用之前的污染物排放，提高煤炭质量和减少能源在煤炭运输过程中消耗。再次，加强相关配套设施建设。选煤厂的建设规模要视矿区生产能力和市场需求而定，同时也要与新矿井的开发计划同步进行。最后，综合利用煤系共生、伴生矿物、废弃物和副产品。就地开采、加工和利用，实现环境效益与经济效益的有效统一，如图7-10所示。

（3）清洁利用。这是指产品在后期使用过程中也尽量不造成对生态环境的污染和破坏。这就需要重点通过大力发展煤矸石、瓦斯、矿井水、洗煤水及共伴生矿物的综合利用来实现对煤炭的清洁利用，这样不仅不会影响生态效益，还会产生经济效益。典型操作过程如下：首先进行坑口电厂建设，将煤矸石、瓦斯收集作为发电燃料，矿井水处理并储存作为电厂生产用水。其次依据共伴生矿产资源类别，建设相应的冶金厂、建材厂，将有用资源进行冶炼、锻造，生产耐火材料、建筑建材等。通过上述方式，既能较好解决"三废"问题及共伴生矿产资源对环境的污染，又能充分利用相关资源，实现生态效益与循环经济的双赢，如图7-11所示。

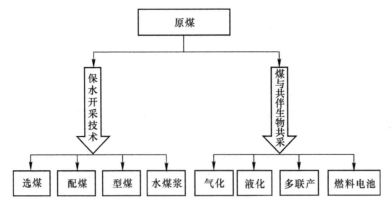

图 7-10　煤炭清洁生产模式

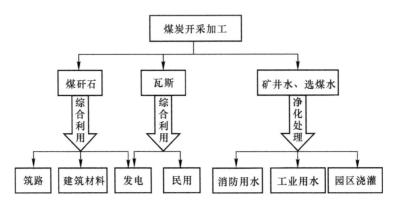

图 7-11　煤炭清洁利用模式

7.3.3　矿业清洁生产指标及评价体系

清洁生产评价是通过对企业的生产从原材料的选取、生产过程到产品服务的全过程进行综合评价，判断出企业清洁生产总体水平以及主要环节的清洁生产水平，并针对清洁水平较低的环节提出相应的清洁生产对策和措施。

7.3.3.1　矿业清洁生产评价指标内容

清洁生产的评价内容包括清洁原材料评价、清洁工艺评价、设备配置评价、清洁产品评价、二次污染和积累污染评价、清洁生产管理评价和推行清洁生产效益和效果评价，而这些内容主要通过清洁生产评价指标体现出来。

清洁生产评价指标提供了一个清洁生产绩效的比较标准。它是对清洁生产技术方案进行筛选的客观依据，清洁生产技术方案的评价，是清洁生产审计活动中最为关键的环节。实际应用的清洁生产评价指标体系是由相互联系、相对独立、互相补充的系列清洁生产评价指标所组成的，包括定量评价指标和定性评价指标，也可分为一级评价指标（具有普适性、概括性的指标）和二级评价指标（代表行业清洁生产特点的、具体的、可操作的、可验证的指标），也可根据行业自身特点设立多项指标。国家发展和改革委员会先后发布了钢铁行业等 45 个行业的清洁生产评价指标体系。

从清洁生产的发展状况来看，矿业清洁生产明显滞后于其他行业。建立矿业清洁生产指标体系已成为现代矿山企业建设和生产的基本目标，为矿山企业实施清洁生产提供有力的支持和指导。对实现我国矿业可持续发展具有重要作用。

建立矿业清洁生产评价指标体系的原则，一般有以下几方面：

（1）科学性。指标体系的建立必须在掌握和认识矿区系统的结构与规律的基础上，并能反映出矿区清洁生产的内涵和目标的实现程度。

（2）可行性。指标体系要具有可测性和可比性，要在技术上可行，经济上合理。

（3）无关性。指标体系中的各项指标应该互不相关、彼此独立、避免重复。

（4）完备性。指标体系作为一个有机的整体，应该能够反映和测试被评价系统的主要特征和状况，而且还要反映系统的动态变化和发展趋势。

（5）稳定性。指标体系内容不宜变动过频，在一定的时间内应该保持相对的稳定。

（6）简明易操作性。制定或选用的指标既要能够充分表达清洁生产的丰富内涵，又要考虑到评价工作的易操作性，因而评价指标不能过多，但必须能充分表达清洁生产的意义，做到简单明了，综合性强。

（7）特殊性。由于范围及领域不同，选项的指标体系既要将国际公认的清洁生产的普遍性包含其中，又要体现不同范围、不同领域的特殊性。矿业清洁生产属于区域的范畴，其指标体系要能反映矿区的特殊性。

清洁生产评价指标体系框架见表7-3。

表7-3 清洁生产评价指标体系框架

序号	一级指标	二级指标
1	生产工艺技术指标	工艺类型
2		装备设备
3	资源与能源消耗指标	单位产品原/辅材料消耗
4		单位产品能耗
5		单位产品水耗
6		其他
7	产品特征指标	产品有毒有害成分含量
8		产品和包装可回收、降解性
9		其他
10	污染物产生指标	单位产品废水产生量
11		单位产品废气产生量
12		单位产品固体废物产生量
13		其他
14	资源综合利用指标	生产过程排出物利用率
15		其他
16	环境与劳动安全卫生指标	环境管理
17		劳动安全卫生
18		其他
19	清洁生产管理指标	清洁生产审核制度
20		清洁生产部门和人员配备

下面具体介绍各项准则及其下的具体指标：

（1）生产工艺技术指标：矿山采选生产所使用的装备水平，是清洁生产强调污染预防技术的一个重要方面。所使用的钻机、破碎机、装运机等设备的先进性对生产的能耗、劳动生产率等指标参数有直接影响。

（2）资源能源消耗指标：从有利于减少资源能源消耗、提高资源能源利用效率方面提出资源能源消耗指标及要求。指标主要有开采回采率、损失贫化率和选矿回收率、能耗系数（主要以电为主）、清洁水耗系数、资源有毒有害系数以及全员劳动生产率。

（3）产品特征指标：从有利于包装材料再利用或资源化利用、产品易拆解、易回收、易降解、环境友好等方面提出产品指标及要求。

（4）污染物产生指标：采选过程中排放的废气、废水和固体废物，具体指标有废气排放系数、废水排放系数和固体废物排放系数。

（5）资源综合利用指标：采矿产生的废石和选矿产生的尾矿，都可以用于再选或者充填采空区等用途，井下和选矿厂产生的废水经过处理可以循环利用。因此，废石和尾矿的综合利用率以及废水的循环利用率可作为此类的评价指标。

（6）环境与劳动安全卫生指标：从生产过程环境友好，注重人员劳动安全卫生等方面提出环境与劳动安全卫生指标及要求。这一准则层包括的指标有土地复垦率、大气质量、水质量以及矿山生产过程中的环保管理水平。

（7）清洁生产管理指标：应从有利于提高资源能源利用效率，减少污染物产生与排放方面提出管理指标及要求。

7.3.3.2 清洁生产评价指标权重确定

一级指标的权重之和应为1，每个一级指标下的二级指标权重之和也应为1。不同的计算方法具有各自的特点和适用条件，应依据行业特点，单独使用某种计算方法或综合使用多种计算方法。

（1）层次分析法（AHP法）。AHP法是一种将定性分析和定量分析相结合的多目标决策方法。AHP的基本思想是先按问题要求建立起一个描述系统功能或特征的内部独立的递阶层次结构，通过两两比较因素（或目标、准则、方案）的相对重要性，给出相应的比例标度，构造上层某要素对下层相关元素的判断矩阵，以给出相关元素对上层某要素的相对重要序列。

（2）专家咨询法（Delphi法）。Delphi法是就各评价指标的权重，分发调查表向专家函询意见，由组织者汇总整理，作为参考意见再次分发给每位专家，供他们分析判断并提出新的意见，反复多次，使意见趋于一致，最后得出结论。

7.3.3.3 清洁生产审核

最有效的清洁生产措施是源头削减，即在污染发生之前消除或削减污染，这样会以较低的成本取得较好的效果。而要达到该目标就必须搞清废物和排放物的起因和起源。企业在筹划、实施清洁生产之前，应对整个生产过程进行清洁生产审核，找出问题，以便针对性改正。

A　清洁生产审核的概念及作用

根据《清洁生产审核办法》（国家发展和改革委员会、国家环境保护部令第38号），清洁生产审核是指按照一定程序，对生产和服务过程进行调查和诊断，找出能耗高、物耗高、污染重的原因，提出降低能耗、物耗、废物产生以及减少有毒有害物料的使用、产生和废弃物资源化利用的方案，进而选定并实施技术经济及环境可行的清洁生产方案的过程。

清洁生产审核遵循企业自愿审核与国家强制审核相结合、企业自主审核与外部协助审核相结合的原则，因地制宜、有序开展、注重实效。

对于企业，通过实施清洁生产审核，可以实现以下目的：

（1）确定企业有关单元操作、原材料、产品、用水、能源和废弃物的资料；

（2）确定企业废弃物的来源、数量以及类型，确定废弃物削减目标，制定经济有效的削减废弃物产生的对策；

（3）提高企业对由削减废弃物获得环境和经济效益的认识和知识；

（4）判定企业效率低下的瓶颈部位和管理不善的地方；

（5）提高企业的管理水平、产品和服务质量；

（6）帮助企业环境达标，减少环境风险，加强社会责任感。

B　清洁生产审核分类

根据《清洁生产审核办法》，清洁生产审核分为自愿性审核和强制性审核。

a　自愿性清洁生产审核

国家鼓励企业自愿开展清洁生产审核。污染物排放达到国家或者地方排放标准的企业，可以自愿组织实施清洁生产审核，提出进一步节约资源、削减污染物排放量的目标。

自愿实施清洁生产审核的企业可以向有管辖权的发展改革（经济贸易）行政主管部门和环境保护行政主管部门提供拟进行清洁生产审核的计划，并按照清洁生产审核计划的内容、程序组织清洁生产审核。

b　强制性清洁生产审核

有下列情形之一的企业，应当实施强制性清洁生产审核。

（1）污染物排放超过国家或者地方规定的排放标准，或者虽未超过国家或者地方规定的排放标准，但超过重点污染物排放总量控制指标的；

（2）超过单位产品能源消耗限额标准构成高耗能的；

（3）使用有毒、有害原料进行生产或者在生产中排放有毒、有害物质的。

其中有毒有害原料或物质包括以下几类：第一类，危险废物。包括列入《国家危险废物名录》的危险废物，以及根据国家规定的危险废物鉴别标准和鉴别方法认定的具有危险特性的废物。第二类，剧毒化品。列入《重点环境管理危险化学品目录》的化学品，以及含有上述化品的物质。第三类，含有铅、汞、铬等重金属的物质。第四类，《关于持久性有机污染物的斯德哥尔摩公约》附件所列物质。第五类，其他具有毒性、可能污染环境的物质。

污染物排放超过国家或者地方规定的企业，应当按照环境保护相关法律规定治理。实施强制性清洁生产审核的企业，应当将审核结果向所在地县级以上地方人民政府负责清洁生产综合协调的部门、环境保护部门报告，并在本地区主要媒体上公布，接受公众监督，但涉及商业秘密的除外。县级以上地方人民政府有关部门应当对企业实施强制性清洁生产审核的情况进行监督，必要时可以组织对企业实施清洁生产的效果进行评估验收。

C　清洁生产审核特点

进行企业清洁生产审核是推行清洁生产的一项重要措施，具有以下特点：

（1）目的性。清洁生产审核特别强调节能、降耗、减污和增效，并与现代企业的管理要求一致。

（2）系统性。清洁生产审核是一套系统的、逻辑缜密的审核方法。

（3）预防性。清洁生产审核的重点是减少废弃物的产生，从源头开始在生产过程中削减污染，达到预防污染的目的。

（4）经济性。企业生产中的污染物一旦产生，需要很高的代价去收集、处理和处置，给企业造成了很大的经济负担，而清洁生产审核倡导在污染物产生之前就予以削减，不仅可减轻末端处理的负担，同时将污染物转化成有用的原料，这相当于增加了产品的产量和生产效率。

（5）持续性。清洁生产审核十分强调持续性，无论是审核重点的选择还是方案的滚动实施体现了从点到面、逐步改善的持续性原则。

（6）可操作性。清洁审核最重要的特点是能与企业的实际生产过程和具体情况相结合。

D　清洁生产审核程序

审核程序原则上包括审核准备，预审核，审核，实施方案的产生、筛选和确定，编写清洁生产审核报告等。

（1）审核准备：开展培训和宣传，成立由企业管理人员和技术人员组成的清洁生产审核工作小组，制订工作计划。

（2）预审核：在对企业基本情况进行全面调查的基础上，通过定性和定量分析确定清洁生产审核重点和企业清洁生产目标。

（3）审核：通过对生产和服务过程的投入、产出进行分析，建立物料平衡、水平衡、资源平衡以及污染因子平衡，找出物料流失、资源浪费环节和污染物产生的原因。

（4）实施方案的产生和筛选：对物料流失、资源浪费、污染物产生和排放的原因进行分析，提出清洁生产实施方案，并进行方案的初步筛选。

（5）实施方案的确定：对初步筛选的清洁生产方案进行技术、经济和环境可行性分析，确定企业拟实施的清洁生产方案。

（6）编写清洁生产审核报告：清洁生产审核报告应当包括企业基本情况、清洁生产审核过程和结果、清洁生产方案汇总和效益预测分析、清洁生产方案实施计划等。

E　申请审核条件

申请清洁生产审核评估的企业必须具备以下条件：

（1）完成清洁生产审核过程，编制了《清洁生产审核报告》。

（2）基本完成清洁生产无/低费方案。

（3）技术装备符合国家产业结构调整和行业政策要求。

（4）清洁生产审核期间，未发生重大及特别重大污染事故。

申请清洁生产审核评估的企业需提交以下材料：

（1）企业申请清洁生产审核评估的报告。

（2）《清洁生产审核报告》。

（3）有相应资质的环境监测站出具的清洁生产审核后的环境监测报告。

（4）协助企业开展清洁生产审核工作的咨询服务机构资质证明及参加审核人员的技术资质证明材料复印件。

F　清洁生产实施

清洁生产是一个系统工程，是对生产全过程及产品的整个生命周期采取污染预防的综合措施，既涉及生产技术问题，又涉及管理问题。而工业生产过程千差万别，生产工艺繁简不一。因此应从各行业的特点出发，在产品设计、原料选择、工艺流程、工艺参数、生产设备、操作规程等方面分析生产过程中减污增效的可能性，寻找清洁生产的机会和潜力，促进清洁生产的实施。目前清洁生产主要通过以下几种途径实施：

（1）合理布局，调整和优化经济结构和产业产品结构，以解决影响环境的"结构型"污染和资源能源的浪费。同时，进行生产力的科学配置，组织合理的工业生态链，建立优化的产业结构体系，以实现资源、能源和物料的闭合循环，并在区域内削减和消除废物。

（2）在产品设计生产和原料选择时，优先选择无毒、低毒、少污染的原辅材料替代原有毒性较大的原辅材料，同时开发、生产绿色环保的清洁产品，以防止原料及产品对人类和环境的危害。

（3）改革工艺和设备。采用能够使资源和能源利用率高、原材料转化率高、污染物产生量少的新工艺和设备，代替那些资源浪费大、污染严重的落后工艺设备。优化生产程序，减少生产过程中资源浪费和污染物的产生，尽最大努力实现少废或无废生产。

（4）资源的综合利用。节约能源和原材料，提高资源利用水平和转化水平，做到物尽其用，以减少废弃物的产生。同时尽可能多地采用物料循环利用系统，对废弃物实行资源化、减量化和无害化处理，减少污染物排放。

（5）依靠科技进步，提高企业技术创新能力，开发、示范和推广无废、少废的清洁生产技术装备。加快企业技术改造步伐，提高工艺技术装备和水平，通过重点技术进步项目（工程），实施清洁生产方案。

（6）加强管理，改进操作。工业污染有相当一部分是由于生产过程管理不善造成的，通过改进操作，加强管理，用较低的花费，便可获得明显的削减废物和减少污染的效果。包括落实岗位和目标责任制，使人为的资源浪费和污染排放量减至最小；加强设备管理，提高设备完好率和运行率；开展物料、能量流程审核等。

（7）必要的末端处理。在现有的技术水平和经济发展水平条件下，实现完全彻底的无废生产和零排放，还是比较难的，因此有时不可避免地会产生一些废弃物，对这些废弃物进行必要的处理和处置是必需的。

G　清洁生产审核验收

清洁生产审核验收是指企业通过清洁生产审核评估后，对清洁生产中/高费方案实施情况和效果进行验证，并做出结论性意见。

县级以上环境保护主管部门或节能主管部门，应当在各自的职责范围内组织清洁生产专家或委托相关单位，对以下企业实施清洁生产审核的效果进行评估验收：

（1）国家考核的规划、行动计划中明确指出需要开展强制性清洁生产审核工作的企业。

（2）申请各级清洁生产、节能减排等财政资金的企业。

对上述企业实施清洁生产审核效果的评估验收，所需费用由组织评估验收的部门报请地方政府纳入预算。承担评估验收工作的部门或者单位不得向被评估验收企业收取费用。自愿实施清洁生产审核的企业如需评估验收，可参照强制性清洁生产审核的相关条款执行。清洁生产审核评估验收的结果可作为落后产能界定等工作的参考依据。

对企业实施清洁生产审核的效果进行验收，应当包括以下主要内容：

（1）企业实施完成清洁生产方案后，污染减排、能源资源利用效率、工艺装备控制、产品和服务等改进效果，环境、经济效益是否达到预期目标。

（2）按照清洁生产评价指标体系对企业清洁生产水平进行评定。

8 矿区职业卫生及职业病

8.1 矿区职业卫生

矿产资源是当今社会经济发展不可缺少的基础保障，未来较长一段时间地位难以替代。但在矿产资源开采及加工过程中，不同程度地存在危害人体健康的因素，本章以煤矿开采加工为例，介绍我国矿产资源开发利用过程中常见的职业病及预防措施。

8.1.1 我国矿区职业病情况

8.1.1.1 我国矿区主要职业病危害因素

我国多种矿产资源储量居世界前列，近几年由于国家经济发展需要，矿产资源得到大力开采开发，尤其是煤炭产量近五年一直位居世界第一，与其他国家相比，我国矿产资源有分布不均匀、地质条件复杂、开采难度大、生产工艺落后的特点。矿产开采过程中产生了粉尘、噪声、振动、高温、高湿和有毒有害气体等所有职业病危害因素，在矿产资源后续深加工及其产业链延伸的生产过程和工艺中，也存在噪声、振动、有毒有害气体等职业病危害因素。这些因素对职工的健康和生命构成了威胁，虽然近几年国家出台多项法律法规加强防治职业病，但职业病和与工作有关的疾病的发病率相比其他行业仍维持在较高水平。我国矿区主要职业病危害因素有以下几种。

A 矿尘因素

在矿产资源开采过程中产生的粉尘称为矿尘。依据矿尘在井下存在的状态可将其分为浮尘和落尘。浮尘是指悬浮在空气中的粉尘；落尘是指在生产环境空气中由于重力作用沉积在生产工作面、井下巷道周边等处的粉尘。在井下采矿、掘进、运输及提升等各生产过程中的所有作业均能产生矿尘。据统计，80%的矿尘来自采掘工作面。

B 噪声因素

矿产行业是高噪声行业之一，噪声声压等级高且声源分布广，从井下的采矿、掘进、运输等工作，到露天矿的开采、地面选矿厂的分选加工以及机电设备的装配维修等，噪声无处不在。

a 露天矿的噪声源及特点

露天矿噪声危害普遍存在，采矿、运输过程中使用的主要大型设备，如钻机、电铲、载重自卸车、推土机、破碎机、带式输送机，在运转过程中都会产生强度不等的噪声。露天矿噪声的特点是噪声强度较低，以中低频为主。

b 井工矿的噪声源及特点

井下凿岩、打眼、爆破、割煤、运输、机修和通风等作业环节使用的风动凿岩机、风镐、风扇、煤电站、乳化液机、采煤机、掘进机和带式输送机等是井下常见的噪声源。此外，局部通风机、空气压缩机、提升机、水泵、刮板输送机也是主要噪声源。井下噪声的特点是强度大、声级高、声源多、干扰时间长、反射能力强、衰减慢等。

c　选厂的噪声源及特点

选厂的噪声主要存在于破碎、磨矿、输送、筛选/跳汰、水洗/浮选、过滤、干燥等工段。主要噪声源有提升机、带式输送机、通风机、空气压缩机、破碎机、球磨机、振动筛、洗煤机、脱水机、真空泵、溜槽、鼓风机和运输机械等。选厂的噪声特点是强度大、声级高、连续噪声多和频带宽等。

C　矿山高温因素

矿山井下生产环境相对较差，工人劳动强度大，对广大工人的身心健康产生了很大影响。随着矿井开采深度的增加，机械化程度越来越高，由此产生的机械散热也越来越大，矿井中高温、高湿等热害问题显得越来越突出。

井下的温度由于规模的大小、地层条件和离地面的深度、有无机械通风设备及其效果等不同而有很大差别。规模较大的矿井，由于设备比较完善合理，既可实现良好通风，又可降低井内温度（井下适宜温度为12~20℃）和湿度。而一些中小型矿井或地形比较复杂的矿井，则因缺乏充分的通风设备，或通风效果很差，往往导致井内温度高、湿度大，从而给矿工健康带来很大危害。

造成矿井气温升高的热源很多，有相对热源和绝对热源两种。相对热源的散热量与周围气温有关，如高温岩层和热水散热；绝对热源的散热量受气温影响较小，主要是机电设备、化学反应和空气压缩等热源散热。高温岩层散热是导致矿井空气温度升高的重要原因，它主要通过井巷岩壁和垮落、运输中的矿石与空气进行热交换而使矿井空气温度升高；当矿井中有高温水涌出时，也将影响整个矿井的微气候，从而使矿井温度略有升高。

D　振动因素

井下常用的振动工具有活塞式捶打工具、固定式转轮工具和手持式转动工具。包括凿岩机、气锤、风铲机、砂轮机、抛光机、电锯、风钻、电钻、手摇钻和喷砂机等。

此外，采矿、运输过程中使用的大型设备，如钻机、斗容电铲、载重自卸车、推土机、破碎机、带式输送机，在运转过程中都会产生程度不等的振动。

E　有毒有害气体因素

a　氮氧化物

矿山作业场所氮氧化物的主要来源有：

（1）露天矿坑下爆破采矿、井下岩巷爆破及煤巷爆破等作业使用的炸药多为硝酸铵类炸药，爆破时产生的烟气中含有大量的氮氧化物。爆破后人员过早进入爆破现场可引起炮烟中毒。

（2）地下矿井的意外事故，如发生火灾时可产生氮氧化物。

（3）采矿、掘进、运输等柴油机械设备工作时的尾气排放。

b　碳氧化物

矿山开采中碳氧化物（即一氧化碳和二氧化碳）的主要来源有：

（1）岩巷和煤巷爆破及在采煤工作面上打眼钻孔，进行爆破采煤时产生的一氧化碳、二氧化碳。

（2）利用采煤机在采煤工作面进行截割采煤或用强大的水压冲击采煤工作面以破碎煤

块时产生的一氧化碳、甲烷等。

（3）将破碎后的矿物装入运输系统，清理采矿（煤）工作面时产生的硫化氢、一氧化碳、甲烷等。

矿井中二氧化碳含量较少时对人体危害较小，但当发生二氧化碳突出时，大量二氧化碳会喷涌出来，对人体造成危害。

c　硫化氢

矿山生产过程中硫化氢气体的主要来源有：

（1）地质勘探过程中钻探打孔时硫化氢气体可从煤及岩层内逸出。

（2）煤矿露天开采时，硫化氢气体来源于煤的低温焦化。

（3）井下旧巷和采空区积水或矿井发生透水事故进行排水时，随着水位下降，积存在被淹井巷中的硫化氢气体可能会大量逸出。

（4）煤矿井下残采，由于煤层厚度变化和赋存情况极不稳定、残采面通风困难，且残采阶段的矿井大多被采空区所覆盖，井下积水较多，因此常出现高浓度的硫化氢气体。

（5）井下爆破产生硫化氢。

井下硫化氢气体超标，主要原因是煤质含硫及硫化矿物浓度太高，通风条件差。硫化氢多滞留于矿井巷道底部。

d　甲烷

甲烷俗称沼气、煤层气、坑气，是吸附在煤层中的可燃性气体。在煤炭开采过程中，常将甲烷与其他气体组成的混合气体称为瓦斯。甲烷是瓦斯的主要成分，占80%以上。

8.1.1.2　我国煤矿常见职业病

A　矿山尘肺

在矿山的诸多职业病危害中，粉尘危害居首位。长期接触含二氧化硅的粉尘可以导致尘肺病。导致尘肺病的原因有以下几个方面：

（1）矿山开采条件艰苦、复杂，而且以井工开采为主，产生粉尘的工序较多，且空气中飘浮的粉尘量难以控制，给尘肺病的预防带来了巨大的挑战。

（2）近几年随着机械化水平的提升，生产力得到大幅提高，随之而来的粉碎量增加，工作面及巷道粉尘量较高。

（3）防尘措施不力，没有树立预防为主的观念。虽然投入了一定的资金，但绝大多数矿井的粉尘浓度没有达到卫生标准，有的超标上百倍甚至上千倍。

（4）矿井工人对职业病危害知之甚少，加之缺乏有效的职业卫生培训，对粉尘的危害置若罔闻，干式作业、不佩戴防护用品等问题屡禁不止。

（5）对粉尘的危害认识不足，尤其是对尘肺发病的滞后性缺乏足够的认识，防尘措施不当。

我国的尘肺病特点：

（1）职业病人基数大。据国家卫生计生委报告，截至2018年年底，我国累计报告职业病97.5万例，其中累计报告尘肺病87.3万例，约占总数的90%，其中煤炭开采与洗选行业尘肺病的报告病例约占全国尘肺病报告病例数的45%。这些数字仅仅是职业病诊断鉴定机构报告的数字，由于职业健康检查覆盖率低和用工制度不完善等原因，实际发病人数远高于报告病例数。

（2）发病率保持在较高水平。我国的尘肺除发病基数大外，还有一个显著特点是发病率高。2010 年以来我国平均每年新发尘肺病例都在 2 万例以上。虽然国有大中型企业在 20 世纪五六十年代采取的防尘措施收到了一定的效果，但是改革开放以来出现了大量的中小微型企业如小钢铁厂、小水泥厂、小煤矿、小铁矿及石料加工厂，这些企业的职业卫生管理基础薄弱，工作场所的粉尘浓度严重超标，导致尘肺病等职业病多发。

（3）尘肺的病情严重。在我国，煤工尘肺病人的病期构成与国际平均水平相比，贰、叁期病人所占的构成比例较大。一般来说，生产无烟煤的煤矿叁期尘肺构成比例在 10% ～ 15%，最高可达 25% 以上；生产烟煤的煤矿叁期尘肺构成比例在 5% ～ 10%，最高可达 20%；生产褐煤的煤矿和露天煤矿叁期尘肺较少。

B　其他职业病

根据大量职业流行病学调查资料可知，除尘肺外，对我国矿井工人和职工的健康危害较大的职业病还有噪声聋、手臂振动病、氮氧化物中毒、一氧化碳中毒和中暑等。

噪声聋主要见于露天开采的重型汽车司机、井下开采的爆破工、噪声严重的机械（如掘进机、带式输送机、割煤机和装载机等）操作工。

手臂振动病是矿山某些工种长期使用风钻掘进的职业病之一，主要见于井下掘进工、露天开采的重型汽车司机等。

氮氧化物中毒主要见于爆破工。一氧化碳中毒主要见于爆破工、瓦斯监测人员、救护人员等。中暑主要见于某些井下高温场所作业的工种。

C　工作有关疾病

矿山工人由于长期暴露于粉尘、噪声和振动等职业病危害中，加之倒班、不良工作体位等影响，使得某些疾病的发病率在这些特殊人群中比一般人高，按患病率高低主要有煤矿工人慢性支气管炎、慢性胃炎、腰背痛、消化性溃疡、慢性鼻炎和风湿性关节炎等。

尘肺结核是尘肺主要的并发症，也是尘肺病人死亡的主要原因之一。矿区作为特殊的社区，结核病的发病率不但在尘肺病人中高，而且在矿区非接尘人员中的发病率也较其他人群高。尘肺是以肺部纤维化为主的全身性疾病，而尘肺结核是尘肺最常见的并发症之一。尘肺病人肺部纤维增生，血管床遭到破坏，造成肺循环不良和供血不足，使药物不易在结核病灶内达到有效的杀菌浓度。尘肺结核的患病率随尘肺期别的进展而逐渐增加，这是尘肺和结核两种疾病互相促进的结果。

8.1.2　职业卫生相关法律法规与标准

8.1.2.1　职业卫生法律法规体系

我国职业卫生法律法规体系具有五个层次：

第一层次，宪法。《中华人民共和国宪法》第四十二条规定："国家通过各种途径，创造劳动就业条件，加强劳动保护，改善劳动条件，并在发展的基础上，提高劳动报酬和福利待遇。"这是对我国的职业卫生工作的总体规定。

第二层次，法律。法律是由全国人大及其常委会制定的。例如《职业病防治法》《中华人民共和国安全生产法》《中华人民共和国劳动法》等。

第三层次，行政法规。行政法规是国务院根据宪法和法律制定的。例如《中华人民共和国尘肺病防治条例》《使用有毒物品作业场所劳动保护条例》《放射性同位素与射线装置放射防护条例》《女职工劳动保护特别规定》等。

第四层次，地方性法规。地方性法规是由省、自治区、直辖市、省和自治区的人民政府所在市、经国务院批准的较大的市人大及其常委会，根据本行政区域的具体情况和实际需要制定和颁布的、在本行政区域内实施的规范性文件的总称。例如《内蒙古自治区劳动保护条例》《内蒙古自治区劳动保障监察条例》《内蒙古自治区女职工劳动保护规定实施办法》等。

第五层次，规章。规章是由国务院各部、委员会、中国人民银行、审计署和具有行政管理职能的直属机构，省、自治区、直辖市和较大的市人民政府制定的。

这些法律法规对企业的职业卫生提出了全面、具体的要求。

8.1.2.2 主要职业卫生法律、法规

A 《职业病防治法》

《职业病防治法》是我国预防、控制和消除职业病危害，防治职业病，保护劳动者健康及其相关权益的一部专门法律。该法确立了我国"预防为主、防治结合"的职业病防治工作基本方针和"分类管理、综合治理"的职业病防治管理原则。《职业病防治法》对用人单位明确规定了职业病前期预防要求、劳动过程中的防护与管理要求，明确了关于职业病的诊断管理、对职业病病人的治疗与保障等方面的内容。

B 《劳动法》

《劳动法》是为了保护劳动者的合法权益，调整劳动关系而制定的法律。其涉及职业安全卫生方面的内容主要包括劳动安全卫生要求和女职工及未成年工特殊保护。

劳动安全卫生要求用人单位必须建立、健全劳动安全卫生制度，严格执行国家劳动安全卫生规程和标准，对劳动者进行劳动安全卫生教育，防止劳动过程中的事故，劳动安全卫生设施建设必须符合"三同时"要求；为劳动者提供符合国家规定的劳动安全卫生条件和必要的劳动防护用品，特种作业的劳动者必须经过专门培训并取得特种作业资格。

女职工和未成年工特殊保护要求用人单位禁止安排女职工从事矿山井下、国家规定的第四级体力劳动强度的劳动；不得安排女职工在经期及怀孕期间从事高处、低温、冷水作业和国家规定的第三级体力劳动强度的劳动。对怀孕 7 个月以上的女职工，不得安排其延长工作时间和夜班劳动；不得安排女职工在哺乳未满 1 周岁的婴儿期间从事国家规定的第三级体力劳动强度的劳动和哺乳期禁忌从事的其他劳动；不得安排未成年工从事矿山井下、有毒有害、国家规定的第四级体力劳动强度的劳动和其他禁忌从事的劳动。

C 《中华人民共和国劳动合同法》

《中华人民共和国劳动合同法》是为了完善劳动合同制度，明确劳动合同双方当事人的权利和义务，保护劳动者的合法权益的法律。

《劳动合同法》规定用人单位在制定、修改或者决定有关劳动安全卫生、劳动报酬等规章制度时，应当经职工代表大会或者全体职工讨论，提出方案并与工会或者职工代表平等协商确定；在规章制度决定实施过程中，工会或者职工认为不适当的，有权与用人单位协商予以修改完善；县级以上人民政府劳动行政部门会同工会和企业方面代表，建立健全协调劳动关系三方机制，共同研究解决有关劳动关系的重大问题；用人单位招用劳动者时，应当如实告知劳动者工作内容、工作条件、劳动报酬等信息，以及劳动者要求了解的其他情况；用人单位有权了解劳动者与劳动合同直接相关的基本情况，劳动者应当如实说明。

劳动者拒绝用人单位管理人员违章指挥、强令冒险作业的，不视为违反劳动合同。劳动者对危害生命安全和身体健康的劳动条件，有权对用人单位提出批评、检举和控告。

用人单位未按照劳动合同约定提供劳动保护或者劳动条件的，劳动者可以解除劳动合同。用人单位以暴力、威胁或者非法限制人身自由的手段强迫劳动者劳动的，或者用人单位违章指挥、强令冒险作业危及劳动者人身安全的，劳动者可以立即解除劳动合同，不需事先告知用人单位。

D　《使用有毒物品作业场所劳动保护条例》

该条例适用范围是作业场所使用有毒物品可能产生职业中毒危害的劳动保护。该条例从作业场所的预防措施、劳动过程中的防护、职业健康监护3个方面对从事使用有毒物品作业的用人单位提出了安全使用有毒物品，预防、控制和消除职业中毒危害的要求。同时明确了劳动者享有的合理避险权、职业卫生保护权、正式上岗前获取相关资料权、查阅（复印）本人职业健康监护档案权、患职业病的劳动者按照国家有关工伤保险的规定享受工伤保险待遇等九项权利和劳动者应当履行的学习和掌握相关职业卫生知识，遵守有关劳动保护的法律、法规和操作规程等义务。

E　《女职工劳动保护特别规定》

《女职工劳动保护特别规定》在《女职工劳动保护规定》基础上主要从3个方面做了完善：调整了女职工禁忌从事的劳动范围，突出孕期和哺乳期的保护，扩大了孕期和哺乳期禁忌从事的劳动范围。规范了产假假期和产假待遇，延长了生育产假假期；对参加生育保险女职工和未参加生育保险女职工的产假期间待遇和相关费用支出分别做了规定；关于女职工生育或者流产的医疗费用支付进行了规定。调整了监督管理体制，女职工劳动保护监督管理体制调整为县级以上人民政府人力资源社会保障行政部门、安全生产监督管理部门按照各自职责负责对用人单位进行监督检查。

F　《煤矿作业场所职业病危害防治规定》

《煤矿作业场所职业病危害防治规定》目的是适应当前煤矿职业病防治工作的新情况、新变化，进一步规范煤矿职业病防治工作。《规定》由总则、职业病危害防治管理、建设项目职业病防护设施"三同时"管理、职业病危害项目申报、职业健康监护、粉尘危害防治、噪声危害防治、热害防治、职业中毒防治、法律责任和附则11部分构成，主要有三个特点：一是体现了全面性。《规定》涵盖了煤矿企业职业病危害防治管理、职业病危害项目申报、职业健康监护、粉尘防治等内容，覆盖了主要职业病危害因素的防治。二是体现了先进性。《规定》在判定标准、测定方法上吸收了科研机构、煤矿企业在实际工作中形成的一些最新科研成果。三是体现了可操作性。《规定》明确了煤矿作业场所存在的粉尘、噪声、热害、有毒有害物质等主要职业病危害因素防治工作的要求和具体措施。

8.2　矿区职业病及防治措施

8.2.1　矿尘危害及防控

8.2.1.1　矿山粉尘

A　矿尘的来源

在矿物开采过程中产生的粉尘称为矿尘，依其在井下存在的状态可分为浮尘和落尘。

浮尘是指悬浮在空气中的粉尘；落尘是指浮尘在生产环境空气中由于重力作用沉积在生产工作面、井下巷道周边等处的粉尘。在矿井下采矿、掘进、运输及提升等各生产过程中的所有作业均能产生矿尘。

B 影响矿尘产生量的主要因素

（1）机械化程度：随着采掘机械化程度的提高，产生的矿尘浓度也相应增大。

（2）采矿方法：采矿方法不同，产生的粉尘量也不同。例如，采煤过程中急倾斜煤层采用倒台阶采煤法产生的煤尘量大，全部垮落法处理采空区要比采用充填法处理采空区所产生的煤尘量大。

（3）采掘机械的结构：采用宽截齿，合理的截割速度、牵引速度、截割深度及截齿排列，均能减少粉尘产生量。

（4）地质结构：遇有断层、褶曲的地区，因沉积岩侵入等因素使地质结构遭到破坏，在这些地区开采时产生的粉尘量也大。

（5）矿层本身特点：脆性大、结构疏松、干燥的矿层，开采时产生的粉尘量大。

8.2.1.2 矿尘对健康的危害及防控措施

A 矿尘对人体健康的危害

（1）吸入的生产性粉尘进入呼吸道刺激呼吸道黏膜，使黏膜毛细血管扩张，黏液分泌增加，加强了对粉尘的阻留作用，形成萎缩性鼻炎。粉尘散落于皮肤上可能堵塞皮脂腺，使皮肤干燥，容易发生继发感染，形成粉刺、毛囊炎等。

（2）长期吸入大量矿尘可损伤呼吸道黏膜，常导致继发感染，因此慢性支气管炎是接尘工人常见的与职业有关的疾病，也有人称之为尘性慢性支气管炎。

（3）粉尘最严重的危害是引发尘肺。尘肺是长期吸入生产性无机粉尘，粉尘部分滞留在肺部，不能排出，并破坏肺泡的细胞，导致肺组织发生弥漫性、进行性的纤维组织增生，肺功能损伤，引起呼吸功能严重受损而致劳动能力下降乃至丧失，且伴随着各种并发症的出现，使尘肺病人免疫功能降低，很容易感染肺炎、支气管炎、肺结核等相关疾病。肺、心所需的氧气得不到充分供给，使心、肺等功能失调，心、肺负荷加重，导致心、肺功能衰弱，尘肺晚期可由于呼吸循环系统衰竭而危及生命。目前对尘肺尚无根治的方法，死亡率高。由此可见，尘肺是一种危害严重的职业病。从尘肺流行情况来看，煤炭系统的尘肺占首位，占所有行业累计病例的46.5%。

煤工尘肺有3种类型：（1）在岩石掘进工作面工作的工人，接触游离二氧化硅含量较高的岩石粉尘，所患尘肺为矽肺，病情进展快，危害严重；（2）采煤工作面工人，主要接触单纯性煤尘，其所患尘肺为煤肺，病情进展缓慢，危害较轻；（3）接触煤矽尘或既接触矽尘又接触过煤尘的混合工种工人，其尘肺在病理上往往兼有矽肺煤和煤肺的特征，这类尘肺可称为煤矽肺，是我国煤工尘肺最常见的类型，病情发展较快，危害较重。

煤工尘肺的发病情况因开采方式不同有很大差异。露天煤矿工人的尘肺患病率很低，井下采煤工作面的粉尘浓度和粉尘分散度均高于露天煤矿，尘肺患病率和发病率也较高。

在导致尘肺发生的诸多因素中，累积接尘量与实际接尘工龄是接尘工人患尘肺病的两个主要危险因素。危险因素分析表明，尘肺的发病率随累积接尘量的增加和平均接尘工龄的增加而增高，平均接尘工龄与累积接尘量密切相关，是致病的辅助因素。

B　尘肺病的预防与控制

目前，粉尘对人造成的危害，特别是尘肺病尚无特异性治疗方法，因此预防粉尘危害，减少污染源，加强对粉尘作业的劳动防护管理是尘肺病预防的关键。

a　控制尘源

就地消灭粉尘，最大限度地减少污染源向井下通风空间的粉尘排放量，是粉尘治理中的根本性措施。

（1）控制凿岩时的粉尘。主要为采用湿式凿岩，对于某些不宜用水的矿床、水源缺乏或难于铺设水管的地方，以及冰冻期较长的露天矿，为降低凿岩的产尘量，可考虑干式凿岩捕尘措施。

（2）控制爆破作业的粉尘。爆破作业产生的粉尘浓度高，尘粒细，自然沉降速度极慢，不利于缩短作业循环时间。因此，矿山通常采用以下综合性的措施：通风排尘、喷雾洒水、水封爆破及改进放炮方法等。

（3）抑制装矿（岩）时的粉尘。对矿岩堆进行喷雾、洒水是降低装矿时粉尘浓度的简单易行的有效措施。

（4）抑制溜矿井的粉尘。溜矿井粉尘的控制，首先是溜矿井的布置要避开进风巷道，尽量将溜矿井放在排风道附近，其次是做好溜矿井井口密闭，做好喷雾洒水和通风排尘工作。

（5）抑制井下破碎硐室的粉尘。破碎硐室产尘强度大，而且多位于井底车场进风带。为了有效地控制粉尘，不使其外逸，通常采用密闭、抽尘和净化的联合措施，个别大型破碎硐室还利用局部风机送新风至人员操作区及控制室。

b　控制粉尘传播途径

进入矿井的风流，由于某些原因其初始含尘浓度若超过国家卫生标准，便应采取净化风流的措施。风流净化可分为干式和湿式两大类。干式除尘有重力沉降室、网状过滤器及干式电除尘器；湿式除尘有水幕除尘、水膜除尘器、冲激式除尘器、喷淋式除尘器、泡沫除尘器、湿式旋流除尘器及湿式电除尘器。

c　粉尘作业的劳动防护管理

遵守三级防护原则：

（1）一级防护主要措施包括：综合防尘，尽量将手工操作变为机械化、自动化、密闭化、遥控化操作；尽可能采用不含或含游离二氧化硅低的材料代替含游离二氧化硅高的材料；使用个人防尘用品，做好个人防护。对作业环境的粉尘浓度实施定期检测，使作业环境的粉尘浓度在国家标准规定的允许范围之内。根据国家有关规定，对工人进行就业前的健康体检，对患有职业禁忌证者、未成年人、女职工，不得安排其从事禁忌范围内的工作。普及防尘的基本知识。对除尘系统必须加强维护和管理，使除尘系统处于完好、有效状态。

（2）二级防护的主要措施如下：建立专人负责的防尘机构，制定防尘规划和各项规章制度；对新从事接尘作业的职工，必须进行健康检查；对在职的从事接尘作业的职工，必须定期进行健康检查，发现不宜从事接尘作业的职工要及时调离。

（3）三级防护的主要措施如下：对已确诊为尘肺的职工，应及时调离原工作岗位，安排合理的治疗或疗养，患者的社会保险待遇应按国家有关规定办理。

8.2.1.3 煤尘爆炸

爆炸性是某些粉尘的特性，如高分散度的煤尘、面粉、糖、亚麻、硫黄、铝等可氧化的粉尘，在适宜的温度和浓度下，一旦遇到明火、电火花和放电时，就会发生爆炸，导致重大人员伤亡和财产损失的安全生产事故。

在煤矿井下生产过程中，空气中的煤尘浓度达到爆炸界限的情况并不常见，但由于违章爆破、斜巷跑车、局部火灾或瓦斯爆炸等引起煤尘爆炸的事故屡有发生。中华人民共和国成立以来，全国煤矿共发生 100 人以上的生产安全事故 22 起，其中起是由煤尘爆炸引起的。

我国最大的粉尘爆炸矿难发生在 1960 年 5 月 9 日，山西大同矿务局老白洞煤矿发生煤尘爆炸事故，井下当时共有职工 912 人，除 228 人脱险外，其余 684 人全部遇难，整个矿井破坏严重，此起爆炸事故的引爆火源很可能是电机车通过翻车机时，由于运行不稳，受电弓与架空电源线接触不良，产生强烈火花，引起煤尘爆炸。

即使在防控措施严密的现在，煤尘爆炸事故仍时有发生，2020 年 8 月 20 日，山东能源肥城矿业集团梁宝寺能源有限责任公司井下发生煤尘爆炸事故，造成 7 人死亡、9 人受伤。事故直接原因是：该矿综放工作面采煤机截割过程中，滚筒截齿与中间巷金属支护材料机械摩擦产生火花，引燃截割中间巷松软煤体扬起的煤尘，导致煤尘爆炸。

8.2.2 有毒气体危害及防控

8.2.2.1 氮氧化物

氮氧化物是氮和氧的化合物的总称，俗称硝烟，为矿井生产中最常见的刺激性气体之一。其种类很多，主要有氧化亚氮、一氧化氮、二氧化氮、三氧化二氮、四氧化二氮及五氧化二氮。煤矿生产中氮氧化物以二氧化氮为主时，主要引起肺损害；以一氧化氮为主时，高铁血红蛋白血症和中枢神经系统损害明显。

A 氮氧化物危害

a 一氧化氮

(1) 刺激作用。一氧化氮主要经呼吸道吸入，在空气中和体内容易被氧化为二氧化氮，再与水反应生成硝酸、亚硝酸，经尿排出，表现为刺激作用，引起肺水肿。

(2) 毒性反应。吸入低浓度一氧化氮几乎无毒性反应，吸入高浓度一氧化氮可产生毒性反应，使组织缺氧，引起呼吸困难和窒息，导致中枢神经损害。

b 二氧化氮

(1) 对呼吸系统的损害：肺组织的刺激作用。二氧化氮被大量吸入呼吸道后，会引起上呼吸道黏膜发炎，急性支气管炎，严重时咳嗽剧烈。在肺泡内逐渐与水作用形成硝酸与亚硝酸，引起肺水肿、虚脱等。个别严重病例可导致肺部纤维化。

(2) 引起组织缺氧：进入血液及其他体液中的二氧化氮是以硝酸、亚硝酸及其盐类的形式存在的。亚硝酸盐可使低铁血红蛋白转变成高铁血红蛋白，继而导致组织缺氧。

(3) 神经衰弱综合征：二氧化氮慢性毒性可引起头痛、食欲不振神经衰弱症状。

(4) 其他：二氧化氮还能刺激皮肤，引起牙齿酸蚀；对心、肝、肾有一定影响。

B 氮氧化物的预防措施

a 管理措施

加强新工人上岗前的职业卫生和安全防护措施学习，定期对作业工人进行安全知识、职业卫生知识培训教育，完善职业卫生管理制度；加强个人防护，根据需要戴好送风式防毒面具等；严格遵守设备安全操作规程，定期检修设备；改善劳动环境，加强井下通风排毒措施；建立较完善的应急救援措施和体系，事故发生后，应迅速脱离中毒现场，使伤员及时得到救治。

b　安全防护措施

采掘工作面风量不足时严禁装药爆破；爆破必须严格执行"一炮三检制"，尽量减少有毒烟气的形成，每个炮眼必须充填足够的炮泥和水炮泥，严禁明火爆破和裸露爆破；井巷揭穿突出煤层和在突出煤层中进行采掘作业时，必须配备避难硐室、反向风门、压风自救系统等安全防护措施；井下爆破后必须进行充分有效的通风，排除炮烟，浇水清除矿石中残留的氮氧化物；为防止中毒，爆破后，只有将炮烟吹散后才可以进入工作面。

8.2.2.2　碳氧化物

碳氧化物主要指一氧化碳和二氧化碳，一氧化碳为无色、无臭、无刺激性的气体，易燃、易爆，与空气混合的爆炸极限为 12.5% ~ 74.2%。二氧化碳为无色、无味、无刺激性的气体，不可燃。快速流动时，可能发生静电荷累积，引燃爆炸性混合物。

A　碳氧化物的危害

a　一氧化碳

一氧化碳毒性很强，吸入人体后会引起窒息和中毒以致死亡。一氧化碳中毒导致的机体组织缺氧，对心脏和大脑的影响最为显著，常常导致脑组织软化、坏死。引起血管内的脂类物质累积量增加，导致动脉硬化症。

当一氧化碳的浓度达到 1% 时，人只要呼吸几次即可失去知觉；如果长期在含有 0.01% 的一氧化碳空气中生活和工作，会产生慢性中毒。

b　二氧化碳

二氧化碳在新鲜空气中的含量为 0.03%，人生活在这个空间不会受到危害。如果矿井聚集多人进行采掘，并且空气不流通，产生大量二氧化碳，作业人员就会出现不同程度的中毒症状，含量达到 8% 时呼吸困难，达到 10% 时意识不清，不久导致死亡，20% 时数秒后瘫痪，心脏停止跳动；岩石与二氧化碳突出是在极短的时间内，从采掘工作面喷出大量岩石和二氧化碳，由于二氧化碳是窒息性气体，因此在波及范围内能造成多人伤亡。

B　碳氧化物的预防措施

(1) 加强通风：通过加强通风，将碳氧化物冲淡到《煤矿安全规程》规定的浓度以下。如果一氧化碳、二氧化碳的产生量比较大，可采用抽放措施。

(2) 加强检查：应用各种仪器或矿井安全集中监测系统监视井下各种有害气体的动态，以便及时采取相应措施。

(3) 警示危险：井下通风不良的区域或不通风的旧巷道内，往往积聚大量有害气体，在不通风的旧巷道口要设栅栏，设置警告牌，进入旧巷道必须进行检查。

(4) 喷雾洒水：当工作面有二氧化碳放出时，可使用喷雾洒水的办法使其溶于水中。

(5) 急救措施：制定紧急救治措施方案，若有人由于缺氧窒息时，应立刻将窒息者移到空气新鲜的巷道或地面，并进行人工呼吸施行急救。

(6) 个人防护：进入高浓度一氧化碳或二氧化碳的环境工作时，在通风的同时要戴好特制的防毒面具、防护服，佩戴安全护目镜，两人同时工作，以便监护和互助。

（7）加强突出探测及监测：地质勘探工作中，探测瓦斯、二氧化碳等气体，防止二氧化碳喷出，煤炭开采过程中，加强监测，回风流中瓦斯浓度超过 1% 或二氧化碳浓度超过 1.5% 时，必须停止工作，撤出人员。

8.2.2.3 硫化氢

硫化氢是一种无色可燃性气体，有臭鸡蛋的特殊刺激性气味。比空气重，极易溶于水，因此易积聚在低洼积水处。硫化氢也可溶于醇类、石油溶剂和原油中。因此有时可随水流至远离发生源处而引起意外中毒事故。硫化氢在空气中易燃烧，能与大部分金属反应生成硫酸盐。

A 硫化氢的危害

急性硫化氢中毒一般发病迅速，出现以脑和呼吸系统损害为主的临床表现，也可伴有心脏等器官功能障碍。

（1）中枢神经系统损害：吸入低浓度硫化氢后可出现头晕、乏力、恶心、呕吐等症状。吸入高浓度硫化氢后，表现为动作失调、烦躁不安、意识障碍，可迅速进入昏迷状态，甚至在数秒内猝死。

（2）眼部刺激：暴露低浓度硫化氢后出现眼灼热、刺痛、流泪、畏光、视物模糊或视力障碍。检查可见眼结膜充血、水肿，角膜浅表糜烂或角膜点状上皮脱落。

（3）呼吸系统损害：暴露低浓度硫化氢后常表现为流涕、咽痛、咽干、流涕、咳嗽、声音嘶哑等上呼吸道刺激症状。轻度中毒者可出现气短、胸闷，中度和重度中毒者出现胸闷气憋、呼吸困难、烦躁、咳嗽剧烈，严重者可发生喉头痉挛，常因呼吸中枢麻痹而致死。

（4）心肌损害：在硫化氢中毒后，部分患者表现为心悸、气急、胸闷或心绞痛等症状。

B 硫化氢的预防措施

a 降低硫化氢浓度的措施

1）加强通风，确保井下空气中硫化氢浓度不超过最高允许浓度 0.00066%。

2）改变采矿方法，例如采煤中改走向长壁采煤法为倾向短壁采煤法，从而形成负压通风系统，使乏风直接进入采空区。

b 加强生产环境硫化氢浓度的监测

在硫化氢易积聚的区域，应安装硫化氢检测报警器。

c 紧急脱险措施

如闻到臭鸡蛋气味应立刻组织人员撤离，撤离时可用湿毛巾等捂嘴避毒。采取沿高处行走、向上风向撤离等措施。

d 个人防护

作业人员应佩戴防毒口罩、安全护目镜、防毒面具和空气呼吸器，佩戴硫化氢报警仪器。

e 加强安全卫生信息沟通

对井下的停止作业地点和危险区应挂警告牌或封闭。若要进入这些旧巷道时必须先进行检查，当确认对人体无害时才能进入。

f 防止爆炸的措施

由于硫化氢极易燃烧，在作业区应严禁明火、火花和吸烟。应有防爆设备和无火花工具。

8.2.2.4 甲烷

甲烷为无色、无臭、无味、无毒的易燃气体，微溶于水，溶于乙醇、乙醚。甲烷相对密度小，常积聚于巷道顶部和孔洞中。水溶性小，但扩散性和渗透性很强，煤层、岩层、采空区中的甲烷能很快地涌到井下巷道中。极易燃，爆炸极限在空气中为 5%～15%。当甲烷与空气中的氧气混合时，遇明火可发生爆炸。

A 甲烷的危害

（1）引起组织缺氧：矿工处于甲烷浓度为 25%～30% 的空气中即可出现机体缺氧的一系列临床表现，如头晕、头痛、乏力、呼吸加速、心率增加、气促、注意力不集中、昏迷，甚至窒息死亡。中毒患者均有不同程度的中毒性脑病，中毒严重的患者可能有神经系统后遗症。

（2）甲烷爆炸：甲烷爆炸是煤矿最大的危害。甲烷爆炸产生的高温高压，促使爆炸源附近的气体以极大的速度向外冲击，造成人员伤亡，破坏巷道和器材设施，扬起大量煤尘并使之参与爆炸，产生更大的破坏力。煤矿甲烷爆炸后生成有害气体，造成人员中毒死亡；爆炸引起热力烧伤，烧伤部位多表现在病人暴露部位，如颜面、双手、颈部等部位；冲击波的原发性冲击效应常致伤员内脏损伤，最易受损部位为肺及鼓膜，也有腹腔脏器损伤；甲烷爆炸继发冲击效应引起冒顶，冒顶常致伤员颅脑、胸腹及四肢产生机械损伤。

B 甲烷的预防措施

（1）杜绝火源：禁止明火、火花进入井下，严禁穿化纤衣服，井下应使用防爆的照明灯，禁止使用电炉；井下和井口房内不准进行电焊、气焊和使用喷灯焊接等；瓦斯矿井中，要防止铁器撞击产生火花，在处理局部瓦斯时尤应防止铁器撞击。

（2）遵守操作规程：生产过程应严格遵守操作规程，严防发生意外事故，区（队）长、班（组）长必须佩戴甲烷氧气检测仪。

（3）通风：严格安全通风和甲烷定期检查制度，使井下甲烷浓度在安全限值以下；当环境中甲烷浓度达到 2% 时，作业人员应立即撤离现场；供给足够的新鲜空气，稀释有害气体并排出井外，创造适宜的气候条件。

（4）温度控制：生产矿井采掘工作面温度不得超过 28℃，机电设备硐室的温度不得超过 30℃。采掘工作面和机电硐室应当设置温度传感器。

（5）甲烷浓度控制：井下安装甲烷浓度监控设备，各工作面严格在甲烷浓度安全值内进行工作，当甲烷浓度超过安全值时，要及时进行停止工作、撤出人员等安全操作。

（6）地质工作：采取"探、排、引、堵"的技术措施；打前探钻孔，预先探放高压甲烷气源；掌握喷出预兆，及时撤离工作人员；掌握矿压规律，避免矿压集中。

（7）个人防护措施：按照规定佩戴有关的甲烷检测报警仪等仪器；避免在不通风废弃巷道内停留；井下如果甲烷浓度较高，可使用呼吸防护器；配备隔冷手套，注意皮肤防护；配备安全护目镜，加强眼睛防护。

8.2.3 其他危害

8.2.3.1 噪声及其危害

噪声是由物体的振动产生的，是声波的一种，是不同频率和不同强度的声音无规律地组合在一起所形成的声音，是人们不希望出现的声音，是一种公害。它不但影响人们的正常生活和工作，还会使一些物理装置和设备产生疲劳和失效，以及干扰人们对其他声源信号的听觉和鉴别。

A 噪声的主要危害

在强噪声作业环境下工作，会影响作业者之间的信息交流，使工作效率降低，且易发生工伤事故。长期暴露一定强度的噪声，可能对人体产生不良影响。早期人们注意到长期暴露于一定强度的噪声，可以对听觉系统产生损害。经过长期研究，发现噪声对人体的影响是全身性的。

a 引起听觉器官损害

噪声对听觉系统的损害，一般经历从生理变化到病理改变的过程，即先出现暂时性听力下降，经过一段时间逐渐成为永久性听力下降。根据损伤程度，永久性听力下降又分为听力损伤和噪声性耳聋。噪声性耳聋主要表现在高频范围，一般是在4000Hz附近首先引起听力降低。随着在噪声环境下工作时间的延长，这种听力损失将会逐渐延伸到3000～6000Hz的范围。由于语言频率一般在500～1000Hz，因此人们在主观上还没有感到听力降低。当听力损失一旦影响到语言频率的范围时，人们就会感觉到听力困难，这时实际上已经到了中度噪声性耳聋阶段了。一般来说，听力损失在60dB以上者，称为重度噪声性耳聋。据调查，在高噪声车间里，噪声性耳聋的发病率有时可达50%～60%，甚至高达90%。噪声对听觉系统的损害属于噪声的特异作用。

b 对非听觉系统的损害

（1）对神经及心血管系统的影响。在噪声作用下，心率可表现为加快或减慢，心电图出现缺血性改变。血压早期表现为不稳定，长期接触较强的噪声可以引起血压持续性升高。

长期作用于中枢可使大脑皮层兴奋和抑制过程平衡失调，条件反射异常，脑血管张力遭到损害。长期累积造成自主神经系统损伤，产生头痛、头晕、耳鸣、失眠或嗜睡和全身无力等神经衰弱症状；严重者，可以产生精神错乱。

（2）对内分泌及免疫系统的影响。在中等强度噪声作用下，肾上腺皮质功能增强；在高强度噪声作用下，肾上腺皮质功能减弱。接触较强噪声的工人可出现免疫功能下降，接触时间越长，变化越显著。

（3）对消化系统及代谢功能的影响。受噪声影响，可出现胃肠功能紊乱、食欲不振、胃液分泌减少、胃的张紧度下降、胃蠕动减慢等变化。有研究认为，噪声会引起人体脂代谢障碍、血胆固醇升高。

（4）对生殖机能及胚胎发育的影响。接触强噪声的女性会产生月经不调，表现为月经周期异常、经期延长、血量增多及痛经等，特别是在接触100dB(A)以上强噪声的女工中，妊娠高血压综合征发病率有所增高。

B　噪声污染的防治

a　消除、控制噪声源

消除、控制噪声源是噪声危害控制最积极、最彻底、最有效的根本措施。通过改进机械设备的结构原理、改变加工工艺方法，提高机器的精密度，减少摩擦和撞击，提高装配质量以实现对声源的控制，使强噪声变为弱噪声。

b　控制噪声的传播

在噪声传播过程中，采用吸声、隔声、消声、减振的材料和装置阻断和屏蔽噪声的传播，或使声波传播的能量随距离而衰减。

c　个体防护

生产现场的噪声如果因为各种原因强度不能得到有效控制，工人需在高噪声条件下工作时，佩戴个体防护用品是保护听觉器官的有效措施，其隔声效果可高达到 30~40dB（A）。在佩戴防噪声耳具的同时，实行轮流工作制，尽可能减少工人在噪声环境中的工作时间也是防止噪声危害的重要措施之一。

8.2.3.2　高温危害及防控

根据环境温度及其与人体热平衡之间的关系，通常把 35℃ 以上的生活环境和 32℃ 以上的生产劳动环境称为高温环境。而在湿度较高（相对湿度在 80% 以上）的工作场所，温度在 30℃ 以上即被视为高温环境。

高温环境通常由自然热源（如阳光）和人工热源（如生产性热源）引起。生产性热源主要来自各种燃料的燃烧（如煤炭、石油、天然气和煤气等），有一部分来自机械的转动摩擦（如电动机、机床和电锯等），使机械能变成热能，还有一部分则来自自然的化学反应。所有这些工业环境问题又可因夏季的自然高温而加剧。

A　高温作业分类

a　高温、强热辐射作业

高温、强热辐射作业即在作业环境中存在高气温、强热辐射，而湿度较低。多数高温作业均属于此类型。

b　高温、高湿作业

高温、高湿作业即在作业环境中气温、湿度很高，而热辐射不强烈。主要是由于生产过程中产生大量水蒸气或生产上要求车间内保持较高的相对湿度所致。

c　夏季露天作业

夏季露天矿采矿、建筑、搬运等露天作业中，除受太阳热辐射的作用外，还受被加热的地面和周围物体放出的热辐射的作用。

B　高温作业的危害

高温作业时，人体可出现一系列生理功能改变，主要为体温调节、水盐代谢、循环系统、消化系统、神经系统、泌尿系统等方面的适应性变化，这些生理性变化若超过一定限度即可产生不良影响。

a　体温调节障碍

如果环境的相对湿度、温度较大，身体散热困难，甚至停止蒸发散热，导致体内热蓄积，使体温调节发生障碍，容易出现疲劳、头晕、目眩、心悸、恶心、注意力不集中，诱发事故的产生。

b 水盐代谢紊乱

由于汗液的主要成分为水,同时含有一定量的无机盐和维生素,所以大量出汗会对人体的水盐代谢产生显著影响,出现无力、口渴、尿少、脉搏增快、体温升高、水盐平衡失调等症状,使工作效率降低。

c 循环系统负荷增加

在高温条件下,由于大量出汗,血液浓缩,同时高温使血管扩张,可使心跳加快,血压升高,而脉搏输出量减少,增加心脏负担。

d 消化系统疾病增多

在高温条件下劳动时,体内血液重新分配,皮肤血管扩张,腹腔血管收缩,引起消化道贫血,出现消化液分泌减少,胃的排空时间延长,肠胃消化功能相应减退。

e 神经系统兴奋性降低

高温环境的热作用可降低人体中枢神经系统的兴奋性,条件反射潜伏期延长,出现注意力不易集中以及嗜睡、供给协调时间较长等现象,肌肉工作能力降低,使机体体温调节功能减弱,热平衡遭到破坏,而促发中暑。

f 泌尿系统疾病增加

人在热环境中排出大量水分,导致肾脏排出水分大大减少,尿液浓缩,肾脏负担加重,会出现肾功能不全等。

C 高温的预防措施

长期高温作业对井下工人的工作效率、安全和健康有着极大的影响,因此必须采取相应的措施,以保证井下有适宜的作业环境,预防并控制与高温作业相关的疾病发生。

a 合理设计开拓开采方式及工艺流程

一般情况下,采用分区开拓方式可以缩短入风线路长度,从而降低风流到达工作面时的温升。

充填采矿法可以减少采空区岩石散热的影响,使采空区漏风量大大降低,而且充填物还可大量吸热,起到冷却井下空气的作用,有利于采场降温。

通过合理设计工艺流程,改进生产设备和操作方法,尽量实现机械化,降低劳动强度,改善工人工作环境。

b 通风降温

可采取减少风阻,防止漏风,加大通风机能力,采用合理分风与辅助风路法,加强通风管理等措施。

c 减少热源法降温

采用隔热物质喷涂岩层,防止围岩传热,提高风速的方法控制岩层热。大型机电室采用独立风流,将设备散热直接排至总回风流中,降低工作面风流的初始温度。

d 空调降温

矿井空调降温是空调应用技术发展的一个新领域,当采用上述几种非空调降温措施仍无法达到所要求的作业环境标准温度时,应考虑使用空调制冷降温技术。

e 加强个人防护

高温作业工人的工作服应宽大、轻便且不妨碍操作,宜采用质地结实、耐热、导热系数小、透气性能好并能反射热辐射的织物。要根据不同作业的需要,配备工作帽、防护眼镜、面罩、手套、鞋帽和护腿等个体防护用品。对露天煤矿作业者应配备宽边草帽、遮阳帽或通风冷却帽等以防日晒。

8.2.3.3　振动危害与防治

物体在外力作用下沿直线或弧线以中心位置为基准的往复运动称为机械振动，简称振动。振动对人体的影响分为全身振动和局部振动。全身振动由振动源通过身体的支持部分，将振动沿下肢或躯干传布全身。局部振动通过振动工具、振动机械或振动工件传向操作者的手和臂。

A　振动对人体的危害

在生产条件下，作业人员接触振动的强度大、时间长，对机体可产生不良影响，甚至引起疾病。

a　对神经系统的影响

（1）多发性末梢神经炎。呈现感觉障碍，早期出现手麻、手痛、手胀、手僵、手多汗和手无力等症状，同时，还出现肢体末端感觉减退，甚至痛觉消失，严重者导致感觉丧失。

（2）自主神经功能紊乱。自主神经功能紊乱表现为睡眠障碍、食欲减退、营养障碍及手颤等，进而影响内脏器官的功能。

（3）肌电图和神经传导速度异常。

b　对循环系统的影响

循环系统，特别是外周循环及血流动力学的改变，出现手指皮肤温度降低，冷水负荷试验后皮肤温度恢复速度减慢，恢复时间延长。

（1）毛细血管形态和机能改变。毛细血管流态改变、流速减慢、渗血增加等。

（2）外周血管器质性病变。长期反复的振动引起血管持续收缩。另外，使全血黏度增加，血小板黏着力亢进，促进血栓形成；使血管壁的营养状态失调，内膜变性，发生增殖性变化。此外，振动病患者有广泛性的心血管系统损害症状，脑血流图、心电血压异常出现率增高。

c　对骨、关节系统的影响

40Hz以下低频率、大振幅、冲击力强的振动，往往引起骨、关节的损害，导致局限性骨质增生、硬化、形成骨岛，骨皮质增厚、骨刺形成、无菌性坏死。骨皮质变薄、骨腔变大、手握力下降，特别是耐力下降、肌纤维震颤、肌肉萎缩。

d　对内分泌和免疫系统的影响

在振动作用下，下丘脑、脑垂体、肾上腺系统功能亢进，来自肾上腺髓质的儿茶酚胺分泌增加，并且与病程的长短、白指发生频度和症状严重程度有关系。

B　振动的防治

a　控制振动源

通过减隔振等措施，减轻或消除振动源的振动，是预防振动职业病危害的根本措施。例如，设计自动或半自动的操作装置，减少手部和肢体直接接触振动的机会；工具的金属部件改用塑料或橡胶，减少因撞击而产生的振动等。

b　限制作业时间和振动强度

限制接触振动的强度和时间，可以有效保护作业者的健康，是预防振动危害的重要措施。对工作场所手传振动职业接触进行限值，4h 等能量频率计权加速度不得超过 $5m/s^2$。

　　c　改善作业环境，加强个人防护

　　加强作业过程或作业环境的防寒、保温措施，振动工具的手柄温度如能保持在 40℃ 左右，对预防振动性白指的发生和发作具有较好的效果。合理配备和使用个体防护用品，如防振手套、减振座椅等，能够减轻振动危害。

　　d　加强健康监护

　　按规定进行上岗前和定期健康体检，早期发现，及时处理患病个体。

9 矿业环境影响评价

环境影响评价是环境质量评价的一个重要组成部分，是我国环境保护的一项重要的法律制度。我国《环境保护法》中规定，在进行新建、改建和扩建工程时，必须提出对环境影响的报告书，它是建设项目立项的依据之一。

环境影响评价，其目的是切实从源头上防止污染，防止建设项目产生新的污染，或将污染限制在尽可能小的程度。经过环境影响评价审批的项目，对其建设后可能造成的环境影响进行预测，对预防和防治环境污染有着至关重要的作用，同时也能有效地减少因没有采取必要的预防措施产生污染而导致对人类和动植物的危害，以及由此引发的纠纷。环境影响评价实质是国家降低社会公共成本，降低投资风险，保护人民健康，维护社会稳定。

随着我国环境影响评价制度的不断完善和实施，环境影响评价对于防治环境污染、减缓生态破坏、实施总量控制、推行清洁生产、落实产业政策、优化生产布局、开展国土整治、发展绿色中国发挥了重要作用。

9.1　环境影响评价基本概念

《中华人民共和国环境保护法》第二条规定：本法所称环境是指影响人类生存和发展的各种天然的和经过人工改造的自然因素的总体，包括大气、水、海洋、土地、矿藏、森林、草原、湿地、野生生物、自然遗迹、人文遗迹、自然保护区、风景名胜区、城市和乡村等。这里的环境作为环境保护的对象，有三个特点：一是其主体是人类；二是既包括天然的自然环境，也包括人工改造后的自然环境；三是不含社会因素。

环境影响是指人类活动（经济活动和社会活动）对环境的作用和导致的环境变化，以及由此引起的对人类社会和经济的效应。它包括人类活动对环境的作用和环境对人类社会的反作用，这两个方面的作用可能是有益的，也可能是有害的。

《中华人民共和国环境影响评价法》第二条规定：本法所称环境影响评价（Environmental Impact Assessment，EIA），是指对规划和建设项目实施后可能造成的环境影响进行分析、预测和评估，提出预防或者减轻不良环境影响的对策和措施，进行跟踪监测的方法与制度。

环境影响评价包含两个层面的含义：一个层面指的是技术方法，涉及物理学、化学、生态学、文化与社会经济等领域；另一个层面指的是管理制度，是以法律形式将环境影响评价作为环境管理中的一项制度规定下来。此外，还可以从以下四个方面理解环境影响评价概念的内涵：

(1) 评价对象是拟订中的政府有关的经济发展规划和建设单位欲兴建的项目；

(2) 评价单位要分析、预测和评估评价对象在实施过程中及实施后可能造成的环境影响；

(3) 评价单位要提出具体而明确的预防或者减轻不良环境影响的对策和措施；

(4) 环境保护部门对规划和建设项目实施后的实际环境影响，要进行跟踪监测和分析评估；以上四点再加上"方法"和"制度"共六个方面，相辅相成，构成了环境影响评价概念的完整体系。

9.1.1 环境影响评价的重要性

环境影响评价对我国经济发展和环境保护具有重要的意义，其重要性主要表现在以下几个方面：

9.1.1.1 保证建设项目选址和布局的合理性

合理的经济布局是保证环境与经济持续发展的前提条件，而不合理的布局则是造成环境污染的重要原因。环境影响评价是从开发活动所在地区的整体出发，考察建设项目的不同选址和布局对区域整体的不同影响，并进行比较和取舍，选择最有利的方案，保证建设项目选址和布局的合理性。

9.1.1.2 指导环境保护措施的设计

一般建设项目的开发建设活动和生产活动都要消耗一定的资源，给环境带来一定的污染与破坏，因此必须采取相应的环境保护措施。环境影响评价是针对具体的开发建设活动或生产活动，综合考虑活动特点和环境特征，通过对污染治理措施的技术、经济和环境论证，可以得到相对合理的环境保护对策和措施，指导环境保护措施的设计强化环境管理，把因人类活动而产生的环境污染或生态破坏限制在最小范围。

9.1.1.3 为制定区域社会经济发展规划提供依据

环境影响评价，特别是规划环境影响评价，对区域的自然条件、资源条件、社会条件和经济发展状况等进行综合分析，并依据该地区的资源、环境和社会承受能力，为制定区域发展总体规划，确定适宜的经济发展方向、建设规模、产业结构和布局等提供科学依据。同时通过环境影响评价，掌握区域环境状况，预测和评价开发建设活动对环境的影响，为制定区域环境保护目标、计划和措施提供科学依据，从而达到宏观调控和全过程污染防控的目的。

9.1.1.4 提供最佳环境管理手段

环境管理的目的是在保证环境质量的前提下发展经济、提高经济效益；反过来环境管理也必须讲求经济效益，要把经济发展和环境效益二者统一起来，选择它们之间最佳的"结合点"，即以最小的环境代价取得最大的经济效益。

9.1.1.5 促进相关环境科学技术的发展

环境影响评价涉及自然科学和社会科学的众多领域，包括基础理论研究和应用技术开发。环境影响评价工作中遇到的问题，必然是对相关环境科学技术的挑战，进而推动相关环境科学技术的发展。

9.1.2 环境影响评价的分类及工作程序

9.1.2.1 环境影响评价的分类

（1）按照评价对象，环境影响评价可以分为：规划环境影响评价；建设项目环境影响评价。

（2）按照环境要素，环境影响评价可以分为：大气环境影响评价；地表水环境影响评价；声环境影响评价；生态环境影响评价；固体废物环境影响评价。

（3）按照时间顺序，环境影响评价一般分为：环境质量现状评价；环境影响预测评价；环境影响后评价。

9.1.2.2　环境影响评价的工作程序

环境影响评价工作程序如图9-1所示。环境影响评价工作大体分为三个阶段：

（1）准备阶段。主要工作为研究有关文件，进行初步的工程分析和环境现状调查，筛选重点评价项目，确定各单项环境影响评价的工作等级，编制评价工作大纲。

（2）正式工作阶段。其主要工作为进一步做工程分析和环境现状调查，并进行环境影响预测和评价。

（3）报告书编制阶段。其主要工作为汇总、分析第二阶段工作所得到的各种资料、数据，做出结论，完成环境影响报告书的编制。

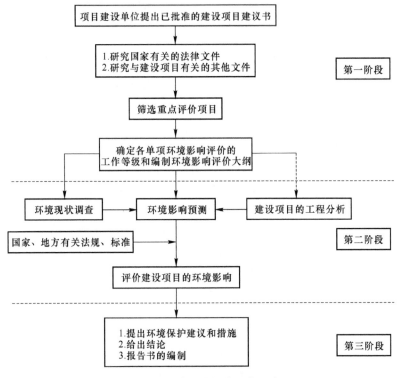

图9-1　环境影响评价工作程序

环境影响评价方法有定性分析法、数学模型法、系统模型法和综合评价法。由于影响环境质量的因素过多，模型建立困难大、费时长，故常用的是分析法和综合法。

9.1.3　环境影响评价的方法

9.1.3.1　环境影响评价方法的作用

（1）对环境质量现状及其价值进行描述和判断；

（2）分析人类活动与环境质量变异之间的关系，判断和描述未来环境质量变异及其价值改变；

（3）对人类的各种活动方案进行比较和选择，为人类活动决策提供信息服务。

9.1.3.2　环境影响评价方法的分类

常见的环境评价方法类型划分如图9-2所示。

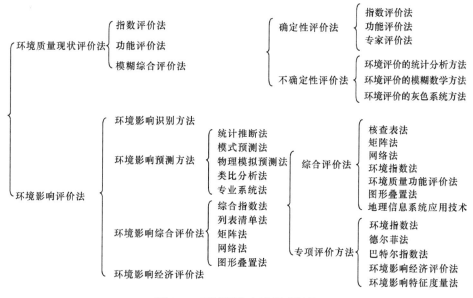

图 9-2　环境评价方法类型划分

9.1.3.3　环境影响评价方法选择的原则

（1）根据环境评价目的和要求选择具体的环境评价方法。

（2）尽量选用已成功应用过的评价方法，结合具体应用进行必要的修改和补充。

（3）对完成评价任务来说应是实用的和满足经济性要求的。

（4）所获结果应是客观的，具有可重复性。

（5）应符合国家公布的评价技术规范、标准。

9.1.4　建设项目工程分析

要对建设项目的环境影响做出切实和准确的评价，必须全面辨识出建设项目中的工程活动究竟对哪些环境要素产生哪些影响，筛选确定其中有重要意义的受影响因子（或参数）作为下一步预测和评价的重点，这些都离不开工程分析。

工程分析是环境影响评价中分析建设项目影响环境内在因素的重要环节，是对建设项目的工程方案和整个工程活动进行分析，即从环境保护角度分析项目性质、影响及其程度、清洁生产水平、环境保护措施方案以及总图布置、选址选线方案等，并提出要求和建议，确定项目在建设阶段、运行阶段以及服务期满后主要污染源及生态影响等因素。依据建设项目对环境影响的不同表现，分为以污染影响为主的污染型建设项目的工程分析和以生态破坏为主的生态影响型建设项目的工程分析。

9.1.4.1　工程分析的作用

工程分析贯穿整个评价工作的全过程，从宏观上可以掌握开发行为或建设项目与区域乃至国家环境保护全局的关系，在微观上可以为环境影响预测、评价和提出削减负面影响措施提供基础数据。工程分析的作用主要体现在以下几方面：

（1）建设项目决策的重要依据；

（2）为各环境要素和专题预测评价提供基础数据；

（3）为环境保护设计提供优化建议；

（4）为建设项目环境管理提供建议指标和科学数据。

9.1.4.2　工程分析的重点

根据建设项目对环境影响的方式和途径不同，环境影响评价中常把建设项目分为污染型建设项目和生态影响型建设项目两大类。污染型建设项目主要以污染物排放对大气环境、水环境、土壤环境或声环境的影响为主，其工程分析是以对项目的工艺过程分析为重点，核心是确定工程污染源及其源强；生态影响型建设项目主要是以建设阶段、运行阶段对生态环境的影响为主，工程分析以对建设阶段的施工方式及运行阶段的运行方式分析为重点，核心是确定工程主要的生态影响因素。

9.1.4.3　工程分析阶段划分

根据实施过程的不同阶段，建设项目工程分析可分为建设阶段、生产运行阶段和服务期满后阶段。

（1）所有建设项目都应分析运行阶段所产生的环境影响，包括正常工况和非正常工况。

（2）部分建设项目的建设周期长、影响因素复杂且影响区域广，需进行建设阶段的工程分析。

（3）个别建设项目由于运行阶段的长期影响、累积影响或毒害影响，会造成项目所在区域的环境发生质的变化，如核设施退役或矿山退役等，因此需要进行服务期满后的工程分析。

9.1.4.4　工程分析的常用方法

建设项目的工程分析应根据项目规划、可行性研究和设计方案等技术资料进行工作。由于国家建设项目审批体制的改革，有些建设项目如大型资源开发、水利工程建设以及国外引进项目，在可行性研究阶段所能提供的工程技术资料不能满足工程分析的需要，可以根据具体情况选用其他适用的方法进行工程分析。目前采用较多的工程分析方法有类比法、物料衡算法、实测法、实验法和查阅参考资料分析法等。

9.2　矿业环境影响评价

9.2.1　矿业环境影响评价的分类

矿山开发建设项目对环境的影响可分为污染型生态影响和非污染型生态影响两种类型。污染型生态影响主要包括矿山开发过程中产生的废气、废水、废石（渣）、噪声等对环境的影响；非污染型生态影响包括矿山开发过程中产生的地表植被剥离、地表塌陷、矿井水抽取导致区域地下水资源枯竭以及水土流失等生态环境问题。因此，矿业环境影响评价分为污染型生态影响评价和非污染型生态影响评价两类。

9.2.2　矿业环境影响评价

由于矿山开发自身特点决定了矿山非污染型生态影响更加严重，尤其是露天开采引起的生态环境破坏更加突出。矿山环境影响评价更关注矿山开采引发的直接或间接的生态破坏问题，对矿山开采中产生的废气、废水、废石（渣）和噪声等产生的影响的评价，与一般建设项目环境影响评价区别不大，对矿山非污染型生态环境的影响评价有别于一般的工业项目，也是矿山环境影响评价的重点。

9.2.2.1 污染型环境影响评价

（1）矿山开采中产生的废气主要包括矿产品开采、堆存、破碎、装卸、运输产生的粉尘，矿井排出的废气，燃煤锅炉产生的 SO_2 和烟尘等。需要明确其产生来源、产生量、排放量、排放目的地、污染物性质、污染防治措施以及环境可接受能力等问题。

（2）矿山开采中产生的废水主要包括矿井排水、矿产堆放场地初期雨水、锅炉废水、矿产品分选过程产生的废水以及废石堆放场淋滤水等，同样需要明确其产生来源、产生量、排放量、排放目的地、污染物性质、污染防治措施以及环境可接受能力等问题。

（3）矿山开采中产生的固体废物主要包括建矿初期剥离的坡积物、矿山废石、矿产品分选后产生的尾矿、锅炉炉渣、矿井废水处理设施产生的污泥、生活污水处理设施产生的污泥、生活垃圾等，需要明确它们的产生量、性质、处理方式及其可行性等。

（4）矿山开采中产生的噪声主要来源于矿山通风用空气压缩机、装载机、运输车辆、矿石破碎机、浮选机以及球磨机等选矿设备产生的噪声等。

对上述污染型环境因素进行环境影响评价，与一般工业项目相似，确定评价因子、评价级别和评价范围，分析其从源头到归宿整个过程中污染物的变化情况、选择的处理措施及其可行性以及环境的可接受水平等，将此类污染物的影响降低到环境可接受水平，减轻其对人体和生态环境的影响。

9.2.2.2 非污染型生态环境影响评价

矿山开发导致的地表植被剥离、地表塌陷、矿井水抽取导致区域地下水资源枯竭以及水土流失等生态环境问题是矿山环境影响评价的重点，按环境影响评价工作程序评价的主要内容包括：

（1）选择环境评价因子。不同的矿山开采方式，评价重点及内容有所区别。对于露天开采方式，评价重点应为生物群落、区域环境、水和土地、滑坡和泥石流等；对于地下采方式，其评价重点应为地表塌陷、地下水疏排干、区域环境等方面，见表9-1。

表9-1 矿山开采生态环境评价因子

生态影响	露天开采				坑采		
指标	生物群落	区域环境	水和土地	泥石流、滑坡	地表塌陷	地下水疏排干	区域环境
评价因子	生物量；物种多样性；珍稀物种	绿地覆盖率；敏感区	水土流失强度；土壤理化性质	出现概率	影响范围、最大塌陷深度	地下水资源量改变；饮用水源地影响	敏感区

（2）评价级别和评价范围。

《环境影响评价技术导则生态影响》明确提出了评价级别划分指标见表9-2。因指标较多，在实际应用中可选择1~3个指标作为评价级别划分指标。

表9-2 非污染生态影响评价工作等级划分

判定依据		>50km²	20~50km²	<20km²
生物群落	生物量减少（<50%）	3	3	—
	生物量锐减（≥50%）	1	2	3

判 定 依 据		>50km²	20~50km²	<20km²
生物群落	异质性程度降低	2	3	—
	相对同质	1	2	3
	物种的多样性减少（<50%）	2	3	—
	物种的多样性锐减（≥50%）	1	2	3
	珍稀濒危物种消失	1	1	1
区域环境	绿地数量减少，分布不均匀，连通程度变差	2	3	1
	绿地减少 1/2 以上，分布不均，连通程度极差	1	2	3
水和土地	荒漠化	1	2	3
	理化性质改变	2	3	—
	理化性质恶化	1	2	3
敏感地区		1	1	1

在划分评价级别后，以生态因子间相互影响和相互依存的关系为依据，按照评价区域与周边环境生态完整性确定评价范围。3 级项目以界定矿区及其周边 5km 范围及有关水域为主；1 级项目要从生态完整性的角度出发，凡是由于矿产开采直接和间接引发生态影响问题的区域均应进行评价。

（3）环境影响评价重点内容。

1）剥土改变了土地利用现状及引发的景观生态和物种生存问题；

2）露采破坏地表应力引发滑坡、泥石流、崩塌，进而对生态环境造成损害；

3）坑采引起地面不均匀沉降或塌陷，进而引发生态环境问题；

4）坑采改变地应力，诱发地震等地质灾害，进而引发生态环境问题；

5）废石（含矸石）堆放，进而引发生态环境问题；

6）移民问题；

7）保护与恢复措施。

（4）评价成果。根据原环境保护部颁布的《建设项目环境影响评价分类管理名录》，按照建设项目对环境的影响程度，将建设项目环境影响评价及环境影响评价文件类型分为三类：须编制环境影响报告书的项目、须编制建设项目环境影响报告表的项目和填报环境影响登记表的项目，三类对环境的影响程度依次减小。矿山开发项目由于开采过程中造成的污染物种类多、数量大、造成生态系统结构重大变化、重要生态结构改变或生物多样性明显减少，因此需要编制环境影响报告书，环境影响报告书主要内容包括：

1）前言；

2）总则；

3）建设项目概况与工程分析；

4）环境现状调查与评价；

5）环境影响预测与评价；

6）社会环境影响评价；

7）环境风险评价；

8）环境保护措施及其经济技术论证；

9）清洁生产分析和循环经济；

10）污染物排放总量控制；

11）环境影响经济损益分析；

12）环境管理与环境监测；

13）方案比选；

14）环境影响评价结论。

9.3 煤矿环境影响评价

煤矿采煤、选煤过程中产生的环境影响需要进行系统的环境影响评价，《环境影响评价技术导则煤炭采选工程》（HJ 619—2011）规定了煤炭开采工程、选煤工程环境影响评价的基本原则、内容、方法和技术要求。评价煤矿建设项目环境影响评价程序如图9-3所示。

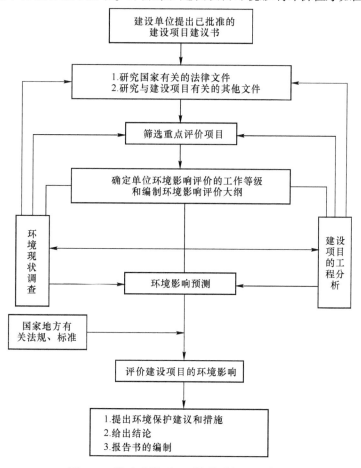

图9-3 煤矿建设项目环境影响评价程序图

9.3.1　煤矿项目环境影响因素识别与评价因子

环境影响评价工作可根据项目特点及周围环境敏感性选取环境影响因素和评价因子，煤矿开采建设项目的主要环境影响因素见表9-3，主要评价因子见表9-4。不同的煤矿开采建设项目可以根据煤矿自身的赋存条件、开采方式及造成的主要污染等特点从表9-3、表9-4中筛选环境影响因素和评价因子。

表 9-3　煤矿开采建设项目环境影响因素识别表

环境影响因素			环境空气	地表水	地下水	声环境	土地系统	自然生态	社会生态	景观环境	村庄及重要建筑物和构筑物	重要地表水系	耕地和基本农田	重要线路（国铁、高速公路、220kV以上高压线等）
建设期	土地利用											—	—	—
	废水	建井废水、露天矿降压排水、施工生活污水									—	—	—	—
	废气	临时锅炉烟尘烟气、固体堆放场扬尘									—	—	—	—
建设期	固体废物	建井矸石、弃土弃渣、露天剥离物、生活垃圾									—	—	—	—
	噪声	施工机械、施工车辆									—			
	环境风险	临时矸石堆存、冻结凿井冷却液泄漏、露天拉沟外排剥离物堆场堆存									—	—	—	—
运行期	土地占用、采煤沉陷、露天剥离													
	废水	矿井水、选煤废水、露天矿疏排水、生活污水												
	废气	锅炉烟气烟尘、煤炭储装运等无组织排放粉尘、排矸场及排土场扬尘												
	固体废物	生产矸石、掘进矸石、洗矸、尾煤、露天剥离物、锅炉灰渣、脱硫石膏、生活垃圾												
	噪声	通风、机修、坑木加工、选煤、露天破碎站及交通噪声												
	环境风险	矸石堆存、露天矿排土场、采煤地表塌陷												
闭矿期	土地占用	工业广场、固体废物堆放场以及临时场地等												

环境影响因素			环境空气	地表水	地下水	声环境	土地系统	自然生态	社会生态	景观环境	村庄及重要建筑物和构筑物	重要地表水系	耕地和基本农田	重要线路（国铁、高速公路、220kV 以上高压线等）
闭矿期	固体废物	矸石、露天剥离物、锅炉灰渣、脱硫石膏、生活垃圾												
	环境风险	矸石堆存、露天矿排土场												

表 9-4　煤矿开采建设项目环境影响评价因子一览表

环境因素	评价因子	现状调查	污染源调查	影响评价
环境空气	SO_2、烟尘、工业粉尘			
地表水	COD、BOD、石油类、SS			
地下水	pH、氟化物、矿化度、硫酸盐、总硬度			
声环境	等效声级			
自然生态	土地利用、植被覆盖、土壤类型及侵蚀情况、动物、生态系统			
社会生态	产业结构、农业经济、土地利用结构、人均收入、搬迁安置			

9.3.2　煤矿项目评价工作等级

建设项目各环境要素专项评价原则上应划分工作等级，一般可划分为三级。一级评价对环境影响进行全面、详细、深入评价，二级评价对环境影响进行较为详细、深入评价，三级评价可只进行环境影响分析。

煤矿开采建设项目分别按照 HJ 2.2—2018、HJ 2.3—2018、HJ 2.4—2009、HJ 19—2011、HJ 169—2018 中的规定，确定大气环境、水环境、声环境、生态影响、环境风险的评价工作等级。

9.3.2.1　环境空气评价工作等级

根据项目污染源初步调查结果，分别计算项目排放主要污染物的最大地面空气质量浓度占标率 P_i（第 i 个污染物，简称"最大浓度占标率"），及第 i 个污染物的地面空气质量浓度达到标准值的 10% 时所对应的最远距离 $D_{10}\%$。其中 P_i 定义见公式 9-1。

$$P_i = \frac{C_i}{C_{0i}} \times 100\% \tag{9-1}$$

式中　P_i——第 i 个污染物的最大地面空气质量浓度占标率,%;

　　　C_i——采用估算模型计算出的第 i 个污染物的最大 1h 地面空气质量浓度, $\mu g/m^3$;

　　　C_{0i}——第 i 个污染物的环境空气质量浓度标准, $\mu g/m^3$。

一般选用 GB 3095 中 1h 平均质量浓度的二级浓度限值,如项目位于一类环境空气功能区,应选择相应的一级浓度限值;对该标准中未包含的污染物,使用 5.2 确定的各评价因子 1h 平均质量浓度限值。对仅有 8h 平均质量浓度限值、日平均质量浓度限值或年平均质量浓度限值的,可分别按 2 倍、3 倍、6 倍折算为 1h 平均质量浓度限值。

评价等级按表 9-5 的分级判据进行划分。最大地面空气质量浓度占标率 P_i 按公式 9-1 计算,如污染物数 i 大于 1,取 P 值中最大者 P_{max}。

表 9-5　大气环境影响评价工作等级

评价工作等级	评价工作分级判据
一级	$P_{max} \geqslant 10\%$
二级	$1\% \leqslant P_{max} < 10\%$
三级	$P_{max} < 1\%$

9.3.2.2　水环境评价工作等级

A　地表水评价工作等级

地表水环境影响评价工作等级的划分主要依据建设项目的污水排放量、污水水质的复杂程度、各种受纳污水的地面水域规模以及对它的水质要求等,详细内容见"矿山水环境监测"部分。

建设项目地表水环境影响评价等级按照影响类型、排放方式、排放量或影响情况、受纳水体环境质量现状、水环境保护目标等综合确定。

水污染影响型建设项目主要根据废水排放方式和排放量划分评价等级,见表 9-6。

表 9-6　水污染影响型建设项目评价等级判定表

评价等级	判定依据	
	排放方式	废水排放量 $Q/(m^3 \cdot d^{-1})$;水污染物当量数 $W/$(量纲一)
一级	直接排放	$Q \geqslant 20000$ 或 $W \geqslant 600000$
二级	直接排放	其他
三级 A	直接排放	$Q < 200$ 且 $W < 6000$
三级 B	间接排放	—

直接排放建设项目评价等级分为一级、二级和三级 A,根据废水排放量、水污染物污染当量数确定。

间接排放建设项目评价等级为三级 B。

水文要素影响型建设项目评价等级划分主要根据水温、径流与受影响地表水域等三类水文要素的影响程度进行判定，见表9-7。

表 9-7　水文要素影响型建设项目评价等级判定表

评价等级	水温	径流		受影响地表水域		
	年径流量与总库容之比 a	兴利库容占年径流量百分比 b/%	取水量占多年平均径流量百分比 γ/%	工程垂直投影面积及外扩范围 A_1/km²；工程扰动水底面积 A_2/km²；过水断面宽度占用比例或占用水域面积比例 R/%		工程垂直投影面积及外扩范围 A_1/km²；工程扰动水底面积 A_2/km²
				河流	湖库	入海河口、近岸海域
一级	$a \leqslant 10$；或稳定分层	$b \geqslant 20$；或完全年调节与多年调节	$g \geqslant 30$	$A_1 \geqslant 0.3$；或 $A_2 \geqslant 1.5$；或 $R \geqslant 10$	$A_1 \geqslant 0.3$；或 $A_2 \geqslant 1.5$；或 $R \geqslant 20$	$A_1 \geqslant 0.5$；或 $A_2 \geqslant 3$
二级	$20 > a > 10$；或不稳定分层	$20 > b > 2$；或季调节与不完全年调节	$30 > g > 10$	$0.3 > A_1 > 0.05$；或 $1.5 > A_2 > 0.2$；或 $10 > R > 5$	$0.3 > A_1 > 0.05$；或 $1.5 > A_2 > 0.2$；或 $20 > R > 5$	$0.5 > A_1 > 0.15$；或 $3 > A_2 > 0.5$
三级	$a \geqslant 20$；或混合型	$b \leqslant 2$；或无调节	$g \leqslant 10$	$A_1 \leqslant 0.05$；或 $A_2 \leqslant 0.2$；或 $R \leqslant 5$	$A_1 \leqslant 0.05$；或 $A_2 \leqslant 0.2$；或 $R \leqslant 5$	$A_1 \leqslant 0.15$；或 $A_2 \leqslant 0.5$

B　地下水环境评价工作等级

煤矿地下水环境影响评价的工作等级，可对应于勘察类型划分为三级。其中一级与二级评价再进一步分为3个亚类。一级评价对应于开采技术条件复杂的矿床或水文地质条件，二级评价对应于开采技术条件中等的矿床或水文地质条件，三级评价对应于开采技术条件简单的矿床或水文地质条件。同时考虑存在敏感区的状况，对一级和二级评价还可以分为：

A 类：评价区内有大、中型集中供水水源地或有景观旅游、自然保护等敏感区。有 A 类保护目标者评价等级从高。

B 类：评价区内没有大、中型集中供水水源地，只有分散的小型水源地或开采井，没有重点保护的敏感区。只有 B 类保护目标者评价等级从低。

地下水环境评价工作等级划分见表9-8。

表 9-8 地下水环境影响评价工作等级划分一览表

勘察类型		勘察成果的水文地质主要要求	环评工作等级及代号		环评基本要求
开采技术条件简单的矿床（I）		不进行专门工作，以收集资料为主	级	三	不需进行模式预测，根据具体情况简单分析
开采技术条件中等的矿床（II）	水文地质问题为主（II-1）	水文地质填图，地表水、地下水动态观测，代表地段的专水勘探，求取参数	级	二-1	掌握含水层情况及其相互联系；区域地下水的补径排条件；利用简单模式进行预测；对水量评估要量化，水质分析可定性评价
	工程地质问题为主（II-2）	水文地质填图		二-2	掌握含水层情况及其相互联系；利用简单模式进行预测；对水量评估要基本量化，水质分析可定性简单评价
	环境地质问题为主（II-3）	水文地质条件分析，可用类比			
	复合问题（II-4）	针对主要问题重点开展工作		二-3	上述要求适当简化，但需对主要环境问题有量化评述
开采技术条件复杂的矿床（III）	水文地质问题为主（III-1）	全面系统进行各项水文地质勘查工作	级	一-1	除满足二级评价工作的要求外，还应有地下水的动态观测资料；选用较复杂的模式进行预测评价
	工程地质问题为主（III-2）	系统开展工程地质勘查		一-2	基本工作内容同一-1，只是水质预测可适当简化
	环境地质问题为主（III-3）	水文地质条件分析，可用类比			
	复合问题（III-4）	针对主要问题重点开展工作		一-3	同二-3，增加地下水环境变化对其他生态环境要素的影响分析

9.3.2.3 噪声评价工作等级

声环境影响评价工作等级一般分为三级，一级为详细评价，二级为一般性评价，三级为简要评价。

评价范围内有适用于 GB 3096 规定的 0 类声环境功能区域，以及对噪声有特别限制要求的保护区等敏感目标，或建设项目建设前后评价范围内敏感目标噪声级增高量达 5dB（A）以上 [不含 5dB（A）]，或受影响人口数量显著增多时，按一级评价。

建设项目所处的声环境功能区为 GB 3096 规定的 1 类、2 类地区，或建设项目建设前后评价范围内敏感目标噪声级增高量达 3~5dB（A）[含 5dB（A）]，或受噪声影响人口数量增加较多时，按二级评价。

建设项目所处的声环境功能区为 GB 3096 规定的 3 类、4 类地区，或建设项目建设前后评价范围内敏感目标噪声级增高量在 3dB（A）以下 [不含 3dB（A）]，且受影响人口数量变化不大时，按三级评价。

在确定评价工作等级时，如建设项目符合两个以上级别的划分原则，按较高级别的评价等级评价。

9.3.2.4 生态环境影响评价等级

依据影响区域的生态敏感性和评价项目的工程占地（含水域）范围，包括永久占地和临时占地，将生态影响评价工作等级划分为一级、二级和三级，见表9-9。位于原厂界（或永久用地）范围内的工业类改扩建项目，可做生态影响分析。

表9-9 生态影响评价工作等级划分表

影响区域生态敏感性	工程占地（含水域）范围		
	面积≥20km² 或 长度≥100km	面积 2~20km² 或 长度 50~100km	面积≤2km² 或 长度≤50km
特殊生态敏感区	一级	一级	一级
重要生态敏感区	一级	二级	三级
一般区域	二级	三级	三级

当工程占地（含水域）范围的面积或长度分别属于两个不同评价工作等级时，原则上应按其中较高的评价工作等级进行评价。改扩建工程的工程占地范围以新增占地（含水域）面积或长度计算。

在矿山开采可能导致矿区土地利用类型明显改变，或拦河闸坝建设可能明显改变水文情势等情况下，评价工作等级应上调一级。

9.3.2.5 环境风险评价工作等级

环境风险评价工作等级划分为一级、二级、三级。根据建设项目涉及的物质及工艺系统危险性和所在地的环境敏感性确定环境风险潜势，按照表9-10确定评价工作等级。风险潜势为Ⅳ及以上，进行一级评价；风险潜势为Ⅲ，进行二级评价；风险潜势为Ⅱ，进行三级评价；风险潜势为Ⅰ，可开展简单分析。

表9-10 环境风险评价工作等级划分

环境风险潜势	Ⅳ、Ⅳ+	Ⅲ	Ⅱ	Ⅰ
评价工作等级	一	二	三	简单分析[①]

①相对于详细评价工作内容而言，在描述危险物质、环境影响途径、环境危害后果、风险防范措施等方面给出定性的说明。

9.3.3 煤矿项目评价工作范围

依据环境要素评价等级，确定不同的评价工作范围。

9.3.3.1 环境空气评价范围

一级评价项目根据建设项目排放污染物的最远影响距离（$D_{10\%}$）确定大气环境影响评价范围。即以项目厂址为中心区域，自厂界外延 $D_{10\%}$ 的矩形区域作为大气环境影响评价范围。当 $D_{10\%}$ 超过 25km 时，确定评价范围为边长 50km 的矩形区域；当 $D_{10\%}$ 小于 2.5km 时，评价范围边长取 5km。

二级评价项目大气环境影响评价范围边长取 5km。

三级评价项目不需设置大气环境影响评价范围。

对于新建、迁建及飞行区扩建的枢纽及干线机场项目，评价范围还应考虑受影响的周边城市，最大取边长 50km。

规划的大气环境影响评价范围以规划区边界为起点，外延规划项目排放污染物的最远影响距离（$D_{10\%}$）的区域。

9.3.3.2 地表水评价范围

建设项目地表水环境影响评价范围指建设项目整体实施后可能对地表水环境造成的影响范围。水污染影响型建设项目评价范围，根据评价等级、工程特点、影响方式及程度、地表水环境质量管理要求等确定。

一级、二级及三级 A，其评价范围应符合以下要求：

（1）应根据主要污染物迁移转化状况，至少需覆盖建设项目污染影响所及水

（2）受纳水体为河流时，应满足覆盖对照断面、控制断面与消减断面等关心断面的要求。

（3）受纳水体为湖泊、水库时，一级评价，评价范围宜不小于以入湖（库）排放口为中心、半径为 5km 的扇形区域；二级评价，评价范围宜不小于以入湖（库）排放口为中心、半径为 3km 的扇形区域；三级 A 评价，评价范围宜不小于以入湖（库）排放口为中心、半径为 1km 的扇形区域。

（4）受纳水体为入海河口和近岸海域时，评价范围按照 GB/T 19485 执行。

（5）影响范围涉及水环境保护目标的，评价范围至少应扩大到水环境保护目标内受到影响的水域。

（6）同一建设项目有两个及两个以上废水排放口，或排入不同地表水体时，按各排放口及所排入地表水体分别确定评价范围；有叠加影响的，叠加影响水域应作为重点评价范围。

三级 B，其评价范围应符合以下要求：

（1）应满足其依托污水处理设施环境可行性分析的要求；

（2）涉及地表水环境风险的，应覆盖环境风险影响范围所及的水环境保护目标水域。

水文要素影响型建设项目评价范围，根据评价等级、水文要素影响类别、影响及恢复程度确定，评价范围应符合以下要求：

（1）水温要素影响评价范围为建设项目形成水温分层水域，以及下游未恢复到天然（或建设项目建设前）水温的水域；

（2）径流要素影响评价范围为水体天然性状发生变化的水域，以及下游增减水影响水域；

（3）地表水域影响评价范围为相对建设项目建设前日均或潮均流速及水深、或高（累积频率 5%）低（累积频率 90%）水位（潮位）变化幅度超过 ±5% 的水域；

（4）建设项目影响范围涉及水环境保护目标的，评价范围至少应扩大到水环境保护目标内受影响的水域；

（5）存在多类水文要素影响的建设项目，应分别确定各水文要素影响评价范围，取各水文要素评价范围的外包线作为水文要素的评价范围。

9.3.3.3 噪声评价范围

声环境影响评价范围依据评价工作等级确定。

对于以固定声源为主的建设项目（如工厂、港口、施工工地和铁路站场等）：

（1）满足一级评价的要求，一般以建设项目边界向外 200m 为评价范围；

（2）二级、三级评价范围可根据建设项目所在区域和相邻区域的声环境功能区类别及敏感目标等实际情况适当缩小。

（3）如依据建设项目声源计算得到的贡献值到 200m 处，仍不能满足相应功能区标准值时，应将评价范围扩大到满足标准值的距离。

城市道路、公路、铁路、城市轨道交通地上线路和水运线路等建设项目：

（1）满足一级评价的要求，一般以道路中心线外两侧 200m 以内为评价范围；

（2）二级、三级评价范围可根据建设项目所在区域和相邻区域的声环境功能区类别及敏感目标等实际情况适当缩小；

（3）如依据建设项目声源计算得到的贡献值到 200m 处，仍不能满足相应功能区标准值时，应将评价范围扩大到满足标准值的距离。

机场周围飞机噪声评价范围应根据飞行量计算到 LWECPN 为 70dB 的区域。

（1）满足一级评价的要求，一般以主要航迹离跑道两端各 5～12km、侧向各 1～2km 的范围为评价范围；

（2）二级、三级评价范围可根据建设项目所处区域的声环境功能区类别及敏感目标等实际情况适当缩小。

9.3.3.4　生态环境评价范围

生态影响评价应能够充分体现生态完整性，涵盖评价项目全部活动的直接影响区域和间接影响区域。评价工作范围应依据评价项目对生态因子的影响方式、影响程度和生态因子之间的相互影响和相互依存关系确定。可综合考虑评价项目与项目区的气候过程、水文过程、生物过程等生物地球化学循环过程的相互作用关系，以评价项目影响区域所涉及的完整气候单元、水文单元、生态单元、地理单元界限为参照边界。

9.3.3.5　环境风险评价范围

大气环境风险评价范围：一级、二级评价距建设项目边界一般不低于 5km；三级评价距建设项目边界一般不低于 3km。油气、化学品输送管线项目一级、二级评价距管道中心线两侧一般均不低于 200m；三级评价距管道中心线两侧一般均不低于 100m。当大气毒性终点浓度预测到达距离超出评价范围时，应根据预测到达距离进一步调整评价范围。

地表水环境风险评价范围参照 HJ 2.3 确定；地下水环境风险评价范围参照 HJ 610 确定。

环境风险评价范围应根据环境敏感目标分布情况、事故后果预测可能对环境产生危害的范围等综合确定。项目周边所在区域，评价范围外存在需要特别关注的环境敏感目标，评价范围需延伸至所关心的目标。

9.3.4　煤矿项目工程分析

9.3.4.1　煤矿工程分析的基本内容

煤矿工程分析包括项目概况、生产工艺分析、环境影响因素分析和拟采取环境保护措施分析四项基本内容。

9.3.4.2　煤矿工程分析的重点

建设期分析项目：施工中产生的弃石弃土、噪声、粉尘、土地利用和生态改变，施工生活垃圾和排放污水等的性质、数量和影响范围，拟采取环保措施的合理性与有效性。

生产运行期分析项目：生产运行后污染物排放、生态扰动对矿区环境质量、生态系统和周边社会经济生活质量等的持续影响，拟采取环保措施的合理性与有效性。

9.3.4.3 煤矿工程分析的内容

A 建设项目工程概况

建设项目工程的内容主要包括项目名称、建设规模、建设性质、建设地点、项目组成、产品方案及流向、总平面布置及占地面积、占用土地类型、地面运输、职工人数、建设周期、主要经济技术指标等。

工程概况应包含以下内容图表：项目的地理位置和交通图、矿井井田划分图和矿区内各煤矿建设时序表（可合并在图上标示）、项目总平面布置图、工业场地总平面布置图、项目组成一览表（按照主体工程、辅助工程、公用工程、储运工程分列工程内容和主要技术指标，需要时增加运煤铁路专用线、输水、输电等管线工程部分内容）、项目主要技术经济指标表。

B 煤炭资源和生产工艺分析

a 煤炭资源赋存情况

主要内容包括井田边界、分级储量（地质储量、工业储量、可采储量和设计储量）、煤炭类型与煤质、瓦斯、煤尘和煤的自燃特性等。

b 井田开拓方案与工艺

主要内容包括井田开拓方案、开采工艺、水平划分与采区布置、采煤方法、工作面个数、井下运输、通风方式、排水系统等。

c 地面生产系统

主要内容包括主、副井生产系统，排矸系统，选煤厂生产系统和工艺流程，煤炭产品方案，煤炭储存装运系统，通风系统，煤矸石堆置场选址等。需要时增加共伴生资源综合利用工程系统的介绍。

d 给排水系统

主要内容包括水资源需求、项目分类分项用水量、水质要求、审批的取水水源、排水量和排水预计水质、可行性研究或初步设计提出的取水和排水方案、污（废）水的资源化和无害化方案。

e 能源利用

主要内容包括用电负荷、热负荷、燃料种类及消耗量。

f 可行性研究报告或初步设计提出的其他内容

包括煤炭共伴生资源综合利用项目的技术特征（产品、规模、技术指标等）、选址、建设时序和预计的产品市场等。

g 附图和附表的要求

煤炭资源和生产工艺分析过程中需要提供以下图表：井田边界图，地层综合柱状图，开采煤层特征表，开采煤层煤质特征表，井田开拓平面与立面图，采区开采接替顺序表，矿井主要设备技术特征一览表，矿井生产工艺流程图，选煤厂生产工艺流程图和产品平衡表，配套公路、铁路路线图和主要技术特征一览表，项目生产、生活用水及排水水量、水质表，项目给排水、复用水水质水量平衡图，资源综合利用工程的能源、物料平衡图等。

C 生态变化影响因素分析

建设期主要内容包括临时土地占用面积、现状土地利用类型、原有生态系统类型、拟采取的临时性保护措施和使用后的土地及生态恢复措施。

生产运行期主要内容包括永久土地占用面积、现状土地利用类型、建设后土地利用状况改变、原有生态系统类型、开采可能影响地表形态改变的区域范围。

D 环境污染影响因素分析

a 新建项目

主要内容包括废水、废气、固体废物、噪声的产生源、排放方式，废气排放口特征废水排放去向等，污染物的数量、浓度等。

b 改扩建、技术改造、整合重组、复建项目

项目变化前原有污染源和污染物的变化情况以及项目变化后污染源和污染物的改变情况。

c 附图和附表要求

主要包括建设项目污染源分布图，改扩建、技术改造、整合重组、复建项目以新代老污染物排放与控制对照表，改扩建、技术改造、整合重组、复建项目污染物排放总量与批复对照表，项目建设前后涉及的村庄房屋、水利设施等地面建筑物的拆迁数量、搬迁安置去向等。

E 生态环境保护设施分析

（1）对建设项目拟采取的生态环境保护措施，进行有效性、先进性和可行性分析。

（2）改扩建、技术改造、整合重组和复建项目原有设计环保设施，建设面临的污染物排放标准和污染物总量标准的变化情况。

9.3.4.4 煤矿工程分析的方法

（1）工程分析以报告书编制前提出的最新版可行性研究或设计文件为依据，工程影响分析主要采取类比和定性—半定量方法。

（2）可以采用全国第一次污染源普查提出的《第一次全国污染源普查工业污染源产排污系数手册（第一分册）》中煤炭采选业、煤矸石制砖业、煤矸石发电业的产排污系数。

（3）当设计提出多方案比较选择时，工程分析应从生态环境保护效益和效应的角度对各个方案进行分析、比较。

9.3.5 煤矿项目环境现状调查

环境现状调查一般采用收集资料法、现场调查和环境现状监测法、遥感影像解译法，此三种方法可以结合使用，其中现场调查和环境现状监测法是基础的、必要的。

9.3.5.1 区域自然与社会经济状况调查

对于煤矿建设项目，区域自然环境调查应更关注与煤矿开采等有关的水文地质等方面的特征，掌握自然环境特征对煤矿开采的可能影响。

煤矿建设项目区域自然和社会经济现状调查内容见表9-11。

表 9-11　煤矿建设项目区域自然和经济现状调查内容一览表

类型		内　容
交通地理位置		位置、隶属行政区划、经纬坐标等
自然环境	地形地貌	区域地形特征，区域环境地质灾害，如滑坡、泥石流、崩塌等的特点和分布特征
	地质与矿产资源	地层概况、地质构造，已探明或已开采的矿产资源
	气候与气象	区域主要气候特征，典型气象参数，灾害天气特征及发生概率
	地面水文特征	地面水体的水文特征、水系划分、功能分区、水质与水资源利用、本项目取水、排水口位置及其与区域水系的关系，最好附水系图
	地下水水文地质特征	地下水含水层与隔水层分布，集中供水水源地位置，有供水意义的含水层，地下水补、径、排条件，地下水水质和储量，地下水开采利用和资源变化情况
	土壤、耕地与水土流失	土壤类型及分布、土壤质量和土壤肥力、土地农业利用情况、基本农田的数量和分布，水土流失分类、侵蚀模数、水土流失区划类型等
	生态功能分区	项目所在区域在全国生态功能区划中所确定的功能分区和主导的生态功能
	动植物资源与自然景观	主要动植物资源、有无国家规定的珍稀濒危野生动植物、有无国家和地方规定的自然保护区、风景旅游区和生态保护林等
社会经济	社会调查范围	建设项目所在县、乡两级，当项目井田跨两个以上县时，应同时调查，并以工业场地所在地为主
	人口和社区	人口数量、职业分布、调查年收入情况，列表给出井田范围内村庄数、住户数和人口数
	工业和能源生产	工业类型、产业和产品结构、工业总产值、资源和能源消耗、从业人口
	农业与土地利用	农业类型、产业和产品结构、农业总产值、土地利用情况、灌溉条件等
	交通运输	区内公路、铁路条件和运输情况
	文物、景观及自然保护区	区内历史文化遗产、文物保护单位、自然保护区、风景旅游区、国家森林公园和国家地质公园

9.3.5.2　环境质量现状调查

环境质量现状调查的主要对象包括环境空气、地面水环境、地下水环境、声环境和生态环境，均采用环境现状监测法进行。

环境现状监测包括进行现状环境监测和利用历年环境监测资料，其中历年（一般为近三年）环境监测资料应说明资料来源、监测时间、监测点位，说明可靠性和可利用性。环境监测的执行按有关技术导则和国家标准、行业标准要求进行。

煤矿项目环境质量现状调查内容见表 9-12。

表 9-12　煤矿项目环境质量现状调查内容一览表

环境要素	调　查　内　容
环境空气	充分收集、利用已有的有效数据，进行现状监测与评价，说明超标问题及其原因
地面水	充分收集、利用已有的有效数据，对纳污水体进行水质监测断面布设、监测与评价，说明超标问题及其原因

环境要素	调 查 内 容
地下水	环境水文地质调查；包气带岩性、结构、厚度；含水层的岩性组成、厚度、渗透性和富水性；隔水层的岩性、结构、厚度、渗透性；地下水类型、水动力特征、地下水水位、水质、水量、水温及地下水补给、径流和排泄条件；对井田范围内地下水进行布点监测与评价，说明超标问题及其原因，附地下水监测布点图、监测结果统计表或水质分区图
声环境	充分收集、利用已有的有效数据，对声环境进行布点、监测与评价。若存在超标问题，应分析原因
生态环境	重点突出自然环境调查、社会环境调查、经济环境调查、人文环境调查、移民安置调查、生态保护规划调查。附土地利用现状图、植被类型图、人口密度分布图、土壤类型分布图、动植物和矿产资源分布图、敏感区与评价区相对位置图、生态保护规划图、土壤侵蚀强度分布图、环境地质灾害分布图、既往工程性移民安置区域图等，采用图形叠置法、系统分析法、质量指标法、生态机理分析法、景观生态学方法等，对生态环境现状进行评价，评价结论要明确回答现有生态环境承载力的负荷情况，评估是否存在允许增加的生态环境承受能力
地表沉陷	新建煤矿调查地面地貌和土地利用情况，是否发生地质灾害，若发生，说明其类型、范围、危害程度和原因；改扩建、技术改造和复建的煤矿调查原有煤矿造成的地表沉陷变形基本情况，包括沉陷深度、变形、裂缝、受损房屋、耕地、农业生产等情况。收集邻近煤矿岩移观测数据资料；进行移民的，调查移民安置情况，包括生产、住房、就业、收入、交通变化、移民和迁入地原居民满意程度等

9.3.6 煤矿项目环境影响评价

通过工程分析，确定煤矿项目主要污染物排放源和排放量以及相应的处理及其处理效率等，结合现场调查资料，可以对煤矿建设项目对环境的影响进行预测和分析评价。

9.3.6.1 大气环境影响评价

A 煤矿开采主要大气污染因素

煤炭开采对大气的主要污染源包括：有组织排放的锅炉烟气；无组织排放的煤堆扬尘、转载扬尘、运输扬尘、煤矸石堆放场的自燃和扬尘、露天矿排土场扬尘；排放的矿井瓦斯（煤层气）。

B 大气污染物源强确定

锅炉污染物排放源强可利用实测数据、原国家环保总局《工业污染源产排污系数手册》和经验系数等确定。

煤堆扬尘源强可利用经验公式估算。煤堆扬尘源强与煤堆形式、煤堆含水情况、平均风速等因素有关。

煤炭转载扬尘源强可利用经验公式估算。煤炭转载扬尘浓度与煤流柱高度、煤炭粒度、煤炭含水量、平均风速等因素有关；封闭式胶带运煤走廊可以不作为煤炭转载产生的大气污染源。

汽车运输扬尘源可根据经验公式估算，采用经验公式时应说明公式的来源、应用成果、原使用条件与本项目的相似性。

C 煤矿大气环境影响评价要点

a 锅炉达标排放分析

主要预测二氧化硫、烟尘对周围关心点典型日日均浓度的影响，可直接收集最近气象站常规资料分析使用；典型日根据当地关心点分布、地形条件等进行选择。

b 煤炭储存扬尘预测

采取煤仓、封闭、设防风抑尘网等措施后，煤炭储存对环境空气的影响分析可简化或不分析；对露天堆存的煤炭应用类比法预测扬尘启动风速，计算典型大风条件下扬起的煤尘浓度和下风向200m和500m处的落地浓度，计算全年扬尘量。

c 其他方面

从环境控制质量和总量控制等方面分析矿井瓦斯利用的有益环境效应，同时制定环境空气保护对策。

9.3.6.2 水环境影响评价

A 地表水环境影响评价

a 煤炭开采工程水环境污染因素

煤炭开采工程影响地表水环境质量的主要因素包括：矿井水（处理或未经处理的）外排部分；选煤废水事故性排放；生活污水（处理或未经处理的）外排部分；露天矿疏排水未经处理直接排放；大气降水带来的工业场地地表径流和煤矸石堆放场淋溶水；矿灯房酸性废水、医疗废水、机修车间废水、锅炉化水处理车间废水等。

b 地表水污染源调查

调查内容包括：评价范围内排放口数量、位置、所属企业、排水量、污染物成分、浓度和总量、批准的排污总量、采取的污水处理措施、去除率、正常出水水质以及非点源排放的污染物数量、成分、排放规律。

c 地表水环境影响预测

预测方法按照《环境影响评价技术导则 地面水环境》（HJ 2.3—2018）规定的方法进行。预测因子根据项目排水特点和煤炭工业水污染物排放标准，可主要选择 pH、悬浮物、COD、BOD、石油类、总盐量、总铁、总锰等，以及地表水现状调查中确定的特征污染因子。

d 地表水环境污染控制设施评价

以清洁生产为原则，分析设计拟采用的水污染控制措施的合理性、先进性、完善性，提出优化的水污染控制与废水资源化建议。论证设计拟采用的水污染控制措施满足环境保护主管部门批复的污染物排放总量控制指标和排放浓度限值的可行性，提出保证和改进的管理与技术要求。

e 附图和附表

主要包括区域水系分布和水环境功能区划图；工业废水、城市（城镇）生活污水源分布图［污（废）水量、受纳水体］；地方常规环境监测和本次环境质量现状的地表水环境监测采样断面布设图；矿井水、疏干水处理工艺流程图；生活污水处理工艺流程图；选煤厂煤泥水闭路循环系统示意图；水环境调查和监测获得的水质、水量资料表。

B 地下水环境影响评价

a 煤矿项目地下水污染因素

煤炭开采工程对地下水环境的影响主要有：

（1）煤层采出后，采空区周围的岩层发生位移、变形乃至破坏，上覆岩层根据变形和破坏的程度不同分为冒落带、裂缝带和弯曲带，其中裂缝带又分为连通和非连通两部分，通常将冒落带和裂缝带的连通部分称为导水裂缝带。采煤沉陷主要就是通过所形成的导水裂缝带影响地下水含水层之间的水力联系，进而对其水量、水位产生影响。

（2）露天煤矿开采疏干水对地下水动力场和地下水资源的扰动、破坏。

（3）煤矸石堆存场淋滤液对地下水水质的可能污染影响。

（4）煤炭开采对周边村庄和城镇居民地下饮用水源取水层影响。

（5）地表水和地下水的补排关系和水质交互影响。

（6）煤炭开采对地下水水质、水位变化的动态影响，以及可能引起的含水层疏干、地面沉陷、巷道突水等环境水文地质问题。

b　区域环境水文地质条件分析

（1）地质和构造。矿井在矿区构造中的位置，对一级评价应附矿区（区域）水文地质图。

（2）地层分布及岩性。矿区第四系含水层、煤系地层，主要充水含水层的分布及其岩性特征，附地层柱状图。

（3）矿井水文地质条件。主要包括煤系地层上覆含水层和下伏含水层，不涉及底板突水可能性时，下伏含水层可从简；地下水的补给、径流和排泄条件；富水区划分原则及划分结果；区域降水入渗系数Ⅰ级评价应有分区。

（4）含水层现状及潜在功能。说明具有供水意义的含水层，评价区内生产和生活开采地下水的情况，开采层位及开采水量。

（5）矿井涌水条件。说明最大涌水量、平均涌水量，矿井排水制度。

（6）排矸场水文地质条件调查。说明汇水面积、地下水水位埋深、表层渗透系数等。

（7）其他条件。

1）地下水评价范围内重要的泉域、与地表水关系密切的地下水体、水源地以及国家或地方划定的其他需特殊保护的对象，需对其水文地质条件进行调查与分析，并附图说明。

2）建设项目开采地下水作为供水水源时，应利用专门报告对水源地的供水层位、静储量、动储量、可采储量予以介绍（三级评价从简）。

3）改扩建项目的矿井涌水的长年观测资料及变化曲线，有条件时应说明各含水层的水量占矿井涌水的比例。

C　煤矿项目地下水环境影响评价

预测和评价煤炭开采项目对可利用地下水资源量和水质的影响，分类说明对生产、生活和生态用地下水的影响程度和范围，煤炭开采对区内地下水敏感目标的影响（如泉域、湿地、保护区等），有针对性地提出地下水环境保护措施和不良影响的防治对策。

（1）采煤对地下水水量的影响。

参照《建筑物、水体、铁路及主要井巷煤柱留设与压煤开采规程》中推荐的模式计算导水裂隙带高度。老矿区有实际观测资料时应进行必要修正，据此分析采煤所导通的主要含水层；分析矿井涌水的来源、变化趋势与规律（与大气降水的关系）。

（2）地下水环境变化对其他环境要素影响简析。

分析潜水水位变化对地表植被的影响；分析地下水储量变化对区域生态系统功能及工农业生产能力的潜在影响；矿井水去向及其用途的适应性分析。

（3）采煤对地下水水质的影响。

对采煤疏干静储量的矿区，简单分析总硬度、SO_4^{2-} 等变化趋势；对以动储量为主的矿区，根据涌水来源分析水质变化趋势；排入井下采空区的矿井水，应说明对具有供水意义含水层水质的影响；排污口下游存在的地表水与地下水水力联系可能引起水质的变化情况；煤矸石属于Ⅱ类固体废物时淋溶水对潜水含水层的水质影响。

D　防治地下水污染的措施及矿井水资源化分析

对可能导致地下水水质恶化的区域，应采取消减措施，可结合地表水专题的评价结论与拟采取措施，进行综合分析。

矿井水应首先考虑用作本煤矿的生产、生活水源，尽可能用于煤矿及配套项目的用水供应。如煤炭企业采煤排水影响到井田内居民水井的供水，应优先保证居民饮水安全，或提出供水预案。结合评价区生态综合整治规划，矿井水的资源化应首先从保证或协调区域生态用水出发，可根据当地当时的水价进行货币化分析。

缺水地区的"保水采煤"建议：禁止开采有重要地下水环境保护目标区域的煤炭资源；限制开采有敏感地下水环境保护目标区域的煤炭资源；应以地下水资源保护为先决条件，提出限制煤炭开采范围、开采数量和开采时间。

9.3.6.3　声环境影响评价

在充分收集、利用已有数据的前提下，对声环境敏感点及重点区域进行布点、测量、评价；对存在的超标问题分析原因。

按照《环境影响评价技术导则　声环境》（HJ 2.4—2009）的规定，对声环境进行影响预测与评价，并进行影响分析，制定声环境保护对策和环境保护措施。对于声环境较简单的建设项目，该工作内容可以适当简化。

9.3.6.4　固体废物环境影响评价

A　煤矿项目固体废物污染因素

煤炭开采和分选工程评价的主要固体废物为采掘煤矸石、分选矸石、露天矿土岩剥离物和分选尾煤；生活垃圾、锅炉炉渣、水处理污泥、脱硫石膏等。

B　固体废物产生量预测

煤矸石产生量根据井巷工程量，预测建设期及生产期掘进矸石产生量；根据地质条件、煤质、开采方法、选煤工艺，采用类比法预测矿井运营期的产矸量。可以根据下列信息来预测煤矸石产生量：

(1) 巷道工程量（煤巷、岩巷、半煤岩巷数量及比例）表；

(2) 类比项目的产矸率及排矸率表；

(3) 煤炭地面分选加工产矸量表（即煤炭分选产品平衡表）；

(4) 煤层顶底板岩性即采煤方法是否割顶、截底；

(5) 煤系地层柱状图，明确含矸层位及含矸率。

C　排矸场或临时矸石堆放场选址

选址时应考虑的因素包括排矸场交通位置、土地利用和植被分布、周围 500m 内居民点分布、汇水面积、土地性质等，特殊情况下（软岩地基、存在断裂带、高潜水位等）可引入工程勘探结论；拟采取的排放方式、服务年限，论证排矸场或临时矸石堆放场选址可行性。

D　煤矸石性质判定

进行煤矸石性质判定可采取以下方法：

（1）对无地下水敏感保护目标的项目，可根据全国资料划为一般废物；

（2）按照《固体废物浸出毒性浸出方法》，分析判定煤矸石属Ⅰ类或Ⅱ类固体废物；

（3）进一步确定煤矸石贮存场的防护要求类型（Ⅰ类或Ⅱ类）；

（4）对开采同一煤层的矿井，已有矸石性质结论的，不再进行浸出实验。

E 固体废物环境影响分析

（1）煤矸石自燃：根据矸石成分并结合区域自然环境因素、煤矸石堆放方式和类比煤矿资料，分析其自燃倾向。

（2）煤矸石扬尘：采用风洞实验经验模式进行预测，具体模式可参考火电厂环境影响评价规范。

（3）煤矸石对土壤的影响：应用有害元素分析结果进行预测和分析。

（4）煤矸石淋滤液的影响：应用浸出实验结果，结合当地地下水（主要是潜水）分布情况及水文地质进行预测。

（5）煤矸石对景观的影响：主要考虑劣质影响，周边为非敏感区时只进行简要分析。

（6）其他固体废物影响：对生活垃圾、锅炉炉渣、水处理污泥、脱硫石膏等可做简要分析。

F 防止固体废物环境污染措施

（1）防护距离：煤矸石堆放场周围500m范围内无居民点，堆场及运矸道路不得有地质灾害点、高压线等，如不能满足应考虑重新选址。

（2）水土保持：引用水土保持方案说明排矸场水土保持措施和目标，分析其合理性。

（3）煤矸石综合利用：设计采用煤矸石不出井时论述其技术经济可行性，分析其资源环境效益；煤矸石综合利用可设单节进行论述，说明适合本区的综合利用途径，并进行简要的社会、经济、环境三方面效益分析。

9.3.6.5 地表沉陷环境影响评价

A 煤炭开采引起地表沉陷环境影响评价关注重点

（1）地表沉陷的范围、最大下沉深度、陷落盆地的总变形体积。

（2）地表沉陷的发生、发展过程，分首采工作面、首采区、全部煤炭资源开采结束三个时段分别进行说明。

（3）地表沉陷对毗邻的敏感区的影响程度；对评价区内的地面生态系统、山体、河流、森林等的影响程度。

（4）煤炭开采引起的地表沉陷对评价区内社会经济的影响程度，包括对农业、居住地、经济结构和居民分布等的影响。

（5）地表沉陷对评价区内地面建筑物和构筑物的影响程度，包括对工业和民用建筑、铁路、公路、水利工程、水土保持工程、输电、输水、输气线路等的影响。

（6）沉陷预测和评价应采用充分的图件和统计表格表示预测、防治和恢复的结果。

（7）地表沉陷评价与生态环境影响评价、水土保持等密切相关，应注意衔接和统一。

B 地表沉陷影响因素分析

（1）项目的煤层赋存情况。包括井田面积，可采煤层的埋深、层数和层间距，煤层倾角等。用井田边界图、地质柱状图表示。

（2）煤田地质情况。包括煤系上覆岩层的岩性、硬度，含煤地层中的断层分布，煤类牌号和煤层硬度等。

（3）煤田水文地质情况。包括煤炭中主要含水层和隔水层、含水层富水系数、地下水补给和径流方向等。用水文地质剖面图表示。

（4）煤炭开采设计。包括采煤方式、采煤工艺、顶板管理、巷道布置、采区布置、分区分层开采计划、各种保安煤柱留设等。用采区布置图表示。

C　地表沉陷影响预测

（1）沉陷变形预测。

沉陷变形预测包括：预测沉陷区下沉面积和下沉分布；预测最大下沉深度和出现区域、出现时间和最终稳定时间。分首采区五年、首采区结束、全井田开采结束等三个时段绘制下沉等值线图。明确标示各种保安煤柱的位置和范围。

预测沉陷区下沉变形曲率，分3~5个等间距绘制首采区下沉变形曲率图；分6~10个等间距绘制全井田下沉变形曲率图。

当煤田上部地表为丘陵和山地等复杂地貌时，定性说明沉陷后最终的地貌变化和总体趋势。

当煤田上部地表为不稳定山地地貌时，预测因沉陷变形可能发生的地质灾害风险和危害程度与结果。

（2）沉陷变形影响预测。

1）计算导水裂隙带高度，预测是否会因沉陷变形导致隔水层破坏，引起第四系潜水漏失或减少。

2）预测因地表沉陷变形导致的地面生态系统变化、土地利用系统变化和社会经济系统变化。

3）估算在未采取防护、恢复措施条件下生态损失和农业经济损失、农（牧）业生产结构变化、农牧民收入变化。

4）预测地表沉陷变形导致的水土流失增加量。

5）地表沉陷变形预测模式推荐采用《建筑物、水体、铁路及主要井巷煤柱留设与压煤开采规程》中提供的概率积分法，导水裂隙带高度计算推荐使用该规程中的经验公式。

6）预测计算参数选取时应说明依据；使用预测软件时应说明软件来源和鉴定情况。

7）对复杂、敏感项目的沉陷变形预测，可以采用两种及以上预测计算方法。当结果出现较大差异时，应慎重复核，可采用数学平均或经验判断的方法处理，并说明理由。

D　地表沉陷环境影响评价

地表沉陷环境影响评价应包括以下方面：

（1）地表沉陷变形的长期性、不可逆性对区域环境质量的综合性影响。

（2）地表沉陷变形对区域社会可持续发展能力的影响。

（3）地表沉陷变形对煤炭开采带来的生态成本。

（4）地表沉陷变形对评价区域地形地貌、区内地面建筑物和构筑物的影响程度，以及对评价区景观环境的影响。

E　地表沉陷的防护、土地复垦和补偿

根据煤炭开采和社会经济双赢原则提出优化的地表沉陷防护原则和技术路线，结合县级以上人民政府土地开发利用规划和社会主义新农村建设规划制定土地复垦规划，重点提出基本农田恢复与补偿方法；对涉及敏感区保护的建设项目，提出限制性、保护性开采的替代开采方案；提出生态补偿、农牧业经济补偿的标准，提出开发者应缴纳的生态恢复资金标准和分年度实施规划。

F 地表沉陷环境影响评价结论

结论应说明煤炭开采造成的地表沉陷变形面积、最大下沉深度、积水面积和积水深度；说明煤炭开采地表沉陷变形对社会、经济、生态环境的影响趋势、影响程度和发生的时间；提出减缓和恢复煤炭开采地表沉陷变形的对策和建议；提出地表沉陷变形恢复和补偿的资金需求概算；提出加强地表沉陷变形观测防范矿山环境地质灾害，保障土地复垦的监测计划和管理机制建议。

9.3.6.6 生态环境影响评价

A 煤炭开采工程生态环境影响预测主要内容

（1）煤炭开采工程带来的生态系统组成和功能的变化以及变化的性质和程度，划分原则可参照表9-13。

表9-13 煤炭开采工程生态影响识别

影响类型及程度	考虑的影响因子
有利影响	经济结构、生活质量的交通、通信、文教要素
不利影响	生态扰动、改变资源赋存总量
可逆影响	居民安置和居民生活水平
不可逆影响	地表形态改变、土地利用类型、敏感生态系统、矿产资源
近期影响	施工期污染物排放、临时施工占地
长期影响	地表沉陷、地下水资源损失、经济结构
明显影响	地表形态改变、土地利用类型、生态系统类型、经济结构
潜在影响	水文条件改变、荒漠化
局部影响	空气污染物、工业噪声、生活污水、生活垃圾
区域影响	地下水抽排、迁村移民
单一影响	环境质量变化、耕地面积
复合影响	地面沉陷和地下水抽排、迁村移民、社会人口与就业

（2）煤炭开采工程对土地植被种类和覆盖率、耕地面积和生产力变化，林地与草场面积生产力变化，荒漠化与沙漠化发展趋势，地下水资源补给与供应能力变化的影响。

（3）对于一级生态评价项目，除要进行上述单项因子评价外，还应进行生态环境整体性、综合性影响评价。

（4）评价结论的时空划分为开采进行5年和首采区结束两个阶段。

B 生态环境影响评价方法

推荐的评价方法有系统分析法、质量指标法、景观生态学方法、类比法等，具体方法参看《环境影响评价技术导则 生态影响》（HJ 19—2011）的规定的附录C。

为使生态影响预测与生态现状评价的结论和数据具有系统性、可比性，生态环境影响预测应采用同一种评价方法。

以农业（含牧业）生态为主地区，生态环境影响预测评价指标应以经济损益为重点；在以自然生态为主的地区，评价指标应以生物多样性为重点。

采用类比法进行生态影响预测应说明类比项目与本项目的可比性；对于改扩建项目应回顾原有工程的生态环境影响，以其影响程度和趋势作为预测的基础条件。

C   生态环境保护、恢复和补偿措施

煤炭开采工程生态环境保护、恢复和补偿措施的评价方法，原则上执行 HJ 19—2011 标准中有关生态影响的保护、恢复和替代方案的规定。

煤炭开采工程生态环境防护应根据评价区的生态特征，明确提出保护目标、禁止和限制条件、允许开发强度，分析现有建设方案（可行性研究、初步设计等）对于生态环境承载能力的合理性、项目建设与区域生态保护规划的协调性。

对超过生态环境承载能力，造成不可逆的生态损害的建设项目，应从生态环境保护要求出发，提出调整和替代建设开采方案。

煤炭开采工程一级和二级生态评价项目，均应编制生态环境恢复规划，说明计划的实施进度、投资估算和内部资金来源、外部政策制度等保障机制。其中对必须采取措施保护的生物物种和敏感区、特色优质农牧业区，应编制生态恢复规划；对再生周期短的生物物种和减产量小于30%的农业种植，以自然恢复为主；建设项目生态环境恢复规划应符合所在区域生态环境保护规划要求；煤炭开采生态补偿应包括经济性补偿和生态性补偿。

生态评价的损益分析推荐采用恢复和防护费用法、影子工程法、调查评价法等。

D   生态环境影响评价结论

生态环境影响评价结论的内容包括生态环境现状概要、建设项目对生态有影响的工程分析概要、建设项目对生态环境影响的预测和评价结果、提出的生态防护措施建议等。

结论中应明确回答建设项目的选址、规模、开发时序等是否合理，能否满足生态环境保护的要求，能否保证要求的生态环境质量，并对不符合的项目提出修改、调整、替代直至停止建设的建议。

结论中还应对建设项目生态环境保护提出监管制度建议，包括生态影响监测、生态环境管理、生态恢复与建设规划等。

E   生态环境影响评价的图件要求

（1）生态环境现状调查图件。图件的比例尺一般应为 1/100000～1/10000，基础图件均应为彩色，分辨率不低于150dpi。

（2）生态影响一级评价项目需要采用环境遥感资料反映全区域生态环境现状，图形图像处理成果应与评价地形图比例一致，并说明资料来源和时间。

所有基础图均应为 5 年以内的版本，特殊情况下不能获得时应予以说明。

9.3.6.7 评价结论

评价结论应包括以下基本内容：

（1）建设项目与产业政策的相符性，说明建设项目与国家法规、环境保护政策、煤炭行业政策、建设项目所在地的社会、经济与环境保护规划的一致性与协调性；

（2）建设项目的性质及项目所在区域的社会及环境现状，说明现实的环境质量问题、主要污染来源和主要生态破坏因素；

（3）废水、废气、噪声、固体废物等各种污染源、污染物种类、产生量、排放量、排放规律、污染防治措施、综合利用措施及可行性分析结论；

（4）各个环境影响因子的环境影响预测结果，提出的环境工程减缓措施，最终不可避免的环境污染影响；

（5）"三场"选址的可行性；

（6）环境生态影响源、生态影响因素和影响程度；

（7）生态恢复工程及生态工程措施，环境效益、经济效益和生态效益；

（8）公众参与分析及结论；

（9）清洁生产分析及结论；

（10）项目污染物总量控制指标及可实现性；

（11）总结论。

10 矿业环境管理

10.1 矿业环境管理概述

10.1.1 我国矿业环境管理的发展历程及存在问题

10.1.1.1 我国矿业环境管理的发展历程

环境问题是当今人类面临的重大问题之一。所谓的粮食问题、资源问题、人口问题归根到底都是人类与环境的关系问题。一方面人类与环境是相辅相成互相促进的。环境孕育了人类，人类在适应环境的条件下发展壮大，改造完善环境，创造更加优美舒适的环境；另一方面人类与环境又是相生相克具有对立统一的关系，由于人类对环境的认识不够科学，完全按自己的意志改造环境，从而受到环境的制约和报复，这就是环境问题，矿山环境问题也包含其中。解决人类与环境之间的矛盾，其重要手段之一就是环境管理。当今环境管理在发达国家已进入成熟阶段，随着我国工农业生产的发展和综合国力的提高，我国的环境管理逐渐步入了正确轨道。

1949 年以前，半封建半殖民地的旧中国，饱受帝国主义列强的野蛮掠夺，当时生产力低下，工业规模弱小，人口数量较少又加上生活动荡不安，内忧外患民不聊生，矿产资源开采大多掌握在列强和军阀手中，其以掠夺资源为主，所以不可能考虑环境问题。

中华人民共和国成立之初，民生凋敝。对国家建设的迫切需要使得矿产资源的开发和利用成为首要大事。由于该阶段环境立法以配合经济建设为主，所以立法客体以矿产资源或自然资源开发为主，防治污染方面的规范很有限。除此之外，中华人民共和国成立初期，环境立法体系的不健全与理念的落后，使这一时期环境管理法律规范大多以行政条例、部门规章的形式出现，效力层级较低。

20 世纪 70 年代以后，是我国环境管理飞跃式进步时期。1972 年，我国参加了在斯德哥尔摩召开的人类环境会议，国务院制订了环境保护的 32 字方针，1973 年召开了第一次全国环境保护会议，开始在全国各省、市自治区建立环境管理机构。1974 年 5 月国务院环境领导小组成立，通过制订政策、行政法规和标准控制环境污染，1979 年在四川成都召开了全国环境保护工作会议，提出了"加强全面环境管理，以管促治"的方针，1979 年 9 月颁布了《中华人民共和国环境保护法（试行）》。从此环保有了法律保障，环境管理进入了法治阶段。

20 世纪 80 年代，我国相继制定了《关于开展资源综合利用若干问题的暂行规定》《矿产资源法》《土地复垦规定》等一系列矿山环境管理法律，完善了我国矿山环境管理体系。1980 年 2 月成立了全国环境保护学会，会议提出把环境管理放在环境保护工作的首位，环境保护要纳入国民经济计划，1982 年 12 月在全国环境保护工作会议上提出了"经济建设与环境建设协同发展，同步前进"的环境战略方针。1983 年第二次全国环保会议提出"经济建设、城乡建设与环境建设同步规划，同步实施，同步发展"，达到"经济效益、社会效益与环境效益统一"，并确定环境保护是中国的一项基本国策。1984 年 5 月成立了国务院环境保护委员会，环境管理的范围进一步扩大。1984 年 11 月成立国家环保局，具有中国特色的环境管理、环境监理、环境监测机构遍及城乡，使环境管理网络趋于完善。在教育方面，很多大学设置了环境保护专业，在环境管理队伍不断壮大的同时，素质得到了提高。中小学开设了环境保护常识，新闻界加大了环保宣传力度，一个多层次的环境教育体系业已形成。在这一时期环境管理取得了较大的进展，以协调发展论为基础，制订了正确的战略方针，并已初步配套，建立了统一的组织管理体系，明确了业务范围及应有的职能。

20 世纪 90 年代以后，我国环境管理实现了战略转移，提出可持续发展的理念，矿山环境管理成为首当其冲的建设领域。环境与资源保护委员会于 1993 年成立。全国人大先后出台了《土地管理法》《矿山安全法》《固体废弃物污染环境防治法》《煤炭法》等矿山环境管理法律、法规和行政规章，进一步完善了我国矿山环境管理体系。

2000 年以后，针对矿山环境的管理具有了更高的科学性和专业性。在经济全球化趋势下，中国结合自身矿山环境特征，建立了资源综合开发利用机制。既考虑到本国资源承载力，兼顾经济发展需要，同时，提高资源利用效率被落到实处。国家相关部门先后出台了《关于加强地质灾害防治工作的意见》《矿山生态环境保护与污染防治技术政策》《国家发展改革委关于加强煤炭基本建设项目管理有关问题的通知》《国家发展改革委关于大型煤炭基地建设规划的批复》《关于逐步建立矿山环境治理和生态恢复责任机制的指导意见》等专门性文件，中国资源管理机构的设置随着管理机制的变化，经历了一系列的协调与转变。随着国家对资源开发利用的日趋重视，环境管理机构的设置也日趋合理。

10.1.1.2　我国矿业环境管理存在问题

A　矿山环境问题受自然环境条件制约

自然地理位置对矿体的影响很大，加之复杂的成矿条件，矿床规模大小不一，同时绝大部分矿体都储存在当地侵蚀基准面以下，使得采矿难度非常大，决定了矿山开采不可避免会对矿区周围的生态环境，尤其是地质环境造成破坏，加大环境管理的难度。

B　一些地方重资源开发，轻环境保护

目前，对矿产资源依赖比较大的地区，在进行宏观决策过程中，往往偏重于经济效益和发展速度，而忽略了发展质量、环境效益以及环境保护与资源节约；在发展战略和计划的制定中，重经济项目，而轻矿山环境管理；在决策中，更多关注经济评价，而忽略矿山环境和地质灾害的评估；导致部分矿山企业在开采过程中盲目追求经济利益最大化，既造成了资源的严重浪费，又破坏了当地的生态环境，致使矿山环境问题不断加重。

C　矿山环境管理法制有待健全

我国虽然已经出台了《环境保护法》《矿产资源法》《矿山安全法》《煤炭法》等矿山环境保护的一系列法律法规，但具体的管理法规以及可操作性的措施还不完善；在管理体制上，相关部门有关矿产资源开发的职责存在交叉分散的弊端，使矿产资源开采时引起的塌陷、泥石流和滑坡等地质环境问题和地质灾害的管理处于一种真空状态。

D　矿山开采技术落后

目前，由于矿山环境管理技术规范不健全，针对不同类型的矿山缺乏相应的环境管理措施和开采技术要求，传统的炸药爆破方式仍然是我国绝大部分金属矿山进行矿石开采时所采取的手段，这样的方法容易导致矿山围岩结构受损，从而频频发生滑坡、崩塌等地质灾害事件，加剧了水土流失和土地沙化，造成环境管理难度加大。

E　矿山环境恢复与治理资金渠道难求

近几年随着国家绿色矿山建设标准不断完善，矿山环境治理与恢复得到较大改善，但大多数已闭坑或接近闭坑的矿山要么是在计划经济时期建设的，要么就是历史上遗留下来的。许多已形成矿山地质灾害的矿区，难以追究责任人；而部分接近闭坑的矿山，企业早已将利润上缴给了国家，自身没有留下足够恢复与治理资金。而当前这些企业经济效益不好，负担重，不同程度面临破产或转产，没有能力来进行矿山环境的恢复与治理。因此，矿山环境破坏的速度远远快过恢复与治理的速度。

综上所述，我国矿产资源开发利用，重资源开发的经济效益，而忽视资源开发利用的环境代价，矿产资源开发利用的环境管理制度有待健全，矿山环境管理体制不顺，矿山环境管理力度较弱，这是造成我国历史遗留的矿山环境修复治理的任务繁重、矿山环境管理难度较大的根本原因。为了加强矿产资源开发利用的环境管理力度，在矿产资源开发利用领域要全面落实可持续发展观就必须建立系统、全面、有效的矿产资源开发利用的环境管理制度体系。

10.1.2　矿业环境管理的内容

10.1.2.1　矿业环境管理的概念和特点

A　矿业环境管理的概念

根据学术界对环境管理的认识，环境管理可概括为：依据国家的环境政策、法规、标准，以实现国家的可持续发展战略为根本目标，从综合决策入手，运用技术、经济、法律、行政、教育和科学技术等手段，对人类损害环境质量的活动施加影响，限制人类损害环境质量，破坏自然资源的行为，通过全面规划，协调社会经济发展与环境保护的关系，达到既发展经济满足人类的基本需要，又不越过环境的容许极限。

对于矿山环境管理来说，是指用法律、经济、技术、行政、教育等手段，限制矿产勘察、开发与采选对周围环境要素产生的破坏和污染，使矿业发展与环境相协调，达到既要为经济发展提供矿产资源保障，又不超出矿山环境容量的目的。矿山环境保护从本质上讲就是保证自然资源的合理开发和在生产过程中避免资源浪费、防止资源破坏和环境污染。

B　矿业环境管理的特点

a　综合性

矿业环境管理的内容涉及土壤、水、大气和生物等各种环境因素，领域涉及经济、社会、政治、自然、科学技术等方面，学科涉及环境科学、管理科学与管理工程等，环境管理的范围涉及国家的各个部门，手段包括行政的、法律的、经济的、技术的和教育的手段等，所以矿业环境管理具有高度的综合性，因此，开展矿业环境管理必须运用经济、法律、科技、行政等措施，从综合决策入手，综合协调、综合管理。

b　区域性

矿山环境问题与地理位置、自然条件、人口密度与素质、人类活动方式、资源蕴藏、经济结构及发展水平、生产布局以及环境容量等多方面的因素有关，所以矿山环境管理具有明显的区域性。这些特点要求矿山环境管理采取多种形式和多种控制措施，不能盲目照搬其他矿区先进的管理经验，必须根据区域环境特征，因地制宜，有针对性地制定环境保护目标和环境管理的对策措施，以地区为主进行环境管理。

c 广泛性

广泛性与综合性紧密相连，矿山环境管理涉及经济问题，又涉及社会问题，矿区环境质量的好坏，同每一个矿区成员有关，涉及每个人的切身利益。所以环境保护不只是环境专业人员和专门机构的事情，开展矿山环境管理需要社会公众的广泛参与和监督。

10.1.2.2 矿业环境管理的措施

A 完善环境管理制度

矿产资源开发环境管理制度的建立和完善应该按照科学发展观、矿产资源开发与地质环境和土地生态协调优化、循环经济、可持续发展的要求，深入分析矿产资源勘查、矿业权设置、矿山设计、矿山建设、矿山开采、矿石选冶、矿产品加工利用等矿产资源开发利用各个环节对地质环境的影响，针对每个环节的地质环境影响的管理特点，制定切实有效、科学可行的地质环境保护制度。通过正式的系统制度建设尽快在我国形成矿产资源开发利用与地质环境保护的双赢局面。矿产资源开发的环境管理制度体系包括：矿产资源开发的矿山环境影响评价制度、矿山环境损害评估制度、矿山环境保护与恢复治理方案评审认定制度、矿产资源开发的环境损害补偿制度、矿山环境恢复治理保证金制度、矿山灾害治理与矿山环境恢复治理责任鉴定制度、矿山环境恢复治理的激励制度、矿山环境监测与矿山环境风险管理制度、矿山环境恢复治理工程项目验收管理制度、矿山环境保护的督查制度、矿产资源开发的环境管理绩效评价制度。

B 制定环境管理计划与规划

矿山企业环境规划一般情况下应该包括规划目标、实施方案、支持措施这三方面内容。规划目标，以纵向关系划分，可分为远期、中期以及近期目标。远期目标大致为"清洁矿区的要求"。中、近期目标主要针对的是当前矿山急需解决的环境问题。以横向关系划分，又可分为矿山企业内部各部门以及开采任务中各工序的目标，只有近期目标的逐步完成才能实现远期目标。矿山企业环境管理的总目标应在各工序、各部门的分目标完成的基础上来实现。并且将其反映在各种指标中。因此应按远、中、近期环境管理目标的要求来分别制定各种指标，并逐步纳入企业的年度计划，最终付诸实施。

实施方案是矿山企业环境规划编制过程中的第二个重要部分。这些方案主要针对本矿企业的基本情况，从工艺改革、环境监测、加强管理、净化处理等几个方面着手去解决矿区的环境污染问题。

拟定有关支持措施是矿山企业环境规划编制中的第三个主要内容。一般包括矿山企业环境管理体制、管理人员及结构的具体安排，规范相应的经济、行政手段，以及对于技术经济、人力、物力等方面所采取的支持措施。

C 加强领导，强化部门协调合作

矿山企业并不是一个孤立的单位。除了矿山企业本身，在企业外部还有上级的主管部门以及其他的相关单位。矿山企业内部也存在各种职能部门。而且矿山经营活动的内容多，工序复杂。因此就必须组织协调好矿山的外、内部以及生产经营活动中的各项工作，来保证矿山或矿区的管理工作顺利进行。

矿山企业外部关系的协调，主要是指协调下级与上级，自身和全局的关系。坚持和完善国家及政府对资源环境工作的宏观调控，建立矿山环境保护目标责任制，做到责任到位，认真落实，并作为政绩考核内容之一。企业内部的协调工作主要是在领导与生产岗位以及各职能科室之间的生产经营活动中完成。有关部门要加强协调与合作，共同做好矿山环境保护工作。

D 加强科学研究，为矿山环境管理提供科技保障

矿山环境管理和保护与治理涉及许多复杂的科学技术问题。诸如：矿山环境调查、监测系统；矿山环境评价标准与地表环境无害化的矿产采掘技术；矿山废水无害化处理与再利用技术；尾矿、煤矸石及其他废渣资源化与综合利用；矿区地质灾害预防与综合治理；矿区土地复垦与综合开发以及矿山环境管理机制与方法等，针对这些问题开展深入研究，才能为矿山环境管理提供科学基础，为矿山环境保护与治理提供技术支持。

E 进行现场检查监督

有效的检查与监督工作能提高企业环境管理工作的成效。矿山企业的检查、监督工作应包括：企业贯彻执行国家环境保护相关方针、政策、法令、条例、标准的情况，文明生产、矿区的绿化情况，"三废"净化设备的运转及排放情况，执行环境保护岗位责任制的情况等。监督和考评是矿山企业检查、监督的两种主要方式，矿山企业安环部门的环境监测站是参与企业环境管理的专门机构之一，监测站既要经常监测矿区与涉及矿区外的环境质量，还要监测矿区各个生产环节执行有关规定、标准、职责的情况，为矿山企业环境管理提供依据。矿山企业经营管理的另一项重要手段是考评，其做法是：规定车间、工段、班组环境管理岗位的责任，下达数量指标，设立环保竞赛专款，落实奖罚兑现。

F 矿区环境调查与分析

a 矿区污染的调查内容

（1）造成矿区污染的厂矿企业类型、规模分布情况；企业的"三废"排放，堆积污染范围、程度及综合利用的情况；净化设备的种类、数量、功率以及未来厂矿企业的规划。

（2）矿区内锅炉的数量、种类、功率、分布情况和所用燃料的种类、组分以及消耗量等。

（3）矿区内的道路分布情况，线路的里程、种类及维修状况，运输车辆的数量、种类和运输量。

（4）矿区内的植被情况，种植规模。

b 矿区环境污染状况调查

（1）调查矿区地形、地貌及功能区的布局，由于矿区地形地貌直接影响污染物排入大气后的扩散。因此，矿内功能区的布局是否合理，密切关系着整个矿区污染状况。

（2）居民区的调查访问，包括矿区附近的居民区在内，调查是为了收集矿区环境对居民造成的影响。根据居民的反应情况来了解矿区污染的范围、污染物的性质以及所存在的问题和要求等。

G 建立示范矿区，创造典型经验

矿山环境无论是对政府行政部门，还是对矿山企业以及科研单位都是一个新的领域，依靠已有的经验和方法已无法解决这一问题。因此需要在思维、观念以及理论、技术方法和体制等方面进行创新，才能逐渐实现矿山管理的科学化、规范化，使矿山环境得到有效的保护与治理。

典型示范对推动矿山环境管理与保护工作的健康发展具有重要作用。当前，在全面调查我国矿山环境现状和国外有关工作经验基础上，可选择若干类型矿山和地区作为实施矿山环境管理、保护、治理的示范工程，以取得典型经验，指导并推动全国工作。

10.1.2.3　矿业环境管理实施手段

A　国家行政手段

指国家和地方各级行政管理机关，根据国家行政法规所赋予的组织和指挥权力，研究制定矿业环境方针、政策，建立法规，颁布标准，进行监督协调，对矿业环境资源保护工作实施行政决策和管理；运用行政权力划分自然保护区、重点治理区、环境保护特区等区域；对某些危害环境严重的厂矿企业要求限期治理或勒令停产、转产或搬迁；对易产生污染的工程设施和项目采取行政制约手段；审批有毒有害化学品的生产、进口和使用；对矿山环境治理、生态恢复等工作给予必要的资金或技术帮助等。

B　法律手段

法律手段是矿业环境管理强制性措施，按照相关法规、标准来处理矿业环境污染和破坏问题，是保障矿产资源合理利用，并维护生态平衡的重要措施。主要有对违反环境法规、污染和破坏环境、危害人民健康、财产的单位或个人给予批评、警告、罚款或责令赔偿损失，协助和配合司法机关对违反法律的犯罪行为进行斗争、协助仲裁等。

C　经济手段

经济手段是指利用价格、税收、补贴、信贷等货币或金融手段，引导和激励矿业生产者在矿产资源开发中的行为，促进矿山企业节约和合理开发利用矿产资源，积极治理污染。经济手段是环境管理中的一种重要措施，如在矿业环境管理过程中采取的污染税、排污费、财政补贴、优惠贷款等都属于经济手段。

D　环境教育

环境教育是矿业环境管理不可缺少的手段。主要是通过报纸杂志、电影电视、宣传展板、报告会、专题讲座等多种形式，向矿山相关人员传播环境科学知识，宣传环境保护的意义以及国家有关环境保护和防治污染的方针、政策等。

E　技术手段

技术手段是指借助那些既能挺高生产率，又能把对环境污染和生态破坏控制到最小限度的技术以及先进的污染治理技术等来达到保护环境目的的手段。技术手段种类很多，如推广和采用清洁生产工艺，因地制宜地采用综合治理和区域治理技术等。

10.2　矿业环境管理相关法律法规

10.2.1　环境法律体系

在环境规划与管理模式探索的过程中，我国明确地提出要开拓有中国特色的环境保护道路。目前，已初步形成了由国家宪法、环境保护基本法、环境保护单行法规和其他部门法中关于环境保护的法律规范等所组成的环境保护法体系。将预防为主、谁污染谁治理和强化环境管理等政策思想确定为环境保护的"三大政策",形成以"八项环境管理制度"为主要内容的具体制度措施,促使环境规划与管理工作走上制度管理的轨道。

（1）宪法。宪法中关于环境与资源保护的规定是环境与资源保护法的基础,是各种环境与资源保护法律、法规和规章制度的立法依据。《中华人民共和国宪法》第二十六条规定"国家保护和改善生活环境和生态环境,防治污染和其他公害"。第九条规定"国家保障自然资源的合理利用,保护珍贵的动物和植物。禁止任何组织或者个人用任何手段侵占或者破坏自然资源"等。宪法确认了环境保护是国家的基本国策,为环境保护法提供了立法依据、指导思想和基本原则。

（2）环境与资源保护基本法。包括环境保护法、防治污染和其他公害的法律、自然资源保护法律以及有关法律。《中华人民共和国环境保护法》对环境与资源保护的重要问题做了全面的规定,是除宪法之外具有最高地位的环境保护法。它规定了环境法的目的和任务,规定了环境保护的对象,规定了一切单位和个人保护环境的义务和权力,规定了环境管理机关的环境监督管理权限,规定环境保护的基本原则和环境管理应该遵循的管理制度,规定了防治环境污染、保护环境的基本要求和相应的义务。

（3）环境保护单行法。环境保护单行法是指针对特定的保护对象,包括土地利用规划法、环境污染防治法、自然保护法三类。

（4）环境保护条例和部门规章。为了贯彻落实环境保护基本法及环境保护单行法,由国务院或有关部门发布的,如《中华人民共和国环境噪声污染防治条例》《中华人民共和国自然保护区条例》《放射性同位素与射线装置放射防护条例》《化学危险品安全管理条例》《淮河流域水污染防治暂行条例》《中华人民共和国海洋石油勘探开发环境保护管理条例》《风景名胜区管理暂行条例》《基本农田保护条例》等环境保护行政法规及规范性文件。

（5）地方性环境法规和地方政府规章。地方人民代表大会和地方人民政府为实施国家环境保护法律,结合本地区的具体情况制定和颁布的环境保护地方性法规。如《江苏省环境保护条例》《湘江长沙段饮用水水源保护条例》等。

（6）环境标准。环境标准是环境法律体系的一个重要组成部分,包括环境质量标准、污染物排放标准、环境基础标准、样品标准和方法标准。中国法律规定,环境质量标准和污染物排放标准属于强制性标准,违反强制性环境标准,必须承担相应的法律责任。

（7）国际环境保护条约。我国政府为了保护全球环境而签订了一系列国际公约,如巴塞尔公约、蒙特利尔议定书,国际公约是我国承担全球环境保护义务的承诺,其效力高于国内法律（我国保留的条款除外）。

10.2.2　矿业环境管理法律法规

在矿产资源综合利用和环境治理过程中,已经逐步确立了土地利用规划、环境影响评价、环保"三同时"制度、勘探权和采矿权许可证制度、限期治理等法律制度。在已经出台的《中华人民共和国环境保护法》《中华人民共和国矿产资源法》《中华人民共和国煤炭法》《中华人民共和国水土保持法》《中华人民共和国土地管理法》《中华人民共和国国民经济和社会发展第十一个五年规划纲要》中都对矿产资源综合利用和矿山环境治理提出了要求。矿业环境管理有关法律法规见表10-1。

表 10-1 矿业环境管理有关法律法规一览表

类别	名称	制定机关	施行时间
法律	《中华人民共和国宪法》	第五届全国人民代表大会第 5 次会议通过	1982. 12. 4
	《中华人民共和国水污染防治法》	第六届全国人民代表大会常务委员会第 5 次会议通过	1984. 11. 1
	《中华人民共和国矿产资源法》	第八届全国人民代表大会常务委员会第 21 次会议通过	1986. 10. 1
	《中华人民共和国土地管理法》	第九届全国人民代表大会常务委员会第 4 次会议	1999. 1. 1
	《中华人民共和国大气污染防治法》	第六届全国人民代表大会常务委员会第 22 次会议通过	1988. 6. 1
	《中华人民共和国环境保护法》	第七届全国人民代表大会常务委员会第 11 次会议通过	1989. 12. 26
	《中华人民共和国水土保持法》	第七届全国人民代表大会常务委员会第 20 次会议通过	1991. 6. 29
	《中华人民共和国矿山安全法》	第七届全国人民代表大会常务委员会第 28 次会议通过	1993. 5. 1
	《中华人民共和国固体废弃物污染环境防治法》	第八届全国人民代表大会常务委员会第 16 次会议通过	1996. 1. 1
	《中华人民共和国煤炭法》	第八届全国人民代表大会常务委员会第 21 次会议通过	1996. 12. 1
	《中华人民共和国环境噪声污染防治法》	第八届全国人民代表大会常务委员会第 20 次会议通过	1997. 1. 1
	《中华人民共和国环境影响评价法》	第九届全国人民代表大会常务委员会第 30 次会议通过	2003. 9. 1
行政规章	征收排污费暂行办法	国务院	1982. 7. 1
	国务院关于环境保护工作的决定	国务院	1981. 5. 8
	国务院关于加强乡镇、街道企业环境保护管理的规定	国务院	1984. 9. 27
	关于开展资源综合利用若干问题的暂行规定	国务院	1985. 9. 30
	矿产资源监督管理暂行办法	国务院	1987. 4. 29
	污染源治理专项基金有偿使用暂行办法	国务院	1988. 9. 1
	土地复垦规定	国务院	1989. 1. 1

类别	名称	制定机关	施行时间
行政规章	国务院关于进一步加强环境保护工作的决定	国务院	1990. 12. 5
	防治尾矿污染环境管理规定	国务院	1992. 10. 1
	乡镇煤矿管理条例	国务院	1994. 12. 20
	煤炭生产许可证管理办法	国务院	1994. 12. 20
	国务院关于促进煤炭工业健康发展的若干意见	国务院	2005. 6. 7
	国务院办公厅关于加快煤层气抽采利用的若干意见	国务院	2006. 6. 15
部门规章	关于工矿企业治理"三废"污染开展综合利用产品利润提留办法的通知	财政部、国务院环境保护领导小组	1979. 12. 30
	关于增设"排污费"收支预算科目的通知	财政部	1982. 4. 9
	全国环境监测管理条例	城乡建设环境保护部	1983. 7. 21
	征收超标准排污费财务管理和会计核算办法	城乡建设环境保护部、财政部	1984. 7. 1
	关于环境保护资金渠道的规定的通知	城建部、国家计委、国家科委、国家经委、财政部、中国建设银行、中国工商银行	1984. 6. 10
	工业企业环境保护考核制度实施办法（试行）	国务院环保委员会、国家经委	1985. 6. 30
	建设项目环境保护设计管理办法	国务院环境保护委员会、国家计委、国家经委	1987. 3. 20
	水污染物排放许可证管理暂行办法	国家环境保护局	1988. 3. 22
	污水处理设施环境保护监管管理办法	国家环境保护局	1988. 5. 9
	饮用水水资源保护区污染防治管理规定	国家环保局、卫计委、建设部、水利部、地质矿产部	1989. 7. 10
	建设项目环境影响评价证书管理办法	国家环境保护局	1989. 9. 2
	关于资源综合利用项目与新建和扩建工程实行"三同时"的若干规定	国家计委	1990. 1. 1
	地质灾害防治管理办法	国土资源部	1999. 3. 2
	关于加强地质灾害防治工作的意见	国土资源部、建设部	2001. 5. 12

类别	名称	制定机关	施行时间
部门规章	矿山生态环境保护与污染防治技术政策	国家环境保护总局、国土资源部、卫计委	2005.9.7
	国家发展改革委关于加强煤炭基本建设项目管理有关问题的通知	国土资源部、人民银行、工商总局、质检总局、环保总局、安监总局	2005.12.8
	国家发展改革委关于大型煤炭基地建设规划的批复	国家发展改革委	2006.3.2
	加快煤炭行业结构调整、应对产能过剩的指导意见	国家发展改革委	2006.4.10
	关于逐步建立矿山环境治理和生态恢复责任机制的指导意见	财政部、国土资源部、环保总局	2006.2.10
	矿山地质环境保护规定	国土资源部	2009.5.1

主要相关法律、法规介绍。

(1)《中华人民共和国环境保护法》中有关规定。

在该法中，环境是指影响人类生存和发展的各种天然的和经过人工改造的自然因素的总体，在该定义中把矿藏列为环境的一种自然因素。

对于环境保护的监督管理，该法中指出：国务院环境保护行政主管部门，对全国环境保护工作实施统一监督管理。县级以上地方人民政府环境保护行政主管部门，对本辖区的环境保护工作实施统一监督管理。

对于产生环境污染和其他公害的单位，必须把环境保护工作纳入计划，建立环境保护责任制度；采取有效措施，防治生产建设或者其他活动对环境的污染和危害。对造成或者可能造成污染事故的单位，必须立即采取措施处理，及时通报可能受到污染危害的单位和居民，并向当地环境保护行政主管部门和有关部门报告，接受调查处理。可能发生重大污染事故的企业事业单位，应当采取措施，加强防范。

该法要求建设项目中防治污染的设施，必须与主体工程同时设计、同时施工、同时投产使用。防治污染的设施必须经原审批环境影响报告书的环境保护行政主管部门验收合格后，该建设项目方可投入生产或者使用。

(2)《中华人民共和国矿产资源法》中有关规定。

该法对矿产资源开采审批，使用土地补偿，开采过程环保措施进行了详细规定。

1）矿产资源开采的审批。非经国务院授权的有关主管部门同意，不得在下列地区开采矿产资源：港口、机场、国防工程设施圈定地区以内；重要工业区、大型水利工程设施、城镇市政工程设施附近一定距离以内的铁路、重要公路两侧一定距离以内；重要河流、堤坝两侧一定距离以内；国家划定的自然保护区、重要风景区，国家重点保护的不能移动的历史文物和名胜古迹所在地；国家规定不得开采矿产资源的其他地区。

2）临时使用土地的补偿。探矿权人取得临时使用土地权后，在勘察过程中给他人造成财产损害的，按照法律规定给以补偿，对土地上的附着物造成损害的，根据实际损害的程度，以补偿时当地市场价格，给以适当补偿。

3）开采矿产资源的环境保护措施。开采矿产资源，必须遵守有关环境保护的法律规定，防止污染环境，应当节约用地。耕地、草原、林地因采矿受到破坏的，矿山企业应当因地制宜地采取复垦利用、植树种草等措施。开采矿产资源给他人生产、生活造成损失的，应当负责赔偿，并采取必要的补救措施。关闭矿山，必须提出矿山闭坑报告及有关采掘工程、安全隐患、土地复垦利用、环境保护的资料，并按照国家规定报请审查批准。

（3）《中华人民共和国煤炭法》中有关规定。

该法规定国家对煤炭开发应实行统一规划、合理布局、综合利用的方针。国家依法保护煤炭资源，禁止任何乱采、滥挖破坏煤炭资源的行为。开发利用煤炭资源，应当遵守有关环境保护的法律、法规，防治污染和其他公害，保护生态环境。

煤炭生产开发规划与煤矿建设中应当遵守以下环境保护的规定：煤炭生产开发规划应当根据国民经济和社会发展的需要制定，并纳入国民经济和社会发展计划。煤矿建设使用土地，应当依照有关法律、行政法规的规定办理。征用土地的，应当依法支付土地补偿费和安置补偿费，做好迁移居民的安置工作。煤矿建设应当贯彻保护耕地、合理利用土地的原则。地方人民政府对煤矿建设依法使用土地和迁移居民，应当给予支持和协助；煤矿建设应当坚持煤炭开发与环境治理同步进行。煤矿建设项目的环境保护设施必须与主体工程同时设计、同时施工、同时验收、同时投入使用。

对开办煤矿企业应当具备的条件以及煤炭资源开采应采取的生态保护措施进行了明确规定。

（4）《中华人民共和国水土保持法》中有关规定。

该法对矿山开发过程中的水土流失问题进行了明确规定，包括水土流失重点防治区划、水土流失防治措施以及水土保持方案，并明确了开办矿山企业、电力企业和其他大中型工业企业，排弃的剥离表土、矸石、尾矿、废渣等必须堆放在规定的专门存放地，不得向江河、湖泊、水库和专门存放地以外的沟渠倾倒；因采矿和建设使植被受到破坏的，必须采取措施恢复表土层和植被，防止水土流失。各级地方人民政府应当采取措施，加强对采矿、取土、挖砂、采石等生产活动的管理，防止水土流失。企业事业单位在建设和生产过程中造成水土流失，不进行治理的，可以根据所造成的危害后果处以罚款，或者责令停业治理；对有关责任人员由其所在单位或者上级主管机关给予行政处分。

（5）矿山生态环境保护与污染防治技术政策。

该政策根据《中华人民共和国固体废物污染防治法》《中华人民共和国水污染防治法》《中华人民共和国清洁生产促进法》《中华人民共和国矿产资源法》《全国生态环境保护纲要》等有关的法律、法规制定，是为了实现矿产资源开发与生态环境保护协调发展，提高矿产资源开发利用效率，避免和减少矿区生态环境破坏和污染。

该技术政策适用于固体矿产资源开发规划与设计、矿山基建、采矿、选矿和废弃地复垦等阶段的生态环境保护与污染防治。强调"污染防治与生态环境保护并重，生态环境保护与生态环境建设并举，以及预防为主、防治结合、过程控制、综合治理"的指导方针。

该政策明确了矿产资源开发规划与设计、矿坑水的综合利用和废水废气的处理措施、固体废物贮存、综合利用及废弃地复垦相关规定。

（6）《矿山地质环境保护规定》中有关内容。

该规定根据《中华人民共和国矿产资源法》和《地质灾害防治条例》制定，目的是保护矿山地质环境，减少矿产资源勘察开采活动造成的矿山地质环境破坏，保护人民生命和财产安全，促进矿产资源的合理开发利用和经济社会、资源环境的协调发展。

矿山地质环境保护，坚持预防为主、防治结合，谁开发谁保护、谁破坏谁治理、谁投资谁受益的原则。因矿产资源勘察开采等活动造成矿区地面塌陷、地裂缝、崩塌、滑坡、含水层破坏、地形地貌景观破坏等的预防和治理恢复，适用该规定。开采矿产资源及土地复垦的，依照国家有关土地复垦的法律法规执行。

该规定明确了矿山地质环境保护规划，矿山地质环境调查评价工作主体责任单位及环境保护规划具体内容，矿山地质环境保护与治理恢复方案的编制与报批，矿山地质环境保护的监督管理主体责任单位。

参 考 文 献

[1] 朱蓓丽. 环境工程概论 [M]. 北京：科学出版社，2011.

[2] 桂和荣. 环境保护概论 [M]. 北京：煤炭工业出版社，2002.

[3] 戴财胜. 环境保护概论 [M]. 徐州：中国矿业大学出版社，2017.

[4] 杨持. 生态学 [M]. 北京：高等教育出版社，2014.

[5] 杨永杰. 化工环境保护概论 [M]. 北京：化学工业出版社，2001.

[6] 蒋仲安. 矿山环境工程 [M]. 北京：冶金工业出版社，2009.

[7] 王营茹. 选矿环境保护 [M]. 北京：化学工业出版社，2018.

[8] 林海. 矿业环境工程 [M]. 长沙：中南大学出版社，2010.

[9] 尹国勋. 矿山环境保护 [M]. 徐州：中国矿业大学出版社，2010.

[10] 孙文武. 金属矿山环境保护与安全 [M]. 北京：冶金工业出版社，2012.

[11] 郝吉明. 大气污染控制工程 [M]. 北京：高等教育出版社，2010.

[12] 赵晓丽，王继峰. 炸药爆炸产生有毒气体的原因及其防治 [J]. 北京：煤矿爆破，2007 (2)：23.

[13] 张帝. 矿井进风流与围岩的换热 [J]. 工业安全与环保，2012，38 (8)：10-12.

[14] 曲向荣. 环境工程概论 [M]. 北京：机械工业出版社，2011.

[15] 苏会东. 水污染控制工程 [M]. 北京：中国建筑工业出版社，2017.

[16] 李淑芹. 环境影响评价 [M]. 北京：化学工业出版社，2018.

[17] 宋志伟. 水污染控制工程 [M]. 徐州：中国矿业大学出版社，2013.

[18] 蒋家超. 矿山固体废物处理与资源化 [M]. 北京：冶金工业出版社，2007.

[19] 王小玲. 低热值煤发电类项目在节能和资源循环利用方面的措施 [J]. 煤炭加工与综合利用，2019.07 (7)：75-77.

[20] 杨方亮. 煤炭资源综合利用发电现状分析与前景探讨 [J]. 中国煤炭，2020，46 (10)：67-74.

[21] 曹金钟. 我国煤矸石的综合利用技术现状 [J]. 现代矿业，2016 (7)：284-285.

[22] 刘丽. 煤矸石多孔陶瓷的制备工艺研究 [D]. 合肥：安徽建筑大学，2015.

[23] 刘大锰. 利用煤矸石制备4A分子筛的研究 [J]. 中国矿业大学学报，1995.24 (2)：85-88.

[24] 贾敏. 煤矸石综合利用研究进展 [J]. 矿产保护与利用，2019.08 (4)：46-52.

[25] 刘春荣，朱彩平. 煤矸石在道路工程建设中的应用 [J]. 煤炭企业管理，2001 (9)：46-46.

[26] 刘玉林. 我国矿山尾矿利用技术及开发利用建议 [J]. 矿产保护与利用，2018.12 (6)：140-144.

[27] 易龙生. 中国尾矿资源综合利用现状 [J]. 矿产保护与利用，2020，6 (3)：79-84.

[28] 于成龙. 近20年来中国利用粉煤灰合成分子筛研究进展 [J]. 矿产综合利用，2020，8 (4)：26-33.

[29] 张祥成. 浅析中国粉煤灰的综合利用现状 [J]. 无机盐工业，2020，52 (2)：1-5.

[30] 毛东兴. 环境噪声控制工程 [M]. 北京：高等教育出版社，2010.

[31] 张弛. 噪声污染控制技术 [M]. 北京：中国环境科学出版社，2007.

[32] 周新祥. 噪声控制技术及其新进展 [M]. 北京：冶金工业出版社，2007.

[33] 赵永阳. 矿山自然生态环境保护与治理规划理论与实践 [M]. 北京：地质出版社，2006.

[34] 胡荣桂. 环境生态学 [M]. 武汉：华中科技大学出版社，2018.

[35] 陆钟武. 工业生态学 [M]. 北京：科学出版社，2009.

[36] 傅伯杰. 景观生态学 [M]. 北京：科学出版社，2011.

[37] 张绍良. 矿山生态恢复研究进展——基于连续三届的世界生态恢复大会报告 [J]. 生态学报，2018，38 (15)：5611-5619.

[38] 彭建. 我国矿山开采的生态环境效应及土地复垦典型技术 [J]. 地理科学进展，2005，24 (2)：

38-48.

[39] 毕银丽．丛枝菌根在煤矸石山土地复垦中的应用［J］．生态学报，2007，27（9）：3738-3743．

[40] 张锦瑞．尾矿库土地复垦的研究现状与方向［J］．有色金属（选矿部分），2000（3）：42-45．

[41] 胡振琪．煤矸石山复垦［M］．北京：煤炭工业出版社，2005．

[42] 何金军．采煤塌陷对黄土丘陵区土壤物理特性的影响［J］．煤炭科学技术，2007，35（12）：92-96．

[43] 蒋展鹏．环境工程学［M］．3版．北京：高等教育出版社，2013．

[44] 李广超．大气污染控制技术［M］．北京：化学工业出版社，2008．

[45] 王鼎臣．水处理技术及工程实例［M］．北京：化学工业出版社，2008．

[46] 苑宝玲．水处理新技术原理与应用［M］北京：化学工业出版社，2006．

[47] 易蓉．贵州煤炭产业发展循环经济的成本制约问题研究［D］．贵州：贵州财经大学，2012．

[48] 王永生．从六个角度论中国矿业循环经济［J］．矿山机械，2009，37（20）：34-36．

[49] 王文心．基于循环经济的陕北煤炭产业链发展路径研究［D］．西安：西安建筑科技大学，2020．

[50] 陈志强．山西煤炭企业循环经济发展中存在的问题及对策分析［D］．太原：山西大学，2017．

[51] 李子峰．新循环经济理论在宝清煤电化项目工业园区的应用研究［D］．北京：华北电力大学，2015．

[52] KowalskiZygmunt. The circular economy model used in the polish agro-food consortium: A case study［J］. Journal of Cleaner Production, 2021, 284.

[53] GuzzoDaniel. A systems representation of the Circular Economy: Transition scenarios in the electrical and electronic equipment（EEE）industry［J］. Technological Forecasting & Social Change, 2021, 163.

[54] JanssensLise. Competences of the professional of the future in the circular economy: Evidence from the case of Limburg, Belgium［J］. Journal of Cleaner Production, 2021, 281.

[55] 于斌．危废处置与资源化循环经济模式［J］．化工管理，2020（36）：61-62．

[56] 杨占红．资源循环利用产业发展路径研究［J］．生态经济，2020，36（12）：64-69．

[57] 任莉莉．循环经济视角下江西省尾矿综合利用研究［J］．江西建材，2020（10）：8-9．

[58] 黄红旗．循环经济理念在污水处理厂中的实际应用［J］．中国资源综合利用，2020，38（10）：45-48．

[59] 陈达祎，林成森，卢荣剑．乐清经济开发区循环经济发展模式和做法［J］．中国工程咨询，2020（10）：24-26．

[60] 林庆广．依托金铜产业发展起来的循环经济集群——福建上杭金铜产业建设过程中的几点感触与思考［J］．资源再生，2019（11）：48-51．

[61] 张武平．黄陵矿区循环产业链发展的再思考［J］．煤炭技术，2018，37（10）：372-374．

[62] 徐水太．我国矿业循环经济的发展方向与思路［J］．江西理工大学学报，2018，39（02）：52-56．

[63] 祁贵宾．冶金矿山发展循环经济的宏观策略探讨［J］．经贸实践，2017（11）：127．

[64] 方新红．浅谈矿山转型升级促进矿业经济循环发展［J］．中国水泥，2016（10）：114-117．

[65] 纪兴．试论内蒙古矿业经济的可持续发展［J］．科技尚品，2015（07）：43-44．

[66] 潘才新．福建煤炭企业循环经济发展的现状、问题与对策［J］．现代经济信息，2015（14）：396-397，405．

[67] 韩晓极．煤炭企业循环经济绩效评价研究［D］．阜新：辽宁工程技术大学，2015．

[68] 韩振秋．用循环经济理论指导中国矿业发展的思考［J］．哈尔滨工业大学学报（社会科学版），2015，17（03）：121-125．

[69] 鱼莎．基于循环经济理论的西部矿业财务风险分析与控制研究［D］．北京：中国地质大学（北京），2015．

[70] 谢质建. 发展循环经济打造生态文明矿山 [J]. 中国金属通报, 2014 (S1): 123-125.

[71] 郭宏杰. 煤炭企业循环经济发展中存在的问题及对策 [J]. 忻州师范学院学报, 2014, 30 (05): 34-36.

[72] 任慧. 基于外部效应的矿业循环经济中政府与企业的博弈分析 [J]. 金融与经济, 2014 (05): 38-41.

[73] 崔彬. 矿业循环经济模式 [J], 资源产业, 2005 (6): 42-44.

[74] 李万亨. 矿产经济与管理 [M]. 北京: 中国地质大学出版社, 2000.

[75] 巫瑞上. 企业持续清洁生产重要性与关键点的研究 [J]. 皮革制作与环保科技, 2020, 1 (14): 92-95.

[76] 付宇. 企业的绿色环保和清洁生产探究 [J]. 皮革制作与环保科技, 2020, 1 (13): 64-69.

[77] 杨勇. 钢铁冶金清洁生产新工艺 [J]. 中国金属通报, 2020 (06): 155-156.

[78] 景泽蓉. 清洁生产技术在洗选厂的应用探讨 [J]. 石化技术, 2020, 27 (02): 284, 286.

[79] 宋婷婷. 清洁生产管理体系现状研究 [J]. 再生资源与循环经济, 2019, 12 (10): 13-15.

[80] 王勤锋. 清洁生产技术在工业生产中的应用与发展前景 [J]. 节能, 2019, 38 (07): 111-113.

[81] 马钦. 清洁生产背景下煤矿环保中存在的问题与发展策略 [J]. 能源技术与管理, 2019, 44 (02): 191-192.

[82] 刘卫东, 煤矿企业从业人员 [M]. 北京: 煤炭工业出版社, 2017.

[83] 钱易. 环境保护与可持续发展 [M]. 2 版. 北京: 高等教育出版社, 2010.

[84] 赵俐君. 太原某煤矿职业病危害因素及防护现状调查研究 [J]. 实用医技杂志, 2020, 27 (11): 1473-1474.

[85] 申阳阳. 煤矿粉尘职业危害量化及防治效果评价模型研究 [D]. 西安: 西安科技大学, 2020.

[86] 成连华. 煤矿职业病危害评价体系构建及应用 [J]. 煤矿安全, 2020, 51 (06): 260-264.

[87] 赵娟儿. 煤矿企业职业病防治工作中存在的问题及对策 [J]. 当代化工研究, 2020 (06): 155-156.

[88] 孟祥铭. 内蒙古某露天煤矿作业场所职业病危害因素综合评价 [J]. 内蒙古煤炭经济, 2020 (05): 54-55.

[89] 袁亮. 煤矿粉尘防控与职业安全健康科学构想 [J]. 煤炭学报, 2020, 45 (01): 1-7.

[90] 徐建辉. 某露天煤矿职业病危害现状综合分析与评价 [J]. 世界最新医学信息文摘, 2019, 19 (85): 229, 234.

[91] 程丽. 煤矿企业职业病防治工作中存在的问题及对策探析 [J]. 内蒙古煤炭经济, 2019 (14): 88, 104.

[92] 王东华. 煤矿粉尘危害程度评价方法改进及应用研究 [D]. 北京: 首都经济贸易大学, 2019.

[93] 许涛. 浅谈我国煤矿职业健康现状及发展 [J]. 能源技术与管理, 2019, 44 (01): 184-186.

[94] 谭强, 陈宣宇. 煤矿职业病危害分析及控制措施探析 [J]. 中国卫生产业, 2018, 15 (18): 168-169.

[95] 柳晨. 新时代我国煤矿职业病防治探讨 [J]. 内蒙古煤炭经济, 2018 (06): 75-76, 82.

[96] 李淑芹. 环境影响评价 [M]. 北京: 化学工业出版社, 2018.

[97] 赵丽. 环境影响评价 [M]. 徐州: 中国矿业大学出版社, 2018.

[98] 刘永祺. 矿山开发建设项目环境影响评价的特点与方法探讨 [J]. 四川环境, 1999, 18 (1): 50-52.

[99] 姜建军. 矿山环境管理实用指南 [M]. 北京: 地震出版社. 2004.

[100] 张福有. 矿山环境工程学 [M]. 西安: 陕西科学技术出版社. 1986.

[101] 国家环境保护总局环境影响评价管理司. 煤炭开发建设项目生态环境保护研究与实践 [M]. 北

京：中国环境科学出版社，2006.

［102］齐珊娜．中国环境管理的发展规律及其改革策略研究［D］．天津：南开大学，2012.

［103］姜爱林．国内外城市环境治理发展历程述评［J］．防灾科技学院学报，2008（03）：99-103.

［104］韦连喜．我国环境管理发展历程的回顾与反思［J］．河南城建高专学报，1997（03）：20-22.

［105］T. M. Aggarwal. Environmental Control in Thermal Power Plants［M］. Manakin Press, 2021-01-21.

［106］吴群．探讨我国伴生放射性矿的环境问题及管理对策［J］．世界有色金属，2020（12）：243-244.

［107］黄丽．二战后澳大利亚能矿产业领域的环境管理研究［D］．上海：华东师范大学，2018.

［108］石小石．整体性治理视阈下的矿区环境管理研究［D］．北京：中国地质大学（北京），2017.

［109］时良辰．我国伴生放射性矿环境管理中存在问题研究［J］．科技与创新，2017（08）：88，92.

［110］石小石．整体性治理视阈下的闭矿环境管理研究［J］．资源与产业，2017，19（02）：30-36.

［111］陈燕．国外闭矿后水环境管理制度对我国的启示［J］．统计与决策，2012（23）：181-182.

［112］白雪华．建立完善矿产资源开发的地质环境准入与监督管理制度体系［J］．当代经济，2014（23）：54-56.

［113］张鑫．如何应对我国矿山环境管理存在的问题［J］．科技与企业，2012（17）：78-79.

［114］王振鹏．浅议我国矿山环境污染现状及管理对策［J］．企业技术开发，2012，31（14）：85-86.

［115］陈维斌．加强矿山环境保护，促进矿业可持续发展——以新疆阿勒泰地区为例［J］．资源与产业，2009，11（04）：112-115.

［116］张业成．加强矿山环境管理，促进矿业可持续发展［J］．国土资源科技管理，2002（01）：67-69.

［117］黄宝萍．厂矿噪声的控制研究［J］．科技创新导报，2014（12）：12，32.